Technologietransfer zum internationalen Umweltschutz

Studies in Global Economic Law
Studien zum globalen Wirtschaftsrecht
Études en droit économique mondial

edited by Thomas Cottier

Volume 11

PETER LANG
Bern · Berlin · Bruxelles · Frankfurt am Main · New York · Oxford · Wien

Felix Bloch

Technologietransfer zum internationalen Umweltschutz

Eine völkerrechtliche Untersuchung unter besonderer Berücksichtigung des Schutzes der Ozonschicht und des Weltklimas

PETER LANG
Bern · Berlin · Bruxelles · Frankfurt am Main · New York · Oxford · Wien

Bibliografische Information Der Deutschen Bibliothek
Die Deutsche Bibliothek verzeichnet diese Publikation in der Deutschen Nationalbibliografie; detaillierte bibliografische Daten sind im Internet über ‹http://dnb.ddb.de› abrufbar.

Zugl.: Bonn, Univ., Diss., 2006

ISSN 1423-9531
ISBN 978-3-03911-278-4

Hochfeldstrasse 32, Postfach 746, CH-3000 Bern 9
info@peterlang.com, www.peterlang.com, www.peterlang.net

Meiner Mutter
Gerda Bloch
1938–2001

Danksagung

Die vorliegende Arbeit hat die Rechts- und Staatswissenschaftliche Fakultät der Rheinischen Friedrich-Wilhelms-Universität Bonn im Sommersemester 2006 als Dissertation angenommen.

Danken möchte ich vor allem meinem Lehrer, Professor Dr. Dr. Rudolf Dolzer, der mir nicht nur die Anregung zur Beschäftigung mit dem Thema des Technologietransfers im besonderen Kontext des internationalen Umweltrechts gegeben hat, sondern mich bei der Arbeit stets mit großer Hilfsbereitschaft in jeder Hinsicht wohlwollend unterstützt hat, mir dabei aber gleichzeitig große Freiheiten ließ. Die Jahre als Mitarbeiter seines Bonner Lehrstuhls waren eine äußerst fröhliche, interessante und lehrreiche Zeit, für die ich sehr dankbar bin.

Dankbar gedenke ich auch dem Studium an der *School of Oriental and African Studies* in London bei dem ich von Jake Werksman vorzüglich betreut wurde und durch die Mitarbeit bei der *Foundation of International Environmental Law and Development* (FIELD) zahlreiche praktische Einblicke in die umweltvölkerrechtliche Verhandlungspraxis erhalten habe. Ebenso danke ich Dr. Karsten Sach und Dr. Enno Harders, damals im Referat „Grundsätzliche Angelegenheiten der internationalen Zusammenarbeit, globale Konventionen, internationaler Klimaschutz“ im Bundesministerium für Umwelt, Naturschutz und Reaktorsicherheit, bei denen ich weitere praktische Erfahrung durch eine außerordentlich ertragreiche Wahlstation im Rahmen des Referendariats sammeln konnte.

Ein von der Ernst und Anna Landsberg-Erinnerungsstiftung großzügig geförderter Aufenthalt am Institut für Europa- und Wirtschaftsvölkerrecht der Universität Bern und die freundliche Aufnahme durch Professor Dr. Thomas Cottier dort haben mir nicht nur ausgezeichnete Arbeitsbedingungen sondern eine unvergessliche „Berner Zeit“ beschert. Erneut möchte ich Professor Cottier nun für die Aufnahme in die Schriftenreihe „Studien zum globalen Wirtschaftsrecht“ herzlich danken.

Professor Dr. Matthias Herdegen danke ich für die freundliche und rasche Erstellung des Zweitgutachtens.

Meine ehemaligen Bonner Kollegen Dr. Katharina Pabel, Christoph Goos und André von Walter haben mir mit ihrer Freundschaft und Hilfsbereitschaft – nicht nur bei der Fertigstellung der Arbeit – in großartiger Weise geholfen.

Meinem Vater Dr. Martin Bloch danke ich für die uneingeschränkte Unterstützung im gesamten Studium (auch wenn es dann doch „Jura" war), und meiner Schwester Sabine Bloch danke ich für die besonders großzügige Unterstützung des Studiums in London.

Schließlich danke ich aber meiner geliebten Frau Vanessa Bloch, die mich mit herzlicher Geduld und stetiger Ermunterung von Beginn bis zur Fertigstellung der Dissertation begleitet hat. Ohne sie wäre die Arbeit wohl nie fertig geworden.

Die Studie wurde im Juni 2005 abgeschlossen. Später erschienene Literatur habe ich berücksichtigt, soweit sie mir zugänglich wurde.

Brüssel, im November 2006 Felix Bloch

Inhaltsübersicht

Inhaltsverzeichnis

Vorwort

Die Verwirklichung umweltpolitischer Ziele hängt in der Industriegesellschaft wesentlich vom Einsatz umweltfreundlicher Technologien ab. Angesichts globaler Herausforderungen im Lichte der globalen Erwärmung, einem irreversiblen Verlust der Biodiversität, die industrielle Entwicklung und menschlicher Wohlstand mit sich bringen, kommt dem Transfer neuer Technologien zum Schutze öffentlicher Umweltgüter eine zentrale Bedeutung zu. Seine Rahmenbedingungen werden zum einen durch die Regeln zum Schutze des geistigen Eigentums und des Lizenzvertragsrechts definiert. Zum andern unterliegen sie den Bestimmungen zur Förderung des Transfers zwischen Industrie- und Entwicklungsländern. Diese sind für eine weltweite Verwirklichung von Umweltzielen und somit des Technologie- und Wissenstransfers von zentraler Bedeutung. Gleichwohl stehen sie in den einschlägigen Abkommen nicht im Mittelpunkt und bleiben in einem Spannungsverhältnis zum Immaterialgüterrecht von oft nur beschränkter normativer Wirkung.

Der vorliegenden Arbeit kommt das grosse Verdienst zu, die Entwicklung dieses zweiten und rechtlich komplexen Bereiches eingehend darzustellen und aufzuarbeiten. Im Mittelpunkt steht die Untersuchung einzelner umweltrechtlicher Abkommen, insbesondere des Wiener Abkommens zum Schutz der Ozonschicht von 1985 und des Rahmenübereinkommens über Klimaänderungen von 1992. Die eingehende Darstellung und Analyse der transferrechtlichen Bestimmungen in diesen und weiteren Abkommen sowie ihren zahlreichen Zusatzinstrumenten belegt den sektoriellen Ansatz, den die Staatenpraxis verfolgt. Die Untersuchung zeigt die Ansätze, Chancen, aber auch die nach wie vor gravierenden Defizite auf, die im Nord-Süd Verhältnis namentlich Informationsasymmetrien und unzureichende Finanzierungsinstrumente weiterhin besteht und die Erreichung gesetzter Ziele ernsthaft gefährden. Die Regierungen selbst verfügen in der Marktwirtschaft nur selten über die einschlägigen Technologien. Es zeigt sich, dass Technologietransfer entweder marktkonforme Anreize für die Privatwirtschaft erfordert, wie sie sich teilweise im Klimaschutz entwickeln, oder aber öffentlich finanziert werden müssen. Ihre Aufgabe besteht in der Schaffung angemessner Rahmenbedingungen und die Sicherstellung öffentlicher Finanzierung des Transfers. Ein wirksames Gleichgewicht ist noch nicht erreicht.

Das vorliegende Werk bildet ein unverzichtbares Instrument für alle, die sich mit Rechtsfragen zu umweltrelevanten Technologien in einem globalen Kontext befassen. Es ist ebenso wichtig für die allgemeine Bestimmung des Verhältnisses von Immaterialgüterrecht und nachhaltiger Entwicklung, und daher auch für andere Bereiche der Technologie von hohem Wert. Das Buch leistet in diesem Sinne eine wichtige Grundlage für notwendige weitere Entwicklungen des Rechts. Es freut mich, dieses Werk in die vorliegende Reihe aufzunehmen, zumal Dr. Bloch Teile seiner Arbeit am World Trade Institute der Universität Bern verfasst hat und manch gutes Gespräch mit dem Verfasser in bester Erinnerung bleibt.

Bern, im Januar 2007 Prof. Thomas Cottier

Abkürzungsverzeichnis

a.A.	anderer Ansicht
a.E.	am Ende
ABl.	Amtsblatt
Abs.	Absatz
ACBE	Advisory Committee on Business and the Environment
AFDI	Annuaire Français de Droit International
AIJ	Activities Implemented Jointly
AJIL	American Journal of International Law
Annuaire AAA	Annuaire de l'Association des Auditeurs et Anciens Auditeurs de l'Académie de droit international
AöR	Archiv des öffentlichen Rechts
AOSIS	Alliance of Small Island States
APuZ	Aus Politik und Zeitgeschichte
ArchVR	Archiv des Völkerrechts
AsianYIL	Asian Yearbook of International Law
Aufl.	Auflage
Austrian JPIL	Austrian Journal of Public and International Law
BAPA	Buenos Aires Plan of Action
BCW	Business and the Contemporary World
Bd.	Band
BerDGVR	Berichte der Deutschen Gesellschaft für Völkerrecht
BlädiP	Blätter für deutsche und internationale Politik
BMLFUW	Bundesministerium für Land- und Forstwirtschaft, Umwelt und Wasserwirtschaft (Österreich)
BMU	Bundesministerium für Umwelt, Naturschutz und Reaktorsicherheit
BMUJF	Bundesministerium für Umwelt, Jugend und Familie (Österreich)
BT Drs.	Bundestags-Drucksache
Buffalo ELJ	Buffalo Environmental Law Journal

BUWAL	Bundesamt für Umwelt, Wald und Landwirtschaft (Schweiz)
BYIL	The British Yearbook of International Law
Cal Western ILJ	California Western International Law Journal
Case Western RJIL	Case Western Reserve Journal of International Law
CBD	Convention on Biological Diversity
CCOL	Co-ordinating Committee on the Ozone Layer
CDM	Clean Development Mechanism
CERT	IEA Committee on Energy Research and Technology
CITET	Centre International des Technologies de l'Environnement de Tunis
CMLR	Common Market Law Review
Colorado JIELP	Colorado Journal of International Environmental Law and Policy
Columbia JTL	Columbia Journal of Transnational Law
COP	Conference of the Parties *(Konferenz der Vertragsparteien)*
Cornell ILJ	Cornell International Law Journal
CSD	Commission on Sustainable Development
CTI	Climate Technology Initiative
CTP	Climate Technology Partnership
CYIL	Canadian Yearbook of International Law
DE-BGBl.	Bundesgesetzblatt (Deutschland)
Denver JILP	Denver Journal of International Law and Policy
DePaul LR	De Paul Law Review
DESA	Department of Economic and Social Affairs
Dickinson JIL	Dickinson Journal of International Law
DJT	Deutscher Juristentag
DLF	Deutschlandfunk
DSU	Dispute Settlement Understanding
Duke JCIL	Duke Journal of Comparative and International Law
E Pol	Energy Policy
EA	Europa-Archiv
ECOSOC	Economic and Social Council
EG	Europäische Gemeinschaft

EGTT	Expert Group on Technology Transfer
EIPR	European Intellectual Property Review
EJIL	European Journal of International Law
Env Lawyer	The Environmental Lawyer
EPIL	Encyclopedia of Public International Law (R. Bernhardt ed.)
EPL	Environmental Policy and Law
EST	Environmentally Sound Technology
ESTRB	Environmentally Sound Technology Rights Bank
ET	Energiewirtschaftliche Tagesfragen
ETAP	Environmental Technologies Action Plan
EU	Europäische Union
EuZW	Europäische Zeitschrift für Wirtschaftsrecht
F + E	Finanzierung und Entwicklung
F Aff.	Foreign Affairs
FAO	Food and Agriculture Organization
FAZ	Frankfurter Allgemeine Zeitung
FCCC	Framework Convention on Climate Change
Fordham ILJ	Fordham International Law Journal
FS	Festschrift
FW	Die Friedenswarte
GATT	General Agreement on Tariffs and Trade
GEF	Global Environment Facility
GEO	Global Envionment Outlook
George Wash JILE	George Washington Journal of International Law & Economics
Georgetown IELR	Georgetown International Environmental Law Review
Georgia JICL	Georgia Journal of International and Comparative Law
GHG	Greenhouse Gas
GRUR Int	Gewerblicher Rechtschutz und Urheberrecht, Internationaler Teil
GTZ	Gesellschaft für technische Zusammenarbeit
GYIL	German Yearbook of International Law
Harvard ELR	The Harvard Environmental Law Review
Harvard ILJ	Harvard International Law Journal

Hastings ICLR	Hastings International and Comparative Law Review
HDI	Human Development Index
HRLJ	Human Rights Law Journal
Hrsg.	Herausgeber
I O	International Organization
i.d.F.	in der Fassung
ICETT	International Center for Environmental Technology Transfer
ICJ Rep.	International Court of Justice, Reports of Judgments, Advisory Opinions and Orders
ICLQ	International and Comparative Law Quarterly
IDA	International Development Agency
IDI	Institut de Droit International
IEA	International Energy Agency
IELR	International Environmental Law Reports
IETC	International Environmental Technology Centre
IFAD	International Fund for Agricultural Development
IFC	International Finance Corporation
IFF	International Forum on Forests
IGH	Internationaler Gerichtshof
ILM	International Legal Materials
ILR	International Law Reports
IMO	International Maritime Organization
Indian JIL	Indian Journal of International Law
Indiana JGLS	Indiana Journal of Global Legal Studies
Int Aff.	International Affairs
Int E Aff.	International Environmental Affairs
Int Lawyer	The International Lawyer
IPCC	Intergovernmental Panel on Climate Change
IPF	Intergovernmental Panel on Forests
ISPA	Instrument for Structural Policies for Pre-Accession
ISWG	Inter-sessional Ad Hoc Open-ended Working Group on Technology Transfer and Cooperation
IUCN	International Union for the Conservation of Nature
JDI	Journal de droit international

JEL	Journal of Environmental Law
JHD	Journal of Human Development
JI	Joint Implementation
JIEL	Journal of International Economic Law
JMAS	Journal of Modern African Studies
JNREL	Journal of Natural Resources and Environmental Law
JöR	Jahrbuch des öffentlichen Rechts
JUTR	Jahrbuch des Umwelt- und Technikrechts
JWIP	The Journal of World Intellectual Property
JWT	Journal of World Trade
JWTL	Journal of World Trade Law
JZ	Juristenzeitung
KP	Kioto Protokoll
KRÜ	Rahmenübereinkommen vom 9. Mai 1992 der Vereinten Nationen über Klimaänderungen
Loyola LA ICLJ	Loyola of Los Angeles International and Comparative Law Journal
LPIB	Law and Policy in International Business
Maryland JILT	Maryland Journal of International Law and Trade
MaxPlanck YUNL	Max Planck Yearbook of United Nations Law
McGill LJ	McGill Law Journal
Michigan JIL	Michigan Journal of International Law
MOP	Meeting of the Parties *(Tagung der Vertragsparteien)*
MPU	Montreal Protocol Unit
NILR	Netherlands International Law Review
Nordic JIL	Nordic Journal of International Law
NTNA	National Technology Needs Assessment
NuR	Natur und Recht
NVwZ	Neue Zeitschrift für Verwaltungsrecht
NYIL	Netherlands Yearbook of International Law
NYJILP	New York University Journal of International Law and Politics
NZZ Int	Neue Zürcher Zeitung – Internationale Ausgabe
Ö-BGBl.	Bundesgesetzblatt (Österreich)
ODILA	Ocean Development and International Law

OECD	Organization for Economic Cooperation and Development
OP	Operational Program
Pace ELR	Pace Environmental Law Review
PCA	Permanent Court of Arbitration
PCIJ	Permanent Court of International Justice
POPs	Persistent Organic Pollutants
PVÜ	Pariser Verbandsübereinkunft
QELROs	Quantified emission limitation and reduction objectives
R.G.D.I.P.	Revue Générale de Droit International Public
R.I.I.A.	Royal Institute for International Affairs
RBDI	Revue Belge de Droit International
RdC	Recueil des Cours de l'Académie de Droit International
RECIEL	Review of European Community and International Environmental Law
REDI	Revista Española de Derecho Internacional
Res.	Resolution
Rev. ES	Review of Economics and Statistics
RMC	Revue du Marché commun et de l'Union européenne
Rz.	Randziffer
S.	Seite / siehe
SBI	Subsidiary Body for Implementation
SBSTA	Subsidiary Body for Scientific and Technological Advice
SIULJ	Southern Illinois University Law Journal
SR	Systematische Sammlung des Bundesrechts (Schweiz)
SRÜ	Seerechtsübereinkommen der Vereinten Nationen
Stanford JIS	Stanford Journal of International Studies
TAR	Third Assessment Report
TCAPP	Technology Cooperation Agreement Pilot Project
TED	Turtle Excluder Device
Texas ILJ	Texas International Law Journal
TRIPs	Agreement on Trade-related Intellectual Property Rights

u.a.	und andere
UN	United Nations
UNCITRAL	United Nations Commission on International Trade Law
UNCTAD	United Nations Conference on Trade and Development
UNDP	United Nations Development Programme
UNEP	United Nations Environment Programme
UNESCAP	United Nations Economic and Social Commission for Asia and the Pacific
UNFPA	United Nations Population Fund
UNGASS	United Nations General Assembly Special Session
UNIDO	United Nations Industrial Development Organization
UNTS	United Nations Treaty Series
UNYB	Yearbook of the United Nations
Vanderbilt JTL	Vanderbilt Journal of Transnational Law
Vgl.	Vergleiche
Virginia ELJ	Virginia Environmental Law Journal
Virginia JIL	Virginia Journal of International Law
VN	Vereinte Nationen
VRÜ	Verfassung und Recht in Übersee
WA	Weltwirtschaftliches Archiv
Wake Forest LR	Wake Forest Law Review
WBGU	Wissenschaftlicher Beirat der Bundesregierung Globale Umweltveränderungen
WCED	World Commission on Environment and Development
WGTTT	Working Group on Trade and Transfer of Technology
WHO	World Health Organization
WIR	World Investment Report
Wisconsin ILJ	Wisconsin International Law Journal
WTO	World Trade Organization
WVK	Wiener Übereinkommen über das Recht der Verträge
Yale JIL	Yale Journal of International Law
YIEL	Yearbook of International Environmental Law

ZaöRV	Zeitschrift für ausländisches öffentliches Recht und Völkerrecht
ZfU	Zeitschrift für Umweltpolitik und Umweltrecht
ZUR	Zeitschrift für Umweltrecht
ZVglRWiss	Zeitschrift für vergleichende Rechtswissenschaft

Literaturverzeichnis

Abbott, Frederick M.: Protecting First World Assets in the Third World: Intellectual Property Negotiations in the GATT Multilateral Framework, in: Vanderbilt Journal of Transnational Law, Bd. 22 (1989), S. 689–745.

Abbott, Frederick M. / Cottier, Thomas / Gurry, Francis: The International Intellectual Property System, Commentary and Materials, The Hague (u.a.), 1999.

Abbott, Frederick M.: The Doha Declaration of the TRIPS Agreement and Public Health: Lighting a Dark Corner at the WTO, in: Journal of International Economic Law, Bd. 5 (2002), S. 469–505.

Agarwala, Prakash Narain: The New International Economic Order, New York (u.a.), 1983.

Ahmed, Kulsum: Technological Development and Pollution Abatement, World Bank Technical Paper No. 271 – Energy Series, Washington D.C., 1995.

Ahuja, Dilip: The Incremental Cost of Climate Change Mitigation Projects, GEF Working Paper Number 9, Washington D.C., 1993.

Alexander, Daniel: Some Themes in Intellectual Property and the Environment, in: Review of European Community and International Environmental Law, Bd. 2 (1993), S. 113–120.

Anand, Ram Prakash: Development and Environment: The Case of the Developing Countries, in: Indian Journal of International Law, Bd. 20 (1980), S. 1–19.

Anderson, David H.: Efforts to Ensure Universal Participation in the United Nations Convention on the Law of the Sea, in: The International and Comparative Law Quarterly, Bd. 42 (1993), S. 654–664.

Anderson, Dean / Brack, Duncan / Grubb, Michael: Emissions Trading and the Control of Greenhouse Gases, in: The Royal Institute of International Affairs (Hrsg.), Briefing Paper, Nr. 37 (London, Mai 1997).

Appleton, Arthur E.: Shrimp / Turtle: Untangling the Nets, in: Journal of International Economic Law, Bd. 2 (1999), S. 477–496.

Asebey, Edgar J. / Kempenaar, Jill D.: Biodiversity Prosepecting: Fulfilling the Mandate of the Biodiversity Convention, in: Vanderbilt Journal of Transnational Law, Bd. 28 (1995), S. 703–754.

Auer, Thomas: Entwicklungsperspektiven des internationalen Technologietransfers im Rahmen des Abkommens über Trade Related Aspects of Intellectual Property Rights – unter besonderer Berücksichtigung des materielrechtlichen Standards in den völkerrechtlichen Abkommen, Dissertation, Universität Konstanz, 1995.

Bail, Christoph: Das Klimaschutzregime nach Kyoto, EuZW 1998, S. 457–464.

Baker Röben, Betsy / Röben, Volker: Institutional Aspects of Financing Sustainable Development After the Johannesburg Summit of 2002, in: Zeitschrift für ausländisches öffentliches Recht und Völkerrecht, Bd. 63 (2003), S. 517–550.

Ballreich, Hans: Technologietransfer als Völkerrechtsproblem, in: German Yearbook of International Law, Bd. 24 (1981), S. 329–366.

Barratt-Brown, Elizabeth P. / Hajost, Scott A. / Sterne, John H., jr.: A Forum for Action on Global Warming: The UN Framework Convention on Climate Change, in: Colorado Journal of International Environmental Law & Policy, Bd. 4 (1993), S. 103–118.

Barrett, Jill: The Negotiation and Drafting of the Climate Change Convention, in: Robin Churchill / David Freestone (Hrsg.), International Law and Global Climate Change, London (u.a.), 1991, S. 183–200.

Barthlott, Wilhelm / Winiger, Matthias (Hrsg.): Biodiversity – A Challenge for Development Research and Policy, Berlin, 1998.

Baxter, Richard R.: International Law in „Her Infinite Variety", in: The International and Comparative Law Quarterly, Bd. 29 (1980), S. 549–566.

Beck, Helmuth: Die Differenzierung von Rechtspflichten in den Beziehungen zwischen Industrie- und Entwicklungsländern, Frankfurt am Main (u.a.), 1994.

Beier, Friedrich-Karl / Kunz, Hans Peter: Die Bedeutung des Patentrechts für den Transfer von Technologie in Entwicklungsländer, in: Gewerblicher Rechtsschutz und Urheberrecht Internationaler Teil 1972, S. 385–396.

Benedek, Wolfgang: Die Rechtsordnung des GATT aus völkerrechtlicher Sicht, Berlin (u.a.), 1990.

Benedek, Wolfgang: Die Konstitutionalisierung der Welthandelsordnung: Kompetenzen und Rechtsordnung der WTO, in: Berichte der Deutschen Gesellschaft für Völkerrecht, Bd. 40 (2003), S. 283–330.

Benedick, Richard E.: Ozone Diplomacy – New Directions in Safeguarding the Planet, Harvard University Press, 1998.

Bergbohm, Carl: Staatsverträge und Gesetze als Quellen des Völkerrechts, Dorpat, 1877.

van Berkel, René / Arkesteijn, Erik: Transfer of Environmentally Sound Technologies and Practices under the Climate Convention, survey of experiences, needs and opportunities among non-Annex II countries, IVAM Environmental Research, Amsterdam, 1998.

Betz, Joachim: Stichwort Entwicklungsländer, in: Rüdiger Wolfrum (Hrsg.), Handbuch Vereinte Nationen, München, 1991, S. 123–130.

Beyerlin, Ulrich: Rio-Konferenz: Beginn einer neuen globalen Umweltrechtsordnung? in: Zeitschrift für ausländisches öffentliches Recht und Völkerrecht, Bd. 54 (1994), S. 124–149.

Beyerlin, Ulrich: New Developments in the Protection of the Marine Environment: Potential Effects of the Rio Process, in: Zeitschrift für ausländisches öffentliches Recht und Völkerrecht, Bd. 55 (1995), S. 544–579.

Beyerlin, Ulrich: The Concept of Sustainable Development, in: Rüdiger Wolfrum (Hrsg.), Enforcing Environmental Standards: Economic Mechanisms as Viable Means?, Berlin (u.a.), 1996, S. 95–121.

Beyerlin, Ulrich / Marauhn, Thilo: Rechtssetzung und Rechtsdurchsetzung im Umweltvölkerrecht nach der Rio-Konferenz 1992, Forschungsbericht im Auftrag des Umweltbundesamtes, Berlin, 1997.

Beyerlin, Ulrich: Umweltvölkerrecht, München, 2000.

Beyerlin, Ulrich / Reichard, Martin: The Johannesburg Summit: Outcome and Overall Assessment, in: Zeitschrift für ausländisches öffentliches Recht und Völkerrecht, Bd. 63 (2003), S. 213–237.

Biermann, Frank: Nord-Süd-Gerechtigkeit als Schlüssel – Zehn Jahre Ozonpolitik, in: Blätter für deutsche und internationale Politik 1995, S. 1492–1500.

Biermann, Frank: Saving the Atmosphere: International Law, Developing Countries and Air Pollution, Frankfurt am Main (u.a.), 1995.

Biermann, Frank: Financing Environmental Policies in the South – An Analysis of the Multilateral Ozone Fund and the Concept of „Full Incremental Costs", WZB-Broschüre FS II 96-406, Berlin, 1996.

Birg, Herwig: Weltbevölkerungswachstum, Entwicklung und Umwelt – Dimensionen eines globalen Dilemmas, in: Aus Politik und Zeitgeschichte B 35-36/94 (Ausgabe vom 2.9.1994), S. 21–35.

Birner, Sabrina / Martinot, Eric: The GEF Energy-Efficient Product Portfolio: Emerging Experience and Lessons, Monitoring and Evaluation Working Paper 9, Global Environment Facility, Washington D.C., 2002.

Birnie, Patricia W. / Boyle, Alan E.: International Law and the Environment, 2. Aufl., Oxford, 2002.

Bizec, René-François / Daudet, Yves (Hrsg.): Un code de conduite pour le transfert de technologie, Paris, 1980.

Blakeney, Michael: Legal Aspects of the Transfer of Technology to Developing Countries, ESC Publishing Ltd., Oxford, 1989.

Blakeney, Michael: Trade Related Aspects of Intellectual Property Rights: A Concise Guide to the TRIPS Agreement, London, 1996.

Bloch, Felix: Bericht „Global Environment Facility (GEF)", in: Yearbook of International Environmental Law, Bd. 9 (1998), S. 550–556.

Bloch, Felix: Bericht „Global Environment Facility (GEF)", in: Yearbook of International Environmental Law, Bd. 10 (1999), S. 675–679.

Bloch, Felix: Bericht „Global Environment Facility (GEF)", in: Yearbook of International Environmental Law, Bd. 11 (2000), S. 631–634.

Bloch, Felix: Bericht „Global Environment Facility (GEF)", in: Yearbook of International Environmental Law, Bd. 12 (2001), S. 637–641.

Bloch, Felix: Bericht „Global Environment Facility (GEF)", in: Yearbook of International Environmental Law, Bd. 13 (2002), S. 721–723.

Bloch, Felix: Bericht „Global Environment Facility (GEF)", in: Yearbook of International Environmental Law, Bd. 14 (2003), S. 676–679.

Bloch, Julie B.: Preserving Biological Diversity in the United States: The Case for Moving to an Ecosystem Approach to Protect the Nation's Biological Wealth, in: Pace Environmental Law Review, Bd. 10 (1992), S. 175–225.

Blomström, Magnus / Sjöholm, Fredrik: Technology Transfer and Spillovers: Does Local Participation with Multinationals Matter? National Bureau of Economic Research Working Paper 6816, National Bureau of Economic Research (NBER), November 1998.

Blomström, Magnus / Kokko, Ari: Human Capital and Inward FDI, Working Paper 167, The European Institute of Japanese Studies, Stockholm, Januar 2003.

BMLFUW (Hrsg.): Third National Climate Report of the Austrian Federal Government, Wien, November 2001.

BMU (Hrsg.): Klimaschutz in Deutschland – Erster Bericht der Regierung der Bundesrepublik Deutschland nach dem Rahmenübereinkommen der Vereinten Nationen über Klimaänderungen, Bonn, September 1994.

BMU (Hrsg.): Klimaschutz in Deutschland – Zweiter Bericht der Regierung der Bundesrepublik Deutschland nach dem Rahmenübereinkommen der Vereinten Nationen über Klimaänderungen, Bonn, April 1997.

BMU (Hrsg.): Auslandsprojekte des Bundesumweltministeriums, Bonn, Juli 1999.

BMUJF (Hrsg.): National Climate Report of the Austrian Federal Government, Wien, August 1994.

BMUJF (Hrsg.): Second National Climate Report of the Austrian Federal Government, Wien, 1997.

Bodansky, Daniel M.: The United Nations Framework Convention on Climate Change: A Commentary, in: The Yale Journal of International Law, Bd. 18 (1993), S. 451–558.

Bodansky, Daniel M.: International Law and the Protection of Biological Diversity, in: Vanderbilt Journal of Transnational Law, Bd. 28 (1995), S. 623–634.

Böttger, Katja: Die Umweltpflichtigkeit von Auslandsdirektinvestitionen im Völkerrecht, Baden Baden, 2002.

Boisson de Chazournes, Laurence: The United Nations Framework Convention on Climate Change: On the Road Towards Sustainable Development, in: Rüdiger Wolfrum (Hrsg.), Enforcing Environmental Standards: Economic Mechanisms as Viable Means?, Berlin (u.a.), 1996, S. 285–300.

Boisson de Chazournes, Laurence: The Global Environment Facility as a Pioneering Instiution, Lessons Learnt and Looking Ahead, GEF Working Paper 19, Washington D.C., Oktober 2003.

Bove, James Andrew: A Study of the Financial Mechanism of the Montreal Protocol on Substances that Deplete the Ozone Layer, in: The Environmental Lawyer, Bd. 9 (2003), S. 399–461.

Bowman, Michael / Redgwell, Catherine (Hrsg.): International Law and the Conservation of Biological Diversity, London (u.a.), 1996.

Bowman, Michael: The Nature, Development and Philosophical Foundations of the Biodiversity Concept in International Law, in: ders. / Catherine Redgwell (Hrsg.), International Law and the Conservation of Biological Diversity, 1996, S. 5–31.

Boyle, Alan: Comment on the Paper by Diana Ponce-Nava, in: Winfried Lang (Hrsg.), Sustainable Development and International Law, London (u.a.), 1995, S. 137–140.

Boyle, Alan: The Rio Convention on Biological Diversity, in: Michael Bowman / Catherine Redgwell (Hrsg.), International Law and the Conservation of Biological Diversity, London (u.a.), 1996, S. 33–49.

Bradbury, Frank / Jervis, Paul / Johnston, Ron / Pearson, Alan: Transfer Processes in Technical Change, Alphen aan den Rijn, 1978.

Braga, Carlos Alberto Primo: Trade-related intellectual property issues: the Uruguay Round agreement and its economic implications, in: Will Martin / L. Alan Winters (Hrsg.), The Uruguay Round and the developing countries, Cambridge, 1996, S. 341–379.

Braga, Carlos Alberto Primo / Fink, Carsten: The Relationship Between Intellectual Property Rights and Foreign Direct Investment, in: Duke Journal of Comparative & International Law, Bd. 9 (1998), S. 163–187.

Braga, Carlos Alberto Primo / Fink, Carsten: Reforming Intellectual Property Rights Regimes: Challenges for Developing Countries, in: Journal of International Economic Law, Bd. 1 (1998), S. 537–554.

Braudel, Fernand: Sozialgeschichte des 15.–18. Jahrhunderts – Aufbruch zur Weltwirtschaft, München, 1986.

Breidenich, Clare / Magraw, Daniel / Rowley, Anne / Rubin, James W.: The Kyoto Protocol to the United Nations Framework Convention on Climate Change, in: American Journal of International Law, Bd. 92 (1998), S. 315–331.

Briceño, Sálvano / Chueca Sancho, Angel G.: Las actividades de aplicacion conjunta en la Convencion Marco Sobre el Cambio Climatico, in: Revista Española de Derecho Internacional, Bd. XLVII (1995), S. 101–120.

Brockhoff, Klaus: Forschung und Entwicklung – Planung und Kontrolle, 5. Aufl., München (u.a.), 1998.

Brunnée, Jutta: Entwicklungen im Umweltvölkerrecht am Beispiel des sauren Regens und der Ozonschichtzerstörung, Dissertation Universität Mainz, 1988.

Burhenne-Guilmin, Françoise / Casey-Lefkowitz, Susan: The Convention on Biological Diversity: A Hard Won Global Achievement, in: Yearbook of International Environmental Law, Bd. 3 (1992), S. 43–59.

Burns, William C.: The International Convention to Combat Desertification: Drawing a Line in the Sand?, in: Michigan Journal of International Law, Bd. 16 (1995), S. 831–882.

BUWAL (Hrsg.): UNFCCC – Third National Communication of Switzerland, Bern, 2001.

Caldera, Rafael: The Juridical Basis of a New International Economic Order, Recueil des Cours, Bd. 196 (1986 I), S. 385–400.

Cabanellas, Guillermo: Stichwort „Technology Transfer“, in: R. Bernhardt (Hrsg.), Encyclopedia of Public International Law, Instalment 8, 1985, S. 506–510.

Carlson, Scott N.: The Montreal Protocol's Environmental Subsidies and GATT: A Needed Reconciliation, Texas ILJ, Bd. 29 (1994), S. 211–230.

Caron, David D.: La protection de la couche d'ozone stratosphérique et la structure de l'activité normative internationale en matière d'environnement, in: Annuaire Français de droit international, Bd. XXXVI (1990), S. 704–726.

Carreau, Dominique G.: Le nouvel ordre économique international, in: Journal de droit international, Bd. 104 (1977), S. 595–605.

Castañeda, Jorge: La charte des droits et devoirs économiques des états, in: Annuaire Français de droit international, Bd. XX (1974), S. 31–56.

Castberg, Frede: La méthodologie du droit international public, in: Recueil des Cours, Bd. 43 (1933-I), S. 308–381.

Chandrasekhara Rao, P.: Charter of Economic Rights and Duties of States, in: Indian Journal of International Law, Bd. 15 (1975), S. 351–370.

Chandler, Melinda: The Biodiversity Convention: Selected Issues of Interest to the International Lawyer, in: Colorado Journal of International Environmental Law & Policy, Bd. 4 (1993), S. 141–175.

Charney, Jonathan I.: The Marine Environment and the 1982 United Nations Convention on the Law of the Sea, in: The International Lawyer, Bd. 28 (1994), 879–901.

Chayes, Antonia Handler / Chayes, Abram: The New Sovereignty – Compliance with International Regulatory Regimes, Harvard University Press, Cambridge (Mass.), London, 1995.

Chinkin, Christine M.: The Challenge of Soft Law: Development and Change in International Law, in: The International and Comparative Law Quarterly, Bd. 38 (1989), S. 850–866.

Choucri, Nazli: Corporate Strategies toward Sustainability, in: Winfried Lang (Hrsg.), Sustainable Development and International Law, London (u.a.), 1995, S. 189–201.

Churchill, Robin R. / Freestone, David (Hrsg.): International Law and Global Climate Change, London (u.a.), 1991.

Cobb, John B.: Die biologische Vielfalt aus christlicher Sicht, in: E. O. Wilson (Hrsg.), Ende der biologischen Vielfalt?, Heidelberg (u.a.), 1992, S. 512–516.

Cordovez, Diego: The Making of UNCTAD – Institutional background and legislative history, in: Journal of World Trade Law, Bd. 1 (1967), S. 243–328.

Correa, Carlos M.: The GATT Agreement on Trade-Related Aspects of Intellectual Property Rights: New Standards for Patent Protection, in: European Intellectual Property Review, Bd. 8 (1994), S. 327–335.

Correa, Carlos M.: Acuerdo TRIPs – Regimen internacional de la propriedad intelectual, Buenos Aires, 1998.

Correa, Carlos M.: Intellectual Property Rights, the WTO and Developing Countries, Zed Books, Third World Network, London (u.a.), 2000.

Cottier, Thomas: The Prospects for Intellectual Property in GATT, in: Common Market Law Review, Bd. 28 (1991), S. 383–414.

Cottier, Thomas (Hrsg.): GATT-Uruguay Round: Neun Beiträge, Bern, 1995.

Cottier, Thomas / Panizzon, Marion: Die bilateralen Verträge und das Recht der WTO: Grundlagen und Spannungsfelder, in: Jusletter 11. September 2000.

Cottier, Thomas: Trade and Human Rights: A Relationship to Discover, in: Journal of International Economic Law, Bd. 5 (2002), S. 111–132.

Cullet, Philippe: Differential Treatment in International Environmental Law, Ashgate, Aldershot, 2003.

Daillier, Patrick / Pellet, Alain: Droit international public (begründet von Nguyen Quoc Dinh), 5. Aufl., L.G.D.J., Paris, 1994.

Danish, Kyle W.: International Environmental Law and the „Bottom-Up" Approach: A Review of the Desertification Convention, in: Indiana Journal of Global Legal Studies, Bd. 3 (1995), S. 133–176.

Davies, Peter G. G. / Redgwell, Catherine: The International Legal Regulation of Straddling Fish Stocks, in: The British Yearbook of International Law, Bd. 67 (1996), S. 199–274.

Dejeant-Pons, Maguelonne: Les Conventions du Programme des Nations Unies pour l'Environnement relatives aux mers régionales, in: Annuaire Français de Droit International, Bd. XXXIII (1987), S. 689–718.

Desai, Bharat H.: Regulating Transboundary Movement of Hazardous Wastes, in: Indian Journal of International Law, Bd. 37 (1997), S. 43–61.

Desai, Bharat H.: Global Accords and Quest for a New International Ecological Order: From Law of Indifference to Common Concern, in: Business & the Contemporary World, Vol. IX (3), 1997, S. 545–572.

Desai, Bharat H.: Institutionalizing International Environmental Law, Ardsley (N.Y.), 2003.

Deutsch-Japanischer Kooperationsrat für Hochtechnologie und Umweltfragen (Hrsg.): Innovation und Recycling Deutsch-japanische Kooperationen in der Umwelttechnologie, Bonn, 1999.

De Vey Mestdagh, Karel: The Right to Development, in: Netherlands International Law Review, Bd. 28 (1981), S. 30–53.

Doehring, Karl: Völkerrecht, 2. Aufl., Heidelberg, 2004.

Doherty, Patrick: The Transfer of Environmentally Sustainable Technologies to Asia, in: Review of European Community and International Environmental Law, Bd. 4 (1995), S. 33–39.

Dolzer, Rudolf: Seerechtskonventionsentwurf und Bundesrepublik Deutschland, in: Wolfgang Graf Vitzthum (Hrsg.), Die Plünderung der Meere, Frankfurt am Main, 1981, S. 269–299.

Dolzer, Rudolf: Eigentum, Enteignung und Entschädigung im geltenden Völkerrecht, Berlin (u.a.), 1985.

Dolzer, Rudolf: Permanent Sovereignty over Natural Resources and Economic Development, in: Human Rights Law Journal, Bd. 7 (1986), S. 217–230.

Dolzer, Rudolf: Die internationale Konvention zum Schutz des Klimas und das allgemeine Völkerrecht, in: Ulrich Beyerlin (Hrsg.), Recht zwischen Umbruch und Bewahrung – Festschrift für Rudolf Bernhardt, Heidelberg (u.a.), 1995, S. 957–973.

Dolzer, Rudolf: Global Environment Facility – towards a new concept of the common heritage of mankind?, in: Gudmundur Alfredsson / Peter Macalister-Smith (Hrsg.), The Living Law of Nations, Essays in mcmory of Atlc Grahl-Madscn, Kchl am Rhein, 1996, S. 331–338.

Dolzer, Rudolf: Technologische Zusammenarbeit zur Förderung nachhaltiger Entwicklung, in: A. Weber (Hrsg.), Währung und Wirtschaft – Festschrift Hugo J. Hahn zum 70. Geburtstag, Baden-Baden, 1997, S. 353–363.

Dolzer, Rudolf: Verkehrswesen und Klimaschutz in der dritten Welt, Heidelberg, 1998.

Dolzer, Rudolf: Implications of Agenda 21 and UNCLOS for International Waters as a GEF Focal Area, GEF Working Paper Number 15, 1998.

Dolzer, Rudolf: Konzeption, Finanzierung und Durchführung des globalen Umweltschutzes, in: Volkmar Götz / Peter Selmer / Rüdiger Wolfrum (Hrsg.), Liber amicorum Günther Jaenicke – Zum 85. Geburtstag, Berlin (u.a.), 1998, S. 37–61.

Dolzer, Rudolf: Umweltbelange im Recht der Weltbank, in: Rüdiger Breuer (Hrsg.), Regelungsmaß und Steuerungskraft des Umweltrechts, 2000, S. 73–87.

Dolzer, Rudolf / Buß, Thomas: The Environment in International Trade and Investment Law, in: Rudolf Dolzer / Josef Thesing (Hrsg.), Protecting Our Environment – German Perspectives on a Global Challenge, Sankt Augustin, 2000, S. 327–346.

Dolzer, Rudolf: Wirtschaft und Kultur, in: Wolfgang Graf Vitzthum (Hrsg.), Völkerrecht, 3. Aufl., Berlin (u.a.), 2004, 6. Abschnitt.

Dolzer, Rudolf: The Notion of Investment in Recent Practice, in: Steve Charnovitz / Debra P. Steger / Peter van den Bossche (Hrsg.), Law in the Service of Human Dignity – Essays in Honour of Florentino Feliciano, Cambridge, 2005, S. 261–275.

Dolzer, Rudolf / Bloch, Felix: Der rechtliche Schutz ausländischer Investitionen, in: Herbert Kronke / Werner Melis / Anton K. Schnyder (Hrsg.), Handbuch Internationales Wirtschaftsrecht, Köln, 2005, S. 1043-1110.

Drogula, Jennifer M.: Developed and Developing Countries: Sharing the Burden of Protecting the Atmosphere, in: Georgetown International Environmental Law Review, Bd. 4 (1992), S. 257–301.

Dupuy, Pierre-Marie: Soft Law and the International Law of the Environment, in: Michigan Journal of International Law, Bd. 12 (1991), S. 420–435.

Dupuy, Pierre-Marie: Protection internationale de la couche d'ozone et spécificité relative des régimes speciaux de contrôle de l'application du Droit International, in: Albrecht Weber (Hrsg.), Währung und Wirtschaft – Das Geld im Recht – Festschrift für Prof. Dr. Hugo J. Hahn zum 70. Geburtstag, Baden-Baden, 1997, S. 539–554.

Duval, Lee Anne: The Future of the Montreal Protocol: Money and Methyl Bromide, in: Virginia Environmental Law Journal, Bd. 18 (1999), S. 609–637.

The Economist: Dirt Poor – A Survey of Development and the Environment (21.3.1998).

Edmonds, Jae / Dooley, James / Wise, Marshall: The Role of Energy Technology in Atmospheric Stabilization, in: Brian P. Flannery / Klaus R. Kohlhase / Duane G. LeVine (Hrsg.), Critical Issues in the Economics of Climate Change, London, 1997, S. 107–126.

Ehrmann, Markus: Die Globale Umweltfazilität, in: Zeitschrift für ausländisches öffentliches Recht und Völkerrecht, Bd. 57 (1997), S. 565–614.

Ehrmann, Markus: Der Genfer Klimagipfel, in: Natur und Recht 1997, S. 229–233.

Ehrmann, Markus: Die Genfer Klimaverhandlungen, in: NVwZ 1997, S. 874–876.

Elder, Philip S.: Sustainability, in: McGill Law Journal, Bd. 36 (1991), S. 831–852.

Engel, Christoph: Internationaler Umweltschutz – Systematik der Probleme und der Lösungen, in: Jürgen Basedow / Klaus J. Hopt / Hein Kötz (Hrsg.), Festschrift für Ulrich Drobnig, Tübingen, 1998, S. 247–276.

Epiney, Astrid / Scheyli, Martin: Umweltvölkerrecht, Bern, 2000.

Ewing, A. F.: UNCTAD and the Transfer of Technology, in: Journal of World Trade Law, Bd. 10 (1976), S. 197–214.

Fairley, H. Scott / Rowcliffe, Peter J.: The UNCTAD Code of Conduct for the International Transfer of Technology: Problems and Prospects, in: The Canadian Yearbook of International Law, Bd. XVIII (1980), S. 218–247.

Fatouros, Arghyrios A.: Stichwort „Developing States“, in: Rudolf Bernhardt (Hrsg.), Encyclopedia of Public International Law, Bd I (1992), S. 1017–1024.

Feuer, Guy: Les différentes catégories de pays en développement, in: Journal de droit international, Bd. 109 (1982), S. 1–54.

Fikentscher, Wolfgang / Kunz-Hallstein, Hans Peter: Technologietransfer an Entwicklungsländer und Kartellrecht, in: Gewerblicher Rechtsschutz und Urheberrecht – Internationaler Teil 1979, S. 437–490.

Fikentscher, Wolfgang: The Draft International Code of Conduct on the Transfer of Technology, IIC Studies, Vol. 4, Weinheim, 1980.

Fischer, Per: Technologie als Vehikel der Entwicklung, in: Europa-Archiv, Bd. 34 (1979), S. 633–642.

Fitzmaurice, Gerald: The Future of Public International Law and of the International Legal System in the Circumstances of Today, in: IDI Livre du Centenaire 1873–1973, 1973, S. 196–328.

Fitzmaurice, Malgosia A.: International Environmental Law as a Special Field, in: Netherlands Yearbook of International Law, Bd. XXV (1994), S. 181–226.

Fitzmaurice, Malgosia A.: International Protection of the Environment, in: Recueil des Cours, Bd. 293 (2001), S. 9–488.

Forsyth, Tim: Foreign investment and technology transfer for climate change mitigation: a background, in: ders. (Hrsg.), Positive Measures for Technology Transfer Under the Climate Change Convention – Report of a Workshop, London, 1998, S. 1–11.

Francioni, Francesco: Exporting Environmental Hazard through Multinational Enterprises: Can the States of Origin be Held Responsible?, in: ders. / Tullio Scovazzi (Hrsg.), International Responsibility for Environmental Harm, London (u.a.), 1991, S. 275–316.

Franck, Thomas M.: Fairness in International Law and Institutions, Oxford, 1995.

French, Duncan: 1997 Kyoto Protocol to the 1992 UN Framework Convention on Climate Change, in: Journal of Environmental Law, Bd. 10 (1998), S. 227–239.

French, Gregory Alan: Der Tiefseebergbau, Köln (u.a.), 1990.

Freudenberger, Herman: Technologie-Transfer von England nach Deutschland und inbes. Österreich im 18. Jahrhundert in: Ulrich Troitzsch (Hrsg.), Technologischer Wandel im 18. Jahrhundert, Wolfenbüttel, 1981, S. 105–124.

Friedmann, Wolfgang: General Course in Public International Law, in: Recueil des Cours, Bd 127 (1969-II), S. 39–246.

Fukuyama, Francis: Das Ende der Geschichte, München, 1992.

Funke, Guido: Technologietransfer in internationalen Corporate Joint Ventures, Frankfurt am Main (u.a.), 1998.

Galeano, Eduardo: Las venas abiertas de América Latina, siglo veintiuno editores, Mexiko, 1971.

Gana, Ruth L.: Prospects For Developing Countries Under the TRIPs Agreement, in: Vanderbilt Journal of Transnational Law, Bd. 29 (1996), S. 735–775.

Gentry, Bradford S.: Private Investment And the Environment, UNDP Discussion Paper Series 11, 1997.

Gervais, Daniel: The TRIPS Agreement – Drafting History and Analysis, London, Sweet & Maxwell, 1998.

Glass, Amy Jocelyn / Saggi, Kamal: Multinational Firms and Technology Transfer, World Bank Policy Research Working Paper 2067, Februar 1999.

Glowka, Lyle / Burhenne-Guilmin, Françoise / Synge, Hugh: A Guide to the Convention on Biological Diversity, Environmental Policy and Law Paper No. 30, IUCN, Bonn, 1994.

Gold, Edgar: The International Transfer and Promotion of Technology, in: Ronald St. John Macdonald / Douglas M. Johnston / Gerald L. Morris (Hrsg.), The International Law and Policy of Human Welfare, Alphen aan den Rijn, 1978, S. 549–581.

Goldberg, Donald M.: As the World Burns: Negotiating the Framework Convention on Climate Change, in: Georgetown International Environmental Law Review, Bd. 5 (1993), S. 239–275.

Goldemberg, José (Hrsg.): Issues & Options – The Clean Development Mechanism, UNDP, New York, 1998.

Goldman, Karen Anne: Compensation for Use of Biological Resources under the Convention on Biological Diversity: Compatibility of Conservation Measures and Competitiveness of the Biotechnology Industry, in: Law and Policy in International Business, Bd. 25 (1994), S. 695–726.

Grubb, Michael / Vrolijk, Christiaan / Brack, Duncan: The Kyoto Protocol – A Guide and Assessment, London, 1999.

Grubb, Michael / Yamin, Farhana: Climate collapse at The Hague: what happened, why, and where do we go from here? In: International Affairs, Bd. 77 (2001), S. 261–276.

Guadamuz, Andrés L.: The Future of Technology Transfer in the Global Village, in: The Journal of World Intellectual Property, Bd. 3 (2000), S. 589–602.

Gündling, Lothar: Compliance Assistance in International Environmental Law: Capacity-Building Through Financial and Technology Transfer, in: Zeitschrift für ausländisches öffentliches Recht und Völkerrecht, Bd. 56 (1996), S. 796–809.

Gutterman, Alan S.: The North-South Debate Regarding the Protection of Intellectual Property Rights, in: Wake Forest Law Review, Bd. 28 (1993), S. 89–139.

Häberli, Christian: Das GATT und die Entwicklungsländer, in: T. Cottier (Hrsg.), GATT-Uruguay Round: Neun Beiträge, Bern, 1995, S. 135–172.

Hadlock, Charles R.: Multinational Corporations and the Transfer of Environmental Technology to Developing Countries, in: International Environmental Affairs, Bd. 6 (1994), S. 149–174.

Ha-Joon Chang: Intellectual Property Rights and Economic Development: historical lessons and emerging issues, in: Journal of Human Development, Bd. 2 (2001), S. 287–309.

Han, Anna M.: Technology Licensing to China: The Influence of Culture, in: Hastings International and Comparative Law Review, Bd. 19 (1996), S. 629–643.

Hanafi, Alex G.: Note, Joint Implementation: Legal and Institutional Issues for an Effective International Program to Combat Climate Change, in: The Harvard Environmental Law Review, Bd. 22 (1998), S. 441–508.

Handl, Günther: Environmental Protection and Development in Third World Countries: Common Destiny-Common Responsibility, in: New York University Journal of International Law & Politics, Bd. 20 (1988), S. 603–627.

Handl, Günther: International Efforts to Protect the Global Atmosphere: A Case of Too Little, Too Late?, in: European Journal of International Law, Bd. 1 (1990), S. 250–257.

Hansjürgens, Bernd: Wie erfolgreich ist das neue Schwefeldioxid-Zertifikatesystem in den U.S.A.? – Erste Erfahrungen und Lehren für die Zukunft, in: Zeitschrift für Umweltpolitik und Umweltrecht, 1998, S. 1–32.

Hauser, Wolfgang: Die rechtliche Gestaltung des Tiefseebergbaus nach der Seerechtskonvention, Frankfurt am Main, 1982.

Hayes, Denis: Energieoptionen für die Dritte Welt, in: Europa-Archiv, Bd. 33 (1978), S. 111–124.

Hecke Van, George A.: Le droit anti-trust: Aspects comparatifs et internationaux, in: Recueil des Cours, Bd. 106 (1962 II), S. 253–355.

Henkelmann, M.: Seerechtliche Aspekte der AKP-EG-Zusammenarbeit, 2003.

Heller, Thomas C.: Environmental Realpolitik: Joint Implementation and Climate Change, in: Indiana Journal of Global Legal Studies, Bd. 3 (1996), S. 295–340.

Henry, Pierre: Des technologies pour relancer la croissance et protéger l'environnement: Le nouveau plan d'action pour les éco-technologies, in: Revue du Marché commun et de l'Union européenne, Nr. 478 (2004), S. 321–322.

Herdegen, Matthias: Internationales Wirtschaftsrecht, 4. Aufl., München, 2003.

Herdegen, Matthias: Völkerrecht, 4. Aufl., München, 2005.

Herring, Ronald J. / Bharucha, Erach, Embedded Capacities: India's Compliance with International Environmental Accords, in: Edith Brown Weiss / Harold K. Jacobsen, Engaging Countries, Cambridge, Mass. (u.a.), 1998, S. 395–435.

Heusel, Wolfgang: „Weiches" Völkerrecht, Baden Baden, 1991.

Hiancé, Martine / Nicolaieff, Bernard: Les pratiques commerciales restrictives et les transferts de technologie, in: René-François Bizec / Yves Daudet (Hrsg.), Un code de conduite pour le transfert de technologie, Paris, 1980, S. 79–94.

Hiestand, Martin: Kapitel P – Lizenzvertrag, in: Reithmann, Christoph / Martiny, Dieter (Hrsg.), Internationales Vertragsrecht, Köln, 2004.

Hilf, Meinhard: Die Auslegung mehrsprachiger Verträge, Berlin (u.a.), 1973.

Hilf, Meinhard: Die Konstitutionalisierung der Welthandelsordnung: Struktur, Institutionen und Verfahren, in: Berichte der Deutschen Gesellschaft für Völkerrecht, Bd. 40 (2003), S. 257–282.

Hillgenberg, Hartmut: A Fresh Look at Soft Law, in: European Journal of International Law, Bd. 10 (1999), S. 499–515.

Hoffert, Martin I. / Caldeira, Ken / Benford, Gregory / Criswell, David R.: Advanced Technology Paths to Global Climate Stability: Energy for a Greenhouse Planet, in: Science, Bd. 298 (1.11.2002), S. 981–987.

Hösle, Vittorio: Philosophie der ökologischen Krise, München, 1991.

Hohmann, Harald: Ergebnisse des Erdgipfels von Rio, in: NVwZ 1993, S. 311–319.

Hohmann, Harald: Precautionary Legal Duties and Principles of Modern International Environmental Law, London (u.a.), 1994.

Hope, Kempe Ronald: International Trade and International Technology Transfer to Eliminate Ozone-Depleting Substances, in: International Environmental Affairs, Bd. 8 (1996), S. 32–40.

Horn, Norbert: Normative Problems of a New International Economic Order, in: Journal of World Trade Law, Bd. 16 (1982), S. 338–351.

Huber, Max: Beiträge zur Kenntnis der soziologischen Grundlagen des Völkerrechts und der Staatengesellschaft, in: Jahrbuch des öffentlichen Rechts, Bd. 4 (1910), S. 56–134.

Hyder, Tariq Osman: Climate Negotiations: The North/South Perspective, in: Irving M. Mintzer (Hrsg.), Confronting Climate Change, Cambridge, 1992, S. 323–336.

Ipsen, Knut: Völkerrecht, 5. Aufl., München, 2004.

Jackson, John H.: The World Trading System, 2. Aufl., Cambridge, Mass. (u.a.), 1997.

Jackson, John H.: Sovereignty-Modern: A New Approach to an Outdated Concept, in: American Journal of International Law, Bd. 97 (2003), S. 782–802.

Jacoby, Henry D. / Prinn, Ronald G. / Schmalensee, Richard: Kyotos Unfinished Business, in: Foreign Affairs, Bd. 77 (1998), S. 54–66.

Jaenicke, Günther: Das Allgemeine Zoll- und Handelsabkommen, in: Archiv des Völkerrechts, Bd. 7 (1958/59), S. 371–420.

Jaenicke, Günther: Die Dritte Seerechtskonferenz der Vereinten Nationen, in: Zeitschrift für ausländisches öffentliches Recht und Völkerrecht, Bd. 38 (1978), S. 438–511.

Jaenicke, Günther: Stichwort „Havana Charter", in: Rudolf Bernhardt (Hrsg.), Encyclopedia of Public International Law, Bd. II (1995), S. 679–683.

Jamal Alia: The United Nations Convention to Combat Desertification in those Countries Experiencing Serious Draught and/or Dersertification, Particularly in Africa; Implementing Agenda 21, in: Review of European Community and International Environmental Law, Bd. 6 (1997), S. 1–6.

Johnston, Sam: Financial Aid, Biodiversity and International Law, in: Michael Bowman / Catherine Redgwell (Hrsg.), International Law and the Conservation of Biological Diversity, London (u.a.), 1996, S. 271–288.

Johnston, Stanley P.: The Earth Summit: The United Nations Conference on Environment and Development, London (u.a.), 1993.

Jordan, Andrew / Werksman, Jacob: Financing Global Environmental Protection, in: Cameron, James / Werksman, Jacob / Roderick, Peter (Hrsg.), Improving Compliance with International Environmental Law, London, 1996, S. 247–255.

Kaczka, David E.: A Primer on the Shrimp-Sea Turtle Controversy, in: Review of European Community and International Environmental Law, Bd. 6 (1997), S. 171–180.

Kaczynski, Vlad M.: In Search of Self-Reliance: Problems of Marine Technology Transfer to the Developing Countries: The Case of West Africa, in: Ocean Development and International Law, Bd. 20 (1989) S. 623–636.

Kellersmann, Bettina: Die gemeinsame, aber differenzierte Verantwortlichkeit von Industriestaaten und Entwicklungsländern für den Schutz der globalen Umwelt, Berlin (u.a.), 2000.

Kewenig, Wilhelm A. (Hrsg.): Völkerrecht und internationale wirtschaftliche Zusammenarbeit, Berlin, 1978.

Kewenig, Wilhelm A.: Technologietransfer aus völkerrechtlicher Sicht, in: ders. (Hrsg.), Völkerrecht und internationale wirtschaftliche Zusammenarbeit, Berlin, 1978, S. 71–147.

Kewenig, Wilhelm A.: Common heritage of mankind – politischer Slogan oder völkerrechtlicher Schlüsselbegriff? in: Ingo von Münch (Hrsg.), Staatsrecht, Völkerrecht, Europarecht – Festschrift für Hans-Jürgen Schlochauer, Berlin (u.a.), 1981, S. 385–406.

Kimball, Lee A.: The Biodiversity Convention: How to Make It Work, in: Vanderbilt Journal of Transnational Law, Bd. 28 (1995), S. 763–775.

Kimball, Lee A. / Perrez, Franz Xaver / Werksman, Jacob: The Results of the World Summit on Sustainable Development: Targets, Institutions, and Trade Implications, in: Yearbook of International Environmental Law, Bd. 13 (2002), S. 3–19.

Kimminich, Otto: Technology Transfer and International Law: Towards Conceptual Clarity, in: German Yearbook of International Law, Bd. 25 (1982), S. 54–84.

Kimminich, Otto: Material, Economic and Human Limits to Activities of Mankind: Legislating for a New Economic World Order in an Ecological Context, in: Atle Grahl-Madsen / Jiri Toman (Hrsg.), The Spirit of Uppsala – Proceedings of the Joint UNITAR-Uppsala University Seminar on International Law and Organization for a New World Order (JUS 81), Berlin (u.a.), 1984, S. 314–341.

Kindelán Bustelo, Marta: Las dificultades de aplicación del Convenio sobre Diversidad Biológica ante la tercera conferencia de las partes, in: Revista Española de Derecho Internacional, Bd. XLVIII (1996), S. 409–418.

Kindt, John Warren / Menefee, Samuel Pyeatt: The Vexing Problem of Ozone Depletion in International Environmental Law and Policy, in: Texas International Law Journal, Bd. 24 (1989), S. 261–293.

Kiss, Alexandre Ch. / Sicault, Jean-Didier: La Conférence des Nations Unies sur l'environnement, in: Annuaire Francais de Droit International, Bd. XVIII (1972), S. 603–628.

Kiss, Alexandre Ch.: La pollution du milieu marin, in: Zeitschrift für ausländisches öffentliches Recht und Völkerrecht, Bd. 38 (1978), S. 902–932.

Kiss, Alexandre Ch.: La notion de patrimonie commun de l'humanité, in: Recueil des Cours, Bd. 175 (1982-II), S. 99–256.

Kiss, Alexandre Ch.: The International Control of Transboundary Movement of Hazardous Waste, in: Texas International Law Journal, Bd. 26 (1991), S. 521–539.

Kiss, Alexandre Ch. / Doumbe-Bille, Stéphane: La Conférence des Nations Unies sur l'environnement et le développement (Rio-de-Janeiro, 3–14 Juin 1992), in: Annuaire Francais de Droit International, Bd. XXXVIII (1992), S. 823–843.

Klabbers, Jan: The Redundancy of Soft Law, in: Nordic Journal of International Law, Bd. 65 (1996), S. 167–182.

Klemm, Andreas: Klimaschutz nach Marrakesch, Köln (u.a.), 2002.

Klinkenberg, Michael: Die Leitsätze der OECD für multinationale Unternehmen – ein Vorbild für eine neue Welthandelsrunde? in: Zeitschrift für vergleichende Rechtswissenschaft, Bd. 101 (2002), S. 421–433.

Kluttig, Bernhard: Welthandelsrecht und Umweltschutz – Kohärenz statt Konkurrenz, in: Christian Tietje / Gerhard Kraft (Hrsg.), Arbeitspapiere aus dem Institut für Wirtschaftsrecht, Heft 12, Halle (S.), 2003.

v. Kortzfleisch, Gert: Stichwort „Technologietransfer", in: Macharzina, Klaus / Welge, Martin K. (Hrsg.), Handwörterbuch Export und Internationale Unternehmung, Stuttgart, 1989, S. 2052–2063.

Koschorreck, Wilfried: Kommentar zu Artikel 17, in: Bruno Simma (Hrsg.), The Charter of the United Nations – A Commentary, 2. Aufl., München, 2002, Bd. 1, S. 332–352.

Kotsch, Harald: Joint Implementation – Issues in the Further Development of the Concept, in: Intereconomics 1997 (March/April), S. 59–66.

Kovar, Jeffrey D.: A Short Guide to the Rio Declaration, in: Colorado Journal of International Environmental Law & Policy, Bd. 4 (1993), S. 119–140.

Krajewski, Markus: Verfassungsperspektiven und Legitimation des Rechts der Welthandelsorganisation (WTO), Berlin, 2001.

Kreuter-Kirchhof, Charlotte: Neue Kooperationsformen im Umweltvölkerrecht. Die Kyoto Mechanismen, Berlin, 2005.

Kroker, Werner: Wege zur Verbreitung technologischer Kenntnisse zwischen England und Deutschland in der zweiten Hälfte des 18. Jahrhunderts, Berlin, 1971.

Kulessa, Margareta E. / Ringel, Marc: Kompensationen als innovatives Instrument globaler Umweltschutzpolitik: Möglichkeiten und Grenzen einer Weiterentwicklung des Konzepts am Beispiel der biologischen Vielfalt, in: Zeitschrift für Umweltpolitik und Umweltrecht 2003, S. 263–285.

Kummer, Katharina: International Management of Hazardous Wastes: The Basel Convention and Related Legal Rules, Oxford, 1995.

Kunz, Josef L.: The Changing Law of Nations – Essays in International Law, Toledo: Ohio State University Press, 1968.

Kürzinger, Edith / Schipulle, Hans Peter: Desertifikationskonvention – Ein Lehrstück für den Rio-Folgeprozeß?, in: Entwicklung und Zusammenarbeit, Bd. 37 (1996), S. 8–16.

Kushan, Jeffrey P.: Biodiversity: Opportunities and Obligations, in: Vanderbilt Journal of Transnational Law, Bd. 28 (1995), S. 755–761.

Kwon, Howard A.: Patent Protection and Technology Transfer in the Developing World: The Thailand Experience, in: George Washington Journal of International Law & Economics, Bd. 28 (1995), S. 567–605.

Ladreit de Lacharrière, Guy: The International Law of Development: Words and Conduct, in: Snyder, Francis / Slinn, Peter (Hrsg.), International Law of Development: Comparative Perspectives, Professional Books Ltd., Milton Trading Estate, Abingdon, 1987, S. 41–48.

Ladreit de Lacharrière, Guy: Identification et statut des pays „moins développés“, in: Annuaire Français de droit international, Bd. XVII (1971), S. 461–482.

Lall, Sanjaya: The Patent System and The Transfer of Technology to Less-Developed Countries, in: Journal of World Trade Law, Bd. 10 (1976), S. 1–16.

Lallas, Peter L.: The Stockholm Convention on Persistent Organic Pollutants, in: American Journal of International Law, Bd. 95 (2001), S. 692–708.

Landes, David: The Wealth and Poverty of Nations, London: Little, Brown and Co., 1998.

Lang, Winfried: Luft und Ozon – Schutzobjekte des Völkerrechts, in: Zeitschrift für ausländisches öffentliches Recht und Völkerrecht, Bd. 46 (1986), S. 261–285.

Lang, Winfried: Diplomatie zwischen Ökonomie und Ökologie, Das Beispiel des Ozonvertrages von Montreal, in: Europa-Archiv, Bd. 43 (1988), S. 105–110.

Lang, Winfried: Auf der Suche nach einem wirksamen Klima-Regime, in: Archiv des Völkerrechts, Bd. 31 (1993), S. 13–29.

Lang, Winfried: Bericht „Ozone Layer“, in: Yearbook of International Environmental Law, Bd. 5 (1994), S. 160–164.

Lang, Winfried: Bedeutung des Konzepts der Nachhaltigen Entwicklung für die Entwicklung des Umweltvölkerrechts, in: ders. / Hohmann, Harald / Epiney, Astrid, Das Konzept der Nachhaltigen Entwicklung, 20 Swiss Papers on European Integration, Bern (u.a.), 1999, S. 9–21.

Laubner, Tilmann: World Summit on Sustainable Development, Johannesburg, in: German Yearbook of International Law, Bd. 45 (2002), S. 417–430.

Lawrence, Peter: Technology Transfer Funds and the Law – Recent Amendments to the Montreal Protocol on Substances that Deplete the Ozone Layer, in: Journal of Environmental Law, Bd. 4 (1992), S. 15–27.

Levy, Marc A.: International Co-operation to Combat Acid Rain, in: Green Globe Yearbook 1995 (Fridtjof Nansen Institute, Hrsg.), S. 59–67.

Li, Yuwen: Transfer of Technology for Deep Sea-Bed Mining – The 1982 Law of the Sea Convention and Beyond, Dordrecht (u.a.), 1994.

Lieberman, Ben C.: Stratospheric Ozone Depletion and the Montreal Protocol: A Critical Analysis, in: Buffalo Environmental Law Journal, Bd. 2 (1994), S. 1–31.

Lomborg, Bjørn: The skeptical Environmentalist, Cambridge, 1998.

Loy, Frank E.: Heiße Luft aus der Europäischen Union, in: Frankfurter Allgemeine Zeitung, 10.6.1999.

Lücke, Jörg: Universales Verfassungsrecht, Völkerrecht und Schutz der Umwelt, in: Archiv für Völkerrecht, Bd. 35 (1997), S. 1–28.

Luff, David: An Overview of International Law of Sustainable Development and a Confrontation Between WTO Rules and Sustainable Development, in: Revue belge de droit international, Bd. XXIX, 1996 – 1, S. 90–144.

Lugo, Ariel E.: Schätzungen des Rückgangs der Artenvielfalt tropischer Wälder, in: E. O. Wilson (Hrsg.), Ende der biologischen Vielfalt?, Heidelberg (u.a.), 1992, S. 76–89.

Mahmoudi, Said: The United Nations Environment Programme: An Assessment, in: Asian Yearbook of International Law, Bd. 5 (1997), S. 175–198.

Mahmoudi, Said: Book Review: Yuwen Li, Transfer of Technology for Deep Sea-Bed Mining, in: Nordic Journal of International Law, Bd. 66 (1997), S. 423–427.

Makarczyk, Jerzy: Principles of a New International Economic Order, Dordrecht (u.a.), 1988.

Malaguti, Maria-Chiara: Restrictive Business Practices in International Trade and the Role of the World Trade Organization, in: Journal of World Trade, Bd. 32/3 (1998), S. 117–151.

Malanczuk, Peter: Sustainable Development: Some Critical Thoughts in the Light of the Rio Conference, in: Konrad Ginther / Erik Denters / Paul J.I.M. de Waart (Hrsg.), Sustainable Development and Good Governance, Dordrecht (u.a.), 1995, S. 23–52.

Maljean-Dubois, Sandrine: Environnement, développement durable et droit international, in: Annuaire Français de droit international, Bd. XLVIII (2002), S. 592–623.

Mansfield, Edwin: Intellectual Property Protection, Foreign Direct Investment, and Technology Transfer, IFC Discussion Paper Nr. 19, Washington D.C., 1994.

Marbury, Hugh J.: Hazardous Waste Exportation: The Global Manifestation of Environmental Racism, in: Vanderbilt Journal of Transnational Law, Bd. 28 (1995), S. 251–294.

Marroquín-Merino, Víctor M.: Wildlife Utilization: A New International Mechanism for the Prospection of Biological Diversity, in: Law and Policy in International Business, Bd. 26 (1995), S. 303–370.

Martín Arribas, Juan José: La degradación de la capa del ozono: un enorme desafío para la comunidad internacional, in: Revista Española de Derecho Internacional, Bd. XLVI (1994), S. 533–555.

Martinot, Eric / McDoom, Omar: Promoting Energy Efficiency and Renewable Energy – GEF Climate Change Projects and Impacts, Global Environment Facility, Washington D.C., Juni 2000.

Maskus, Keith E.: The Role of Intellectual Property Rights in Encouraging Foreign Direct Investment and Technology Transfer, in: Duke Journal of Comparative and International Law, Bd. 9 (1998), S. 109–153.

Maskus, Keith E.: The International Regulation of Intellectual Property, in: Weltwirtschaftliches Archiv, Bd. 134 (1998), S. 186–208.

Maskus, Keith E.: IPRs and FDI, in: Bijit Bora (Hrsg.), Foreign Direct Investment – Research Issues, London (u.a.), 2002, S. 195–210.

Matsushita, Mitsuo: Competition Law and Policy in the Context of the WTO System, in: De Paul Law Review, Bd. 44 (1995), S. 1097–1118.

Matz, Nele: Environmental Financing: Function and Coherence of Financial Mechanisms in International Environmental Agreements, in: Max Planck Yearbook of United Nations Law, Bd. 6 (2002), S. 473–534.

Matz, Nele: New Strategies for Environmental Financing?, in: Zeitschrift für ausländisches öffentliches Recht und Völkerrecht, Bd. 63 (2003), S. 503–516.

Mavroidis, Petros C.: Trade and Environment after the *Shrimps-Turtles* Litigation, in: Journal of World Trade, Bd. 34 (1), S. 73–88.

McConnell, Fiona: The Biodiversity Convention: A Negotiating History, Den Haag (u.a.), 1996.

McConnell, Moira L. / Gold, Edgar: The Modern Law Of The Sea: Framework For The Protection And Preservation Of The Marine Environment?, in: Case Western Reserve Journal of International Law, Bd. 23 (1991), S. 83–105.

Meessen, Karl Matthias: Völkerrechtliche Grundsätze des internationalen Kartellrechts, Baden Baden, 1975.

Mehr, Theron A.: Note, International Technology Transfer: Constructing and Financing an Environmental Program, in: Loyola of Los Angeles International and Comparative Law Journal, Bd. 15 (1993), S. 731–760.

Michels, Natalie: Umweltschutz und Entwicklungspolitik – Mechanismen zur Berücksichtigung von Entwicklungsländern in internationalen Umweltschutzübereinkommen, Frankfurt am Main (u.a.), 1999.

Mickelson, Karin: Rhetoric and Rage: Third World Voices in International Legal Discourse, in: Wisconsin International Law Journal, Bd. 16 (1998), S. 353–419.

Mintzer, Irving M. (Hrsg.): Confronting Climate Change – Risks, Implications and Responses, Cambridge, 1992.

Mintzer, Irving M.: Implementing the Framework Convention on Climate Change – Incremental Costs and the Role of GEF, GEF Working Paper Nr. 4, Washington D.C., 1993.

Mintzer, Irving M. / Leonard, Amber J. (Hrsg.): Negotiating Climate Change: The Inside Story of the Rio Convention, Cambridge, 1994.

Mintzer, Irving M. / Leonard, Amber J.: Visions of a Changing World, in: dies. (Hrsg.), Negotiating Climate Change: The Inside Story of the Rio Convention, Cambridge, 1994, S. 3–44.

Moliner-Dubost, Marianne: Le mécanisme pour un développement propre: Une nouvelle voie de coopération et de transferts nord/sud?, in: Revue Générale de Droit International Public 2004-4, S. 963–986.

Mosler, Hermann: The International Society as a Legal Community, in: Recueil des Cours, Bd. 140 (1974-IV), S. 1–320.

Muchlinski, Peter: Technology Transfer: Shifting Models of Law and Development, in: John Hatchard / Amanda Perry-Kessaris (Hrsg.), Law and Development: Facing Complexity in the 21st Century – Essays in honour of Peter Slinn, London (u.a.), 2003, S. 57–77.

Müller, Reinhard / Süß, Birgit: Die Entwicklung des Umweltvertragsrechts zwischen Deutschland, der früheren Tschechoslowakei und Polen – unter rückschauender Einbeziehung der Vertragspraxis der DDR, in: Zeitschrift für ausländisches öffentliches Recht und Völkerrecht, Bd. 53 (1993), S. 293–321.

Mugabe, John / Clark, Norman: Technology Transfer and the Convention on Biological Diversity – Emerging Policy and Institutional Issues, ACTS Biopolicy International Series no. 18, Kenya, 1996.

Muldoon, Paul R.: The International Law of Ecodevelopment: Emerging Norms for Development Assistance Agencies, in: Texas International Law Journal, Bd. 22 (1986), S. 1–52.

Murase, Shinya: Perspectives from International Economic Law on Transnational Environmental Issues, in: Recueil des Cours, Bd. 253 (1995), S. 283–431.

Nanda, Ved P.: International Environmental Protection and Developing Countries' Interests: The Role of International Law, in: Texas International Law Journal, Bd. 26 (1991), S. 497–519.

Navid, Daniel: Compliance Assistance in International Environmental Law: Capacity Building, Transfer of Finance and Technology, in: Zeitschrift für ausländisches öffentliches Recht und Völkerrecht, Bd. 56 (1996), S. 810–819.

Nettesheim, Martin: Die ökologische Intervention, in: Archiv des Völkerrechts, Bd. 34 (1996), S. 168–217.

Nordquist, Myron H. (Hrsg.): United Nations Convention on the Law of the Sea 1982 – A Commentary, Volume IV. (Shabtai Rosenne / Alexander Yankov, zusätzl. Hrsg.), Dordrecht (u.a.), 1991.

Nowrot, Karsten: Saving the International Legal Regime on Climate Change?: The 2001 Conferences of Bonn and Marrakesh, in: German Yearbook of International Law, Bd. 44 (2001), S. 396–429.

Ntambirweki, John: The Developing Countries in the Evolution of an International Environmental Law, in: Hastings International & Comparative Law Review, Bd. 14 (1991), S. 905–928.

Oberthür, Sebastian / Ott, Hermann E.: The Kyoto Protocol – International Climate Policy for the 21st Century, Berlin (u.a.), 1999.

Oberthür, Sebastian: Production and Consumption of Ozone-Depleting Substances 1986 – 1999, Deutsche Gesellschaft für Technische Zusammenarbeit (GTZ), Eschborn, 2001.

Oberthür, Sebastian / Marr, Simon: Das System der Erfüllungskontrolle des Kyoto-Protokolls: Ein Schritt zur wirksamen Durchsetzung im Umweltvölkerrecht, in: Zeitschrift für Umweltrecht 2002, S. 81–89.

Odendahl, Kerstin: Die Umweltpflichtigkeit der Souveränität, Berlin, 1998.

Oppermann, Thomas: „Neue Weltwirtschaftsordnung" und Internationales Wirtschaftsrecht, in: Bodo Börner / Hermann Jahrreiß / Klaus Stern (Hrsg.), Einigkeit und Recht und Freiheit – Festschrift für Karl Carstens, Bd. 1, Köln (u.a.), 1984, S. 449–464.

Oppermann, Thomas / Eiselstein, Claus: Die Bundesrepublik Deutschland vor der Frage der Unterzeichnung der UN-Seerechtskonvention, in: Europa-Archiv, Bd. 18 (1984), S. 559–566.

Oksenberg, Michel / Economy, Elizabeth: China: Implementation Under Economic Growth and Market Reform, in: Edith Brown Weiss / Harold K. Jacobsen, Engaging Countries, Cambridge, Mass. (u.a.), 1998, S. 353–394.

Orliange, Philippe: La Commission du Développement durable, in: Annuaire Français de Droit International, Bd. XXXIX (1993), S. 820–832.

Orrego Vicuña, Francisco: The Régime for the Exploration and Exploitation of Sea-Bed Mineral Resources, in: René-Jean Dupuy / Daniel Vignes (Hrsg.), A Handbook on the New Law of the Sea, Bd. 1, Dordrecht (u.a.), 1991, S. 635–687.

Ott, Hermann: The New Montreal Protocol: A Small Step for the Protection of the Ozone Layer, a Big Step for International Law and Relations, in: Verfassung und Recht in Übersee, Bd. 24 (1991), S. 188–208.

Ott, Hermann: Umweltregime im Völkerrecht, Baden-Baden, 1998.

Ott, Hermann: Bericht „Global Climate", in: Yearbook of International Environmental Law, Bd. 11 (2000), S. 166–177.

Ovink, B. John: Transboundary Shipments of Toxic Waste: The Basel and Bamako Conventions: Do Third World Countries Have a Choice?, in: Dickinson Journal of International Law, Bd. 13 (1995), S. 281–295.

Pacón, Ana Maria: Was bringt TRIPS den Entwicklungsländern?, in: Gewerblicher Rechtsschutz und Urheberrecht, Internationaler Teil, 1995, S. 875–886.

Pallemaerts, Marc: International Environmental Law from Stockholm to Rio: Back to the Future? in: Philippe Sands (Hrsg.), Greening International Law, London, 1993, S. 1–19.

Palmer, Geoffrey: New Ways to Make International Environmental Law, in: American Journal of International Law, Bd. 86 (1992), S. 259–283.

Panjabi, Ranee K. L.: Idealism and Self-Interest in International Environmental Law: The Rio Dilemma, in: California Western International Law Journal, Bd. 23 (1992), S. 177–198.

Patel, Surendra J.: Transfer of Technology and Third UNCTAD, in: Journal of World Trade Law, Bd. 7 (1973), S. 226–233.

Patel, Surendra J.: The Technological Dependence of Developing Countries, in: Journal of Modern African Studies, Bd. 12 (1974), S. 1–18.

Patel, Surendra J. / Roffe, Pedro / Yusuf, Abdulquawi (Hrsg.): International Technology Transfer – The Origins and Aftermath of the United Nations Negotiations on a Draft Code of Conduct, Den Haag (u.a.), 2001.

Paterson, Matthew / Grubb, Michael: The international politics of climate change, in: International Affairs, Bd. 68 (1992), S. 293–310.

Pathak, Raghunandan Swarup: International Trade and Environmental Development: A View from India, in: Indiana Journal of Global Legal Studies, Bd. 1 (1994), S. 325–341.

Patlis, Jason M.: The Multilateral Fund of the Montreal Protocol: A Prototype for Financial Mechanisms in Protecting the Global Environment, in: Cornell International Law Journal, Bd. 25 (1992), S. 181–230.

Petersmann, Ernst-Ulrich: Stichwort „Codes of Conduct“, in: Rudolf Bernhardt (Hrsg.), Encyclopedia of Public International Law, Bd. I. (1992), S. 627–632.

Platzöder, Renate: Substantive Changes in a Multilateral Treaty Before its Entry into Force: The Case of the 1982 United Nations Convention on the Law of the Sea, in: European Journal of International Law, Bd. 4 (1993), S. 390–402.

Pohl, Heinrich: Völkerrecht und Außenpolitik in der Reichsverfassung, Berlin, 1929.

Pomar Borda, Ana Maria: Das umwelt(völker)rechtliche Prinzip der *gemeinsamen, jedoch unterschiedlichen Verantwortlichkeit* und das internationale Schuldenmanagement, Frankfurt am Main (u.a.), 2002.

Pool, Robert: A global experiment in technology transfer, in: Nature, Bd. 351 (1991), S. 6–7.

Porras, Ileana: The Rio Declaration: A New Basis for International Cooperation, in: Philippe Sands (Hrsg.), Greening International Law, London, 1993, S. 20–33.

Powroslo, Eva: Naturwissenschaftliche Konkretisierung unbestimmter Rechtsbegriffe im Umweltvölkerrecht, Diss. Univ. Bonn, 2006.

Prill, Norbert J.: Technologietransfer und Meeresnutzung, in: Zeitschrift für ausländisches öffentliches Recht und Völkerrecht, Bd. 38 (1978), S. 801–847.

Primosch, Edmund G.: Reflections on Methodology in the Field of International Environmental Law, in: Austrian Journal of Public and International Law, Bd. 45 (1993), S. 47–52.

Pring, George: The 2002 Johannesburg World Summit on Sustainable Development, in: Denver Journal of International Law and Policy, Bd. 30 (2002), S. 410–420.

Radkau, Joachim: Natur und Macht – Eine Weltgeschichte der Umwelt, München, 2000.

Ramakrishna, Kilaparti: North-South Issues, Common Heritage of Mankind and Global Climate Change, in: Millenium – Journal of International Studies, Bd. 19 (1990), S. 429–445.

Ramsey, Robert: UNCTADs failures: the rich get richer, in: International Organization, Bd. 38 (1984), S. 387–397.

Rapp, Richard T. / Rozek, Richard P.: Benefits and Costs of Intellectual Property Protection in Developing Countries, in: Journal of World Trade, Bd. 24/5 (1990), S. 75–102.

Raychaudhari, Ajay / Hoffmann, Ulrich: The Effectiveness of the Provisions on Transfer of Technology to Developing Countries in the Basel Convention: The Case of Used Lead-Acid Batteries in India, in: Veena Jha / Ulrich Hoffmann (Hrsg.), Achieving

Objectives of Multilateral Environmental Agreements: A Package of Trade Measures and Positive Measures, Genf (UNCTAD), 2000, S. 139–150.

Rehbinder Eckard: Market-based Incentives for Environmental Protection, in: Richard L. Revesz / Philippe Sands / Richard B. Stewart (Hrsg.), Environmental Law, the Economy, and Sustainable Development, Cambridge, 2000, S. 245–262.

Reichman, Jerome H.: Universal Minimum Standards of Intellectual Property Protection under the TRIPS Component of the WTO Agreement, in: The International Lawyer, Bd. 29 (1995), S. 345–388.

Reinhard, Michael / Schmalholz, Heinz: Technologietransfer in Deutschland, Berlin (u.a.), 1996.

Roberts, Anthea Elizabeth: Traditional and Modern Approaches to Customary International Law: A Reconciliation, in: American Journal of International Law, Bd. 95 (2001), S. 757–791.

Robinson, Nicholas A.: Agenda 21: Earth's Action Plan, IUCN Environmental Policy & Law Paper No. 27, New York (u.a.), 1993.

Rodrigo Hernández, Ángel J.: Los acuerdos de Marrakesh adoptados en la séptima reunión de la Conferencia de las Partes de la Convención marco de las Naciones Unidas sobre el cambio climático, in: Revista Española de Derecho Internacional, Bd. LIII (2001), S. 331–342.

Römpczyk, Elmar / Gettkant, Andreas (Hrsg.): Nord-Süd-Biopolitik, Zur Frage gentechnischer Vorherrschaft, Bonn, 1996.

Rouach, Daniel / Klatzmann, Joseph: Les transferts de technologie (que sais-je?), Paris, 1993.

Rozental, Andres: The Charter of Economic Rights and Duties of States and the New International Economic Order, in: Virginia Journal of International Law, Bd. 16 (1976), S. 309–322.

Rubin, Harry (Hrsg.): International Technology Transfers, London (u.a.), 1995.

Rublack, Susanne: Der grenzüberschreitende Transfer von Umweltrisiken im Völkerrecht: Möglichkeiten und Grenzen der Zuweisung von Umweltverantwortung am Beispiel der grenzüberschreitenden Abfallentsorgung, der internationalen Vermarktung von Chemikalien und des Transfers umweltgefährdender Technologie, Baden Baden, 1993.

Ruffert, Matthias: Zu den Ergebnissen der Konferenz der Vereinten Nationen für Umwelt und Entwicklung, in: Jahrbuch des Umwelt- und Technikrechts 1993, S. 397–408.

Rummel-Bulska, Iwona: The Protection of the Ozone Layer Under the Global Framework Convention, in: Cees Flinterman / Barbara Kwiatkowska / Johan G. Lammers (Hrsg.), Transboundary Air Pollution, Dordrecht (u.a.), 1986, S. 281–297.

Rummel-Bulska, Iwona: Recent Developments Relating to the Vienna Convention for the Protection of the Ozone Layer, in: Annuaire de l'Association des Auditeurs et Anciens Auditeurs de l'Académie de droit international, Bd. 54/55/56 (1984/85/86), S. 115–125.

Sach, Karsten / Reese, Moritz: Das Kyoto-Protokoll nach Bonn und Marrakesch, in: Zeitschrift für Umweltrecht 2002, S. 65–73.

Sand, Peter H.: Internationales Umweltrecht im Umweltprogramm der Vereinten Nationen, in: Natur und Recht 1985, S. 170–173.

Sand, Peter H.: International Environmental Law After Rio, in: European Journal of International Law, Bd. 4 (1993), S. 377–389.

Sand, Peter H.: The Potential Impact of the Global Environment Facility of the World Bank, UNDP and UNEP, in: Rüdiger Wolfrum (Hrsg.), Enforcing Environmental Standards: Economic Mechanisms as Viable Means?, Berlin (u.a.), 1996, S. 479–499.

Sanderson, George F.: Climate Change – The Threat to Human Health, The Futurist 1992, S. 34–38.

Sands, Philippe: The United Nations Framework Convention on Climate Change, in: Review of International and European Community Environmental Law, Bd. 1 (1992), S. 270–277.

Sands, Philippe: International Law in the Field of Sustainable Development, in: The British Yearbook of International Law, Bd. LXV (1994), S. 303–381.

Sauer, Ernst: Zur völkerrechtlichen Methode, in: Mensch und Staat in Recht und Geschichte, Festschrift für Herbert Kraus, Kitzingen, 1954, S. 163–171.

Schafhausen, Franzjosef: Besser dieser Vertrag als gar keiner!, in: Energiewirtschaftliche Tagesfragen, Bd. 51 (2001), S. 585–589.

Schally, Hugo Maria: Bericht „Ozone Layer", in: Yearbook of International Environmental Law, Bd. 7 (1996), S. 127–130.

Schally, Hugo Maria: Bericht „Ozone Layer", in: Yearbook of International Environmental Law, Bd. 12 (2001), S. 209–211.

Schally, Hugo Maria: Bericht „Ozone Layer", in: Yearbook of International Environmental Law, Bd. 13 (2002), S. 258–261.

Scharpenack, Holger: Das „Recht auf Entwicklung", Frankfurt am Main (u.a.), 1996.

Scheuner, Ulrich: Naturrechtliche Strömungen im heutigen Völkerrecht, in: Zeitschrift für ausländisches öffentliches Recht und Völkerrecht, Bd. 13 (1950/51), S. 556–614.

Scheuner, Ulrich: Die völkerrechtlichen Grundlagen der Weltwirtschaft in der Gegenwart, Sonderdruck aus: Verhandlungen des 40. Deutschen Juristentages, Bd. II, Tübingen, 1954.

Scheyli, Martin: Der Schutz des Klimas als Prüfstein völkerrechtlicher Konstitutionalisierung? In: Archiv des Völkerrechts, Bd. 40 (2002), S. 273–330.

Schlösser, Hans Jürgen: Joint Implementation und die Moral, in: Energiewirtschaftliche Tagesfragen, Bd. 46 (1996), S. 338.

Schlüter, Bernhard: Die Kompetenz der UNCTAD, in: Zeitschrift für ausländisches öffentliches Recht und Völkerrecht, Bd. 32 (1972), S. 297–338.

Schrijver, Nico: The dynamics of sovereignty in a changing world, in: Konrad Ginther / Erik Denters / Paul J.I.M. de Waart (Hrsg.), Sustainable Development and Good Governance, Dordrecht (u.a.), 1995, S. 80–89.

Schröder, Meinhard: Sustainable Development – Ausgleich zwischen Umwelt und Entwicklung als Gestaltungsaufgabe der Staaten, in: Archiv für Völkerrecht, Bd. 34 (1996), S. 251–275.

Schücking, Walther: Die Organisation der Welt, 1908.

Schüle, Adolf: Methoden der Völkerrechtswissenschaft, in: Berichte der Deutschen Gesellschaft für Völkerrecht, Heft 3 (1959), S. 1–24.

Schulte zu Sodingen, Beate: Der völkerrechtliche Schutz der Wälder – nationale Souveränität, multilaterale Schutzkonzepte und unilaterale Regelungsansätze, Berlin (u.a.), 2002.

Schuppert, Stefan: Neue Steuerungsinstrumente im Umweltvölkerrecht am Beispiel des Montrealer Protokolls und des Klimarahmenübereinkommens, Berlin (u.a.), 1998.

Schwarzenberger, Georg: The Inductive Approach to International Law, London (u.a.), 1965.

Seidl-Hohenveldern, Ignaz: The Third World and the Protection of the Environment, in: AA.VV., Estudios de Derecho Internacional en Homenaje al Profesor Adolfo Miaja de la Muela, Bd. I., Madrid, 1979, S. 351–360.

Senti, Richard: WTO – System und Funktionsweise der Welthandelsordnung, Zürich (u.a.), 2000.

Shihata, Ibrahim F.I.: The World Bank and the Environment: A Legal Perspective, in: Maryland Journal of International Law and Trade, Bd. 16 (1992), S. 1–42.

Silard, Stephen A.: The Global Environment Facility: A New Development in International Law and Organization, in: George Washington Journal of International Law & Economics, Bd. 28 (1995), S. 607–654.

Simma, Bruno: Das Reziprozitätselement in der Entstehung des Völkergewohnheitsrechts, München (u.a.), 1970.

Simonis, Udo Ernst: Globale Umweltpolitik – Ansätze und Perspektiven, Mannheim, Leipzig, Wien, Zürich, 1996.

Simonis, Udo Ernst: Internationalisierung der Umweltpolitik, in: Die Friedenswarte, Bd. 73 (1998), S. 9–24.

Sjöberg, Helen: The Global Environment Facility, in: Jacob Werksman (Hrsg.), Greening International Institutions, London, 1996, S. 148–162.

Sjöberg, Helen: Restructuring the Global Environment Facility, GEF Working Paper Number 13, Washington D.C., 1999.

Slinn, Peter: Development Issues: The International Law of Development and Global Climate Change, in: Robin Churchill / David Freestone (Hrsg.), International Law and Global Climate Change, London (u.a.), 1991, S. 75–94.

Sohn, Louis B.: The Stockholm Declaration on the Human Environment, in: Harvard International Law Journal, Bd. 14 (1973), S. 452 ff.

Solo, Robert A.: Organizing Science for Technology Transfer in Economic Development, Michigan State University Press, 1975.

Solow, Robert A.: Technical Change and the Aggregate Production Function, in: Review of Economics and Statistics, Bd. 39 (1957), S. 312–319.

Spero, Joan E. / Hart, Jeffrey A.: The Politics of International Economic Relations, 6. Aufl., Thomson – Wadsworth, Belmont, 2003.

Speth, James Gustave: Red Sky at Morning, Yale University Press, 2004.

Spranger, Tade Matthias: Der Zugriff auf pflanzliche Genressourcen im internationalen Regelungsgeflecht, in: Archiv des Völkerrechts, Bd. 40 (2002), S. 64–89.

Staehelin, Alesch: Das TRIPs-Abkommen – Immaterialgüterrechte im Licht der globalisierten Handelspolitik, 2. Aufl., Bern, 1999.

Stampfli-Medzikijan, Lorenz: Le transfert de technologie – Les efforts actuels pour une réglementation internationale, Berne (u.a.), 1980.

Steer, Andrew / Mason, Jocelyn: The Role of Multilateral Finance and the Environment: A View from the World Bank, in: Indiana Journal of Global Legal Studies, Bd. 3 (1995), S. 35–45.

Stein, Torsten / von Buttlar, Christian: Völkerrecht, 11. Aufl., Köln, Berlin, München, 2005.

Stocker, Werner: Das Prinzip des Common Heritage of Mankind als Ausdruck des Staatengemeinschaftsinteresses im Völkerrecht, Schweizer Studien zum internationalen Recht, Bd. 81, Zürich, 1993.

Stödter, Rolf: Völkerrecht und Weltwirtschaft, in: Zeitschrift für ausländisches öffentliches Recht und Völkerrecht, Bd. 13 (1950/51), S. 67–97.

Stoll, Peter-Tobias: Technologietransfer Internationalisierungs- und Nationalisierungstendenzen, Berlin (u.a.), 1994.

Stoll, Peter-Tobias: Die WTO: Neue Welthandelsorganisation, neue Welthandelsordnung, in: Zeitschrift für ausländisches öffentliches Recht und Völkerrecht, Bd. 54 (1994), S. 241–339.

Stoll, Peter-Tobias: The Entry Into Force of the Convention on the Law of the Sea: A Redistribution of Competences in Relation to the Management of the International Commons?, in: Zeitschrift für ausländisches öffentliches Recht und Völkerrecht, Bd. 55 (1995), S. 391–420.

Stoll, Peter-Tobias: The International Environmental Law of Cooperation, in: Rüdiger Wolfrum (Hrsg.), Enforcing Environmental Standards: Economic Mechanisms as Viable Means?, Berlin (u.a.), 1996, S. 39–93.

Stoll, Peter-Tobias: Hazardous Substances and Technologies, in: Fred L. Morrisson / Rüdiger Wolfrum (Hrsg.), International, Regional and National Environmental Law, The Hague (u.a.), 2000, S. 437–451.

Stoll, Peter-Tobias: Technical Cooperation and Technology Transfer, in: Fred L. Morrisson / Rüdiger Wolfrum (Hrsg.), International, Regional and National Environmental Law, The Hague (u.a.), 2000, S. 933–948.

Stone, Christopher D.: Beyond Rio: „Insuring" Against Global Warming, in: American Journal of International Law, Bd. 86 (1992), S. 445–488.

Straus, Joseph: Bedeutung des TRIPS für das Patentrecht, in: Gewerblicher Rechtsschutz und Urheberrecht, Internationaler Teil, 1996, S. 179–205.

Strong, Maurice F.: Beyond Rio: Prospects and Portents, in: Colorado Journal of International Environmental Law & Policy, Bd. 4 (1993), S. 21–36.

Subedi, Surya P.: The Road from Doha: The Issues for the Development Round of the WTO and the Future of International Trade, in: The International and Comparative Law Quarterly, Bd. 52 (2003), S. 425–446.

Taplin, Grant B.: Neubelebung der UNCTAD, in: Finanzierung und Entwicklung, Juni 1992, S. 36–37.

Terz, Panos: Die Polydimensionalität der Völkerrechtswissenschaft oder Pro scientia lata iuris inter gentes, in: Archiv des Völkerrechts, Bd. 30 (1992), S. 442–481.

Thirlway, Hugh W. A.: Reflections on lex ferenda, in: Netherlands Yearbook of International Law, Bd. XXXII (2001), S. 3–26.

Thomas, Chantal: Transfer of Technology in the Contemporary International Order, in: Fordham International Law Journal, Bd. 22 (1999), S. 2096–2111.

Thompson, Dennis: An Overview of the Draft Code, in: Surendra J. Patel / Pedro Roffe / Abdulquawi Yusuf (Hrsg.), International Technology Transfer – The Origins and Aftermath of the United Nations Negotiations on a Draft Code of Conduct, Den Haag (u.a.), 2001, S. 51–75.

Thoms, Laura: A Comparative Analysis of International Regimes on Ozone and Climate Change with Implications for Regime Design, in: Columbia Journal of Transnational Law, Bd. 41 (2003), S. 795–859.

Töpfer, Klaus: „Zur gegenwärtigen Diskussion in Deutschland um die verstrahlten Atomtransporte und zur Klimakonferenz in Bonn", DLF Interview Informationen am Morgen v. 4.6.1998/06.50, in: Fernseh-/Hörfunkspiegel Inland v. 04.06.98, S. 1–2.

Timmermann, Andreas: Der Transfer von Umwelttechnologien in Entwicklungsländer – rechtlicher Rahmen für einen Interessenausgleich, in: Verfassung und Recht in Übersee, Bd. 32 (1999), S. 314–334.

Timoshenko, Alexandre S.: From Stockholm to Rio: The Institutionalization of Sustainable Development, in: Winfried Lang (Hrsg.), Sustainable Development and International Law, London (u.a.), 1995, S. 143–160.

Tolba, Mostafa K.: Global Environmental Diplomacy – Negotiating Environmental Agreements for the World, 1973–1992, Cambridge, Mass. (u.a.), 1998.

Tomuschat, Christian: Die Charta der wirtschaftlichen Rechte und Pflichten der Staaten, in: Zeitschrift für ausländisches öffentliches Recht und Völkerrecht, Bd. 36 (1976), S. 444–491.

Tomuschat, Christian: Stichwort „New International Economic Order", in: Rudolf Bernhardt (Hrsg.), Encyclopedia of Public International Law, Bd. III (1997), S. 578–582.

Torres Bernárdez, Santiago: Interpretation of Treaties by the International Court of Justice Following the Adoption of the 1969 Vienna Convention on the Law of Treaties, in: Gerhard Hafner / Gerhard Loibl / Alfred Rest / Lilly Sucharipa-Behrmann / Karl Zemanek (Hrsg.), Liber Amicorum Professor Seidl-Hohenveldern – in honour of his 80th birthday, The Hague (u.a.), 1998, S. 721–748.

Touscoz, Jean: Le code international de conduite pour le transfert des techniques, in: Pierre Judet / Philippe Kahn / Alexander Ch. Kiss / ders. (Hrsg.), Transfert de technologie et développement, Paris, 1977, S. 197–225.

Townsend, Matthew: The International Transfer of Technology, in: Environmental Policy and Law, Bd. 23/2 (1993), S. 66–69.

Trebilcock, Michael J. / Howse, Robert: The Regulation of International Trade, 2. Aufl., London (u.a.), 1999.

Treves, Tullio: Le transfert de technologie et la Conférence sur le droit de la mer, in: Journal du droit international, Bd. 104 (1977), S. 43–65.

Tripp, James T.B.: The UNEP Montreal Protocol: Industrialized and Developing Countries Sharing the Responsibility for Protecting the Stratospheric Ozone Layer, in: New York University Journal of International Law and Politics, Bd. 20 (1987/88), S. 733–752.

Tromans, Stephen: International Law and UNCED: Effects on International Business, in: Journal of Environmental Law, Bd. 4 (1992), S. 189–202.

Trüeb, Hans Rudolf: Economics and the Environment: The Case For Tradeable Emission Permits, in: Michael T. McGuire / Manfred Rehbinder (Hrsg.), Biology, Culture, and Environmental Law, Berlin, 1993, S. 43–116.

Trüeb, Hans Rudolf: Umweltrecht in der WTO – Staatliche Regulierungen im Kontext des internationales Handelsrechts, Zürich, 2001.

Ullrich, Hanns: Technologieschutz nach TRIPS: Prinzipien und Probleme, in: Gewerblicher Rechtsschutz und Urheberrecht, Internationaler Teil, 1995, S. 623–641.

Ullrich, Hanns: Competition, Intellectual Property Rights and Transfer of Technology, in: Surendra J. Patel / Pedro Roffe / Abdulquawi Yusuf (Hrsg.): International Technology Transfer – The Origins and Aftermath of the United Nations Negotiations on a Draft Code of Conduct, Den Haag (u.a.), 2001, S. 363–380.

Unruh, Gregory C.: Understanding carbon lock-in, in: Energy Policy, Bd. 28 (2000), S. 817–830.

Unruh, Gregory C.: Escaping carbon lock-in, in: Energy Policy, Bd. 30 (2002), S. 317–325.

Usher, Peter: Climate Change and the Developing World, in: Southern Illinois University Law Journal, Bd. 14 (1990), S. 257–264.

Vandevelde, Kenneth J.: Sustainable Liberalism and the International Investment Regime, in: Michigan Journal of International Law, Bd. 19 (1998), S. 373–399.

Verdirame, Guglielmo: The Definition of Developing Countries under GATT and other International Law, in: German Yearbook of International Law, Bd. 39 (1996), S. 164–197.

Verdross, Alfred: J. J. Mosers Programm einer Völkerrechtswissenschaft der Erfahrung, in: Josef Tittel, u.a. (Hrsg.), Multitudo legum ius unum – Festschrift für Wilhelm Wengler, Bd. I., Berlin, 1973, S. 685–691.

Verdross, Alfred / Simma, Bruno: Universelles Völkerrecht – Theorie und Praxis, 3. Aufl., Berlin, 1984.

Verhoosel, Gaëtan: Foreign Direct Investment and Legal Constraints on Domestic Environmental Policies: Striking a „Reasonable" Balance Between Stability and Change, in: Law and Policy in International Business, Bd. 29:4 (1998), S. 451–479.

Vernon, Raymond: The World Trade Organization: A New Stage in International Trade and Development, in: Harvard International Law Journal, Bd. 36 (1995), S. 329–340.

Virally, Michel: La Charte des droits et devoirs économiques des états, in: Annuaire Français de droit international, Bd. XX (1974), S. 57–77.

Graf Vitzthum, Wolfgang: Neue Weltwirtschaftsordnung und neue Weltmeeresordnung, in: Europa-Archiv, Bd. 33 (1978), S. 455–468.

Graf Vitzthum, Wolfgang: Die Europäische Gemeinschaft und das Internationale Seerecht, in: Archiv des öffentlichen Rechts, Bd. 111 (1986), S. 33–62.

Graf Vitzthum, Wolfgang: Technologietransfer und Technologieembargo im Völkerrecht, in: ORDO Jahrbuch für die Ordnung von Wirtschaft und Gesellschaft, Bd. 38 (1987), S. 233–263.

Graf Vitzthum, Wolfgang, Droit de l'environnement marin et régionalisme, in: ders. / C. Impériali (Hrsg.), La protection régionale de l'environnement marin, Paris, 1992, S. 11–15.

Graf Vitzthum, Wolfgang (Hrsg.): Völkerrecht, 3. Aufl., Berlin (u.a.), 2004.

Graf Vitzthum, Wolfgang: Begriff, Geschichte und Quellen des Völkerrechts, in: ders. (Hrsg.), Völkerrecht, 3. Aufl., Berlin (u.a.), 2004, 1. Abschnitt.

Vonessen, Benjamin: Europäische Entwicklungshilfe und Umweltschutz, Berlin, 1995.

Wälde, Thomas W.: A Requiem for the „New International Economic Order" The Rise and Fall of Paradigms in International Economic Law and a Post-Mortem with Timeless Significance, in: Gerhard Hafner / Gerhard Loibl / Alfred Rest / Lilly Sucharipa-Behrmann / Karl Zemanek (Hrsg.), Liber Amicorum Professor Seidl-Hohenveldern – in honour of his 80th birthday, The Hague (u.a.), 1998, S. 771–804.

Walden, Ian: Intellectual Property Rights and Biodiversity, in: Michael Bowman / Catherine Redgwell (Hrsg.), International Law and the Conservation of Biological Diversity, London (u.a.), 1996, S. 171–189.

Walter, Achim: Technologietransfer zwischen Wissenschaft und Wirtschaft – Voraussetzungen für den Erfolg, Wiesbaden, 2003.

WBGU (Hrsg.): Welt im Wandel – Die Gefährdung der Böden, Bonn, 1994.

WBGU (Hrsg.): Welt im Wandel – Wege zu einem nachhaltigen Umgang mit Süßwasser, Berlin (u.a.), 1997.

WBGU (Hrsg.): Welt im Wandel – Erhaltung und nachhaltige Nutzung der Biosphäre, Berlin (u.a.), 2000.

WBGU (Hrsg.): Welt im Wandel – Energiewende zur Nachhaltigkeit, Berlin (u.a.), 2003.

Weber, Rolf H. / Skripsky, Martin: TRIPS und Technologietransfer, in: Schweizerische Zeitschrift für internationales und europäisches Recht, Heft 2, 2005, S. 315–336.

Weber, Wolfhard: Industriespionage als technologischer Transfer in der deutschen Frühindustrialisierung, Technikgeschichte, Bd. 42 (1975), S. 287–305.

Wegener, Henning: Technologietransfer von Industriestaaten in Entwicklungsländer, in: Europa-Archiv, Bd. 16 (1976), S. 527–538.

Weiss, Friedl: Stichwort „Technology Transfer" (Addendum 1999), in: Rudolf Bernhardt (Hrsg.), Encyclopedia of Public International Law, Bd. IV. (2000), S. 780–788.

Weiß, Wolfgang / Herrmann, Christoph: Welthandelsrecht, München, 2003.

von Weizsäcker, Ernst Ulrich: Erdpolitik, 2. Aufl., Darmstadt, 1990.

Werksman, Jacob: Compliance and Transition: Russia's Non-Compliance Tests the Ozone Regime, in: Zeitschrift für auländisches öffentliches Recht und Völkerrecht, Bd. 56 (1996) S. 750–773.

Werksman, Jacob, Designing a Compliance System for the UN Framework Convention on Climate Change, in: James Cameron / ders. / Peter Roderick (Hrsg.), Improving Compliance with International Environmental Law, London, 1996, S. 85–112.

Werksman, Jacob: Bericht „Global Environment Facility (GEF)", in: Yearbook of International Environmental Law, Bd. 8 (1997), S. 482–487.

Werksman, Jacob, The Clean Development Mechanism: Unwrapping the ‚Kyoto Surprise', in: Review of International and European Community Environmental Law, Bd. 7 (1998), S. 147–158.

White, Gillian: A New International Economic Order?, in: Virginia Journal of International Law, Bd. 16 (1976), S. 323–345.

Williams, Victor: Ozone Depletion, Developing Countries, and Human Rights: Seeking Better Ground on Which to Fight for Protection of the Ozone Layer, in: Journal of Natural Resources and Environmental Law, Bd. 10 (1994-95), S. 83–111.

Williams, Sylvia Maureen: Legal Problems Arising from the Protection of the Ozone Layer, in: Annuaire de l'Association des Auditeurs et Anciens Auditeurs de l'Académie de droit international, Bd. 54/55/56 (1984/1985/1986), S. 126–138.

Williams Silveira, Mary Pat: Bericht „UN Commission on Sustainable Development (CSD)", in: Yearbook of International Environmental Law, Bd. 7 (1996), S. 374–381.

Williams Silveira, Mary Pat: Bericht „UN Commission on Sustainable Development (CSD)", in: Yearbook of International Environmental Law, Bd. 9 (1998), S. 531–541.

Wilson, Edward Osborne: Der gegenwärtige Stand der biologischen Vielfalt, in: ders. (Hrsg.), Ende der biologischen Vielfalt?, Heidelberg (u.a.), 1992, S. 19–36.

Wolff, Nina: Die Ergebnisse des Weltgipfels über nachhaltige Entwicklung in Johannesburg: Zusammenfassung und Wertung mit Blick auf die Entwicklung des Umweltvölkerrechts, in: Natur und Recht, 2003, S. 137–143.

Wolff, Nina / Köck, Wolfgang: 10 Jahre Übereinkommen über die biologische Vielfalt – Eine Zwischenbilanz, Baden Baden, 2004.

Wolfrum, Rüdiger: The Principle of the Common Heritage of Mankind, in: Zeitschrift für ausländisches öffentliches Recht und Völkerrecht, Bd. 43 (1983), S. 312–337.

Wolfrum, Rüdiger: Die Internationalisierung staatsfreier Räume, Berlin (u.a.), 1984.

Wolfrum, Rüdiger: Die amerikanische Seerechtspolitik, in: Europa Archiv, Bd. 39 (1984), S. 317–326.

Wolfrum, Rüdiger: The Convention on Biological Diversity: Using State Jurisdiction as a Means of Ensuring Compliance, in: ders. (Hrsg.), Enforcing Environmental Standards: Economic Mechanisms as Viable Means?, Berlin (u.a.), 1996, S. 373–393.

Wood, Alexander: The Multilateral Fund for the Implementation of the Montreal Protocol, in: International Environmental Affairs, Bd. 5 (1993), S. 335–354.

Yamin, Farhana: The Use of Joint Implementation to Increase Compliance with the Climate Change Convention, in: James Cameron / Jacob Werksman / Peter Roderick, (Hrsg.), Improving Compliance with International Environmental Law, London, 1996, S. 229–242.

Yamin, Farhana: The Kyoto Protocol: Origins, Assessment and Future Challenges, in: Review of International and European Community Environmental Law, Bd. 7 (1998), S. 113–127.

Yarn, Douglas: Note, The Transfer of Technology and UNCLOS III, in: Georgia Journal of International and Comparative Law, Bd. 14 (1984), S. 121–153.

Yoshida, O.: Soft Enforcement of Treaties: The Montreal Protocol's Noncompliance Procedure and the Functions of Internal International Institutions, Colorado JIELP, Bd. 10 (1999), S. 95–141.

Yusuf, Abdulqawi A.: Technology Transfer in the Global Environmental Agreements: a Twist to the North-South Debate, in: Surendra J. Patel / Pedro Roffe / ders. (Hrsg.): International Technology Transfer – The Origins and Aftermath of the United Nations Negotiations on a Draft Code of Conduct, Den Haag (u.a.), 2001, S. 313–320.

Zäch, Roger (Hrsg.): Towards WTO Competition Rules, Bern (u.a.), 1999.

Zaphiriou, G. A.: An International Code of Conduct on Transfers of Technology, in: The International and Comparative Law Quarterly, Bd. 26 (1977), S. 210–218.

Ziegler, Karl-Heinz: Völkerrechtsgeschichte, München, 1994.

Verzeichnis der Berichte internationaler und zwischenstaatlicher Organisationen

GEF (Hrsg.): Study of GEF's Overall Performance, Washington D.C., 1998.

IEA-CERT (Hrsg.): The Technology Response to Climate Change: A Call for Action, Paper prepared for the 1999 Ministerial Meeting of the IEA, 1999.

IEA (Hrsg.): Technology Without Borders, Case Studies of Successful Technology Transfer, 2001.

IPCC (Hrsg.): Climate Change 1995 – Impacts, Adaptations and Mitigation of Climate Change: Scientific-Technical Analyses, 1996.

IPCC (Hrsg.): Climate Change 1995 – Economic and Social Dimensions of Climate Change, 1996.

IPCC (Hrsg.): Methodological and Technological Issues in Technology Transfer, A Special Report of IPCC Working Group III (Autoren: Bert Metz / Ogunlade R. Davidson / Jan-Willem Martens / Sascha N. M. van Rooijen / Laura Van Wie McGrory), 2000.

IPCC (Hrsg.): Climate Change 2001 – The Scientific Basis (IPCC Third Assessment Report), 2001 [zit. IPCC TAR].

OECD (Hrsg.): Technologies for Cleaner Production and Products, 1995.

OECD / IEA (Hrsg.): Climate Technology Initiative – Inventory of Activities, 1996.

OECD (Hrsg.): Technology Policy and the Environment, 2002.

OECD / IEA (Hrsg.): Beyond Kyoto – Energy Dynamics and Climate Stabilisation, 2002.

UNCTAD (Hrsg.): World Investment Report 1992 – Transnational Corporations as Engines of Growth, 1992.

UNCTAD (Hrsg.): Do Environmental Imperatives Present Novel Problems and Opportunities for the International Transfer of Technology? (Autor: Andrew Barnett), 1995.

UNCTAD (Hrsg.): The TRIPS Agreement and Developing Countries, U.N., 1996.

UNCTAD (Hrsg.): Promoting the Transfer and Use of Environmentally Sound Technologies – A review of policies, 1997.

UNCTAD (Hrsg.): Science and Technology Issues: Promoting the Transfer of Environmentally Sound Technologies, 1997.

UNCTAD (Hrsg.): World Investment Report 2000 – Cross-border Mergers and Acquisitions and Development, 2000.

UNCTAD (Hrsg.): The Role of Publicly Funded Research and Publicly Owned Technologies in the Transfer and Diffusion of Environmentally Sound Technologies, New York (u.a.), 2000.

UNCTAD (Hrsg.): World Investment Report 2003 – FDI Policies for Development: National and International Perspectives, 2003.

UNDP (Hrsg.): Energy After Rio – Prospects and Challenges, Executive Summary (Autoren: Amulya K.N. Reddy / Robert H. Williams / Thomas B. Johansson), New York, 1997.

UNDP (Hrsg.): Human Development Report 2004.

UNEP (Hrsg.): Global Envionment Outlook 2000, London, 1999.

UNEP (Hrsg.): Global Environment Outlook 3, 2002.

UNFPA (Hrsg.): State of the World Population 1999 – 6 Billion: A Time for Choices, 1999.

UNFPA (Hrsg.): State of the World Population 2001 – Footprints and Milestones: Population and Environmental Change, 2001.

UNFPA (Hrsg.): State of the World Population 2004 – The Cairo Consensus at Ten: Population, reproductive Health and the Global Effort to End Poverty, 2004.

UNIDO (Hrsg.): Impact of Improved Technology on Industrial Greenhouse-gas Emissions in Developing Countries, Wien, 1997.

UNIDO (Hrsg.): Ozone Friendly Industrial Development – 10 Years of UNIDO in the Montreal Protocol, Wien, 2002.

UNIDO (Hrsg.): Ozone Friendly Industrial Development – UNIDO in the Montreal Protocol – technology transfer to developing countries, Impact and lessons learned, Wien, 2003.

WMO / WHO / UNEP (Hrsg.): Climate and Human Health (Autoren: Laurence S. Kalkstein / W. John Maunder / Gerd Jendritzky), 2. Aufl., Genf, 1996.

WMO (Hrsg.): Scientific Assessment of Ozone Depletion: 2002, Global Ozone Research and Monitoring Project – Report No. 47.

WMO (Hrsg.), WMO Statement on the Status of the Global Climate in 2003, 2004.

The World Bank (Hrsg.): Global Environment Facility – Independent Evaluation of the Pilot Phase, 1994.

The World Bank (Hrsg.): Fuel for Thought – An Environmental Strategy for the Energy Sector, 2000.

„A growing class of environmental problems, because they are regional or global in extent or because they affect the common international realm, will require extensive co-operation among nations and action by international organizations in the common interest."

Stockholm Declaration, Juni 1972

„Technology is determining the future of the human race. We need it to satisfy our appetite for energy, perhaps through nuclear power; to help us address hunger through plant breeding throughout the world; to monitor and find the means for avoiding global warming so that we can rescue our planet for future generations."

Lord Broers, Reith Lectures, Mai 2005

Erstes Kapitel

Überblick über die untersuchten Fragestellungen und methodische Überlegungen

A. Die Fragestellungen

Bereits vor mehr als zwanzig Jahren beklagte *Otto Kimminich* die Unüberschaubarkeit der Veröffentlichungen zum völkerrechtlichen Thema „Technologietransfer".[1] Seit dieser Zeit ist der Strom der Veröffentlichungen zum Thema nicht abgerissen, im Gegenteil. Mit der Verabschiedung des Abkommens über „Handelsbezogene Aspekte des geistigen Eigentums" im Rahmen der Uruguay-Verhandlungsrunde der GATT Vertragsparteien im Jahre 1994 sind dem Thema Technologietransfer zwischen Industriestaaten und Entwicklungsländern zahlreiche weitere Abhandlungen gewidmet worden.[2] Wenn in der vorliegenden Arbeit das Thema aus völkerrechtlicher Sicht erneut aufgegriffen wird, kann es demnach keinesfalls darum gehen, den gesamten Themenkomplex nochmals in genereller Form zu beleuchten. Vielmehr soll es um den Transfer von Technologie zu einem bestimmten Zweck, nämlich dem Zweck des internationalen Gemeinwohlbelangs des Schutzes der globalen natürlichen Lebensgrundlagen gehen.

Technologietransfer hat im Kontext des globalen Umweltschutzes in der Praxis der Staaten eine weitere Dimension dadurch erhalten, dass Technologiegeberstaaten ein eigenes umweltpolitisches Interesse am Transfer umweltverträglicher Technologien haben und dadurch die Technologieempfängerländer in den einschlägigen Verhandlungssituati-

1 *O. Kimminich*, GYIL, Bd. 25 (1982), S. 54 f.

2 S. allein im deutschsprachigen Schrifttum die Arbeiten von *T. Auer*, Entwicklungsperspektiven des internationalen Technologietransfers im Rahmen des Abkommens über Trade Related Aspects of Intellectual Property Rights, Diss. Konstanz, 1995; *P.-T. Stoll*, Technologietransfer: Internationalisierungs- und Nationalisierungstendenzen, 1994.

onen nicht mehr in reiner *demandeur*-Position auftreten, sondern Gegen- bzw. Vorleistungen für die gewünschte Teilnahme an Anstrengungen zum globalen Umweltschutz einfordern.

Im Hinblick auf diese jedenfalls partiell neue Gemengelage ist es das Ziel dieser Arbeit, den Bestand der technologietransferrelevanten Normen des umweltschutzbezogenen Völkerrechts der Gegenwart zu erfassen und ihn zu bewerten. Dies erscheint jedoch nicht möglich ohne vorherige Ausarbeitung zweier Hintergrundbilder. Erstens ist es erforderlich, in gebotener Kürze auf frühere Diskussionen des völkerrechtlichen Technologietransfers einzugehen und auf den Stand der Entwicklung des gegenwärtigen weltwirtschaftsrechtlichen Rahmens für den Technologietransfer hinzuweisen, da die Argumentationsmuster verschiedener Staaten erst vor diesem Hintergrund verständlich werden (zweites Kapitel). Zweitens erscheint – wiederum in gebotener Kürze – eine grobe Orientierung über die Dynamik der heute erkannten Hauptprobleme der globalen Ökologie unerlässlich, da ohne eine solche „empirische Befundnahme" die Dringlichkeit der umweltpolitischen Forderung nach effektiver internationaler Zusammenarbeit beim Schutz der natürlichen Lebensgrundlagen der Erde nicht darstellbar ist (drittes Kapitel).

In einem vierten Kapitel müssen sodann die vielfältigen politischen Diskussionsprozesse über den Technologietransfer zum globalen Umweltschutz auf internationaler Ebene, insbesondere im Rahmen der Vereinten Nationen, beschrieben werden. Diese haben zwar selbst kein Recht erzeugt, bilden aber dennoch einen weiteren Hintergrund der zu beschriebenden völkerrechtlichen Übereinkommen.

Im Vordergrund des fünften Kapitels, des Hauptteils der Arbeit, soll sodann eine völkerrechtliche Untersuchung ausgewählter multilateraler Völkerrechtsübereinkommen stehen. Diese Übereinkommen haben in ihrer Zielsetzung gemein, dass sie zu einem verbesserten internationalen Schutz der Umwelt beitragen sollen. Dabei werden insbesondere das Wiener Übereinkommen zum Schutz der Ozonschicht vom 22. März 1985 sowie das Montrealer Protokoll vom 16. September 1987 über Stoffe, die zu einem Abbau der Ozonschicht führen, und das Klimarahmenübereinkommen der Vereinten Nationen sowie das Protokoll von Kioto betrachtet. Andere Übereinkommen werden dagegen lediglich kursorisch abgehandelt. Dies hat seinen Grund darin, dass eine zusätzliche vertiefte Untersuchung auch dieser weiteren Übereinkommen den Rahmen der Arbeit sprengen würde. Diese Beschränkung mag aber auch dadurch gerechtfertigt werden, dass eine vertiefte Behandlung für hiesige Zwecke keine wesentlichen zusätzlichen Erkenntnisse allgemeiner Art zu Tage fördern würde. Kursorisch sollen sie aber gleichwohl abschließend vorgestellt und zu Kontrollüberlegungen herangezogen werden.

Das Ziel der Arbeit ist dabei jeweils primär auf die Untersuchung des normativen Gehalts der in den umweltvölkerrechtlichen Übereinkommen enthaltenen Bestimmungen zum Technologietransfer gerichtet. Gleichzeitig soll aber auch – soweit möglich – die nachfolgende Praxis der Vertragsparteien im Rahmen dieser Übereinkommen einbezogen werden. Diese Vorgehensweise bietet sich angesichts der oft vage formulierten Bestimmungen der Übereinkommen und auch des Grundsatzes des Artikels 31 Abs. 3 lit. b) des Wiener Übereinkommens über das Recht der Verträge[3] an.

Ein wichtiger Aspekt des Technologietransfers zum Umweltschutz soll indes gänzlich vernachlässigt werden. Es ist die grenzüberschreitende bilaterale Zusammenarbeit zum regionalen Umweltschutz, soweit sie nicht in unmittelbaren Zusammenhang mit den genannten multilateralen Übereinkommen steht. Die Bundesrepublik Deutschland hat etwa mit der Republik Polen und der Tschechischen Republik bilaterale völkerrechtliche Umweltschutzabkommen abgeschlossen, die auch die Förderung des Transfers von Umwelttechnologien betreffen.[4] Darüber hinaus wurden den im Mai 2004 der Europäischen Union beigetretenen Staaten insbe-

3 Danach ist bei der Auslegung völkerrechtlicher Verträge außer dem Zusammenhang in gleicher Weise „jede spätere Übung bei der Anwendung des Vertrags, aus der die Übereinstimmung der Vertragsparteien über seine Auslegung hervorgeht", zu berücksichtigen.

4 Vgl. etwa für Polen: Abkommen zwischen der Regierung der Bundesrepublik Deutschland und der Regierung der Republik Polen über die Zusammenarbeit auf dem Gebiet des Umweltschutzes v. 4.4.1994, BGBl. 1998 II., S. 283 (s. Artikel 2 Abs. 2: „Schwerpunkte der Zusammenarbeit sind insbesondere [...] der Erfahrungsaustausch bei der Einführung umweltfreundlicher Technologien und die Erleichterung ihrer Anwendung und ihres Austausches"). Daneben sind projektbezogene Fördervereinbarungen abgeschlossen worden, s. etwa BGBl. 2001 II., S. 757. Die Broschüre „Auslandsprojekte des Bundesumweltministeriums" (BMU, Hrsg., 1999) gibt Auskunft über die einzelnen Projekte und deren Zielsetzung. Als Beispiele können eine Abwasserbehandlungsanlage und Schlammdeponie in Swinemünde (Zuwendungen i.H.v. 21 Mio. DM), eine Abwasserbehandlungsanlage in Gubin-Guben (Zuwendungen i.H.v. 6,4 Mio. DM) und eine Rauchgasreinigungsanlage des tschechischen Kraftwerks Prunérov I (Zuwendungen i.H.v. 23,5 Mio. DM) genannt werden. Dazu auch *R. Müller / B. Süß*, ZaöRV, Bd. 53 (1993) S. 293 ff.

sondere im Rahmen des ISPA-Programms umfangreiche Hilfen gewährt.[5] Diese Vorgänge bleiben hier außer Acht. Dies kann damit gerechtfertigt werden, dass diese Abkommen entweder in erster Linie eine regionale Zielsetzung haben oder dem speziellen Ziel der Erreichung des gemeinschaftlichen acquis communautaire im Rahmen des Beitritts der mittel- und osteuropäischen Staaten zur Europäischen Union dienen.

Gleichfalls sollen Aspekte der technologischen Zusammenarbeit zwischen Industriestaaten ausgespart bleiben, soweit sie wiederum nicht unmittelbar im Rahmen der untersuchten Übereinkommen stattfindet.[6]

Schließlich bleiben auch internationalrechtliche Fragen im Zusammenhang des Transfers umwelt*gefährdender* Technologien ausgeklammert. Zwar geht es auch bei diesem Fragenkomplex um den Transfer von Technologien von Industriestaaten in Entwicklungsländer. Allerdings soll in diesem Zusammenhang der Technologietransfer gerade unterbunden werden, so dass die Problemdiskussion damit unter umgekehrten Vorzeichen stattfindet.[7]

5 Das Akronym ISPA steht für „Instrument for Structural Policies for Pre-Accession" und wurde mit Verordnung (EG) Nr. 1267/1999 des Rates v. 21.6.1999 geschaffen (ABl. EG L 161/73 v. 26.6.1999). Es stehen auch Mittel aus dem PHARE und SAPARD Programmen zur Verfügung, soweit es um regionale Entwicklung bzw. Entwicklung des ländlichen Raums geht.

6 Auch diese Ebene der technologischen Zusammenarbeit hat große Bedeutung. Vgl. beispielhaft den Deutsch-Japanische Kooperationsrat für Hochtechnologie und Umwelttechnik (DJR), eine Gründung aus dem Jahre 1994. Einer der Schwerpunkte des DJR ist die Veranstaltung von Workshops und Symposien zu Fragen der Umwelttechnik. S. etwa DJR (Hrsg.), Innovation und Recycling. Die Europäische Kommission hat mit ihrer Mitteilung vom 28.1.2004 einen „Aktionsplan für Umwelttechnologie in der Europäischen Union" (ETAP) vorgelegt, der in erster Linie die Technologieförderung in der EU betrifft. S. Dokument KOM(2004) 38 endg., dazu *P. Henry*, RMC, Nr. 478 (2004), S. 321 f.

7 Dazu etwa: *F. Francioni*, in: International Responsibility for Environmental Harm, S. 275 ff.; *S. Rublack*, Der grenzüberschreitende Transfer von Umweltrisiken im Völkerrecht; *P.-T. Stoll*, Hazardous Substances, in: International, Regional and National Environmental Law, S. 437 ff. Dazu auch *K. Böttger*, Die Umweltpflichtigkeit von Auslandsdirektinvestitionen im Völkerrecht.

B. Methodische Überlegungen

Über die Methoden der Völkerrechtswissenschaft herrscht bis heute keine Einigkeit. Diskutiert werden grundsätzlich ein rein induktiver Ansatz, der von empirischen Befunden ausgehend versucht, rechtliche Prinzipien auszumachen,[8] und ein rein deduktiver Ansatz,[9] der von einem Prinzip her kommend versucht, die realen Befunde systematisch zu subsumieren. Da im Hinblick auf die besondere Bedeutung der Staatenpraxis für das Völkerrecht auf induktive Ansätze nicht verzichtet werden kann, erscheint eine pragmatische Kombination beider Herangehensweisen der Völkerrechtswissenschaft angemessen.[10] Insoweit soll der Hinweis genügen, dass auch bei dieser Arbeit ein solcher vermittelnder Weg, der bereits recht gut gespurt ist,[11] eingeschlagen werden soll.

Angesichts zahlreicher umweltbewegter völkerrechtlicher Abhandlungen sei noch eine weitere methodische Vorbemerkung erlaubt. Es soll im Rahmen der Arbeit versucht werden, eine nüchterne Unterscheidung zwischen geltendem Recht und politischen Programmsätzen aufrecht zu erhalten und dabei auf die in Artikel 38 Absatz 1 des IGH-Statuts genannten Rechtsquellen und den in Artikel 31 und 32 des Wiener Übereinkommens über das Recht der Verträge niedergelegten – und völkergewohnheitsrechtlich anerkannten[12] – Grundsätze der Auslegung völkerrechtlicher Verträge aufzubauen.[13] Hierzu muss der jeweilige Wortlaut der völkerrechtlichen Übereinkommen primärer Orientierungspunkt der Untersuchung sein. Diese Vorgehensweise erscheint insbesondere dann gerechtfertigt, wenn man die Energie und Sorgfalt betrachtet, mit der bei

8 Vgl. dazu *G. Schwarzenberger*, The Inductive Approach to International Law und auch *M. Huber*, JöR, Bd. 4 (1910), S. 56.

9 Vgl. dazu *F. Castberg*, RdC, Bd. 43 (1933-I), S. 320 f.

10 Vgl. *A. Schüle*, BerDGVR, Heft 3 (1959), S. 1, 18 ff.; zustimmend *U. Scheuner*, S. 25; *B. Simma*, Das Reziprozitätselement in der Entstehung des Völkergewohnheitsrechts, S. 21; *E. Sauer*, in: FS Kraus, S. 163; *P. Terz*, ArchVR, Bd. 30 (1992), S. 442, 443.

11 Vgl. beispielsweise *W. Benedek*, Die Rechtsordnung des GATT aus völkerrechtlicher Sicht, S. 12 ff. oder *H. Ott*, Umweltregime im Völkerrecht, S. 32 ff.

12 Vgl. nur IGH Urteil i.S. *Sovereignty over Pulan Ligitan and Pulan Sipadan* (Indonesien ./. Malaysia) v. 17.12.2002, Ziff. 37 ff.

13 S. zur Praxis des IGH auch *S. Torres-Bernárdez*, in: FS Seidl-Hohenveldern, S. 721 ff.

den internationalen Verhandlungen oftmals um jedes einzelne Wort gerungen wird. Die genaue Betrachtung des Wortlauts verdient den höchsten Stellenwert und dies umso mehr, als das Wiener Übereinkommen der historischen Auslegung eine untergeordnete Rolle zuweist.[14]

Eine sog. „progressive Interpretation", die verschiedentlich propagiert wird, soll hingegen unterbleiben. Dies, obwohl es im Hinblick auf mitunter apokalyptische Prognosen über die Zukunft unseres Planeten[15] bei dem Thema des internationalen Umweltrechts bisweilen verführerisch erscheinen mag, sich zu bemühen, Rechtspflichten zum Umweltschutz so weit reichend wie irgend möglich zu postulieren.[16] Völkerrechtsmethodisch geht es hierbei darum, als geltendes Recht zu begründen, was unter anderem Blickwinkel vielleicht eher in die Kategorie umweltpolitischer Wunschvorstellungen gehört.

Die hiermit angesprochenen Streitfragen sind in der Völkerrechtswissenschaft freilich keineswegs neu. Bereits *C. Bergbohm* warnte davor, „mehr die Wünsche des Verfassers, als das Thatsächlich Bestehende"

14 Vgl. Artikel 32 WVK.

15 S. jedoch *B. Lomborg*, The skeptical Environmentalist, der sich insbesondere mit den Prognosen der jährlichen Berichte „The State of the World" des *Worldwatch Institute* auseinandersetzt. Es kann nicht Aufgabe dieser rechtswissenschaftlichen Dissertation sein, Antworten auf die Fragen zur ökologischen Zukunft der Menschheit zu geben, auch kann die Richtigkeit der einen oder anderen Einschätzung nicht beurteilt werden. Grundlage der hiesigen Untersuchung sollen daher, soweit erforderlich, diejenigen Prognosen sein, welche die völkerrechtlichen Akteure bei den Verhandlungen der jeweiligen Übereinkommen zugrunde gelegt haben. Freilich sind gerade diese Daten mitunter im Streit.

16 Unter den Befürwortern: *E. Primosch*, Austrian JPIL, Bd. 45 (1993), S. 47, 49 f.: „There seems to be an evident need for Policy Oriented Jurisprudence in the field of international (as well as national) environmental law." Deutlich in dieser Richtung auch *P. Terz*, ArchVR, Bd. 30 (1992), S. 442 (445 f.: „Angesichts der weiteren Zuspitzung der globalen Probleme der Menschheit, vor allem jener der Bedrohung der menschlichen Umwelt sowie der Unterentwicklung, ist berechtigterweise anzunehmen, daß die Völkerrechtswissenschaft in besonderem Maße gefordert ist. Es dürfte klar sein, daß eine rechtspositivistisch betriebene Völkerrechtswissenschaft den Aufgaben nicht gerecht werden kann."). S. auch *J. Lücke*, ArchVR, Bd. 35 (1997), S. 1 oder aus eher politikwissenschaftlicher Sicht *F. Biermann*, Saving the Atmosphere, S. 82 ff., und *ders.*, BlädiP 12/1995, S. 1498, der sich etwa dazu versteigt, es handele sich bei den Regelungen des Montrealer Protokolls um ius cogens.

wiederzugeben.[17] *J. L. Kunz* warnte vor einer Herangehensweise der „wishful thinkers".[18]

In gänzlich anderem Zusammenhang hat insbesondere *W. Schücking* im Jahr 1908 eindringlich „neue Ziele" in der Fortbildung des Völkerrechts gefordert und betont, „eine rein positivistische Methode" könne den Bedürfnissen des Rechtslebens nicht genügen.[19] Diese Forderung *Schückings* wurde auch damals kritisch aufgenommen; in den zwanziger Jahren des zwanzigsten Jahrhunderts formulierte etwa *H. Pohl* mit scharfen Worten und kritisierte die damalige Friedensbewegung:

> Die Friedensbewegung unserer Tage leidet an einer ‚bedenklichen Verkennung der Leistungsfähigkeit des Rechtlich-Organisatorischen im zwischenstaatlichen Leben'; sie erwartet vom Völkerrecht mehr, als es kann. [...] Das Völkerrecht ist keineswegs ein Tummelplatz gelehrter, in der Praxis unmöglicher Konstruktionen und eine Sammlung menschenfreundlicher Phrasen.[20]

Diese bissig zugespitzte Kritik könnte auch – mutatis mutandis – gegenüber mancher umweltvölkerrechtlicher Arbeit angebracht werden, die von der Umweltbewegung inspiriert ist. Von der rechtstheoretischen Frage der Rolle eines Naturrechts im Völkerrecht abgesehen stellt sich

17 *C. Bergbohm*, Staatsverträge und Gesetze als Quellen des Völkerrechts, S. 7 („Ganz abgesehen davon, dass es der Erreichung eines Zieles entschieden hinderlich ist, den Wahn zu erwecken, als sei das Recht schon geltend, dessen Anerkennung man fordern zu dürfen meint, und so der Menschheit einzubilden ‚wie wir's dann so herrlich weit gebracht' und abgesehen von der angerichteten Verwirrung, welche auch praktisch gefährlich werden kann, ist es an sich unbedingt unstatthaft, ein Völkerrecht wie es sein könnte für ein Völkerrecht wie es ist auszugeben und für die erwartete Belehrung über das geltende Recht eigene ideale Anschauungen unterzuschieben."). S. auch *J. J. Moser*: „Was hilfft mein Wunsch! Was hilfft es, wann ich, wann alle Schulgelehrte, es glauben, und die großen Herren und Staaten lachen dazu!", zit. nach *A. Verdross*, in: FS Wengler, S. 685, 690.

18 *J. L. Kunz*, The Changing Law of Nations, S. 5.

19 *W. Schücking*, Die Organisation der Welt, S. 538 f. (auch abgedr. FS Laband, 1908, Bd. 1). S. aber auch die einschlägigen Voten des Richters *A. Alvarez*, etwa Opinion individuelle i.S. *Affaire des Pêcheries*, Urt. v. 18.12.1951 („... la Cour doit *développer* le droit des gens, c'est-à-dire remédier à ses insuffisances, adapter les principes existants à ces nouvelles conditions et même, s'il n'existe pas de principes, en créer conformément auxdites conditions.", ICJ Rep. 1951) oder i.S. *Anglo-Iranian Oil Co.*, Urt. v. 22.7.1952 („... c'est-à-dire [la cour] doit appliquer le *droit international nouveau*.", ICJ Rep. 1952).

20 *H. Pohl*, Völkerrecht und Außenpolitik, S. 5 (mit einem Zitat von *Triepel*).

aber zudem auch grundsätzlich die Frage, ob eine „progressive Interpretation“[21] geeignet ist, ihr selbstgestecktes Umweltschutzziel tatsächlich zu erreichen. Voraussetzung für die Erreichung eines solchen Zieles wäre, dass die mit dieser „progressiven“ Interpretation ermittelten Rechtsergebnisse von den Staaten als den Hauptakteuren des Völkerrechts[22] ernst genommen würden und damit in der Praxis bestehen könnten. Mit Blick auf die Realitäten internationaler Verhandlungsprozesse erscheinen hier jedoch Zweifel angebracht. Die Staatenvertreter prüfen insofern äußerst genau, inwieweit sich aus den internationalen Verhandlungen zum Umweltschutz Rechtsverpflichtungen ergeben, und orientieren sich dabei im Grundsatz an der völkerrechtlichen Quellenlehre.[23]

Im Kern geht es folglich um den Versuch, eine deutliche Unterscheidung zwischen lex ferenda und lex lata auch im Völkerrecht durchzuhalten.[24] Während also eine Diskussion etwa der Weiterentwicklung des Umweltvölkerrechts de lege ferenda durchaus berechtigt ist,[25] scheint es aus Sicht der Methodik der Völkerrechtswissenschaft angemessen, bei der Feststellung bestehender Völkerrechtsnormen und ihrer Auslegung behutsam vorzugehen.

21 S. auch den Bericht der Arbeitsgruppe Theory and Methodology of International Law der *International Law Association*, Report of the Fifty-Eighth Conference, Manila, 1978, S. 186: „[...] A common interest in the preservation of the ecosphere and the conservation and avoidance of wasteful uses of the earth's natural resources (many of them non-renewable) provide the basis for a common quest for new norms. [...] If international law is to provide an adequate response to these challenges, it must develop its methodology for the progressive development of international law and evolve methods, procedures and processes which will facilitate and expedite the formation of new norms. [...]“.

22 Vgl. *H. Mosler*, RdC, Bd. 140 (1974-IV), S. 58; *K. Doehring*, Völkerrecht, Rn. 18; *M. Herdegen*, Völkerrecht, § 1, Rn. 3; *T. Stein / Chr. v. Buttlar*, Völkerrecht, Rz. 248.

23 Vgl. die Ausführungen von *U. Scheuner*, ZaöRV, Bd. 13 (1950/51), S. 556, 559.

24 Vgl. das Urteil i.S. *South West Africa Cases* aus dem Jahr 1966 zur Rechtserkenntnis durch den IGH, der „a court of law“ sei, „and can take account of moral principles only in so far as these are given a sufficient expression in legal form. Law exists, it is said, to serve a social need; but precisely for that reason it can do so only through and within the limits of its own discipline. Otherwise, it is not a legal service that would be rendered“, ICJ Rep. 1966, Ziff. 49. Zur Rechtsprechung des IGH *H. Thirlway*, NYIL, Bd. XXXII (2001), S. 3 ff.

25 Dazu etwa *G. Palmer*, AJIL, Bd. 86 (1992), S. 259 ff.

Als neueres, warnendes Beispiel für das Scheitern „progressiver" Ansätze mögen auch Rechtsdiskussionen dienen, welche im Zusammenhang mit der politischen Forderung nach einer „Neuen Weltwirtschaftsordnung" stattgefunden haben. Der Versuch, auch von Seiten der Völkerrechtswissenschaft diese „herbeizuschreiben", ist gescheitert.[26] *T. Wälde* hat dies überzeugend dargestellt.[27] Ähnlich müssen wohl auch Teile der aktuelleren Diskussion um die Frage der völkerrechtlichen Bedeutung „des" Konzepts der nachhaltigen Entwicklung[28] oder der völkerrechtlichen Geltung „des" Vorsorgeprinzips[29] eingeordnet werden, oder auch neuere Überlegungen eines sog. „Third World Approach to International Law".[30]

C. Verschiedene Begriffsbestimmungen

I. Zu den Begriffen „Internationales Umweltrecht" und „Umweltvölkerrecht"

Zunächst ist eine allgemeine Anmerkung zum verbreiteten Begriff „Internationales Umweltrecht" angebracht. Es handelt sich hier um eine direkte Übersetzung der englischsprachigen Terminologie „international environmental law". Diese Übernahme liegt nahe, da Rechtsfragen des internationalen Umweltschutzes überwiegend in der gegenwärtigen lingua franca des Völkerrechts, dem Englischen, diskutiert werden. Generell wird das Völkerrecht im Englischen – nach *J. Bentham* – meist als „international law" bezeichnet (ebenso: *droit international public*; *derecho internacional público*). Demgegenüber wird im deutschsprachigen

26 Vgl. auch *G. L. de Lacharrière*, in: International Law of Development, S. 41, 48.

27 Vgl. *T. Wälde*, in: FS Seidl-Hohenveldern, S. 800; ebenso *S. Murase*, RdC, Bd. 253 (1995), S. 283, 296.

28 Dazu überzeugend *W. Lang*, in: Das Konzept der Nachhaltigen Entwicklung, S. 10 ff.

29 Vgl. etwa die Arbeit von *H. Hohmann*, Precautionary Legal Duties and Principles of Modern International Environmental Law; s. zuletzt die Untersuchung von *M. Scheyli*, ArchVR, Bd. 40 (2002), S. 273 ff.

30 Vgl. *K. Mickelson*, Wisconsin ILJ, Bd. 16 (1998), S. 353, 361 ff.

Raum im Allgemeinen an dem Begriff „Völkerrecht" festgehalten,[31] obwohl freilich vieles dafür spricht, dass die Bezeichnung „internationales Recht" das Rechtsgebiet, wie es sich heute darstellt, genauer bezeichnet, handelt es sich doch um eine Rechtsordnung, die primär die Staaten als Bezugspunkte hat. Wenn trotzdem im deutschsprachigen Raum der Begriff „Völkerrecht" weiterhin üblich ist, so soll dieser auch hier Verwendung finden. In jedem Fall erscheint es konsequent, sich entweder in Entlehnung des englischen Sprachgebrauchs des Begriffes „internationales Recht (öffentliches) Recht" zu bedienen oder aber konsequent den Begriff „Völkerrecht" weiterzuführen. Eine sprachliche Mischung soll jedenfalls vermieden werden.[32]

Was zweitens den inzwischen verbreiteten Begriff „Umweltvölkerrecht" angeht,[33] so ist auch hier zur Zurückhaltung angezeigt. *W. Graf Vitzthum* hebt zu Recht hervor,[34] dass der falsche Eindruck entstehen könne, es existiere hier eine abgeschlossene Rechtsmaterie mit eigenen Strukturen innerhalb des Völkerrechts.[35] Da dies aber nicht der Fall ist, kann der Begriff einzig sinnvoll verwendet werden, wenn er auf die Zielsetzungen bestimmter Völkerrechtsregeln hinweisen will. Gerade der Gegenstand der vorliegenden Arbeit, der Technologietransfer, zeigt jedoch beispielhaft, wie vielfältig die Zielsetzungen eines Übereinkommens sein können. Handelt es sich nicht primär um einen Aspekt der internationalen Wirtschaftsbeziehungen, so dass die Arbeit ein Thema

31 Dies entspricht den Bezeichnungen im skandinavischen Sprachraum, etwa „Folkerett" bzw. „Folkrätt" und dem niederländischen „Volkenrecht"; dazu *A. Verdross / B. Simma*, Universelles Völkerrecht, § 1; *K.-H. Ziegler*, Völkerrechtsgeschichte, § 1, I. 1.

32 Ein Beispiel dafür findet sich in dem Standardwerk von *K. Ipsen*. Dort finden sich unter dem Titel „Völkerrecht" Kapitelüberschriften wie „Internationales öffentliches Seerecht", „Internationales öffentliches Luft- und Weltraumrecht" und „Internationales öffentliches Umweltrecht".

33 S. etwa *U. Beyerlin*, Umweltvölkerrecht; *A. Epiney / M. Scheyli*, Umweltvölkerrecht.

34 *W. Graf Vitzthum*, in: Völkerrecht, 5. Abschnitt, Rz. 90, 92; so im Ergebnis wohl auch *A. Epiney / M. Scheyli*, Umweltvölkerrecht, S. 30 f. Dazu auch *M. Fitzmaurice*, NYIL, Bd. XXV (1994), S. 181 ff.

35 Dieses Argument ließe sich freilich auch gegen den Begriff des „internationalen Umweltrechts" ins Feld führen.

des „Wirtschaftsvölkerrechts" betreffen würde?[36] Zudem ist der Nutzen eines solchen „Schubladendenkens" nicht ersichtlich, eine zunehmende Fragmentisierung des Völkerrechts vielmehr von Nachteil.[37]

Im Folgenden soll demnach schlicht von „völkerrechtlichen Übereinkommen zum Umweltschutz" die Rede sein. Wenn jedoch vereinzelt dennoch von „Umweltvölkerrecht" die Rede ist, dann soll hier jedenfalls mit *W. Graf Vitzthum* darauf hingewiesen werden, dass es sich um einen „pragmatischen" Begriff handelt.

II. Zum Begriff „Internationales Recht für nachhaltige Entwicklung"

Vereinzelt findet der Begriff „Internationales Recht für nachhaltige Entwicklung" Verwendung,[38] ein Begriff, der auf Kapitel 39 der anläßlich der Konferenz über Umwelt und Entwicklung im Jahre 1992 verabschiedeten Agenda 21 zurückgeht. Diese begriffliche Neuschöpfung soll ein Rechtsgebiet bezeichnen, das nicht nur um Regeln mit der Zielsetzung des Umweltschutzes, sondern gleichzeitig auch jene mit dem Ziel der Entwicklung von Staaten der Dritten Welt umfasst, mithin dem Ziel „nachhaltiger Entwicklung" dient.[39] Von den oben bereits geäußerten Bedenken abgesehen, eignet sich diese Terminologie jedoch kaum zur präzisen Bezeichnung einer Rechtsmasse, da bereits der Begriff der „nachhaltigen Entwicklung" kaum rechtliche Konturen aufweist. Vielmehr handelt es sich um ein nichtrechtliches „Leitbild zur Gestaltung der Entwicklungs- und Umweltpolitik" *(M. Schröder*[40]*)*, letztlich also um

36 Zahlreiche völkerrechtliche Übereinkommen zum Umweltschutz weisen neben primär umweltschutzorientierten Bestimmungen gleichzeitig auch andere Bestimmungen auf. Dies zeigt etwa auch das Beispiel des Artenvielfaltsübereinkommens, in dem neben Bestimmungen des Naturschutzes auch Regelungen über den Zugang von ausländischen Investoren zur Erforschung genetischer Ressourcen enthalten sind.

37 Vgl. im Hinblick auf Welthandelsrecht und Menschenrechte *T. Cottier*, JIEL, Bd. 5 (2002), S. 111, 113.

38 Vgl. etwa *D. Luff*, RBDI, 1996, S. 90.

39 *U. Beyerlin / T. Marauhn* schließen diesen Aspekt in einer Untersuchung in den Begriff „Umweltvölkerrecht" ein, den sie dann weit verstanden wissen wollen. S. *U. Beyerlin / T. Marauhn*, Rechtssetzung und Rechtsdurchsetzung im Umweltvölkerrecht nach der Rio-Konferenz 1992, S. 1.

40 *M. Schröder*, ArchVR, Bd. 34 (1996), S. 251, 273.

einen politischen Begriff.[41] Für eine sinnvolle Einführung des Begriffs als rechtliche Kategorie wäre aber Voraussetzung, dass der Bedeutungsgehalt der „nachhaltigen Entwicklung" klarere Konturen aufweist. Zum gegenwärtigen Zeitpunkt der Rechtsentwicklung deutet eine solche Begrifflichkeit letztlich nur auf den Kern des Streits um den Bedeutungsgehalt der „nachhaltigen Entwicklung" hin: In welchem Verhältnis steht das Ziel des Schutzes der Umwelt zu den Entwicklungsbelangen der Dritten Welt? Diese Frage soll hier nicht weiter vertieft werden; für die Kritik des Begriffs genügt die Feststellung, dass es nicht sinnvoll erscheint, ein bestimmtes Rechtsgebiet mit einem unklaren Begriffsinhalt gegenüber anderen Rechtsgebieten abgrenzen zu wollen.

III. Zum Begriff der „Technologie"

Eine allgemeingültige Definition des Begriffes „Technologie" existiert nicht, auch nicht im Völkerrecht.[42] Für den deutschen Sprachgebrauch wird der Begriff der „Technologie" in erster Linie zum Begriff der „Technik" hin abgegrenzt. Unter „Technologie" wird dabei etwa zunächst allgemein „ingeniöses Wissen und Können" verstanden, wobei die Technologie durch ihre tatsächliche Anwendung zur Technik wird.[43] Es kann von „Technologie" als „Wissenschaft von der Technik" gesprochen werden.[44] Für *W. Kewenig* ist „Technologie" allgemein „technisches Wissen" in einem umfassenden Sinn.[45] Ähnlich weit versteht *G. Cabanellas* unter „technology": „practical information that may be used for economic purposes by a recipient or beneficiary State".[46] Auch

41 *U. Beyerlin*, in: Enforcing Environmental Standards, S. 95 f.

42 Zu den Versuchen einer Definition s. insbesondere *P.-T. Stoll*, Technologietransfer, S. 2 ff.; aber auch *M. Blakeney*, Legal Aspects; *G. Funke*, Technologietransfer, S. 5 ff.; *L. Stampfli-Medzikijan*, Le transfert de technologie, S. 7 ff.; *O. Kimminich*, GYIL, Bd. 25 (1982), S. 54 ff. Aus betriebswirtschaftlicher Sicht *K. Brockhoff*, Forschung und Entwicklung, S. 22.

43 *G. v. Kortzfleisch*, in: Handwörterbuch Export und Internationale Unternehmung, 1989, S. 2052, 2053.

44 *P.-T. Stoll*, Technologietransfer, S. 3.

45 *W. Kewenig*, in: Völkerrecht und internationale Zusammenarbeit, S. 71, 72.

46 *G. Cabanellas*, EPIL, Bd. IV (2000), S. 776. Ähnlich *K. R. Hope*: „Technology can be defined as the skills, knowledge, and procedures used in the provision of goods and services for any given society", *K. R. Hope*, Int E Aff., Bd. 8 (1996), S. 32, 35.

im völkerrechtlichen Kontext des Technologietransfers wird der Begriff der Technologie überwiegend in einem solchen weiten Sinne verstanden.[47] *M. Blakeney* führt als eine mögliche Definition „the skills, knowledge and procedures for making, using and doing useful things" an.[48] Daneben verweist er auf eine Definition der Weltorganisation für geistiges Eigentum (WIPO):[49]

> Technology means systematic knowledge for the manufacture of a product, the application of a process or the rendering of a service, whether that knowledge be reflected in an invention, an industrial design, a utility model, or a new plant variety, or in technical information or skills, or in the services and assistance provided by experts for the design, installation, operation or maintenance of an industrial plant or the management of an industrial or commercial enterprise or its activities.

Den vorstehenden Definitionsversuchen folgend kann der Begriff der Technologie weit verstanden werden, so dass darunter *jedes Wissen über die Lösung praktischer Probleme* fällt. Damit handelt es sich nach herkömmlicher Definition bei der Technologie nicht schon um eine konkrete technische Einrichtung, sondern vielmehr um „den Vorgang ihrer Betrachtung und das Wissen um ihre Herstellung und ihren Gebrauch."[50]

Dieser von den einzelnen völkerrechtlichen Regelungszusammenhängen losgelöste Definitionsansatz kann freilich nur von begrenztem Nutzen sein, da die Verwendung des Begriffs „Technologie" in einem völkerrechtlichen Übereinkommen nicht identisch mit dem gleichen Begriff in einem anderen Übereinkommen sein mag und auch nicht mit dem allgemeinen Sprachgebrauch übereinstimmen muss. Im jeweiligen spezifischen Kontext mag dem Begriff der „Technologie" ein anderer, möglicherweise engerer, möglicherweise weiterer Bedeutungsgehalt zuzuschreiben sein.

Ferner ist darauf hinzuweisen, dass die begriffliche Differenzierung zwischen Technik und Technologie im Englischen nicht immer eingehal-

47 *F.-K. Beier / H.P. Kunz*, GRUR Int 1972, S. 385, 386.

48 *M. Blakeney*, Legal Aspects, S. 1 f.

49 *M. Blakeney*, Legal Aspects, S. 1 f. Diese Definition ist ähnlich auch in dem Entwurf zu einem Verhaltenskodex über Technologietransfer enthalten, vgl. Ziff. 1.2 der Fassung von 1985, abgedr. in: S. Patel / P. Roffe / A. Yusuf (Hrsg.), International Technology Transfer, S. 417, 418 f.

50 *P.-T. Stoll*, Technologietransfer, S. 4.

ten wird; vielmehr ist ein weites Technologieverständnis verbreitet.[51] Auch hieraus folgt, dass in der völkerrechtlichen Diskussion um Technologietransfer oftmals durchaus Erwerb von Technologie *und* Technik gemeint ist.[52] Insbesondere die von Seiten der Entwicklungsländer aufgestellte Forderung nach Technologietransfer differenziert regelmäßig nicht zwischen Technologie und Technik, wobei aus entwicklungspolitischer Sicht freilich der Transfer von Wissen über Technologie als der längerfristig fruchtbarere Vorgang erscheint.

IV. Zum Begriff „Technologietransfer"

Auch hinsichtlich des Begriffs „Technologietransfer" gilt das soeben Gesagte, wonach es eine generell akzeptierte Definition nicht gibt.[53] Allgemein kann aber gesagt werden, dass der Transfer von Technologie ein Prozess ist, der zwischen einem Technologielieferanten und einem Technologieempfänger abläuft. Dabei wird Technologie, also Wissen über die Lösung praktischer Probleme, das der Lieferant oder Geber entwickelt hat, an den Empfänger oder Nehmer übertragen (lat. *transferre*), damit dieser es zu eigenen Zwecken verwendet.[54] Auf beiden Seiten können jeweils staatliche oder auch private Akteure beteiligt sein.[55] Damit kann der Technologietransfer letztlich auch als ein Lernprozess beschrieben[56] und auf diese Weise das Potenzial eines „Kommunikationsproblems" betont werden.[57] Jedenfalls kann unter Technologietransfer

51 S. The New Encyclopaedia Britannica, 1981, Stichwort „Technology, Conceptions of", Macropaedia, Bd. 18, S. 21 („By the second half of the century, technology was defined by such phrases as ‚the means or activity by which man seeks to change or manipulate his environment'.").

52 Darauf weisen auch *H. Ballreich*, GYIL, Bd. 24 (1981), S. 329, 332 und *G. Funke*, Technologietransfer, S. 7 hin.

53 Dazu auch *F. Bradbury / P. Jervis / R. Johnston / A. Pearson*, Transfer Processes in Technical Change, S. 3 ff.

54 Vgl. *P. Fischer*, EA, Bd. 34 (1979), S. 633. Für ein weites Begriffsverständnis auch *T. Mehr*, Loyola LA ICLJ, Bd. 15 (1993), S. 731, 739 f.

55 *T. Auer*, Entwicklungsperspektiven, S. 42; *K. R. Hope*, Int E Aff., Bd. 8 (1996), S. 32, 35.

56 *R. A. Solo*, Organizing Science for Technology Transfer in Economic Development, S. 11.

57 *H. Ballreich*, GYIL, Bd. 24 (1981), S. 329, 362.

hier *jede Übertragung von Wissen über die Lösung praktischer Probleme* verstanden werden.

Während sich die vorliegende Arbeit dabei auf Übertragungsprozesse zwischen Akteuren in Industriestaaten und Akteuren in Entwicklungsländern beschränkt, wird nicht verkannt, dass im Hinblick auf die Innovationsforschung – auch gerade im Kontext des Umweltschutzes – innerstaatliche Technologietransferprozesse ebenfalls von eminenter Bedeutung sind.[58]

Technologietransfer als ein solcher Übertragungsprozess kann in vielfältiger Weise ablaufen. *P.-T. Stoll* kann gefolgt werden, wenn er darauf hinweist, dass zudem zwei verschiedene Begriffsschichtungen erkennbar sind: Technologietransfer kann einerseits als reiner Kommunikations- und Lernprozess verstanden werden, andererseits kann er aber auch aus der Perspektive einer privatwirtschaftlichen Transaktion betrachtet werden.[59]

Betrachtet man Technologietransfer in erster Linie als Lernprozess, rücken auch weitere Vorgänge in das Blickfeld. So kann ein Lernprozess auch durch schlichten Techniktransfer, etwa durch einen Kaufvertrag, erfolgen, da eine technische Einrichtung beispielsweise nachgebaut werden kann. Der Technologietransferbegriff wäre insoweit zunächst rechtsblind, als es für den Transfererfolg nicht darauf ankommt, ob der Nachbau möglicherweise unter Verletzung gewerblicher Schutzrechte stattfindet.

Weiter kann Technologietransfer als Kommunikationsprozess in vielfältigen Rahmen stattfinden. Er kann etwa durch schlichten Informationsaustausch oder durch eine Ausbildungshilfe, etwa ein Stipendium, erfolgen. Im zwischenunternehmerischen Bereich kann Technologietransfer durch Direktinvestitionen oder grenzüberschreitende Zusammenschlüsse auch innerhalb eines Unternehmens oder durch Unternehmenskooperationen (joint ventures) erfolgen. Dem konkreten Technologietransfer mag dabei ein Lizenzvertrag (Patent- oder Know-How, bzw. Produktions-, Produkt-, Herstellungs-, Vertriebs- oder Betriebslizenz) zu Grunde liegen.

58 Zum Technologietransfer zwischen staatlichen Forschungseinrichtungen und der Industrie *M. Reinhard / H. Schmalholz*, Technologietransfer in Deutschland u. *A. Walter*, Technologietransfer zwischen Wissenschaft und Wirtschaft.

59 *P.-T. Stoll*, Technologietransfer, S. 8 f.

Wählt man hingegen die Betrachtungsweise einer privatwirtschaftlichen Transaktion, so rücken die Formen des Transfers und damit auch die rechtliche Gestaltung einer Transaktion in den Vordergrund,[60] wobei die Tatsache von besonderer Bedeutung ist, dass technisches Wissen von der Rechtsordnung in verschiedener Weise geschützt wird. Der Entwurf eines internationalen Verhaltenskodex über den Technologietransfer der UNCTAD hat die Wege, die die Parteien für den Transfer wählen, in einer Definition zusammengefasst:[61]

> (a) The assignment, sale and licensing of all forms of industrial property, except for trade marks, service marks and trade names when they are not part of transfer of technology transactions;
> (b) The provision of know-how and technical expertise in the form of feasibility studies, plans, diagrams, models, instructions, guides, formulae, basic or detailed engineering designs, specifications and equipment for training, services involving technical advisory and managerial personnel, and personnel training;
> (c) The provision of technological knowledge necessary for the installation, operation and functioning of plant and equipment, and turn-key projects;
> (d) The provision of technological knowledge necessary to acquire, install and use machinery, equipment, intermediate goods and/or raw materials which have been acquired by purchase, lease or other means;
> (e) The provision of technological contents of industrial and technical co-operation arrangements.

V. Zu den Begriffen „technische Zusammenarbeit", „technische Hilfe" und „Kapazitätsaufbau"

Wird Technologietransfer im obigen Sinne weit verstanden als jede Übertragung von Wissen über die Lösung praktischer Probleme, stellen sich indes verschiedene Abgrenzungsprobleme, insbesondere im Bereich der zu untersuchenden Übereinkommen zum globalen Umweltschutz. Diese Abgrenzungsprobleme sind letztlich nur im Lichte der einzelnen

60 Dazu H. Rubin (Hrsg.), International Technology Transfers; *G. Funke*, Technologietransfer, S. 14 ff. S. auch *M. Hiestand*, in: Internationales Vertragsrecht, m.w.N. Insbesondere geht es um die privatrechtlichen, aber auch außenwirtschaftsrechtlichen Aspekte einer solchen Transaktion.

61 Entwurf in der Fassung von 1985, abgedr. in: S. Patel / P. Roffe / A. Yusuf (Hrsg.), International Technology Transfer, S. 417, 419.

Übereinkommen zu lösen; auf verschiedene begriffliche Schwierigkeiten soll jedoch vorab hingewiesen werden.

In der völkerrechtlichen Praxis wird vielfach der Begriff der „technischen Zusammenarbeit" *(technical cooperation; coopération technique)* verwendet.[62] Dieser Begriff wird im Vergleich zum Technologietransfer in der Regel umfassender zu verstehen sein: Jeder Technologietransfer setzt technische Zusammenarbeit voraus. Umgekehrt ist fraglich, ob die Begriffe im Einzelfall deckungsgleich sein können; vor dem Hintergund eines weiten Begriffsverständnisses wird mit jeder technischen Zusammenarbeit auch eine Übertragung von Wissen über die Lösung praktischer Probleme verbunden sein. Die Praxis der Vertragsstaaten mehrerer Umweltschutzübereinkommen unterscheidet allerdings die Begriffe, was für einen engeren Technologietransferbegriff im spezifischen Kontext sprechen kann.[63]

Ferner wird der Begriff der „technischen Unterstützung" oder „technische Hilfe" *(technical assistance; assistance technique)* benutzt.[64] Auch hier erscheint der Begriff auf den ersten Blick als Oberbegriff zum spezifischeren Begriff des Technologietransfers, wobei anders als bei der „technischen Zusammenarbeit" eine Zusammenarbeit zwischen einem stärkeren und einem zu unterstützenden schwächeren Partner angedeutet wird. Ein gegenseitiges Geben und Nehmen wird bei der Zusammenarbeit stets möglich erscheinen, bei der Unterstützung kann es in den Hintergrund treten. Auch hier stellt sich aber die Frage, ob ein weit verstandener Technologietransferbegriff nicht jede technische Unterstützung einschließt.

62 Vgl. etwa Artikel 10 Abs. 1 Montrealer Protokoll (i.d. Londoner Fassung); Artikel 16 einerseits und Artikel 18 Übereinkommen über die Biologische Vielfalt andererseits.

63 S. insbesondere Artikel 10 Abs. 1 Montrealer Protokoll (i.d. Londoner Fassung): „[...] technische Zusammenarbeit einschließlich der Weitergabe von Technologien [...]".

64 Vgl. etwa Artikel 10 Montrealer Protokoll (i.d.F. von 1987); Artikel 202 SRÜ; vgl. auch Artikel VII Übereinkommen zur Förderung der Einhaltung internationaler Erhaltungs- und Bewirtschaftungsmaßnahmen durch Fischereifahrzeuge auf hoher See (ABl. Nr. L 177/26 v. 16.7.1996): „Die Vertragsparteien arbeiten [...] zusammen, um den Entwicklungsländern unter ihnen Unterstützung und technische Hilfe zu gewähren, damit diese ihren Verpflichtungen aus dem vorliegenden Übereinkommen nachkommen können."

Schließlich ist der Technologietransfer zum Begriff des Aufbaus von Kapazitäten *(capacity building; création de capacités)* hin abzugrenzen.[65] Begriffliche Probleme entstehen hier, soweit es um den Aufbau technischer Kapazitäten geht. Wird ein weiter Technologietransferbegriff zu Grunde gelegt, decken sich die Begriffe: Jeder Technologietransfer stellt auch gleichzeitig einen technischen Kapazitätsaufbau dar. Der Begriff des Kapazitätsaufbaus wird jedoch in der Praxis vielfach gerade nicht auf die technologische oder technische Seite reduziert. Insoweit handelt es sich beim Kapazitätsaufbau im Vergleich zum Technologietransfer um den umfassenderen Begriff, der neben dem Aufbau technischer Fähigkeiten etwa auch die Stärkung von Fähigkeiten der Verwaltung einschließt.

VI. Zu den Begriffen „Industrieländer" und „Entwicklungsländer"

Soweit in dieser Arbeit von den beteiligten Staaten als „Industrieländern" und „Entwicklungsländern" die Rede ist, verlangt auch dies eine begriffliche Vorbemerkung. In der völkerrechtichen Praxis werden die Staaten – insbesondere auch im Kontext der Entwicklungspolitik – oftmals bestimmten Kategorien zugeordnet. Diese Kategorien unterscheiden sich je nach völkerrechtlichem Übereinkommen und beruhen zwar teilweise auch auf ökonomischen Indikatoren, vielfach sind sie aber auch einzig politisch erklärbar. Eine allgemein anerkannte Definition des Begriffs Entwicklungsland existiert nicht.[66] Entsprechend der Vielzahl von internationalen Übereinkommen, die differenzierte Rechtspflichten für verschiedene Mitgliedstaaten vorsehen, sind auch die Anknüpfungspunkte der jeweiligen differenzierten Rechtspflicht verschieden.[67]

65 Vgl. etwa Artikel 10 lit. b) Ziff. ii. Kioto Protokoll; Artikel 12 Abs. 3 Stockholmer Übereinkommen über persistente organische Schadstoffe. Zum Begriff auch *L. Gündling*, ZaöRV, Bd. 56 (1996), S. 796, 800.

66 Vgl. dazu *H. Beck*, Die Differenzierung von Rechtspflichten, S. 23 ff.; *J. Betz*, in: Handbuch Vereinte Nationen, S. 123 ff.; *A. Fatouros*, EPIL I (1992), S. 1017 ff.; *G. Verdirame*, GYIL, Bd. 39 (1996), S. 164; *B. Kellersmann*, Die gemeinsame, aber differenzierte Verantwortlichkeit, S. 11 ff. Vgl. auch die Arbeiten von *G. L. de Lacharrière*, AFDI, Bd. XVII (1971), S. 461; *G. Feuer*, JDI, Bd. 109 (1982), S. 1.

67 Vgl. zur Beitragszahlung bei den Vereinten Nationen jeweils „Scale of Assessments for the apportionment of the expenses of the United Nations"; vgl. für die Welthandelsorganisation Artikel XI:2 WTO-Übereinkommen; dazu *W. Weiß / Chr.*

Zu Recht ist darauf hingewiesen worden, dass die vielfach vereinfachende Kategorisierung von Staaten außerordentlich problematisch ist, da sie nicht annähernd geeignet ist, die tatsächliche Vielgestaltigkeit der Entwicklungsstadien der verschiedenen Staaten zu reflektieren.[68] Dieses Problem existiert auch im Kontext des Technologietransfers zum Umweltschutz bei den hier zu untersuchenden Übereinkommen.[69]

In der vorliegenden Arbeit soll der Begriff „Entwicklungsländer" dennoch auch deshalb Verwendung finden, weil sich die Staaten vielfach selbst als Entwicklungsländer bezeichnen und aus diesem Status die Berechtigung bestimmter Forderungen an die Industrieländer ableiten. Insgesamt sollen hierunter trotz aller offensichtlichen Unschärfe des Begriffs jene Staaten verstanden werden, deren Gesellschaft von Merkmalen der Unterentwicklung geprägt ist, wobei als Merkmale der Unterentwicklung etwa nach dem *Human Development Index* des Entwicklungsprogramms der Vereinten Nationen insbesondere die durchschnittliche Lebenserwartung, das Bildungsniveau und der durchschnittliche Lebensstandard (Bruttoinlandprodukt pro Kopf) in Betracht gezogen werden können.[70]

Herrmann, Welthandelsrecht, § 20; *G. Verdirame*, GYIL, Bd. 39 (1996), S. 164, 174.

68 Vgl. bereits *G. L. de Lacharrière*, AFDI, Bd. XVII (1971), S. 461, 468; *G. Feuer*, JDI, Bd. 109 (1982), S. 1, 2; s. auch *P. Cullet*, Differential Treatment, S. 53; *G. Verdirame*, GYIL, Bd. 39 (1996), S. 167.

69 Beispielhaft zeigte sich etwa im Kontext des Klimarahmenübereinkommens, dass auch Schwierigkeiten bei der Auflösung von Widersprüchen in der Einordnungspraxis bestehen. Hier erfolgt die Kategorisierung nach den Anhängen I bzw. II des Übereinkommens. Während in Anhang II im Wesentlichen die OECD Mitgliedstaaten aufgeführt sind, enthält Anhang II zusätzlich Staaten, „die sich im Übergang zur Marktwirtschaft" befinden. Hieraus ergibt sich die große Gruppe der sog. Nicht-Anhang I-Staaten, überwiegend sog. Entwicklungsländern. Die Türkei sah sich mehrere Jahre gehindert, das Übereinkommen zu ratifizieren, weil sie nach dem Übereinkommen als Anhang I-Staat eingeordnet worden war. Im Kontext des Klimaschutzes zog es die Türkei aber vor, als Entwicklungsland behandelt zu werden. Überblick über die Einordnung in verschiedenen Umweltschutzübereinkommen bei *N. Michels*, Umweltschutz und Entwicklungspolitik, S. 54 ff.

70 Dazu zuletzt UNDP (Hrsg.), Human Development Report 2004, S. 126 ff.

Zweites Kapitel

Technologietransfer – Wiederkehrender Topos der internationalen Wirtschaftsbeziehungen im Kontext einer liberaleren Weltwirtschaftsordnung

A. Einleitung

Das Thema des Technologietransfers zwischen Industriestaaten und den Entwicklungsstaaten hat die Diskussionen über die Prinzipien und Strukturen einer Weltwirtschaftsordnung seit den sechziger Jahren des vorigen Jahrhunderts maßgeblich mitbestimmt. Von Seiten der Entwicklungsländer, den Technologieaspiranten, wurde Technologie als unabdingbare Voraussetzung, als conditio sine qua non, ihrer weiteren wirtschaftlichen Entwicklung und damit der Anhebung des Lebensstandards der Bevölkerung des betreffenden Landes gesehen. Ausgangspunkt ist die Prämisse, die *W. Graf Vitzthum* prägnant formuliert:

> Wissenschaftlich-technische Innovation, umgesetzt in wirtschaftlichen Fortschritt und gesellschaftliche Mobilisierung, bestimmt Macht und Ohnmacht, Armut und Wohlstand der Nationen: ohne technologische Entwicklung keine wirtschaftliche Entwicklung.[71]

Technologische Abhängigkeit und Unterentwicklung wurden als wichtigste Einzelursachen der Armut in Entwicklungsländern beschrieben.[72]

71 *W. Graf Vitzthum*, ORDO, Bd. 38 (1987), S. 233.

72 *S. Patel*, JMAS, Bd. 12 (1974), S. 1. Aus ökonomischer Sicht wurde dies oftmals mit einem Seitenblick auf die wirtschaftliche Entwicklung der Vereinigten Staaten begründet. Demnach sollte dort der Anstieg der Produktivität in der Zeit von 1909 bis 1949 zu 87,5 Prozent dem technologischen Fortschritt zuzuschreiben sein (so *R. Solow*, Rev. ES, Bd. 39 [1957], S. 312 ff.). An anderer Stelle wird darauf hingewiesen, dass allein die Technologie für den zehnfachen Zuwachs des Realeinkommens im vergangenen Jahrhundert in den Industrieländern verantwortlich ge-

Insofern folgerichtig forderten zahlreiche Entwicklungsländer den Transfer von Technologien aus Industriestaaten, um ihren Entwicklungsprozess zu starten bzw. zu beschleunigen. Zum wichtigsten Forum dieser Forderungen wurde die Konferenz der Vereinten Nationen über Handel und Entwicklung (UNCTAD).

Aus heutiger Perspektive erscheint diese Sicht allzusehr von der Vorstellung bestimmt, dass die Erfahrungen der technologischen Entwicklung der Industrieländer ohne weiteres auf den Entwicklungsprozess der Entwicklungsländer übertragen werden könnten.[73] Ohne die entwicklungstheoretischen Diskussionen der vergangenen Jahrzehnte zu rekapitulieren, kann festgestellt werden, dass ein solcher monokausaler Erklärungsansatz kaum mehr vertreten wird. Die Entwicklung wird heute als ein vielschichtiger Prozess verstanden, der Gesellschaft und Wirtschaft in ihrer Gesamtheit betrifft.[74] Wie etwa *D. Landes* besonders eindrucksvoll beschrieben hat, sind die Ursachen für Armut überaus komplex. Während technologische Abhängigkeit möglicherweise zu gleicher Zeit Mitursache und Folge von Unterentwicklung ist, mögen andere Faktoren erst die technologische Abhängigkeit induziert haben.[75]

Zum Verständnis der heutigen völkerrechtlichen Diskussion über Technologietransfer auf dem Gebiet des Umweltschutzes erscheint es jedoch unerlässlich, sich in gebotener Kürze den Verlauf der oftmals parallel geführten internationalen Technologietransferdiskussionen anhand der wichtigsten Stationen und Verhandlungsschauplätzen zu vergegenwärtigen.[76]

---

wesen sei. S. *E. Gold*, in: The International Law and Policy of Human Welfare, S. 549.

73 S. typisch für den damaligen Standpunkt etwa *S. Patel*, Journal of World Trade Law, Bd. 7 (1973), S. 226, 227. Dagegen warnend vor einer Extrapolation, die von den Industrialisierungserfolgen der Vergangenheit Rezepte für die heutige Entwicklung der Dritten Welt abzuleiten versucht, *F. Braudel*, Sozialgeschichte des 15.-18. Jahrhunderts, S. 603 f.

74 Vgl. insoweit auch *F. Braudel*, Sozialgeschichte des 15.-18. Jahrhunderts, S. 604 ff., 633 ff. („Die Technik: eine notwendige, aber nicht ausreichende Voraussetzung").

75 *D. Landes*, The Wealth and Poverty of Nations, S. 58, 164, 200, 217 f., 269.

76 S. bereits den umfassenden Überblick bei *P.-T. Stoll*, Technologietransfer, S. 12 ff.

B. Genese der völkerrechtlichen Diskussion um Technologietransfer

In historischer Perspektive mag es für eine Analyse der Genese der völkerrechtlichen Diskussion um den Technologietransfer reizvoll sein, weit in die Völkerrechtsgeschichte zurückzugehen, liegt doch eine völkerrechtshistorische Untersuchung zum Technologietransfer bislang nicht vor.[77] Indes würden solche Ausführungen an dieser Stelle zu weit führen. Zum Verständnis der Völkerrechtsentwicklungen im Bereich der technologischen Umweltkooperation zwischen Industrie- und Entwicklungsländern genügt es, sich in erster Linie den neueren Entwicklungen seit der Mitte des vergangenen Jahrhunderts zuzuwenden.

I. Von der „Havanna Charta" zum GATT

Als Ausgangspunkt der Diskussionen um Technologietransfer auf völkerrechtlicher Ebene kann auf die Verhandlungen der „United Nations Conference on Trade and Employment" nach dem Ende des Zweiten Weltkrieges in Havanna zurückgeblickt werden. Das Ziel der Verhandlungen war – freilich noch unter Ausblendung umweltpolitischer Aspek-

77 Wenn der oben vorgeschlagene Begriff des Technologietransfers zugrundegelegt wird, ist es evident, dass es das Phänomen des transnationalen Technologietransfers gegeben hat, seit es Staaten gibt. Transnationaler Technologietransfer war etwa Voraussetzung für die industrielle Revolution in Deutschland. Für die Verbreitung etwa des Webstuhls in der Frühindustrialisierungsphase des 18. Jahrhunderts s. *H. Freudenberger*, in: Technologischer Wandel im 18. Jahrhundert, S. 105 ff.; *W. Kroker*, Wege zur Verbreitung technologischer Kenntnisse; *W. Weber*, Bd. 42 (1975), S. 287 ff. jeweils m.w.N. Technologietransfer ist somit keinesfalls eine neuartige Entwicklung, die etwa erst mit der Idee einer neuen Weltwirtschaftsordnung begonnen hätte. Auch die Beziehung zwischen Völkerrecht und Weltwirtschaft ist seit dem Beginn der Neuzeit verfolgbar, s. *R. Stödter*, ZaöRV, Bd. 13 (1950), S. 67 ff.; s. auch *U. Scheuner*, Die völkerrechtlichen Grundlagen der Weltwirtschaft in der Gegenwart, S. A 27 ff. Als erste völkervertragsrechtliche Anstrengung zum Schutz technischer Erfindungen kann die Pariser Verbandsübereinkunft zum Schutz des gewerblichen Eigentums vom 20.3.1883 angesehen werden. *D. Rouach / J. Klatzmann*, Les transferts de technologie, S. 6 f., betonen zu Recht, dass der Technologietransfer so alt wie die Menschheit sei.

te – die Schaffung einer umfassenden Welthandelsordnung und die Gründung einer internationalen Organisation zur Erfüllung der damit verbundenen Aufgaben. Als Hintergrund dieser Idee wird die Erkenntnis genannt, dass ein offenes Welthandelssystem zum Frieden in der Welt beitragen würde; protektionistische Politiken der dreißiger Jahre wurden unter anderem als eine Ursache des Zweiten Weltkrieges verstanden.[78] Eine offene Welthandelsordnung könne dagegen in gegenseitiger Kooperation zum Wiederaufbau der Weltwirtschaft und zum internationalen Wirtschaftswachstum entscheidend beitragen.[79] Als Ergebnis der Konferenz wurde am 24. März 1948 die sog. Havanna-Charta verabschiedet, die Vorläuferin des Allgemeinen Zoll- und Handelsabkommen (GATT).[80]

Die Charta enthält zahlreiche Vorschriften, die im Kontext des Technologietransfers erhebliche Bedeutung haben. So stellt etwa Artikel 11 („Mittel zur Förderung der wirtschaftlichen Entwicklung und des Wiederaufbaus") fest, dass es für die „industrielle und allgemeine wirtschaftliche Entwicklung" „[...] besonders nötig" [ist], „ausreichend über Kapital, Rohstoffe, eine moderne Ausrüstung, moderne Technik sowie technisches und leitendes Personal zu verfügen". Zu diesem Zweck sind die Mitgliedstaaten zur Zusammenarbeit verpflichtet und „werden nicht ohne gute und schwerwiegende Gründe hemmende Maßnahmen treffen, die andere Mitgliedstaaten daran hindern würden, zu angemessenen Bedingungen diejenigen Hilfsmittel zu beschaffen, die erforderlich sind, um ihre Wirtschaft zu entwickeln". Überdies wurde der zu schaffenden „International Trade Organization" ein Mandat erteilt, „den Abschluss von Abkommen zu empfehlen und zu unterstützen, die dazu dienen sol-

78 *J. E. Spero / J. A. Hart*, The Politics of International Economic Relations, S. 66 f. In Punkt 5 der Atlantic Charter v. 14.8.1941 heißt es auch: „desire to bring about the fullest collaboration between all nations in the economic field with the object of securing, for all, improved labor standards, economic advancement and social security".

79 Vgl. Kapitel I. „Allgemeine Aufgabe und Ziele", Artikel 1 der Havanna-Charta. Deutscher Text in: Deutsches Handels-Archiv 1949.

80 Die Entstehungsgeschichte des GATT wurde bereits mehrfach nachgezeichnet, vgl. nur *J. H. Jackson*, The World Trading System, S. 35 ff.; *R. Senti*, WTO, Rn. 3 ff.; *W. Weiß / Chr. Herrmann*, Welthandelsrecht, § 6. Zur Havanna-Charta: *G. Jaenicke*, EPIL, Bd. II (1995), S. 679 ff. Vorliegend sollen daher einzig die technologietransferrelevanten Aspekte nachgezeichnet werden, auch dazu bereits *P.-T. Stoll*, Technologietransfer, S. 17 ff.

len, eine gerechte Verteilung der technischen Sachkunde, der Verfahren, der technischen Methoden, der Rohstoffe und der Ausrüstungen zu erleichtern, wobei die Bedürfnisse aller Mitgliedstaaten gebührend zu berücksichtigen sind".[81] Ein Kapitel der Charta ist den Fragen der „einschränkenden Handelspraktiken" gewidmet.[82] Nach Artikel 46 Absatz 1 sind diese Handelspraktiken „in allen den Fällen zu verhindern, in denen diese Praktiken schädliche Wirkungen für die Entwicklung der Produktion oder des Handels haben und in denen sie hindern, irgendeines der in Artikel 1 genannten Ziele zu erreichen".[83] Die sodann in Absatz 3 nachfolgende Liste von einschränkenden Handelspraktiken im Sinne des Artikels enthielt unter anderem Maßnahmen in Bezug auf Preise oder sonstige Bedingungen, die im Verhältnis zu Dritten einzuhalten waren, die Frage von Gebietsbeschränkungen und gebietsbezogene Absprachen, die Diskriminierung von Unternehmen, Produktionsbeschränkungen und die Verhinderung von Forschung und Weiterentwicklungen. Darüber hinaus war eine generalklauselartige Vereinbarung vorgesehen, wonach eine Mehrheit von Zweidritteln der Mitgliedstaaten eine Praxis zu einer „einschränkenden Handelspraktik" erklären konnte.[84] Diese wettbewerbsrechtlichen Vorschriften sollten dazu beitragen, die Position von Entwicklungsländern gegenüber transnationalen Unternehmen im Hinblick auf Technologietransfer zu stärken und Technologiekartellen vorzubeugen. Gemäß Artikel 50 war jeder Mitgliedstaat weiterhin verpflichtet, „alle in Frage kommenden gesetzgeberischen und anderen Maßnahmen entsprechend seiner Verfassung, seiner Gesetzgebung oder seinem wirtschaftlichen System (zu) treffen, um zu verhindern, dass private oder öffentliche Handelsunternehmen innerhalb seines Hoheitsbereiches" einschränkende Handelspraktiken ausüben. Schließlich wurde ein verbindliches Untersuchungsverfahren (Artikel 48) vereinbart, in dessen Rahmen die Organisation befugt war, „Reklamationen" der Mitgliedstaa-

81 Artikel 11 Abs. 2 lit. b) Havanna-Charta.

82 Kapitel V., Artikel 46 – 54. Dazu auch *M.-C. Malaguti*, JWT, Bd. 32/3 (1998), S. 120 ff.; *K. M. Meessen*, Völkerrechtliche Grundsätze des internationalen Kartellrechts, S. 37 ff.

83 Als Ziele werden in Artikel 1 genannt: Die Ziele der VN-Charta, sowie „insbesondere Hebung des Lebensstandards, Vollbeschäftigung und Schaffung der Voraussetzungen für Fortschritt und Entwicklung auf wirtschaftlichen und sozialem Gebiet".

84 Artikel 46 Abs. 3 lit. g).

ten bezüglich einschränkender Handelspraktiken zu untersuchen, gegebenenfalls Fälle einschränkender Handelspraktiken festzustellen sowie Maßnahmen zur Abhilfe zu benennen, die der betroffene Mitgliedstaat sodann „in vollem Umfange" zu berücksichtigen hatte.[85]

Die „Havanna Charta" ist später nicht in Kraft getreten, da der (republikanische) Kongress der Vereinigten Staaten, entgegen den Wünschen der (demokratischen) Administration, eine Ratifikation ausschloss. Kreise der US-amerikanischen Wirtschaft befürchteten wohl eine Einschränkung ihrer Gestaltungsspielräume. Außerdem war, als die Charter im Jahre 1949 dem Kongress zur Ratifikation vorgelegt wurde, das Gefühl der Dringlichkeit einer neuen Handelsordnung, das in der unmittelbaren Nachkriegszeit noch vorhanden war, mittlerweile verflogen.[86] Ende 1950 erklärte Präsident *H. Truman* schließlich, dass er nicht mehr beabsichtige, den Kongress um Ratifikation der „Havanna Charta" zu ersuchen.

Nach dem Scheitern der „Havanna-Charta" sind lediglich die Regeln des GATT als Provisorium angewandt worden.[87] Da die Verhandlungsparteien von Havanna sich bei dem Abschluss der Konferenz aus verschiedenen Gründen die baldige Anwendung der vereinbarten Zollsenkungen wünschten, wurde das „Protokoll über die vorläufige Anwendung"[88] abgeschlossen, demzufolge sich die Parteien verpflichteten, das Abkommen vom 1. Januar 1948 an anzuwenden. Bei dieser vorläufigen Anwendung blieb es bis zum Ende der Verhandlungsrunde von Uruguay im April 1994. Die Regeln über einschränkende Handelspraktiken fielen jedoch nicht unter die provisorische Anwendung, da diese in der „Havanna-Charta" enthalten waren. Zwar wurde später auch im Rahmen des GATT die Einbeziehung von Regeln über unlauteren Wettbewerb diskutiert. Im Jahre 1960 wurde jedoch entschieden, von der

85 S. Artikel 50 Abs. 4.

86 S. dazu *M. Herdegen*, Internationales Wirtschaftsrecht, § 7, Rn. 1; *J. E. Spero* / *J. A. Hart*, The Politics of International Economic Relations, S. 67 f.; *J. H. Jackson*, The World Trading System, S. 38; *R. Vernon*, Harvard ILJ, Bd. 36 (1995), S. 330.

87 S. dazu *G. Jaenicke*, ArchVR, Bd. 7 (1958/59), S. 372 ff.; *R. Senti*, WTO, Rn. 52 ff.; *R. Vernon*, Harvard ILJ, Bd. 36 (1995), S. 330.

88 UNTS 55 (1950), S. 308.

weiteren Prüfung dieser Fragen im Rahmen des GATT bis auf weiteres abzusehen.[89]

II. Der Ruf nach einer „Neuen Weltwirtschaftsordnung"

Die zahlreichen im Zuge der Dekolonisierungsbewegung der fünfziger und sechziger Jahre des zwanzigsten Jahrhunderts neu entstandenen Staaten nahmen gegenüber der so gestalteten Weltwirtschaftsordnung eine kritische Haltung ein. Sie sahen sich nicht in der Lage, auf wirtschaftlichem Gebiet mit den Industriestaaten mitzuhalten, und hielten sich demzufolge in einem überwiegend marktwirtschaftlich ausgerichteten GATT für strukturell benachteiligt. Sie begannen Reformen am bestehenden System zu fordern, die ihre spezifische Interessenlage berücksichtigen sollten. Dieses Ziel, welches auch vor dem Hintergrund des Ost-West-Konfliktes zu sehen ist, wurde später mit dem Begriff der „Neuen Weltwirtschaftsordnung" bezeichnet.[90] Die Hauptschauplätze der teilweise heftigen, ideologisch eingefärbten Konfrontationen zwischen Industriestaaten und Entwicklungsländern waren zunächst die Sitzungen der Generalversammlung der Vereinten Nationen sowie die „United Nations Conference on Trade and Development" (UNCTAD), die von März bis Juni 1964 in Genf tagte[91] und im Dezember 1964 von der Gene-

89 *M.-C. Malaguti*, JWT, Bd. 32/3 (1998), S. 120 f.; *J. H. Jackson*, The World Trading System, S. 240. Im Rahmen des Wirtschafts- und Sozialrates der Vereinten Nationen (ECOSOC) wurde erwogen, die Regeln des Kapitels V. der Havanna-Charta in ein eigenständiges Vertragswerk zu retten, was jedoch ebenfalls wegen der Opposition der Vereinigten Staaten aufgegeben wurde, s. *G. Van Hecke*, RdC, Bd. 106 (1962 II.), S. 341.

90 Vgl. aus der zahlreichen Literatur zur Frage der Neuen Weltwirtschaftsordnung: *P. N. Agarwala*, The New International Economic Order; *D. Carreau*, JDI, Bd. 104 (1977), S. 595; *N. Horn*, JWTL, Bd. 16 (1982), S. 338 ff.; *J. Makarczyk*, Principles of a New International Economic Order; *T. Oppermann*, in: FS Carstens, S. 449 ff.; *Chr. Tomuschat*, EPIL, Bd. III (1997), S. 578; *M. Herdegen*, Internationales Wirtschaftsrecht, § 3, Rn. 45 ff. m.w.N.

91 UNYB 1964, 1966, S. 195, 200. Die Konferenz verabschiedete fünfzehn „allgemeine" und dreizehn „spezielle Prinzipien" empfehlenden Charakters, die für den internationalen Handel und die Handelspolitiken bestimmend sein sollten. Das „Special Principle X." lautete: „Scientific achievements and technological developments should be made accessible, under favourable conditions, to all developing countries and their application to the trade and development needs of those count-

ralversammlung zu einem Organ derselben erklärt wurde.[92] Vertreter der Seite der Entwicklungsländer verstanden die UNCTAD durchaus als Gegenstück zum GATT, in deren Rahmen Fragen des internationalen Handels mit einer verstärkt entwicklungspolitischen Zielsetzung verfolgt werden würden.[93] Ebenso wie die Generalversammlung wurde die UNCTAD institutionell von Entwicklungsländern beherrscht. Beispielhaft für die Atmosphäre der Opposition und der Wahrnehmung der bestehenden Weltwirtschaftsordnung, etwa auf der dritten UNCTAD in Santiago de Chile im Jahre 1972, mögen die folgenden Worte aus der Begrüßungsrede *S. Allendes* zitiert sein:

> It is incumbent upon us, the underprivileged, to strive unflaggingly to transform an archaic, inequitable and dehumanized economic structure into one which will not only be fairer to all, but will be capable of counteracting the effects of age-old exploitation.[94]

Zwei Jahre nach der Konferenz in Santiago wurden die drei zentralen Dokumente der „Neuen Weltwirtschaftsordnung" verabschiedet. Zunächst waren dies auf der besonderen Generalversammlung der Vereinten Nationen die „Declaration on the Establishment of a New International Economic Order" sowie ein Aktionsprogramm zur Errichtung derselben.[95] Die Dokumente wurden ohne Abstimmung angenommen.

---

ries should be encouraged by an expansion of bilateral and multilateral programmes of technical assistance."

92 GA Res. 1995 (XIX) v. 30.12.1964. Dazu *D. Cordovez*, JWTL, Bd. 1 (1967), S. 243; *B. Schlüter*, ZaöRV, Bd. 32 (1972), S. 297 ff. Kritische Einschätzung der Arbeit der UNCTAD bei *R. Ramsey*, I O, Bd. 38 (1984), S. 387 ff.

93 Vgl. Artikel II Abs. 3 des Gründungsaktes.

94 Address delivered by Mr. *Salvador Allende Gossens*, 13.4.1972, in: UNCTAD Third Session Santiago de Chile, Vol. I. Report and Annexes, S. 350 (Ziff. 24). Vgl. auch *E. Galeano*, Las venas abiertas de América Latina, S. 404 ff., der Technologie als Herrschaftsinstrument des „Nordens" interpretiert und Kolonialismus aufgrund technischer Vorherschaft diagonstiziert („La diosa tecnología no habla español").

95 GA Res. 3201 (S-VI) und 3202 (S-VI) v. 1.5.1974 (abgedr. in: I.L.M., Bd. 13 [1974]). Im Hinblick auf Technologietransfer sei angemerkt, dass unter Punkt 4 Prinzipien aufgeführt wurden, auf denen die Neue Weltwirtschaftsordnung gegründet sein sollte. Buchstabe p) lautet: „Giving to the developing countries access to the achievements of modern science and technology, and promoting the transfer of technology [...]". Im Aktionsprogramm wird Technologietransfer unter Kapitel VI. behandelt. Darin heißt es: „All efforts should be made: (a) To formulate an interna-

Allerdings brachten die Vertreter der Vereinigten Staaten, Deutschlands, Frankreichs, Japans und Großbritanniens Vorbehalte bezüglich des Inhaltes dieser Dokumente vor.[96] Wenige Monate später wurde ebenfalls von der Generalversammlung die „Charta der wirtschaftlichen Rechte und Pflichten der Staaten" verabschiedet.[97] Als Resolutionen der Generalversammlung waren diese Dokumente grundsätzlich nicht rechtsverbindlich.[98] Sie spiegeln aber die Kernforderungen für eine „Neue Weltwirtschaftsordnung" deutlich wider. Der Technologietransfer kann hierbei als ein fester Bestandteil, als „Basisprinzip",[99] betrachtet werden. Von den Industriestaaten wurde im Ergebnis eine „Übertragung der Gesamtheit des technischen Wissens und Könnens, das erforderlich ist, um auf dem Weltmarkt neben den Industrieländern als möglichst gleichrangige Wettbewerber auftreten zu können", gefordert.[100]

Darüber hinaus gehörte zu den Kernforderungen[101] im Rahmen einer „Neuen Weltwirtschaftsordnung" neben dem Technologietransfer das

---

tional code of conduct for the transfer of technology corresponding to the needs and conditions prevalent in developing countries; (b) To give access on improved terms to modern technology and to adapt that technology, as appropriate, to specific economic, social and ecological conditions and varying stages of development in developing countries; (c) To expand significantly the assistance from developed to developing countries in research and development programmes and in the creation of suitable indigenous technology; (d) To adapt commercial practices governing transfer of technology to the requirements of the developing countries and to prevent abuse of the rights of sellers; (e) To promote international co-operation in research and development in exploitation, conservation and the legitimate utilization of natural resources and all sources of energy. [...]".

96 S. I.L.M., Bd. 13 (1974), S. 744 ff.

97 GA Res. 3281 (XXIX). Dazu *R. Caldera*, RdC, Bd. 196 (1986 I), S. 387; *J. Castañeda*, AFDI, Bd. XX (1974), S. 31 ff.; *P. Chandrasekhara Rao*, Indian JIL, Bd. 15 (1975), S. 351 ff.; *A. Rozental*, Virginia JIL, Bd. 16 (1976), S. 309; *Chr. Tomuschat*, ZaöRV, Bd. 36 (1976), S. 444 ff.; *M. Virally*, AFDI, Bd. XX (1974), S. 57; *G. White*, Virginia JIL, Bd. 16 (1976), S. 323 ff.

98 Über die rechtliche Qualität dieser Resolutionen hat es freilich umfangreiche Diskussionen gegeben, vgl. etwa ausdrücklich im Hinblick auf die Regeln über Enteignungen: Einzelschiedsrichter *R.-J. Dupuy* im Schiedsverfahren Topco/Calasiatic v. Libyan Arab Republic, I.L.R., Bd. 53, S. 389, 483 ff.

99 *H. Ballreich*, GYIL, Bd. 24 (1981), S. 329; *H. Wegener*, EA, Bd. 16 (1976), S. 527.

100 *H. Ballreich*, GYIL, Bd. 24 (1981), S. 332; dazu auch *Ch. Thomas*, Fordham ILJ, Bd. 22 (1999), S. 2096, 2107.

101 S. die Nachweise bei *Chr. Tomuschat*, EPIL, Bd. III (1997), S. 578 (581 f.) und bei *A. Verdross / B. Simma*, Universelles Völkerrecht, § 506 f.

Recht der Staaten, das eigene Wirtschaftssystem frei zu wählen, die „permanente nationale Souveränität über natürliche Ressourcen“,[102] die generelle Vorzugsbehandlung für Entwicklungsländer im internationalen Handel, die Stabilisierung der Rohstoffpreise und Exporterlöse, ein Rechtsanspruch auf Entwicklungshilfe ohne Konditionen und die Anwendung des Prinzips des „Common Heritage of Mankind“ bei der Aufteilung von Nutzung und Erträgen von Ressourcen außerhalb der nationaler Hoheitsbereiche.[103] Insgesamt ergab sich das Bild des Strebens nach rechtlich organisierter Solidarität,[104] gekrönt von einem „Recht auf Entwicklung“.[105] In einer rechtlich verbindlichen Form wurden diese Bestrebungen von den Industrieländern ganz überwiegend zurückgewiesen.

Im Hinblick auf den Technologietransfer verabschiedete die dritte UNCTAD am 16. Mai 1972 Resolution 39 (III), die allgemein als Beginn umfangreicherer technologietransferbezogener Arbeit der UNCTAD angesehen wird.[106] Eine Vielzahl von unverbindlichen Empfehlungen an Entwicklungsländer, Industriestaaten und sozialistische Staaten Osteuropas sind darin enthalten, daneben Aufträge für die weiteren Arbeiten der UNCTAD. Die Seite der Technologieaspiranten wurde etwa aufgefordert, institutionelle Vorkehrungen zum besseren Technologietransfer zu schaffen. Für die westlichen Industriestaaten wird empfohlen, dass diese finanzielle und technische Unterstützung bereitstellen.[107]

102 Dazu etwa *R. Dolzer*, HRLJ, Bd. 7 (1986), S. 217 ff.

103 *R. Wolfrum*, Die Internationalisierung staatsfreier Räume, S. 388 ff.; *W. Kewenig*, in: FS Schlochauer, S. 385 ff.; *A.-C. Kiss*, RdC, Bd. 175 (1982-II), S. 99 ff.; *W. Stocker*, Das Prinzip des Common Heritage of Mankind.

104 *W. Graf Vitzthum*, ORDO, Bd. 38 (1987), S. 234.

105 Dazu *H. Scharpenack*, Das „Recht auf Entwicklung“, S. 77 ff.; *K. De Vey Mestdagh*, NILR, Bd. 28 (1981), S. 30 ff.

106 Abgedr. in: JWTL, Bd. 7 (1973), S. 233 ff. Vgl. *A. F. Ewing*, JWTL, Bd. 10 (1976), S. 197 (198); *S. Patel*, JWTL, Bd. 7 (1973), S. 226, *P.-T. Stoll*, Technologietransfer, S. 13, 28 ff.

107 „[...] 5. *Recommends* that developed market-economy countries facilitate an accelerated transfer of technology on favourable terms to developing countries, *inter alia*, by: *(a)* Providing capital and technical assistance and developing scientific and technological co-operation; *(b)* Endeavoring to provide possible incentives to their enterprises to facilitate am accelerated transfer of their patented and non-patented technology to developing countries on fair and reasonable terms and conditions and by assisting these countries in using effectively imported techniques and equipment; *(c)* Assisting developing countries to absorb and disseminate imported technologies through the provision of necessary information and technical assistance,

Schließlich wird für die osteuropäischen sozialistischen Staaten empfohlen, dass auch diese sich verpflichten, den beschleunigten Technologietransfer zu begünstigen. Der Generalsekretär der UNCTAD wurde beauftragt, ein Arbeitsprogramm im Bereich des Technologietransfers durchzuführen und Studien zur Ausarbeitung konkreter Politiken in dem Bereich zu veranlassen. Unter anderem sollten die Möglichkeiten multilateraler Technologietransfer-Institutionen („technology transfer centres") untersucht werden.

In der Folge entwickelte sich daneben auch eine institutionelle Konsolidierung der zuvor eingerichteten „Intergovernmental Group on Transfer of Technology": Das Trade and Development Board gründete im September 1974 einen eigenen UNCTAD Ausschuss für Fragen des Technologietransfers.[108] Der Ausschuss erhielt u.a. ein Mandat zur Aufnahme von Verhandlungen über einen internationalen Verhaltenskodex für den Technologietransfer.[109]

III. Der Entwurf eines internationalen Verhaltenskodex für den Technologietransfer

1. Zu Verhandlungsgeschichte und Stand der Verhandlungen

Nach umfangreichen Vorarbeiten im Rahmen der UNCTAD begannen die Verhandlungen über den Kodex im Oktober 1978 mit der ersten Sitzung der „United Nations Conference on an International Code of Conduct on the Transfer of Technology". Eine Fülle von Streitfragen zwischen den Industrie- und den Entwicklungsländern haben die Verhandlungen von Beginn an begleitet und einen Konsens erschwert, wobei die Rechtsnatur des Verhaltenskodex bei der Erfüllung des Verhandlungsmandates zu den wichtigsten Streitpunkten gehörte. Während die Seite der Entwicklungsländer eine rechtsverbindliche Regelung anstrebte, insistierten Industrieländer, dass der Kodex allenfalls empfeh-

---

such as training in planning and management of enterprises and in marketing, as well as other forms of scientific and technological co-operation; [...]".

108 Res. 117 (XIV) v. 13.9.1974 (Terms of reference of the Committee on Transfer of Technology).

109 Vgl. *W. Fikentscher*, The Draft International Code of Conduct, S. 12.

lenden Charakter besitzen dürfe.[110] Abgesehen davon konnte auch hinsichtlich zahlreicher Einzelpunkte keine Einigung erzielt werden. Spätestens in der Mitte der achtziger Jahre geriet die Konferenz ins Stocken. Auf der achten UNCTAD Konferenz in Cartagena de Indias (Kolumbien) im Jahre 1992 wurde schließlich das Scheitern der Verhandlungen festgestellt.[111] In einer bemerkenswerten Wendung wurde dort das sog. „Cartagena Commitment" verabschiedet. Dieser Bericht betont in deutlichem Gegensatz zu hergebrachten Positionen der UNCTAD die Bedeutung marktwirtschaftlicher Elemente in der Weltwirtschaftsordnung. Vom Begriff der „Neuen Weltwirtschaftsordnung" wird indes Abstand genommen.[112]

Seitdem sind die Verhandlungen nicht wieder aufgenommen worden. In Konsultationen zwischen den Mitgliedstaaten wurde deutlich, dass es nicht sinnvoll erschien, die Verhandlungen fortzusetzen; so war etwa die Haltung der Regierung der Vereinigten Staaten eindeutig: „the Government opposes resumption of negotiations on the draft code of conduct on the transfer of technology".[113] Im Jahr 1994 verabschiedete die 48. VN-Generalversammlung ohne Abstimmung eine Resolution, nach der die Arbeit an dem Verhaltenskodex bis auf weiteres ausgesetzt werden soll.[114] Auch nachfolgende Sondierungen des Generalsekretärs der UNCTAD ergaben ein Gesamtbild, welches darauf hindeutete, dass die weitere Arbeit an dem Entwurf angesichts nachhaltiger Veränderungen der

110 *W. Fikentscher*, The Draft International Code of Conduct, S. 41 ff.; *J. Touscoz*, in: Transfert de technologie et développement, S. 210. Generell muss davon ausgegangen werden, dass der Begriff „Verhaltenskodex" keinen zwingenden Schluss auf die Rechtsnatur erlaubt, vgl. *E.-U. Petersmann*, EPIL, Bd. I. (1992), S. 627.

111 S. Dokument TD/364/Rev.1 (Action taken by the Conference), 1993, § 173: „The Conference [...] recognizes that the conditions do not currently exist to reach full agreement on all outstanding issues in the draft code of conduct."

112 Vgl. Dokument TD/364/Rev.1 (Action taken by the Conference), 1993.

113 S. Dokument A/47/636 v. 6.11.1992, S. 7.

114 Res. 48/167 v. 17.2.1994: „The General Assembly (1) Recognizes that the conditions do not currently exist to reach full agreement on all outstanding issues in the draft international code of conduct on the transfer of technology and also that, should Governments indicate, either directly or through the Secretary General of the United Nations Conference on Trade and Development reporting in accordance with General Assembly Resolution 46/214 of 20 December 1991, that there is the convergence of views necessary to reach agreement on all outstanding issues, then the Trade and Development Board should re-engage and continue its work aimed at facilitating agreement on the code".

Strukturen der Weltwirtschaftsordnung von der Mehrheit der Staaten für entbehrlich gehalten wurde. In einer Empfehlung aus dem Jahr 1995 wird daher vorgeschlagen, die Verhandlungen formell zu beenden.[115] Diesen Vorschlag nahm die VN-Generalversammlung zur Kenntnis und die Arbeiten an dem Verhaltenskodex sind seit dem nicht wieder aufgenommen worden.[116] Zuletzt wurde im Rahmen der zehnten UNCTAD in Bangkok im Jahr 2000 das Projekt eines Verhaltenskodex zum Technologietransfer mit keinem Wort mehr erwähnt.[117]

2. *Vorgeschlagener Regelungsgehalt*

Hinsichtlich des Regelungsgehalts kann zusammenfassend festgehalten werden, dass es das Regelungsziel des Verhaltenskodex im Kern war „den Technologiefluß zu verbessern, ihn wirksamer zu gestalten, ihn von unbilligen Auflagen freizuhalten, die insbesondere zu Lasten der Entwicklungsländer möglich sind".[118] Im Einzelnen hat *P.-T. Stoll* die vorgesehenen Vorschriften beschrieben und analysiert,[119] weiterhin gibt es eine Fülle an Literatur aus den siebziger und achtziger Jahren,[120] so dass hier eine erneute ausführliche Darstellung unterbleiben kann.[121]

115 Vgl. Dokument A/50/486 v. 6.10.1995: „[...] 18. It should be recalled that the negotiations on an international code of conduct on the transfer of technology were launched by the General Assembly in the 1970s. At that time, the international milieu was drastically different from that which exists today. [...]. 20. These developments, which have given rise to conceptual and policy shifts, are of unique relevance to the discussions on the draft code of conduct. This uniqueness arises, in particular, from the effect of such developments on international technology transfer which calls on the international community in the new economic environment to identify new parameters for a healthy competition that would be valid for all parties in an integrated world market. [...] 21. In the light of the above, it is the view of the Secretary-General of UNCTAD that the negotiations on the current draft code of conduct should be formally suspended. [...]".

116 Dazu UNYB, Bd. 49 (1995), S. 857.

117 S. Dokument TD/390 v. 21.9.2000, §§ 83 – 89. Auch Vorschläge regionaler Regelungsmuster zum Technologietransfer haben bisher keinen erkennbaren Widerhall in der Staatenpraxis gefunden, vgl. *A. Guadamuz*, JWIP, Bd. 3 (2000), S. 589 ff.

118 *H. Ballreich*, GYIL, Bd. 24 (1981), S. 329, 360. S. den letzten Entwurf aus dem Jahr 1985, Dokument TD/CODE TOT/47 (teilweise abgedr. in: S. Patel / P. Roffe / A. Yusuf (Hrsg.), International Technology Transfer, S. 417 ff.).

119 Ausführlich *P.-T. Stoll*, Technologietransfer, S. 88 ff.

120 *W. Fikentscher*, The Draft International Code of Conduct; *W. A. Kewenig*, in: Völkerrecht und internationale wirtschaftliche Zusammenarbeit, S. 71 ff.; *L. Stampfli-*

Insgesamt sollte der Verhaltenskodex nach dem letzten Entwurf aus dem Jahre 1985 aus neun Kapiteln bestehen. Davon sollten nach der Präambel und einem ersten Kapitel betreffend Definitionen im zweiten Kapitel allgemeine „Ziele und Prinzipien“ niedergelegt sein. Dabei wurden Kooperationspflichten allgemeiner Art aufgestellt, die eine faire Berücksichtigung aller Interessen der am Technologietransferprozess Beteiligten vorsahen. Das dritte Kapitel sollte nationale Regelungen von Technologietransaktionen betreffen. Die dann folgenden Kapitel sollten das „materielle Einheitsrecht“ *(P.-T. Stoll)* enthalten: Zunächst Kapitel 4, das in den Verhandlungen umstrittenste Kapitel, die Frage der „beschränkenden Geschäftspraktiken“. Ähnlich der in der „Havanna-Charta“ vorgesehenen Regeln sollte auch hier eine Liste von verbotenen Praktiken vereinbart werden.[122] Hierdurch soll für Fragen des Technologietransfers eine umfassende internationale Wettbewerbsordnung geschaffen werden. In Kapitel 5 sollten positive Verantwortlichkeiten und Verpflichtungen der Beteiligten an einem Technologietransfervorgang statuiert werden, Kapitel 6 sollte Regeln über die besondere Behandlung von Entwicklungsländern enthalten. Kapitel 7 betraf die internationale Zusammenarbeit, die Schaffung einer „International Institutional Machinery“ wurde in Kapitel 8 festgelegt und schließlich behandelte Kapitel 9 Fragen des anwendbaren Rechts und die Streitschlichtung.[123] Insbesonde-

---

Medzikijan, Le transfert de technologie; *H. S. Fairley / P. J. Rowcliffe*, CYIL, Bd. XVIII (1980), S. 218; *W. Fikentscher / H. P. Kunz-Hallstein*, GRUR Int. 1979, S. 437; *R.-F. Bizec / Y. Daudet*, Un code de conduite pour le transfert de technologie; *M. Blakeney*, Legal Aspects, S. 131 ff.; *G. Zaphiriou*, ICLQ, Bd. 26 (1977) S. 210.

121 S. zuletzt auch den Beitrag von *D. Thompson*, in: International Technology Transfer, S. 51 ff.

122 *P.-T. Stoll*, Technologietransfer, S. 127 ff. Die Klauseln betrafen Rückgewährsverpflichtungen, Nichtangriffsabsprachen, Wettbewerbsverbote, Beschränkungen eigener Forschung und Entwicklung, Beschränkungen hinsichtlich des Personals, Preisbindungen, Beschränkungen im Hinblick auf Veränderungen an der übertragenen Technologie, ausschließliche Verkaufs- oder Vertretungsvereinbarungen, unzulässige Koppelungsgeschäfte, Exportbeschränkungen, Regelungen über Patentpools, Werbebeschränkungen und Beschränkungen nach Ablauf der Schutzfristen für gewerbliche Schutzrechte. Vgl. auch *M. Blakeney*, Legal Aspects, S. 141 ff.; *W. Fikentscher*, The Draft International Code of Conduct, S. 80 ff.; *M. Hiancé / B. Nicolaieff*, in: Un code de conduite pour le transfert de technologie, S. 79 ff.; *D. Thompson*, in: International Technology Transfer, S. 51, 62 ff.

123 S. *M. Blakeney*, Legal Aspects, S. 133 ff.; *P.-T. Stoll*, Technologietransfer, S. 96 f.

re über die Kapitel 4 und 9 konnte in den Verhandlungen keine Einigung erzielt werden.[124] Hinsichtlich der Frage der Rechtsverbindlichkeit sah der Kompromissentwurf vor, dass der Kodex nicht als formell rechtsverbindliches Instrument verabschiedet werden sollte.

IV. Technologietransfer und die dritte VN-Seerechtskonferenz

Als Beispiel einer spezifischen, sektoralen völkerrechtlichen Technologietransferregelung ist weiter in Kürze auf die Diskussionen über den Technologietransfer im Zusammenhang mit der dritten Seerechtskonferenz der Vereinten Nationen (1973–1982) einzugehen.[125] Diese Verhandlungen koinzidierten mit den Diskussionen um eine „Neue Weltwirtschaftsordnung" und wurden daher maßgeblich von den dort gemachten Vorschlägen beeinflusst. Gemeinsam mit dem Projekt eines Verhaltenskodex über den Technologietransfer haben diese zunächst verabschiedeten Vorschriften, dass sie Anfang der neunziger Jahre dennoch scheiterten und im Ergebnis nie operativ geworden sind.

Unter den zahlreichen Verhandlungsgegenständen der Seerechtskonferenz wurde auch die Frage der Regelung des Tiefseebergbaus im Bereich des „Gebietes" behandelt, d.h. in Bereichen außerhalb der Grenzen nationaler Hoheitsbefugnisse (vgl. Artikel 1 Absatz 1 SRÜ). Gegenstand möglicher Bergbauvorhaben war in erster Linie die „Ernte" sog. Manganknollen, etwa kartoffelgroßen Metallstücken, die auf dem Meeresboden lagern. Verschiedene Konsortien von Investoren aus Industrieländern bekundeten Interesse an einer Abbautätigkeit und entwickelten technische Verfahren zur Bergung der in großer Tiefe lagernden Knollen. Bei den Verhandlungen fiel die Initiative des Maltesischen Diplomaten *A. Pardo*, die „Area" mitsamt dort befindlicher Ressourcen zum

124 Vgl. Dokument A/47/636 v. 6.11.1992, S. 2.

125 Auch diese Regelungsvorhaben haben in der Literatur bereits umfangreiche Beachtung gefunden. Es seien hier genannt: *G. A. French*, Der Tiefseebergbau; *W. Hauser*, Die rechtliche Gestaltung des Tiefseebergbaus; *Yuwen Li*, Transfer of Technology for Deep Sea-Bed Mining, – vgl. dazu auch die Besprechung von *S. Mahmoudi*, Nordic JIL, Bd. 66 (1997), S. 423 ff. –; *N. Prill*, ZaöRV, Bd. 38 (1978), S. 801 ff.; *P.-T. Stoll*, ZaöRV, Bd. 55 (1995), S. 391 ff.; *T. Treves*, JDI, Bd. 104 (1977), S. 43 ff.; *R. Wolfrum*, Die Internationalisierung staatsfreier Räume, S. 455 ff.; *D. Yarn*, Georgia JICL, Bd. 14 (1984), S. 121 ff.

„gemeinsamen Erbe der Menschheit“[126] zu erklären, auf fruchtbaren Boden, da die Seite der Entwicklungsländer erkennen musste, dass sie aus Mangel an technologischem Wissen von der Ausbeutung dieser Ressourcen auf absehbare Zeit ausgeschlossen sein würde. Mit dem Prinzip des „gemeinsamen Erbes der Menschheit“ wurde die Forderung verknüpft, dass die notwendige Technologie zum Abbau allgemein zugänglich gemacht werden müsse, damit jeder Staat am „gemeinsamen Erbe“ tatsächlich teilhaben könne. Über die konkrete Frage des Tiefseebergbaus hinaus war den Entwicklungsländern zudem daran gelegen, ein Exempel für das allgemeinere Anliegen der „Neuen Weltwirtschaftsordnung“ zu statuieren.[127]

Die schließlich in Teil XI. und in Anlage III. des Seerechtsübereinkommens verabschiedeten Regelungen über den Technologietransfer zum Tiefseebergbau entwickelten sich schnell zu einem Hauptstreitpunkt der Seerechtskonferenz.[128]

1. Der Teil XI. des Seerechtsübereinkommens

Zum Verständnis der Regelungen muss zunächst auf die praktische Konzeption der Tiefseebergbauaktivitäten nach Teil XI. SRÜ hingewiesen werden. Danach sollte der Tiefseebergbau von einer internationalen Behörde überwacht (Internationale Meersbodenbehörde, Artikel 156, 157 SRÜ) nach dem sog. Parallelsystem ablaufen. Der Abbau sollte sowohl durch das „Unternehmen“ der Internationalen Meersbodenbehörde als auch durch private oder staatliche Firmen erfolgen. Im letzteren Fall sollten Antragsteller im Hinblick auf die Exploration und den Abbau in dem Gebiet u.a. verpflichtet sein, der Behörde zunächst Arbeitspläne über die gewünschte Erforschung und Ausbeutung zu unterbreiten (Anlage III., Artikel 3). Diese sollten „eine allgemeine Beschreibung der bei der Durchführung der Tätigkeiten im Gebiet zu verwendenden Ausrüstung und Methoden sowie sonstige einschlägige, rechtlich nicht ge-

126 Dazu insbesondere *W. Stocker*, Das Prinzip des Common Heritage of Mankind; *W. Kewenig*, in: FS Schlochauer, S. 385 ff.; *R. Wolfrum*, ZaöRV, Bd. 43 (1983), S. 312 ff.

127 *N. Prill*, ZaöRV, Bd. 38 (1978), S. 801, 824; vgl. auch *W. Graf Vitzthum*, EA, Bd. 33 (1978), S. 455 ff.

128 *G. Jaenicke*, ZaöRV, Bd. 38 (1978), S. 438, 461, 495 ff.; *F. Orrego Vicuña*, in: A Handbook on the New Law of the Sea, S. 635, 661.

schützte Informationen über die Merkmale der Technologie" enthalten.[129] Weiter sollte mit der Genehmigung des Arbeitsplanes eine Vielzahl an Rechtspflichten im Hinblick auf die eingesetzte Technologie verbunden sein. Etwa war jeder Vertragsnehmer, d.h. ein Bergbauunternehmen, dessen Antrag genehmigt worden war, verpflichtet, „dem Unternehmen auf Ersuchen der Behörde zu angemessenen und annehmbaren kommerziellen Bedingungen die Technlogie zur Verfügung (zu stellen), die er bei der Durchführung der Tätigkeiten im Gebiet [...] anwendet und zu deren Weitergabe er rechtlich befugt ist". Dies sollte jedoch nur für den Fall gelten, dass das Unternehmen „dieselbe oder eine gleichermaßen wirksame und geeignete Technologie auf dem freien Markt zu angemessenen und annehmbaren kommerziellen Bedingungen nicht erhalten kann". Darüber hinaus sollte der Antragssteller verpflichtet sein, eine schriftliche Zusicherung des Eigentümers einer Technologie, die nicht auf dem freien Markt erhältlich ist, beizubringen, dass „der Eigentümer auf Ersuchen der Behörde dem Unternehmen diese Technologien [...] zu angemessenen und annehmbaren kommerziellen Bedingungen in demselben Umfang wie dem Vertragsnehmer" zur Verfügung stellen wird. Andernfalls sollte es nicht erlaubt sein, die fragliche Technologie einzusetzen.[130] Weiterhin sollten diese Verpflichtungen auch zugunsten jedes Entwicklungslandes oder jeder Gruppe von Entwicklungsländern gelten, die Tiefseebergbauaktivitäten entfalten will.[131]

Neben diesem Verfahren eines durch die Internationale Meeresbodenbehörde gesteuerten Tiefseebergbaus sah Artikel 144 SRÜ allgemeinere Pflichten zur Förderung des Technologietransfers vor.[132] Danach

129 Anlage III., Artikel 5.

130 Anlage III., Artikel 5. Das Motiv eines Technologietransfers als Genehmigungsvoraussetzung für eine bestimmte Tätigkeit spielt heute eine bedeutende Rolle im Kontext des Übereinkommens über die Artenvielfalt. Dazu im fünften Kapitel unter D. I.

131 Anlage III., Artikel 5 Abs. 3 e).

132 Artikel 144 SRÜ („Weitergabe von Technologie") lautet: „(1) Die Behörde ergreift Maßnahmen in Übereinstimmung mit diesem Übereinkommen, um a) Technologie und wissenschaftliche Kenntnisse betreffend Tätigkeiten im Gebiet zu erwerben und b) die Weitergabe dieser Technologie und wissenschaftlichen Kenntnisse an Entwicklungsstaaten zu fördern und zu ermutigen, damit alle Vertragsstaaten daraus Nutzen ziehen können. (2) Zu diesem Zweck arbeiten die Behörde und die Vertragsstaaten bei der Förderung der Weitergabe von Technologie und wissenschaftlichen Kenntnissen betreffend Tätigkeiten im Gebiet zusammen, damit das

sollte die Meeresbodenbehörde relevante Technologie gezielt an Entwicklungsländer weitergeben; der Zugang der Behörde und der Entwicklungsländer zur Technologie unter „angemessenen und annehmbaren Bedingungen" sollte durch Programme veranlasst werden.

Zentrale Bedeutung erlangte damit die Bedeutung der „angemessenen und annehmbaren (kommerziellen) Bedingungen". Überwiegend wurden die Begriffe so interpretiert, dass es im Ermessen der Meeresbodenbehörde stünde, die Bedingungen im Einzelfall zu bestimmen, und sie es damit in der Hand hätte, antragstellende Privatunternehmen zu einem Technologietransfer zu zwingen.[133] Aus Sicht der Entwicklungsländer lag es freilich nahe, die so gearteten Bedingungen als ein Recht auf Vorzugsbehandlung ganz im Sinne der „Neuen Weltwirtschaftsordnung" zu interpretieren. Andererseits ließ die Vorschrift auch eine restriktive Interpretation zu, wonach lediglich ein Automatismus vereinbart worden war, der auf die Verhinderung eines Technologiekartells abzielte, ohne im Grundsatz marktwirtschaftliche Kräfte außer Kraft zu setzen. Schließlich kann auf Artikel 5 Abs. 4 der Anlage III. verwiesen werden, wonach jedenfalls über die Frage der „angemessenen und annehmbaren kommerziellen Bedingungen" jederzeit auf Antrag ein Schiedsgericht nach den UNCITRAL Regeln hätte entscheiden können.

Die insoweit jedenfalls doch verbleibende Rechtsunsicherheit gemeinsam mit anderen Aspekten des vorgesehenen Regimes (Bürokratie, finanzielle Belastungen und rohstoffpolitische Beschränkungen) genügten, um die Ablehnung des Übereinkommens durch mehrere Industrie-

---

Unternehmen und alle Vertragsstaaten daraus Nutzen ziehen können. Sie veranlassen und fördern insbesondere a) Programme zur Weitergabe von Technologie an das Unternehmen und an Entwicklungsstaaten im Zusammenhang mit Tätigkeiten im Gebiet, einschließlich solcher, die dem Unternehmen und den Entwicklungsstaaten den Zugang zu der betreffenden Technologie unter angemessenen und annehmbaren Bedingungen erleichtern; b) Maßnahmen, die auf die Weiterentwicklung der Technologie des Unternehmens und der einheimischen Technologie der Entwicklungsstaaten gerichtet sind und die insbesondere für Personal des Unternehmens und der Entwicklungsstaaten Möglichkeiten schaffen, sich in der Meereswissenschaft und -technologie auszubilden und an Tätigkeiten im Gebiet voll teilzunehmen."

133 S. *T. Oppermann / C. Eiselstein*, EA, Bd. 18 (1984), S. 559, 562; *R. Wolfrum*, Die Internationalisierung staatsfreier Räume, S. 474; weniger skeptisch insgesamt *G. A. French*, Der Tiefseebergbau, S. 231 ff.; *D. Yarn*, Georgia JICL, Bd. 14 (1984), S. 121, 151 f.

länder, allen voran den Vereinigten Staaten,[134] aber auch der Bundesrepublik Deutschland[135] und dem Vereinigten Königreich zu verursachen. Das Übereinkommen wurde am 10. Dezember 1982 mit 130 Ja-Stimmen, vier Gegenstimmen und 18 Enthaltungen verabschiedet.[136] Obwohl das Tiefseebergbauregime des Teils XI. SRÜ ein vergleichsweise nebensächlicher Bestandteil des Gesamtpaketes war, wurde das Seerechtsübereinkommen in dieser Form von den Industriestaaten nicht ratifiziert.

2. *Das Durchführungsübereinkommen zu Teil XI.*

Die Ratifizierung des Seerechtsübereinkommens ging in den achtziger Jahren auch von Seiten der Entwicklungsländer nur schleppend voran, da sich die Staaten der Tatsache bewusst waren, dass gerade das ausgehandelte Tiefseebergbauregime ohne die Industriestaaten als Hauptbeitragszahler und Lieferanten der Technologie von vornherein zum Scheitern verurteilt war. So war bis zum November 1993 nicht einmal ein Beitragsaufkommen von 4,5% für die zu errichtende Internationale Meeresbodenbehörde gesichert.[137] In Verhandlungen, die der Generalsekretär der Vereinten Nationen im Jahr 1990 initiierte, wurde schließlich nach Möglichkeiten gesucht, den Weg für eine breitere Akzeptanz des Abkommens zu bahnen. Dieses Ergebnis wurde durch die Verabschiedung des „Übereinkommens zur Durchführung des Teils XI. des Seerechts-Übereinkommens der VN vom 10. Dezember 1982“ erreicht, das von der VN-Generalversammlung im Juli 1994 verabschiedet wurde.[138] Im Einzelnen sah es entscheidende Änderungen des Tiefseebergbauregimes vor. Insbesondere im Hinblick auf die Regeln zum Technologietransfer wurde lapidar vereinbart „Anlage III. Artikel 5 des Seerechtsüberein-

134 S. Department of State Bulletin, Bd. 82, Nr. 2065, „US Votes Against Law of the Sea Treaty“, August 1982, S. 71; dazu *R. Wolfrum*, EA, Bd. 39 (1984), S. 317 ff.

135 S. *R. Dolzer*, in: Die Plünderung der Meere, S. 269 ff.; vgl. auch den Bericht in ZaöRV, Bd. 44 (1984), S. 515 ff.; zur Haltung der EG *W. Graf Vitzthum*, AöR, Bd. 111 (1986), S. 33, 61 f.

136 Die Gegenstimmen kamen von Seiten der USA, Israels, der Türkei und Venezuelas. Die Bundesrepublik Deutschland, Großbritannien, Italien und die Benelux-Staaten enthielten sich der Stimme.

137 Zum Ganzen: *D. H. Anderson*, ICLQ, Bd. 42 (1993), S. 654 f.; *R. Platzöder*, EJIL, Bd. 4 (1993), S. 390.

138 S. A/RES/48/263 v. 17.8.1994 (S. DE-BGBl. 1994 II, S. 1798; Ö-BGBl. Nr. 885/1995. Die Schweiz hat das Seerechtsübereinkommen gezeichnet).

kommens findet keine Anwendung" (Abschnitt 5 [2]). Weiter wurde als „Grundsatz" des Technologietransfers vereinbart, dass „Unternehmen und Entwicklungsstaaten, die Tiefseebergbautechnologie zu erhalten wünschen", sich bemühen, diese „zu angemessenen und annehmbaren Bedingungen auf dem freien Markt oder durch ‚joint ventures' zu erhalten". Ansonsten wurde für den Fall, dass dieses dem Unternehmen oder Entwicklungsländern nicht gelingen sollte, vereinbart, dass die Behörde dann „alle oder einzelne Vertragsnehmer und ihre jeweiligen befürwortenden Staaten" auffordern kann, zur Erleichterung des Erwerbs der Technologie „zu angemessenen und annehmbaren kommerziellen Bedingungen im Einklang mit dem wirksamen Schutz der Rechte des geistigen Eigentums" zusammenarbeiten. Diese Formulierung, die die Pflicht des Unternehmens und der Entwicklungsländer, sich zunächst auf dem freien Markt um die Aneignung der Technologie zu bemühen, sowie einen klaren Verweis auf den Schutz geistigen Eigentums enthalten, haben zu einer Klarstellung der Rechtslage beigetragen. Jedenfalls haben die Änderungen, die das Seerechtsübereinkommen auf dem Umweg über das Durchführungsabkommen nunmehr erfahren hat, den Weg zu zahlreichen Ratifikationen – auch durch die Industriestaaten – und damit zum Inkrafttreten der Seerechtskonvention gebahnt.[139]

Zusammenfassend kann demnach festgehalten werden, dass auch die sektorale Verwirklichung bindender Technologietransferbestimmungen zugunsten der Entwicklungsländer im Sinne einer „Neuen Weltwirtschaftsordnung" im Bereich des Tiefseebergbaus im Ergebnis Anfang der neunziger Jahre endgültig gescheitert sind.

C. Globale wirtschaftliche Liberalisierungstendenzen: Ein verändertes Umfeld für den Technologietransfer

Sowohl die Aufgabe der Verhandlungen über einen Verhaltenskodex als auch das Ergebnis der Diskussionen um eine Modifikation der Techno-

139 Vgl. *P.-T. Stoll*, ZaöRV, Bd. 55 (1995), S. 391 ff. Ob die Vereinigten Staaten sich in Zukunft zu einer Ratifikation entschließen, ist zum gegenwärtigen Zeitpunkt jedoch noch offen.

logietransferregelungen des Teils XI. SRÜ können als Spiegelbild tiefgreifender Veränderungen der internationalen Wirtschaftsbeziehungen verstanden werden. Nach dem Zusammenbruch der planwirtschaftlichen Wirtschaftssysteme des ehemaligen Ostblocks hat die Akzeptanz einer auf liberalen Grundsätzen aufgebauten „freien Marktwirtschaft" international zugenommen. Hier zeigt sich, dass die Diskussion um eine „Neue Weltwirtschaftsordnung" spätestens in den neunziger Jahren praktisch vollkommen zum Erliegen gekommen ist.[140] Es ist daher zutreffend, wenn *P. Daillier* und *A. Pellet* bereits in den neunziger Jahren formulieren:[141]

> Fortement compromis par le „triomphe" de l'idéologie libérale suite à la disparition des régimes communistes en Europe de l'Est, le „nouvel ordre économique international" n'est plus guère d'actualité.

Auch für den Technologietransfer zum globalen Umweltschutz ergeben sich aus diesen neueren Entwicklungen Rahmenbedingungen, die in markanter Abweichung zur Rhetorik einer „Neuen Weltwirtschaftsordnung" stehen.[142] Besonders relevant sind insoweit die wirtschaftsvölkerrechtlichen Entwicklungen im Bereich des GATT bzw. der Gründung der Welthandelsorganisation – und hier insbesondere das TRIPs-Übereinkommen – (unter I.), im Bereich des Investitionsschutzes die Zunahme bilateraler Investitionsschutzverträge[143] (unter II.). Daneben soll aber auch auf den Wandel in der UNCTAD hingewiesen werden (unter III.).[144]

140 Zum Ganzen *T. Wälde*, in: FS Seidl-Hohenveldern, S. 771 ff. („Collapse of the NIEO platform"). Auch die unter dem Stichwort „Washington Consensus" geführte Debatte über entwicklungspolitische Strategien gehört in diesen Kontext.

141 *P. Daillier / A. Pellet*, Droit international public, S. 979.

142 *P. Cullet*, Differential Treatment, S. 101.

143 Vgl. *K. Vandevelde*, Michigan JIL, Bd. 19 (1998), S. 373, 374, 390.

144 Es erscheint weder erforderlich, Fragen nach den tieferen Gründen dieser Veränderungen der politischen Ideologien, die im Übrigen an Historiker gestellt werden müssten – s. etwa *F. Fukuyama*, Das Ende der Geschichte, 1992, S. 75 ff. –, noch eine Gesamtbewertung des gegenwärtigen Standes der rechtlichen Regelungen der Weltwirtschaftsordnung auszubreiten. Zur Frage der „Konstitutionalisierung" der WTO etwa *M. Hilf* und *W. Benedek*, in: BerDGVR („Die Konstitutionalisierung der Welthandelsordnung"), Bd. 40, 2003; *J. H. Jackson*, AJIL, Bd. 97 (2003), S. 782 ff.; *M. Krajewski*, Verfassungsperspektiven.

I. Die Bedeutung des WTO-Rechts für den Technologietransfer

Mit der Schlussakte von Marrakesch wurde am 15. April 1994 die Uruguay-Runde der GATT Verhandlungen nach zeitweise außerordentlich schwierigen und langwierigen Verhandlungen abgeschlossen. Es wurden die Welthandelsorganisation (WTO) gegründet und daneben zahlreiche „handelsbezogene“ Abkommen geschlossen. Diese sind mit Wirkung zum 1. Januar 1995 in Kraft getreten.[145] Im Mai 2005 waren 148 Staaten Mitglieder der WTO.

Technologietransfer war kein eigenständiger Tagungsordnungspunkt der Uruguay-Runde. Gleichwohl besaßen die Verhandlungen hohe Relevanz für die mit ihm verbundenen Fragen. Hierbei verdient die Frage des Schutzes des geistigen Eigentums besondere Beachtung.

1. Das Abkommen über handelsbezogene Aspekte des geistigen Eigentums („TRIPs-Abkommen“)

Für den Technologietransfer von besonderer Bedeutung ist die erstmalige Einbeziehung von Fragen des geistigen Eigentums in die GATT-Verpflichtungen. Das Abkommen über handelsbezogene Aspekte des geistigen Eigentums hat die Zielsetzung, unter allen GATT-Vertragsparteien, einschließlich der Entwicklungsländer, harmonisierte Schutzstandards für geistiges Eigentum festzulegen.[146]

a) Zu den Regelungen des TRIPs-Abkommens

Das TRIPs-Abkommen unterwirft Fragen des geistigen Eigentums den Grundsätzen der Inländerbehandlung und der Meistbegünstigung und

145 DE-BGBl 1994 II, S. 1438, 1625; SR 0.632.20; Ö-BGBl 1/1995. Einen Überblick über die Ergebnisse der Uruguay Runde gibt *P.-T. Stoll*, ZaöRV, Bd. 54 (1994), S. 241 ff.; außerdem *J. H. Jackson*, The World Trading System; T. Cottier (Hrsg.), GATT-Uruguay Round; *W. Weiß / Chr. Herrmann*, Welthandelsrecht.

146 Nach Artikel 7 des Abkommens sind die Ziele freilich umfassender formuliert. „Der Schutz und die Durchsetzung von Rechten des geistigen Eigentums sollen zur Förderung der technischen Innovation sowie zur Weitergabe und Verbreitung von Technologie beitragen, dem beiderseitigen Vorteil der Erzeuger und Nutzer technischen Wissens dienen, in einer dem gesellschaftlichen und wirtschaftlichen Wohl zuträglichen Weise erfolgen und einen Ausgleich zwischen Rechten und Pflichten herstellen“.

entwickelt materielle Mindeststandards für den Schutz verschiedener Kategorien von geistigem Eigentum. Im deutschsprachigen Schrifttum hat insbesondere *A. Staehelin* zu diesen Fragen bereits eine ausführliche Darstellung vorgelegt.[147] Hinsichtlich der Bedeutung des Abkommens für den Technologietransfer sei wiederum auf die Arbeiten von *T. Auer*[148] und *P.-T. Stoll*[149] hingewiesen. Dennoch sollen hier wegen der Bedeutung des Abkommens für den Technologietransfer nochmals relevante Eckpunkte festgehalten werden.

Das TRIPs-Abkommen ist trotz bereits bestehender multilateraler Abkommen zum gewerblichen Rechtsschutz abgeschlossen worden.[150] Im Bereich des Schutzes von Patenten und Marken gilt die „Pariser Verbandsübereinkunft" zum Schutze des gewerblichen Eigentums (PVÜ)[151] aus dem Jahr 1883, welche zuletzt im Jahr 1967 geändert wurde, im Bereich der Urheberrechte gilt die Berner Übereinkunft zum Schutz von Werken der Literatur und Kunst von 1886, zuletzt reformiert 1971 in Paris.[152] Hinzu kommt das „Rom-Abkommen", welches zum Ziel hat, diejenigen Rechte zu schützen, die mit dem Urheberrecht zusammenhängen, bei denen es aber an einer urheberrechtsfähigen Leistung fehlt.[153] Diese Abkommen wurden und werden durch die Weltorganisation für geistiges Eigentum (WIPO) verwaltet. Insbesondere das Pariser und Berner Übereinkommen, aber auch das Washingtoner Übereinkommen

147 *A. Staehelin*, Das TRIPs-Abkommen. Aus der Lehrbuchliteratur *R. Senti*, WTO, Rz. 1293 ff.; *W. Weiß / Chr. Herrmann*, Welthandelsrecht, § 19. Aus dem englischen Sprachraum etwa *M. Blakeney*, Trade Related Aspects of Intellectual Property Rights. Zum TRIPs-Abkommen auch *F. M. Abbott / T. Cottier / F. Gurry*, The International Intellectual Property System; *C. Correa*, Acuerdo TRIPS; *J. Reichman*, Int Lawyer, Bd. 29 (1995), S. 345 ff. Aus Sicht der Entwicklungsländer *R. Gana*, Vanderbilt JTL, Bd. 29 (1996), S. 735 ff.

148 *T. Auer*, Entwicklungsperspektiven.

149 *P.-T. Stoll*, Technologietransfer, S. 339 ff.

150 Einen Überblick über die bestehenden Abkommen gibt *F. M. Abbott*, Vanderbilt JTL, Bd. 22 (1989), S. 689, 702 ff.; *P.-T. Stoll*, Technologietransfer, S. 215 ff.

151 Übereinkommen v. 20.3.1883, zuletzt geändert Stockholm, 14.7.1967 (DE-BGBl. 1970 II., S. 391; SR 0.232.01-04; Ö-BGBl. 399/1973).

152 „Revidierte Berner Übereinkunft" (DE-BGBl. 1973 II., S. 1069; SR 0.231.15; Ö-BGBl. 319/1982).

153 Internationales Abkommen über den Schutz der ausübenden Künstler, der Hersteller von Tonträgern und der Sendeunternehmen, angenommen in Rom am 26.10.1961 (DE-BGBl. 1965 II., S. 1243; SR 231.171; Ö-BGBl. 413/1973).

wurden vielfach als zu wenig effektiv und reformbedürftig kritisiert.[154] Durch Artikel 2 Absatz 1 des TRIPs-Abkommens werden die Mitglieder zur Beachtung der wesentlichen materiellen Teile der soeben genannten Übereinkommen verpflichtet, so dass diese Revisionen – etwa Bereitstellung eines effektiven Streitschlichtungsinstrumentariums – durch die Vereinnahmung in den Rahmen des WTO-Rechts erfolgen konnten.

Da der Schutz von Patenten im Zusammenhang mit dem Technologietransfer im Vordergrund steht, sollen die im 5. Abschnitt des TRIPs-Abkommens niedergelegten Grundsätze kurz aufgezeigt werden.[155] Gem. Artikel 27 Absatz 1 sind grundsätzlich alle Erfindungen auf den Gebieten der Technik, Erzeugnisse[156] wie auch Verfahren, patentierfähig, vorausgesetzt, dass diese neu sind, auf einer erfinderischen Tätigkeit *(„inventive step")* beruhen und gewerblich anwendbar (d.h. nützlich) sind. Nach Artikel 28 werden dem Inhaber eines Patents ausschließliche Rechte gewährt.[157] Sofern der Gegenstand des Patents ein Erzeugnis ist, besitzt der Patentinhaber das Recht, es „Dritten zu verbieten, ohne die Zustimmung des Inhabers folgende Handlungen vorzunehmen: Herstellung, Gebrauch, Anbieten zum Verkauf, Verkauf oder diesen Zwecken dienende Einfuhr dieses Erzeugnisses". Handelt es sich bei dem Gegenstand des Patents hingegen um ein Verfahren, kann er Dritten verbieten, „ohne die Zustimmung des Inhabers der Verfahren anzuwenden und folgende Handlungen vorzunehmen: Gebrauch, Anbieten zum Verkauf, Verkauf oder Einfuhr zu diesen Zwecken zumindest in bezug auf das unmittelbar durch dieses Verfahren gewonnene Erzeugnis". Außerdem hat der Inha-

154 S. etwa *F. M. Abbott*, Vanderbilt JTL, Bd. 22 (1989), S. 706; *T. Cottier*, CMLR, Bd. 28 (1991), S. 383, 384. Hinsichtlich des Patentrechts nach dem PVÜ wurde insbesondere das Fehlen einer Regelung zur Patentschutzdauer (jetzt Artikel 33), zu Ausnahmen von der Patentierbarkeit (jetzt Artikel 27 Abs. 2, und 3), sowie die Frage der Nutzung eines Patentes durch die Regierung ohne Einwilligung des Patentinhabers kritisiert (jetzt Artikel 31), vgl. *A. Staehelin*, Das TRIPs-Abkommen, S. 142. Zudem wurde allgemein kritisiert, dass es der WIPO nicht gelungen war, immer häufiger auftretende Verletzungen von Rechten des geistigen Eigentums zu unterbinden.

155 S. auch *C. Correa*, EIPR, Bd. 8 (1994), S. 327 ff.; *J. Straus*, GRUR Int 1996, S. 179, 191.

156 D.h. auch für Lebensmittel und Pharmazeutika, dazu *A. M. Pacón*, GRUR Int 1995, S. 875, 879.

157 Dazu *A. Staehelin*, Das TRIPs-Abkommen, S. 148 f.; *M. Blakeney*, Trade Related Aspects of Intellectual Property Rights, S. 86 ff.

ber des Patents das Recht, „das Patent rechtsgeschäftlich oder im Weg der Rechtsnachfolge zu übertragen und Lizenzverträge abzuschließen" (Artikel 28 Absatz 2). Die Patentschutzdauer wird auf eine Frist von 20 Jahren, gerechnet ab dem Tag der Anmeldung, festgelegt. Zwangslizenzen sind unter den Voraussetzungen des Artikels 31 zulässig. Danach müssen gesetzliche Regelungen, die die Erteilung von Zwangslizenzen ermöglichen, zahlreichen Kriterien entsprechen; u.a. muss derjenige, der die Benutzung plant, sich bemüht haben, die Zustimmung des Rechtsinhabers zur Nutzung „zu angemessenen geschäftsüblichen Bedingungen zu erhalten", und diese Bemühungen müssen innerhalb einer angemessenen Frist erfolglos geblieben sein. Außerdem ist dem Rechtsinhaber „eine nach den Umständen des Falles angemessene Vergütung zu leisten, wobei der wirtschaftliche Wert der Erlaubnis in Betracht zu ziehen ist".

Neben der Festlegung materieller Schutzstandards enthält das Abkommen jedoch, auf Drängen der Entwicklungsländer[158] auch Ansätze wettbewerbsrechtlicher Regelungen, welche Bedenken der Entwicklungsländer hinsichtlich wettbewerbsbeschränkender Folgen eines verschärften Immaterialgüterrechts entgegenwirken sollen.[159] Der enge Zusammenhang zwischen dem Patentrecht, welches die oben genannten ausschließlichen Nutzungsrechte gewährt, und dem Wettbewerbsrecht ergibt sich daraus, dass die Ausnutzung der Nutzungsrechte so weit gehen kann, dass der volkswirtschaftliche Nachteil, welcher sich aus dem Ausschluss der Wettbewerber ergibt, die Vorteile des Anreiz-, Investitionsschutz- und Belohnungssystems des gewerblichen Eigentums übersteigt.[160] Aus diesem Grunde wurde, wie oben dargelegt, vergeblich ver-

158 *T. Cottier*, CMLR, Bd. 28 (1991), S. 409; *D. Gervais*, The TRIPS Agreement, S. 190.

159 Bislang ist es, von vereinzelten Vorschriften etwa in der multilateralen Übereinkunft über den Handel mit Dienstleistungen (GATS) oder im Übereinkommen über Schutzmaßnahmen (Artikel 11.1 b) abgesehen, nicht zu einer Einigung über allgemeine übergreifende internationale Regeln über das Wettbewerbsrecht gekommen; dazu *M.-C. Malaguti*, JWT, Bd. 32/3 (1998), S. 117, 122 ff.; *M. Matsushita*, De Paul LR, Bd. 44 (1995), S. 1097; R. Zäch (Hrsg.), Towards WTO Competition Rules. Auf die Ansätze eines internationalen Wettbewerbsrechts in der Havanna Charta wurde bereits oben unter B. I. hingewiesen. S. auch *H. Ullrich*, in: International Technology Transfer, S. 372 f.

160 Vgl. *M. Blakeney*, Trade Related Aspects of Intellectual Property Rights, S. 108 ff. Freilich könnten auch die obigen Vorschriften über Zwangslizenzen als eine wettbewerbsrechtliche „Notbremse" angesehen werden.

sucht, im Rahmen eines Verhaltenskodex über den Technologietransfer bestimmte, als wettbewerbswidrig angesehene Geschäftspraktiken zu verbieten. Im Rahmen des Artikels 40 wurden nun im Ergebnis wettbewerbsrechtliche Regeln, die im Entwurf des Verhaltenskodex über Technologietransfer vorgesehen waren, in das TRIPs-Abkommen eingeführt. Zwar sind im Einzelnen, anders als im Entwurf des Verhaltenskodex, keine konkreten Verbotstatbestände formuliert, jedoch steht den Staaten nach dieser Ausnahmeklausel ein weiter Spielraum zur Verfügung, im nationalen Rahmen Regeln bezüglich solcher wettbewerbswidriger Praktiken zu erlassen. Artikel 40 Absatz 1 stellt zunächst fest, dass die Mitglieder sich darin einig sind, „dass gewisse Praktiken oder Bestimmungen bei der Vergabe von Lizenzen an Rechten des geistigen Eigentums, die den Wettbewerb beschränken, nachteilige Auswirkungen auf den Handel haben können und die Weitergabe und Verbreitung von Technologie behindern können". Sodann erfolgt in Artikel 40 Absatz 2 Satz 1 eine Klarstellung dahingehend, dass Mitglieder befugt sind, nationale Rechtsvorschriften zu erlassen, welche bestimmte Lizensierungspraktiken und Lizenzbedingungen aufführen, „die in bestimmten Fällen einen Mißbrauch von Rechten des geistigen Eigentums mit nachteiligen Auswirkungen auf den Wettbewerb auf dem entsprechenden Markt bilden können". Nach Artikel 40 Absatz 2 Satz 2 kann sodann ein Mitglied „geeignete Maßnahmen" ergreifen, um solche Praktiken „zu verhindern oder zu kontrollieren". Außerdem sind als Beispiele solcher Praktiken „Bestimmungen über exklusive Rücklizenzen", die „Verhinderung von Angriffen auf die Gültigkeit sowie erzwungene Paketlizenzen" aufgeführt. Diese Tatbestände stellen aber keineswegs eine abschließende Aufzählung dar, so dass auch weitere als wettbewerbswidrig erachtete Geschäftspraktiken untersagt werden können, etwa auch solche, die nach dem Entwurf des Verhaltenskodex untersagt werden sollten.[161] Im Ergebnis wird damit die Kompatibilität von Wettbewerbsregeln des Kodex

161 *M. Blakeney*, Trade Related Aspects of Intellectual Property Rights, S. 113 ff., nennt etwa Bedingungen an den Einsatz von Personal oder Restriktionen, was die Anpassung von Technologien angeht. Im November 1990 war in dem Entwurf des späteren Artikels 40 noch eine längere, allerdings erschöpfende Liste von Praktiken vorgesehen, die Elemente des Verhaltenskodex noch weitgehender übernommen hätte. Diese ist dann jedoch nicht übernommen worden. Dazu *P.-T. Stoll*, Technologietransfer, S. 356 ff.; *C. Primo Braga*, in: The Uruguay Round and the developing countries, S. 341, 352.

auf der einen und WTO-Recht auf der anderen Seite sichergestellt. Es handelt sich um eine Öffnungsklausel, die den Mitgliedsstaaten potenziell eine weite Handhabe gibt, gegen wettbewerbsschädlichen Mißbrauch von Patentrechten vorzugehen.

Die Zulässigkeit wettbewerbsrechtlicher Einschränkungen des Patentschutzes findet zusätzlich eine Stütze in den allgemeinen Artikeln 7 und 8. Nach der allgemeinen Zielbestimmung des Artikels 7, die auf die Initiative der Entwicklungsländer zurückgeht,[162] sollen *(should)* „Schutz und Durchsetzung von Rechten des geistigen Eigentums [...] zur Förderung der technischen Innovation sowie zum Transfer und zur Verbreitung von Technologien beitragen, zum gegenseitigen Vorteil von Erzeuger und Nutzer technischen Wissens und auf eine für das gesellschaftliche und wirtschaftliche Wohl zuträgliche Art und Weise und zum Ausgleich zwischen Rechten und Pflichten". Ferner werden in Artikel 8 Absatz 1 „Grundsätze" aufgeführt, die für die Durchführung des Abkommens Bedeutung haben. Danach dürfen die Mitglieder bei der Umsetzung des TRIPs-Abkommens diejenigen Maßnahmen ergreifen, „die zum Schutz der öffentlichen Gesundheit und Ernährung sowie zur Förderung des öffentlichen Interesses in den für ihre sozioökonomische und technische Entwicklung lebenswichtigen Sektoren notwendig sind; jedoch müssen diese Maßnahmen mit diesem Übereinkommen vereinbar sein". Weiter bestimmt Artikel 8 Absatz 2, dass „geeignete Maßnahmen, die jedoch mit diesem Übereinkommen vereinbar sein müssen", erforderlich sein können, „um dem Mißbrauch von Rechten des geistigen Eigentums durch die Rechtsinhaber oder den Rückgriff auf Praktiken, die den Handel unangemessen beschränken oder den internationalen Technologietransfer nachteilig beeinflussen, zu verhindern." Worin solche „geeignete Maßnahmen" bestehen können, erhellt der Text des Absatz 2 freilich nicht. Werden diese Vorschriften jedoch in der Zusammenschau mit Artikel 40 gesehen, mag hiermit in erster Linie eine Öffnungsklausel zur Unterbindung wettbewerbswidriger Praktiken zu sehen sein.[163] Danach ist anerkannt, dass die Festlegung der genannten Mindeststandards für den Schutz geistigen Eigentums nicht absolut gelten kann, sondern dass Beschränkungen des Schutzes aus Gründen der

162 *D. Gervais*, The TRIPS Agreement, S. 64.

163 So auch *M. Blakeney*, Trade Related Aspects of Intellectual Property Rights, S. 43; *D. Gervais*, The TRIPS Agreement, S. 68.

Verhinderung des unlauteren Wettbewerbs möglich sind. Allerdings geht der Wortlaut über die alleinige Frage des Wettbewerbsrechts hinaus und weist generell auf das „gesellschaftliche Wohl“ (Artikel 7) und die „Förderung des öffentlichen Interesses“ (Artikel 8 Absatz 1) hin. Eine Konkretisierung dieser allgemein gehaltenen Regelungen ist bislang nicht erfolgt.[164]

Ob die Staaten diesen allgemeinen Regeln weitergehende Bedeutung zuschreiben werden und diese dadurch eine über Artikel 40 (oder Artikel 31[165]) hinausgehende eigenständige Bedeutung erlangen werden,[166] kann letztlich erst die Praxis der nächsten Jahre zeigen.[167] Zweifel hieran könnten sich erstens aus dem vagen Wortlaut der Regelung ergeben, wonach in Artikel 7 lediglich das schwache „should“ gebraucht wird; zweitens aus den in Artikel 8 Absatz 1 a.E. und Artikel 8 Absatz 2 enthaltenen Kompatibilitätsklauseln, sowie die nach Absatz 2 vorgesehene Erforderlichkeitsprüfung. Dies könnte für eine enge Auslegung dieser Vorschriften sprechen.[168] Da schließlich – drittens – für Fälle der Bekämpfung wettbewerbswidrigen Verhaltens bzw. für die Zulässigkeit der Erteilung von Zwangslizenzen die speziellen Regelungen der Artikel 40 und 31 konkrete Vorgaben enthalten, mag es insofern auch zweifelhaft erscheinen, ob die Regeln des Artikel 7 und 8 als allgemeine Regeln in der Praxis wesentliche eigenständige Bedeutung werden erlangen können.

164 Vgl. *A. Staehelin*, Das TRIPs-Abkommen, S. 62 f.

165 So *C. Correa*, EIPR, Bd. 8 (1994), S. 327, 331.

166 *C. Correa*, EIPR, Bd. 8 (1994), S. 327, 331, sieht hier neben Artikel 31 eine Rechtsgrundlage zur Erteilung von Zwangslizenzen.

167 So auch *M. Blakeney*, Trade Related Aspects of Intellectual Property Rights, S. 43; *J. Reichman*, Int Lawyer, Bd. 29 (1995), S. 345.

168 Dabei ist zu beachten, dass sich in der Spruchpraxis der *Panels* eine Auslegungsregel, wonach Ausnahmeregelungen grundsätzlich eng auszulegen wären, nicht herausgebildet hat. Im Gegenteil hob das Berufungsgremium des Streitbeilegungsverfahrens im Hormonfleisch-Streit ausdrücklich hervor, dass eine solche Auslegungsregelung gerade nicht existiere, vgl. Report of the Appellate Body WT/DS26/AB/R, WT/DS48/AB/R *European Communities – Measures Concerning Meat and Meat Products (Hormones)*, angenommen am 13.2.1998, DSR 1998:I, Ziff. 104: „[...] In much the same way, merely characterizing a treaty provision as an ‚exception‘ does not by itself justify a ‚stricter‘ or ‚narrower‘ interpretation of that provision than would be warranted by examination of the ordinary meaning of the actual treaty words, viewed in context and in the light of the treaty's object and purpose, or, in other words, by applying the normal rules of treaty interpretation.“

Gleichwohl mögen Artikel 7 und 8 den Staaten zusätzlich – jedenfalls in Grenzen – einen Spielraum für umweltpolitisch erforderlich erachtete Einschränkungen von Immaterialgüterrechten eröffnen und damit im spezifischen Kontext des Technologietransfers zum globalen Umweltschutz einen eigenständigen Anwendungsbereich erlangen.[169]

b) *Zu den Auswirkungen der gewerblichen Schutzrechte auf den Technologietransfer an Entwicklungsländer*

Die Frage der entwicklungspolitischen Folgen einer internationalen Festlegung höherer Schutzstandards für geistiges Eigentum ist bis heute umstritten; dies gilt insbesondere für die möglichen Auswirkungen auf den Technologietransfer. Aus allgemeiner ökonomischer Perspektive werden vereinheitlichte Schutzstandards mitunter als keineswegs zwingend angesehen: Es sei nicht ersichtlich, warum Staaten unterschiedlicher wirtschaftlicher Entwicklung vereinheitlichte Regeln zum Schutz des geistigen Eigentums haben sollten. So weisen etwa *M. Trebilcock* und *R. Howse* darauf hin, dass vor dem Hintergrund der Theorie des komparativen Kostenvorteils, der auch dem GATT allgemein zugrunde liegt, nicht einleuchtend sei, warum es Staaten, deren komparativer Vorteil gerade nicht im Bereich von Forschung und Entwicklung liege, sondern in der billigen Herstellung von Nachahmungen, nicht erlaubt sein solle, diesen Vorteil auszunutzen.[170]

Gegen diese Argumentation wird stets das Argument des „Anreiz-, Investitionsschutz- oder auch Belohnungssystems des gewerblichen Eigentums“[171] angeführt, der Gedanke, dass ganz besonders im Falle privater Forschungs- und Entwicklungstätigkeit aus ökonomischer Sicht ein Anreiz nur dann gegeben ist, wenn auf längere Sicht auch Möglichkeiten bestehen, die Erfindungen gewinnbringend – unter Ausschluss anderer Konkurrenten – auf dem Markt anzubieten. Ein rationaler Marktteilnehmer werde nur dann in Forschung und Entwicklung investieren, wenn er

169 So etwa *C. Correa*, EIPR, Bd. 8 (1994), S. 327, 331, der hier einen eigenen Anwendungbereich für die Diffusion umweltfreundlicher Technologien sieht. Andeutungsweise auch *R. Dolzer*, in: FS Hahn, S. 353, 358.

170 *M. Trebilcock / R. Howse*, The Regulation of International Trade, S. 310; ähnlich *A. Gutterman*, Wake Forest LR, Bd. 28 (1993), S. 89, 118 ff.

171 *H. Ullrich*, GRUR Int 1995, S. 623, 631.

damit rechnen könne, dass sich diese Investitionen längerfristig armortisieren.

In allgemeinerer Form ist diese Debatte in ihrem Kern freilich so alt wie die Einführung der Gesetzgebung zum Schutz des geistigen Eigentums. Bereits im 18. Jahrhundert wurden insoweit im Kontext nationaler Gesetzgebung die einschlägigen Argumente ausgetauscht.[172] Während Befürworter strenger Schutzstandards in erster Linie auf den bereits angesprochenen positiven Anreiz zur Forschung und Entwicklung verweisen,[173] heben die Kritiker im Kern die Nachteile des verzögerten Technologietransfers hervor. Vermittelnde Standpunkte spiegeln sich insbesondere bei der Einschätzung der angemessenen Dauer der Schutzzeiten wider. So argumentieren die Befürworter kürzerer Schutzzeiten, dass der Gesellschaft wichtige Erfindungen nicht lange vorenthalten bzw. unter überhöhten Preisen angeboten werden sollten. Diese Debatte entzündet sich stets besonders leicht im Falle von Produkten, deren gesellschaftlicher Nutzen besonders offensichtlich auf der Hand liegt (z.B. Arzneimittel[174]). Im Ergebnis kann insoweit gesagt werden, dass die Diskussion jedenfalls in den marktwirtschaftlich orientierten Staaten schon seit längerem rechtlich dahingehend gelöst erscheint, dass, gewissermaßen als Kompromisslösung, eine gewisse Schutzdauer stets gewährt und die Möglichkeit von Zwangslizenzen im Einzelfall eingeräumt wird. Welche Dauer aus ökonomischer Sicht im Einzelfall als optimal angesehen werden kann, bleibt schwer zu bestimmen.

Die abstrakten Argumentationslinien, die stets zur Rechtfertigung nationaler Schutzsysteme angeführt werden, lassen sich jedoch nicht ohne weiteres auf den weltwirtschaftlichen Kontext übertragen. Es ist vielmehr kaum von der Hand zu weisen, dass gerade maßgebliche For-

172 Siehe den geschichtlichen Abriss von *F. Machlup*, welcher in Auszügen wiedergegeben ist bei *F. M. Abbott / T. Cottier / F. Gurry*, The International Intellectual Property System, S. 224, 230 f.; dazu auch *M. Blakeney*, Trade Related Aspects of Intellectual Property Rights, S. 149 ff.

173 Freilich werden auch naturrechtliche Argumente angeführt; dazu etwa die Nachweise bei *T. Auer*, Entwicklungsperspektiven, S. 31 ff.; *M. Blakeney*, Trade Related Aspects of Intellectual Property Rights, S. 151.

174 Gerade im Fall der Arzneimittel sind die Kosten der Forschung bis zur kommerziellen Markteinführung in der Regel besonders hoch. Hinsichtlich des politischen Streits um Patentschutz von Arzneimitteln siehe etwa *F. M. Abbott*, JIEL, Bd. 5 (2002), S. 469 ff. und bereits *T. Cottier*, CMLR, Bd. 28 (1991), S. 383, 390 (Fußnote 23).

schungs- und Entwicklungstätigkeit in erster Linie in den Industriestaaten erfolgt, ohne dass es dazu globaler Standards bedurft hätte. Insoweit mag diese Argumentationsweise ihre Überzeugungskraft vor allem im Kontext der industrialisierten Welt entfalten können. Ob diese Argumentation auch für die Etablierung einheitlicher globaler Standards herangezogen werden kann, erscheint dagegen zweifelhaft.[175] Vielmehr kann diesem Bestreben entgegengehalten werden, dass sich ein optimales Schutzniveau nur nach Prüfung der Bedingungen des jeweiligen Marktes bestimmen lässt und sich daher eine Bestimmung nach abstrakten Kriterien allgemeiner Patenttheorien verbietet.[176] Im Regelfall wird eine Einzelfallabwägung zwischen innovationsfördernden Schutz geistigem Eigentums und der schnellen Diffusion von Technologie erforderlich sein. Hinzu kommt bei dem Versuch der Globalisierung der Schutzstandards ein kulturelles Problem, welches darin besteht, dass das Konzept des geistigen Eigentums in verschiedenen Rechtskulturen, wie etwa in China, bis heute im Grundsatz fremd geblieben ist.[177]

Mit dem Abschluss des TRIPs-Abkommens erscheint jedoch die Frage des „ob" einer Einbeziehung müßig. Heute stellt das Abkommen einen verbindlichen Ausdruck der Standards des globalen Schutzes des geistigen Eigentums dar. Es ist unabweisbar, dass sich jede Frage des internationalen Patentschutzes an diesen Regeln zu orientieren hat.

Aus Sicht der Industrieländer kann aber unter Verwendung obiger Argumente in jedem Fall festgehalten werden, dass die Ausweitung des internationalen Schutzes geistigen Eigentums insoweit im Ergebnis geeignet ist, zur Sicherung ihres nationalen Wohlstand längerfristig beizutragen, als die weit überwiegende Anzahl an Patentanmeldungen auf Personen aus der industrialisierten Welt zurückgehen.[178] Es wäre demnach einzig noch die Frage zu beantworten, weshalb Entwicklungsländer einer internationalen Harmonisierung der Schutzstandards zugestimmt haben, wenn der Nutzen erhöhter Schutzstandards für ihre Volkswirtschaften jedenfalls in Zweifel gezogen werden kann und die nationale Umsetzung eines solchen Übereinkommens mit erheblichem legislati-

175 So auch *T. Auer*, Entwicklungsperspektiven, S. 38 f.

176 Vgl. *H. Ullrich*, GRUR Int 1995, S. 623, 624.

177 *A. M. Han*, Hastings ICLR, Bd. 19 (1996), S. 629, 637 ff.

178 S. nur *F. M. Abbott*, Vanderbilt JTL, Bd. 22 (1989), S. 689, 699.

vem und administrativem Aufwand[179] verbunden sein würde. Hier spielten wohl in erster Linie zwei Argumente eine Rolle. Einerseits muss der politische Hintergrund des „aggressiven Unilateralismus" der Vereinigten Staaten in den achtziger und neunziger Jahren in Blick genommen werden. Angesichts der Neigung der Vereinigten Staaten, unilaterale Maßnahmen gegen Handelspartner zu ergreifen, die aus Sicht der Vereinigten Staaten geistigem Eigentum ungenügenden Schutz gewähren,[180] erschien die Einbeziehung dieser Fragen in die GATT Disziplinen wünschenswert.[181] Andererseits muss davon ausgegangen werden, dass die Entwicklungsländer das TRIPs-Abkommen auch vor dem Hintergrund eines „package deal" akzeptiert haben. Vor dem Hintergrund, dass Entwicklungsländer sich aus anderen Verhandlungsergebnissen der Uruguay-Runde (insbesondere Landwirtschaft und Textilien) aus ihrer Sicht Vorteile erhofften, waren sie bereit, das TRIPs-Abkommen in dieser Form zu akzeptieren.[182] Es kann damit festgehalten werden, dass das TRIPs-Abkommen ursprünglich weniger das Ergebnis eines konsensualen Rechtsfindungsprozesses oder einer von allgemeiner Überzeugung getragenen völkerrechtlichen Rechtssetzung war als das einer „wirtschaftlichen Machtauseinandersetzung".[183]

Vor dem Hintergrund dieses real existierenden Systems globalisierter Schutzstandards für geistiges Eigentum stellt sich aber durchaus die Frage, welche konkreten Auswirkungen der Abschluss des TRIPs-Abkommens auf den Technologietransfer zwischen Industrie- und Ent-

179 Vgl. zutreffende Hinweise bei *M. Blakeney*, Trade Related Aspects of Intellectual Property Rights S. 155 ff. und *C. Primo Braga / C. Fink*, JIEL (1998), S. 537, 547.

180 Nach Section 301 Trade Act konnte die U.S.-Administration Handelssanktionen erlassen gegen ausländische Handelspraktiken, die als unfair oder wettbewerbsbeschränkend angesehen wurden. Dazu *P.-T. Stoll*, Technologietransfer, S. 40 ff. m.w.N.

181 *F. M. Abbott*, Vanderbilt JTL, Bd. 22 (1989), S. 707; *T. Cottier*, CMLR, Bd. 28 (1991), S. 383, 389; *C. Häberli*, in: GATT-Uruguay Round, S. 158; *A. M. Pacón*, GRUR Int 1995, S. 875, 876; *R. Senti*, WTO, Rz. 1299. S. nun Artikel 23 DSU „Stärkung des multilateralen Systems".

182 Vgl. etwa *R. Gana*, Vanderbilt JTL, Bd. 29 (1996), S. 735, 739 f. u. insoweit auch den Hinweis von *F. M. Abbott*, Vanderbilt JTL, Bd. 22 (1989), S. 739 ff., noch lange vor Abschluss der Verhandlungsrunde.

183 *H. Ullrich*, GRUR Int 1995, S. 623, 639. *T. Cottier*, CMLR, Bd. 28 (1991), S. 389 weist jedoch auch darauf hin, dass sich die Einstellung der Entwicklungsländer im Laufe der Verhandlungen verändert hat.

wicklungsländern haben könnte. Diese Überlegungen schließen an die abstrakte Diskussion an, ob strengere Schutzstandards für geistiges Eigentum eher Vorteile oder Nachteile für den Technologietransfer bringen.[184] Auch nach Abschluss des TRIPs-Abkommens scheint es keine definitiven Antworten auf diese Frage zu geben.[185]

Als einfache Antwort mag insbesondere aus der Sicht von Entwicklungsstaaten einleuchten, dass ein reduzierter Schutzstandard Unternehmen in Entwicklungsländern am leichtesten in die Lage versetzt, fremde Technologien zu kopieren und hierauf eine eigene industrielle Entwicklung zu begründen. Diese isolierte Sicht verkennt allerdings, dass eine mögliche Reaktion ausländischer Technologieanbieter, welche im Heimatland unter Umständen hohe Entwicklungskosten haben aufwenden müssen, darin bestehen könnte, von jeglichem Technologietransfer jedenfalls so lange Abstand zu nehmen, bis sich die Entwicklungskosten amortisiert haben. Folge einer solchen Haltung auf Seite der Entwicklungsländer könnte dann sein, dass entweder keine oder nur stark veraltete Technologien ins Land gebracht würden.

Bislang ist es nicht gelungen, empirisch nachzuweisen, inwieweit sich diese theoretischen Überlegungen mit den tatsächlichen Bedingungen transnationaler Investitionstätigkeit decken. Auch sind die Nachteile, die ein fehlender Schutz geistigen Eigentums in Entwicklungsländern möglicherweise auf Forschung und Entwicklung haben könnte, freilich gerade im internationalen Bereich kaum quantifizierbar. Zu berücksichtigen wäre etwa, dass viele Unternehmen ihre Rentabilitätserwägungen bei Forschung und Entwicklung auch mit Blick auf den heimischen Markt anstellen, die spätere Konkurrenz aus den Entwicklungsländern aber fürchten. Letztlich leiden alle Untersuchungen der Auswirkungen des Schutzniveaus in Entwicklungsländern auch daran, dass sowohl das

184 Zu dieser Frage bereits eine Studie des VN-Generalsekretärs aus dem Jahre 1964, „The Role of Patents in the Transfer of Technology to Developing Countries", Doc. No. E/3861/Rev. 1, 9.3.1964, welche zu einer positiven Einschätzung eines effektiven Patentschutzes für den Technologietransfer kam. Ebenso *R. Rapp / R. Rozek*, JWT, Bd. 24/5 (1990), S. 75 ff. S. auch *T. Auer*, Entwicklungsperspektiven, S. 6 ff.; *A. Gutterman*, Wake Forest LR, Bd. 28 (1993), S. 89. Aus dem älteren Schrifttum im Kontext mit der Schaffung einer „Neuen Weltwirtschaftsordnung" etwa *S. Lall*, JWTL, Bd. 10 (1976), S. 1 ff.

185 Vgl. insoweit auch Enquete-Kommission des 14. Deutschen Bundestages „Globalisierung der Weltwirtschaft – Herausforderungen und Antworten", BT-Drs. 14/9200 v. 12.6.2002, S. 291 f. So auch *P. Doherty*, RECIEL, Bd. 4 (1995), S. 33, 35.

Wirtschaftswachstum in einer Volkswirtschaft wie auch jede individuelle Investitionsentscheidung von einer Vielzahl von Faktoren bestimmt ist, so dass die Frage des Schutzes geistigen Eigentums kaum je einer isolierten Bewertung zugänglich ist. Genaue Antworten werden hier deshalb letztlich selten möglich sein.[186] Gleichwohl kann aber davon ausgegangen werden, dass jede Investitionsentscheidung, welche Technologietransfer bewirken soll, von einer mitunter auch diffusen Vorstellung über das im Zielland vorherrschende Investitionsklima maßgeblich beeinflusst wird. Ein psychologisches Moment wird hier in manchen Fällen ausschlaggebend sein. Dies wiederum mag von dem Eindruck mangelnder Schutzvorschriften beeinflusst sein.[187]

Insgesamt unstreitig kann wohl auch gestellt werden, dass es keine pauschalen Antworten auf diese Fragen geben kann, sondern dass hier vieles von den einzelnen Industriebranchen abhängt. Unterschiede zwischen verschiedenen Branchen, was die Wichtigkeit strenger Schutzstandards für eine Investitionsentscheidung angeht, werden beispielsweise von Umfragen, welche *E. Mansfield* im Auftrag der Internationalen Finanz-Corporation (IFC) bei US-amerikanischen Unternehmen angestellt hat, überzeugend unterstützt. Danach ist die Frage des gewerblichen Rechtsschutzes erkennbar insbesondere in den Fällen von Interesse, in denen forschungsintensive Produkte hergestellt werden, welche relativ leicht zu imitieren sind.[188] Hier haben Firmenvertreter versichert, dass ein effektiver Schutz geistigen Eigentums Grundvoraussetzung für eine positive Investitionsentscheidung ist. Dagegen hat die Mehrzahl der befragten Firmen angeben, dass die Frage des gewerblichen Rechtsschutzes lediglich ein Faktor unter vielen ist. Firmen, bei denen der Aufwand an Forschung und Entwicklung gering ist, haben angeben, dass die Frage

186 *M. Trebilcock / R. Howse*, The Regulation of International Trade, S. 310.

187 Vgl. etwa das Ergebnis einer Tagung des britischen ACBE-Beirats über technologische Kooperation zur nachhaltigen Entwicklung am 10.12.1997: „Intellectual property rights (IPRs) were an important issue generally in relation to technology co-operation as well as on more specific questions about information flows. IPRs could pose complex obstacles to the provision of information especially in relation to more sophisticated technology. But confidence about effective protection of IPRs was an essential element in a framework for encouraging co-operation, particularly the long term commitment on which successful partnerships would often depend.“ (s. Tagungsbericht, in: ACBE 8th Progress Report [October 1998], S. 68, abrufbar unter <http://www.defra.gov.uk/environment/>).

188 *E. Mansfield*, Intellectual Property Protection, S. 11.

des gewerblichen Rechtsschutzes für sie unwichtig sei. Unter den Firmen, welche den gewerblichen Rechtsschutz als wichtig einschätzen, sind in erster Linie Firmen der Chemie- und Pharmabranche zu nennen. Hier wurde auch betont, dass Verbesserungen des Schutzes geistigen Eigentums in der Republik Korea, Mexiko, Taiwan und der Volksrepublik China unmittelbare Auswirkungen auf Investitionsentscheidungen gehabt hätten.[189] Auch sei ein klarer Trend dahingehend zu beobachten, dass bei schwächeren Schutzstandards lediglich ältere Technologien transferiert würden.

Was verallgemeinernde Aussagen angeht, verweist auch *K. Maskus* auf verschiedene Studien, wonach ein Zusammenhang zwischen der Allokation von U.S.-amerikanischen Direktinvestitionen und dem Niveau des gewerblichen Rechtsschutzes unabweisbar sei; Länder mit schwachem Schutz würden auffällig gemieden.[190] Andererseits existiere ein deutlicher Zusammenhang zwischen starkem Schutz und der Investitionsentscheidung. Zudem korrespondiere das technologische Niveau einer ausländischen Direktinvestion mit dem Niveau des rechtlichen Schutzes.[191]

Es kann nach diesen Aussagen im Ergebnis insgesamt angenommen werden, dass ein schwaches Schutzniveau den Technologietransfer im Einzelfall durchaus nachhaltig behindern kann. Ein hohes Schutzniveau stellt jedoch nur eine notwendige, nicht aber eine hinreichende Voraussetzung für eine positive Investitionsentscheidung dar.[192] Vor diesem Hintergrund wird im Allgemeinen angenommen, dass das TRIPs-Abkommen eher zu einer Zunahme des Technologietransfers führen wird[193] und dass jedenfalls das technologische Niveau der Technologietransfers bei strengem Schutz tendenziell zunehmen wird.[194]

189 *E. Mansfield*, Intellectual Property Protection, S. 12 ff.

190 *K. Maskus*, WA, Bd. 134 (1998), S. 186; *ders.*, Duke JCIL, Bd. 9 (1998), S. 109, 144.

191 *K. Maskus*, Duke JCIL, Bd. 9 (1998), S. 109, 144.

192 So auch *K. Maskus*, in: Foreign Direct Investment, S. 195, 196.

193 So im Kern auch UNCTAD (Hrsg.), The TRIPS Agreement; so außerdem *C. Primo Braga / C. Fink*, Duke JCIL, Bd. 9 (1998), S. 163 ff.; *C. Häberli*, in: GATT-Uruguay Round, S. 159 f.; *A. Staehelin*, Das TRIPs-Abkommen, S. 161, 262; a.A. *C. Correa*, Intellectual Property Rights, S. 18 f.; *R. Gana*, Vanderbilt JTL, Bd. 29 (1996), S. 735 ff. betont, dass das erhoffte Wirtschaftswachstum jedoch nicht allein durch die Umsetzung des Abkommens erreicht werden wird. Zweifelnd auch *Ha-*

Um zu einer abschließenden Bewertung zu gelangen, wird man gleichwohl zunächst das Investitionsverhalten der kommenden Jahre weiter beobachten müssen.[195] In dem Anstieg ausländischer Direktinvestitionen in Entwicklungsländern in den neunziger Jahren bereits den Beweis für einen positiven Zusammenhang zu sehen, erschiene ohne eine genaue Analyse der Art und der Zusammensetzung der Investitionen als verfrüht. Insgesamt muss demnach festgehalten werden, dass eine pauschale Aussage nicht möglich ist, sondern vielmehr im Einzelfall nach Sektor, Entwicklungsland und anderen Faktoren der Investitionsentscheidung differenziert werden muss. Dafür, dass das Niveau des Schutzes geistigen Eigentums hierbei eine Rolle spielen kann, sprechen jedoch gewichtige Argumente.

2. *Der Technologietransfer im Kontext der Doha Entwicklungsagenda*

Mit der Verabschiedung der Ministererklärung vom 14. November 2001, der sog. Entwicklungsagenda von Doha (*Doha Development Agenda* – DDA),[196] wurde eine weitere Verhandlungsrunde im Rahmen der WTO eingeleitet.[197] Neben einer Vielzahl anderer Themen wurde der Technologietransfer auf Wunsch einer Gruppe von Entwicklungsländern[198] erstmalig als eigenständiger Beratungspunkt in einer Verhandlungsrunde berücksichtigt und eine eigene Arbeitsgruppe über Handel und Technologietransfer eingerichtet. Das Mandat der Arbeitsgruppe zielt allerdings lediglich auf eine Untersuchung der Zusammenhänge zwischen Handel und Technologietransfer ab,[199] so dass greifbare rechtliche Ergebnisse

---

Joon Chang, JHD, Bd. 2 (2001), S. 287 ff.; *M. Trebilcock / R. Howse*, The Regulation of International Trade, S. 310.

194 *T. Cottier*, CMLR, Bd. 28 (1991), S. 391.

195 *H. Kwon* berichtet über eine Untersuchung des Investitionsverhaltens transnationaler Unternehmen in Thailand seit einer Reform des thailändischen Patentrechts im Jahre 1992. Danach habe man die Auswirkungen der Reform überschätzt vielmehr habe eine Umfrage unter Investoren ergeben, dass die Frage des Patentschutzes für die Investitionsentscheidung von eher untergeordneter Bedeutung gewesen sei, s. George Wash JILE, Bd. 28 (1995), S. 567 ff.

196 Ministererklärung v. 14.11.2001, Dokument WT/MIN(01)/DEC/1 v. 20.11.2001.

197 Dazu etwa *S. Subedi*, ICLQ, Bd. 52 (2003), S. 423 ff. sowie die Beiträge in Heft 1, JIEL, Bd. 5 (2002).

198 Vgl. Dokument WT/GC/W/443 v. 18.9.2001.

199 § 37 der Ministererklärung lautet: „We agree to an examination, in a Working Group under the auspices of the General Council, of the relationship between trade

nicht zu erwarten sind. Die Arbeitsgruppe hat der Ministerkonferenz in Cancún (Mexiko) im Jahr 2003 ihrem Mandat entsprechend einen Bericht vorgelegt;[200] allerdings konnten die Regierungen keinen Konsens hinsichtlich weiterer Verhandlungen erzielen.[201]

II. Die Bedeutung des völkerrechtlichen Schutzes ausländischer Direktinvestitionen

Neben den Regelungen des Welthandelsrechts hat auch das Recht der ausländischen Direktinvestitionen unmittelbare Auswirkungen auf die Frage des Technologietransfers, da ein wichtiger Weg des Transfers von Technologien über Direktinvestitionen erfolgt.[202] Unter ausländischen Direktinvestitionen soll entsprechend einer geläufigen Definition hier verstanden werden der „Kapitalexport durch Wirtschaftssubjekte eines Landes (vornehmlich private Unternehmen) in ein anderes Land mit dem Ziel, dort Immobilien zu erwerben, Betriebsstätten oder Tochterunternehmen zu errichten, ausländische Unternehmen zu erwerben oder sich

---

and transfer of technology, and of any possible recommendations on steps that might be taken within the mandate of the WTO to increase flows of technology to developing countries. The General Council shall report to the Fifth Session of the Ministerial Conference on progress in the examination.“ Das Sekretariat hat ausgezeichnete Hintergrundpapiere zur Frage des Technologietransfers ausgearbeitet, s. etwa Dokument WT/WGTTT/W/1 v. 2.4.2002 u. WT/WGTTT/W/3 v. 11.11.2002.

200 Dokument WT/WGTTT/5 v. 14.7.2003.

201 Vgl. Dokument WT/MIN(03)/20 v. 23.9.2003. Der nicht angenommene *Derbez*-Entwurf sah vor: „20. We take note of the report transmitted by the General Council on progress in the examination of the relationship between trade and transfer of technology and agree that this work shall continue on the basis of the mandate contained in paragraph 37 of the Doha Ministerial Declaration and the progress made in the Working Group to date, including consideration of any possible recommendations on steps that might be taken within the mandate of the WTO to increase flows of technology to developing countries. The General Council shall report further to our next Session.“ Vgl. zuletzt zur Tätigkeit der Arbeitsgruppe, Dokument WT/WGTTT/6 v. 1.12.2004, sowie Bericht über die zehnte Sitzung der Arbeitsgruppe, Dokument WT/WGTTT/M/10 v. 17.2.2005.

202 In einer Studie des WTO-Sekretariats für die Arbeitsgruppe über Handel und Technologietransfer wird davon ausgegangen, dass Direktinvestitionen im Vergleich zum Handel eine wichtigere Rolle beim Technologietransfer spielen; s. Dokument WT/WGTTT/W/1 v. 2.4.2002, S. 16.

an ihnen mit einem Anteil zu beteiligen, der einen entscheidenden Einfluß auf die Unternehmenspolitik gewährleistet".[203] Demnach kann als Abgrenzungskriterium zur reinen Portfolio-Investition die Absicht der Ausübung von Einfluss auf die Unternehmenspolitik herangezogen werden. In der vorliegenden Arbeit sind ausländische Direktinvestitionen insbesondere insoweit von Interesse, als sie sich zwischen Industriestaaten und Entwicklungsländern abspielen. Dabei führen zahlreiche ausländische Direktinvestitionen typischerweise zu einem technologischen Lernprozess, der dem Gaststaat zugute kommt. Ausländische Direktinvestitionen gehören so zu den wichtigsten Quellen des zwischenstaatlichen Technologietransfers.[204] Dies gilt auch, wenn multinationale Unternehmen im Gaststaat lediglich ein Tochterunternehmen eröffnet; zwar mag so patentgeschützte Technologie auf den ersten Blick den Konzern nicht verlassen, gleichwohl kommt es vielfach zu sog. „spillovers", etwa wenn Mitarbeiter im Gaststaat das Unternehmen später verlassen.[205]

Hinsichtlich des Schutzes ausländischer Investitionen vor Enteignungen und anderen Beeinträchtigungen der Investitionstätigkeit durch den Gaststaat war im Rahmen der Forderungen nach einer „Neuen Weltwirtschaftsordnung" eine insbesondere gegenüber der Tätigkeit multinationaler Unternehmen eine kritische Haltung vieler Entwicklungsländer festzustellen.[206] In völkerrechtlicher Hinsicht ist demgegenüber zu beobachten, dass etwa in den vergangenen zehn Jahren die Anzahl bilateraler Verträge zwischen kapitalexportierenden und kapitalimportierenden Staaten zum Schutz von Investitionen stark zugenommen hat. Heute sind schätzungsweise über 2'300 solcher Verträge in Kraft.[207] Ziel der Ab-

203 Stichwort „Direktinvestitionen" in: Gabler-Volkswirtschaft-Lexikon, 1996, S. 230. Zum Begriff der Investition in der Praxis der Schiedsgerichte *R. Dolzer*, in: FS Feliciano, S. 261 ff.

204 Dazu etwa UNCTAD (Hrsg.), WIR 1992, S. 131 ff.; UNCTAD (Hrsg.), WIR 2000, S. 172 ff. Dies gilt auch insbesondere für die Weitergabe von Umwelttechnologie, s. *Ch. Hadlock*, Int E Aff., Bd. 6 (1994), S. 149 ff.; *G. Verhoosel*, LPIB, Bd. 29 (1998), S. 451, 452. Einen Überblick über die förderliche Rahmenbedingungen für Investitionen im Umweltbereich gibt etwa *B. Gentry*, Private Investment.

205 Vgl. dazu etwa die Studie von *M. Blomström / F. Sjöholm*, Technology Transfer and Spillovers; *M. Blomström / A. Kokko*, Human Capital and Inward FDI, S. 3; *A. J. Glass / K. Saggi*, Multinational Firms and Technology Transfer.

206 Vgl. *R. Dolzer*, Eigentum, Enteignung und Entschädigung im geltenden Völkerrecht, S. 23 ff.; *M. Herdegen*, Internationales Wirtschaftsrecht, § 3, Rn. 42.

207 Dazu *R. Dolzer / F. Bloch*, in: Handbuch Internationales Wirtschaftsrecht, S. 1066.

kommen ist eine Verbesserung des Klimas für ausländische Direktinvestitionen durch die Festlegung von Mindeststandards für die Behandlung von Kapitalanlagen und der Möglichkeit der Anrufung internationaler Schiedsgerichte durch den privaten Investor. Unter einem weiten Investitionsbegriff zahlreicher Abkommen wird oft jede Form der Kapitalanlage verstanden, wozu vielfach auch gewerbliche Schutzrechte gezählt werden.[208] Die Einbeziehung gewerblicher Schutzrechte in den Geltungsbereich bilateraler Investitionsschutzverträge führt somit im Ergebnis zu einem zweigleisigen internationalrechtlichen Schutz: Neben dem TRIPs-Abkommen können sich Schutzrechtsinhaber vielfach auf Normen eines bilateralen Investitionsschutzvertrages berufen.

Der Umfang ausländischer Direktinvestitionen hat in den vergangenen Jahren insgesamt stark zugenommen.[209] Ebenso spiegelt die zunehmende Bereitschaft von Entwicklungsländern, bilaterale Investitionsschutzverträge abzuschließen, eine veränderte Einstellung zur Frage der transnationalen Investitionstätigkeit wider, die mit früheren Stellungnahmen im Zusammenhang mit einer „Neuen Weltwirtschaftsordnung“ nicht mehr harmonieren. Es wird allgemein davon ausgegangen, dass diese Entwicklung hin zu einem investorenfreundlichen Klima den Technologietransfer in Entwicklungsländer begünstigt.

III. Zur Reform der UNCTAD: „New Spirit of Cartagena“

Schließlich sei kurz auf die Parallelentwicklungen im Rahmen der UNCTAD eingegangen. Auch hier haben sich die obigen Entwicklungstendenzen niedergeschlagen. Zum Zeitpunkt der achten UNCTAD in Cartagena de Indias (Kolumbien) im Jahre 1992 war zwar die Uruguay Runde noch nicht abgeschlossen, aber der Wandel hin zu einem positiven Konsens über die weitere wirtschaftliche Liberalisierung war bereits manifest.[210] So kritisierte der kolumbianische Präsident *C. Gaviria Trujillo* bei seiner Eröffnungsrede die Industrieländer wegen mangelhafter Marktöffnung und trat energisch protektionistischen Tendenzen entgegen. Weiter führte er aus:

208 Vgl. *R. Dolzer / F. Bloch*, in: Handbuch Internationales Wirtschaftsrecht, S. 1067.
209 Vgl. UNCTAD (Hrsg.), WIR 2003.
210 S. auch *G. Taplin*, F + E, Juni 1992, S. 36.

> With a view to determining the indispensable reforms, the fact that today's UNCTAD cannot be the same as it was in the past must be recognized. The reasons are many, but perhaps the principal one is that UNCTAD must reflect the changes in the world. This will require sweeping reforms in both the instruments and the structure itself of UNCTAD. I think I am not mistaken if I say that UNCTAD has failed to keep up with the pace of change in a radically altered world.[211]

Dieser Aufforderung, den globalen Wandel nachzuvollziehen, entsprechend wurde auf der Konferenz ein umfangreiches politisches Dokument erarbeitet und im Konsens verabschiedet, das den Titel „New spirit of Cartagena – Partnership for development" trägt. Es enthält in erster Linie umfangreiche Programmsätze über die Prinzipien der zukünftigen Gestaltung der internationalen Wirtschaftsbeziehungen sowie Festlegungen über institutionelle Reformen der UNCTAD.[212] Unter den „Broad Policy Orientations" findet sich eine typische Aussage, die den Wandel der UNCTAD deutlich macht:

> 27. There is a growing recognition of the importance of the market and the private sector for the efficient functioning of economies at all stages of development. The need to combine the two elements is widely acknowledged: realizing the great potential of the private sector for improvements in economic performance requires concomitant policies to increase market competition. At the same time, the effective functioning of markets must go hand-in-hand with conductive government policies together with the provision of personal freedom and security as the basis for widespread participation of the population in economic and political processes. [...][213]

Die zweite „Broad Policy Orientation" gilt der nachhaltigen Entwicklung.[214] Ziel der nachhaltigen Entwicklung ist danach „efficient economic

211 Dokument TD/364/Rev.1, S. 155.

212 Unter anderem wurde eine Ad-Hoc Arbeitsgruppe „über den Zusammenhang zwischen Investitionen und Technologietransfer" gegründet; sie soll dem *Trade and Development Board*, sowie den ständigen Ausschüssen der UNCTAD, beratend zur Seite stehen. Als generelle Verhandlungsweise der UNCTAD wurde das Konsensprinzip in den Vordergrund gestellt: „It is recognized that [...] it is important to overcome confrontation and to foster a climate of genuine cooperation and solidarity." (Dokument TD/364/Rev.1, S. 7).

213 Dokument TD/364/Rev.1, S. 12.

214 Dokument TD/364/Rev.1, Ziff. 38 ff.

performance and ecological sustainability, as well as social equity, at all levels of development".[215]

Die Beschlüsse der Cartagena Konferenz wurden auf der neunten UNCTAD im Jahr 1996 in Midrand (Südafrika) bestätigt. In der dort verabschiedeten Midrand Declaration „A Partnership for Growth and Development"[216] wird wiederum die Rolle des Privatsektors betont und die durch den Abschluss der Uruguay Runde erreichte Handelsliberalisierung begrüßt. Darunter wird auch die Bedeutung des gewerblichen Rechtsschutzes für ein positives Investitionsklima im Zusammenhang mit dem Technologietransfer hervorgehoben.[217] Auch die späteren Konferenzen von Bangkok und zuletzt jene in São Paulo im Juni 2004 bestätigen diesen Wandel und führen ihn weiter.[218]

Insgesamt bestätigen die Reformen der UNCTAD damit den wachsenden globalen Konsens über eine grundsätzlich liberale Weltwirtschaftsordnung. Dies gilt insbesondere, wenn man sich den an selber Stelle ausgetragenen Streit um eine „Neue Weltwirtschaftsordnung" vergegenwärtigt. Bildlich gesprochen kann jedoch auch gesagt werden, dass UNCTAD damit auf dem Wagen der wirtschaftlichen Liberalisierung mitfährt, allerdings gegenüber der WTO einen Platz auf der Rückbank eingenommen hat.

IV. Fazit: Ein Rahmen für Technologietransfer aus wirtschaftsvölkerrechtlicher Perspektive

Betrachtet man die Wandlungen der Diskussion über den Technologietransfer zwischen Industriestaaten und Entwicklungländern etwa seit den siebziger Jahren, so kann insgesamt ein grundlegender Wandel beobach-

215 Darunter wird auch auf die Notwendigkeit hingewiesen, die technologischen Fähigkeiten in Entwicklungsländern zu verbessern. Ebenda, Ziff. 164 ff.

216 S. Dokument TD/378/Rev.1.; s. auch GA Res. 51/167 v. 16.12.1996.

217 S. Dokument TD/378/Rev.1, S. 5 ff.: „12. Technology is a critical factor of the ability of developing countries to participate [...] determined inter alia by the availability of technology, including advanced technology, on a sound commercial basis, by a proper enabling environment and by the development of their human resources. [...] 37. [...] IPR protection is an essential component of an environment conducive to the creation and international transfer of technology. [...]".

218 Vgl der „São Paulo Consensus", Dokument TD/410 v. 25.6.2004.

tet werden. Von einer Atmosphäre der überwiegenden Konfrontation, aufgeladen mit Forderungen nach dirigistisch-planwirtschaftlichen Konzepten zum Technologietransfer von Seiten der Entwicklungsländer, hin zu einer Atmosphäre des überwiegenden Konsenses, der auf die Schaffung völkerrechtlich eingebetteter marktwirtschaftlich orientierter Strukturen abzielt, die ein dem Technologietransfer förderliches Handels- und Investitionsklima bewirken. Dabei wird dem Schutz des geistigen Eigentums mit dem TRIPs-Übereinkommen eine zentrale Stellung eingeräumt, jedoch flankiert von wettbewerbsrechtlichen Tatbeständen.

Die Feststellung dieser wirtschaftsvölkerrechtlichen Rahmenbedingungen für den Technologietransfer erfolgt freilich zunächst unter vollständiger Ausblendung der zu untersuchenden Umweltschutzübereinkommen.[219] Im Grundsatz ist nicht ausgeschlossen, dass sich aus diesen Übereinkommen abweichende Sonderregelungen für den bestimmten Sektor umweltverträglicher Technologien ergeben, die „aus dem skizzierten Rahmen fallen“. Eine Kollisionsregel, wonach die oben genannten Regelungen im Konfliktfall per se Vorrang vor umweltvölkerrechtlichen Übereinkommen eingeräumt würden, existiert nicht.

Die Gesamtbewertung der Entwicklung wäre weiter auch unvollständig ohne den Hinweis, dass die Staaten trotz der aufgezeigten Tendenzen wirtschaftlicher Liberalisierung die Notwendigkeit der Bereitstellung von finanziellen Mitteln für die Entwicklungshilfe durchaus berücksichtigen. Hierzu haben sich die Staaten im Rahmen der Milleniumsdeklaration[220] und des „Monterrey Consensus“[221] ausdrücklich bekannt.

219 Freilich waren Fragen des Technologietransfers zum Umweltschutz auch Gegenstand der Diskussionen im WTO-Auschuss über Handel und Umwelt. Dabei wurden ebenfalls die einschlägigen Bestimmungen des TRIPs-Übereinkommens erörtert, vgl. etwa Report (1996) of the Committee on Trade and Environment, Dokument WT/CTE/1 v. 12.11.1996, S. 30 ff.

220 Resolution 55/2 v. 18.9.2000.

221 Auf der Konferenz „Financing for Development“ im März 2002 in Monterrey (Mexiko) wurde die Notwendigkeit der Unterstützung der Integration der Entwicklungsländer in die Weltwirtschaft betont, vgl. Dokument A/CONF.198/11 v. 22.3.2002. Zuletzt wurde im Rahmen des Entwicklungsausschusses der OECD eine Zunahme industriestaatlicher Entwicklungshilfe festgestellt, s. NZZ Int v. 12.4.2005 („Weiter steigende staatliche Entwicklungshilfe“), S. 13.

Drittes Kapitel

Zur umweltpolitischen Bedeutung des Transfers umweltverträglicher Technologien

A. Einleitung

Die Existenz globaler ökologischer Probleme ist heute allgemein als Problem anerkannt,[222] auch wenn über die Fragen im Einzelnen viel Streit herrscht. Für den Aspekt des Technologietransfers bedarf es gleichwohl einer Begründung der spezifischen Bedeutung der Technologien für die Anstrengungen der internationalen Staatengemeinschaft zum Schutz der Umwelt. Hierzu muss zum Verständnis der technologischen Dimension ein kurzer Überblick zunächst über die gegenwärtigen Probleme des globalen Umweltschutzes gegeben werden (B.) und sodann über die Positionierung der Entwicklungsländer in diesem Kontext mitsamt einer Perspektive ihrer zukünftigen Rolle im globalen Umweltgeschehen erfolgen (C.).

B. Die Globalisierung der Umweltzerstörung

Während negative ökologischen Auswirkungen menschlicher Aktivitäten zunächst lediglich in lokalen oder regionalen[223] Dimensionen erkennbar wurden, hat sich dies spätestens mit Beginn des zwanzigsten Jahrhun-

222 Vgl. *G. Palmer*, AJIL, Bd. 86 (1992), S. 259, 260 („The proposition that the world faces serious global environmental problems hardly needs demonstration or rehearsal").

223 Zur Entwaldung im Mittelmeerraum etwa *J. Radkau*, Natur und Macht, S. 160 ff.

derts verändert.[224] Mit der zunehmenden Industrialisierung und den damit verbundenen Emissionen, dem Anstieg der Weltbevölkerung und deren räumlicher Mobilität sowie der Vielfalt an Schadstoffen hat die Massierung lokaler Ursachen die reale Möglichkeit globaler Umweltveränderungen ermöglicht. Diese globalen Auswirkungen sind seit den sechziger Jahren des zwanzigsten Jahrhunderts in das Bewusstsein der Menschen gedrungen.[225]

Es kann keineswegs Aufgabe dieser völkerrechtlichen Arbeit sein, eine umfassende ökologische Analyse dieser bestehenden und zukünftigen Entwicklungen zu leisten. Umfassende Versuche in dieser Hinsicht wurden etwa durch das Umweltprogramm der Vereinten Nationen publiziert.[226] Es kann einzig versucht werden, durch eine Einführung anhand beispielhafter globalökologischer Entwicklungen die umweltpolitische Forderung nach dem Transfer von Technologien zu verdeutlichen. Dabei gehören zu den dringlichsten Problemen die Änderungen des Weltklimas und der Verlust der Artenvielfalt, wobei nicht verkannt wird, dass diese beiden Probleme nicht isoliert betrachtet werden können, sondern dass auch diese, wie zahllose andere ökologische Probleme, eng miteinander im Zusammenhang stehen. Ferner muss bei einer solchen Auswahl darauf hingewiesen werden, dass andere Probleme, wie jenes der Bodendegradation,[227] der Wasserqualität[228] oder der Chemikaliensicherheit[229] in

224 World Commission on Environment and Development (WCED), Our Common Future, 1987, S. 27 f.

225 Vgl. die überblicksartigen Arbeiten von *U. E. Simonis*, Globale Umweltpolitik; *G. Speth*, Red Sky at Morning; *E. U. v. Weizsäcker*, Erdpolitik.

226 UNEP (Hrsg.), GEO 2000; UNEP (Hrsg.), GEO 3. Vgl. Auch Zwischenbericht der Enquete-Kommission „Globalisierung der Weltwirtschaft", BT-Drs. 14/6910 v. 13.9.2001, S. 81 ff. Dazu auch *S. Maljean-Dubois*, AFDI, Bd. XLVIII (2002), S. 592 f.

227 Dazu WBGU (Hrsg.), Welt im Wandel – Die Gefährdung der Böden.

228 Hierbei handelt es sich um das zusammenhängende Problem der Wasserknappheit und der Wasserverschmutzung. Im Rahmen einer von UNEP durchgeführten Umfrage unter 200 Wissenschaftlern aus 50 Staaten wurde der Trinkwassermangel als das gravierendste Problem nach den Klimaänderungen dargestellt, vgl. UNEP (Hrsg.), GEO 2000 – Overview, S. 13. Zum Ganzen auch *E. U. Simonis*, Globale Umweltpolitik, S. 91 ff.; WBGU (Hrsg.), Welt im Wandel – Wege zu einem nachhaltigen Umgang mit Süßwasser.

229 Die Frage der Chemikaliensicherheit nennt *P. Sand*, neben „climatic security" und „biological security", vgl. *G. Palmer*, AJIL, Bd. 86 (1992), S. 259, 260.

ihren Dimensionen den genannten Problemen im Grundsatz in nichts nachstehen.

I. Veränderungen des Weltklimas

Die globale Dimension der Auswirkungen menschlicher Tätigkeit wird im Kontext des Abbaus der Ozonschicht und des sog. Treibhauseffekts in zweifacher Hinsicht in besonderem Maße deutlich. Für beide Bereiche gilt jedoch, dass die naturwissenschaftlichen Zusammenhänge dieser Umweltveränderungen bislang lediglich in ihren Grundzügen bekannt sind und zahlreiche Aussagen und Prognosen noch von einem hohen Unsicherheitsfaktor gekennzeichnet sind.

1. Abbau der Ozonschicht in der Stratosphäre

In einer Höhe von etwa 20 bis 50 km über der Erdoberfläche stellt das stratosphärische Ozon einen Filter für die von der Sonne abgegebene ultraviolette Strahlung dar. Das stratosphärische Ozon bildet sich nach photochemischen Prozessen aus atmosphärischem Sauerstoff und Sonnenenergie. Die Ozonschicht selbst ist lediglich wenige Millimeter hoch, umspannt jedoch in intaktem Zustand den gesamten Planeten.

Die ökologischen Folgen der Reduzierung dieser Filterfunktion können zwar in ihrer langfristigen Tragweite nicht mit letzter Sicherheit abgeschätzt werden, die Folgen einer erhöhten ultravioletten Strahlung auf die menschliche Gesundheit und die Umwelt sind jedoch im Wesentlichen bekannt. Danach ist für den Menschen insbesondere ein erhöhtes Risiko von Hautkrebserkrankungen, eine Zunahme von Augenentzündungen (u.a. Erkrankungen am grauen Star) und eine Schwächung des Immunsystems zu erwarten.[230] Schädigungen sind außerdem an terrestrischen und marinen Ökosystemen zu erwarten.

Die Reduzierung des stratosphärischen Ozons findet nicht gleichmäßig über der Erde statt, sondern im Besonderen über der Antarktis sowie der Arktis. Zudem unterliegt sie periodischen Schwankungen. Ein Abbau wird insbesondere über der Antarktis durch die dort herrschende Kälte und sog. polare stratosphärische Wolken begünstigt. Über der Antarktis

230 S. IPCC (Hrsg.), Climate Change 1995 – Impacts, Adaptations and Mitigation of Climate Change, S. 578 f.

hat die Reduzierung des Ozons solche Ausmaße erreicht, dass von einem „Ozonloch" gesprochen werden kann. Der Umfang dieses „Ozonlochs" nahm Anfang der neunziger Jahre eine Fläche zwischen 20 und 28 Millionen Quadratkilometern ein. Diese bislang umfangreichste Ausbreitung von ca. 28 Millionen Quadratkilometern wurde Ende September 2003 gemessen.[231] Über der Arktis ist die Ozonschicht bislang maximal auf 30% ihrer ursprünglichen Ausdehnung reduziert worden. Die Ausdünnung über dem europäischen Kontinent lag bislang zwischen 5% und 30%.

Die Ursachen des Abbaus stratosphärischen Ozons durch die Emission von Fluorchlorkohlenwasserstoffen (FCKW) und Halonen (Bromchlorkohlenwasserstoffen) ist an anderer Stelle umfassend beschrieben worden,[232] so dass sich hier eine erneute Beschreibung erübrigt.

Nachdem die Gesamtkonzentration der genannten ozonabbauender Chemikalien in der Stratosphäre um das Jahr 1994 ihren Höhepunkt erreicht hat und seitdem rückläufig ist, wird dennoch erwartet, dass eine Regeneration der Ozonschicht noch viele Jahre in Anspruch nehmen wird. Schätzungen haben ergeben, dass eine Erholung auf das Niveau der Jahre vor 1980 um das Jahr 2050 eintreten könnte.[233]

2. *Klimaänderungen*

Nach dem derzeit aktuellsten dritten Sachstandsbericht des Zwischenstaatlichen Ausschusses für Klimaänderungen (Intergovernmental Panel on Climate Change, IPCC[234]) findet eine Erwärmung der Erdatmosphäre statt, wobei Anhaltspunkte für eine maßgebliche Mitverursachung durch menschliche Faktoren trotz weiter bestehender Unsicherheiten überwiegen.[235] Nach dem Bericht ist es höchst unwahrscheinlich, dass der durchschnittliche Anstieg der Temperaturen in der Atmosphäre im vergange-

231 WMO (Hrsg.), WMO Statement on the Status of the Global Climate in 2003, S. 11.

232 Vgl. etwa WMO (Hrsg.), Scientific Assessment of Ozone Depletion: 2002, Kap. 1.

233 Vgl. WMO (Hrsg.), Scientific Assessment of Ozone Depletion: 2002, Kap. 1.

234 Der zwischenstaatliche Ausschuss wurde durch die Generalversammlung der Vereinten Nationen einberufen, s. A/RES/43/53 v. 6.12.1988. Dazu *E. Powroslo*, Naturwissenschaftliche Konkretisierung, S. 166 ff.

235 IPCC TAR, S. 728 („Anthropogenic greenhouse gases are likely to have made a significant and substantial contribution to the warming observed over the second half of the 20th century, possibly larger than the total observed warming.").

nen 20. Jahrhundert auf natürliche Klimaschwankungen zurückzuführen ist.[236]

Als Ursachen für die Erwärmung der Erdatmosphäre werden verschiedene Treibhausgase verantwortlich gemacht. Hierbei handelt es sich neben Kohlendioxid (CO_2) um Methan (CH_4), Distickstoffoxid (N_2O), teilhalogenierte Fluorkohlenwasserstoffe (H-FKW/HFC), perfluorierte Kohlenwasserstoffe (FKW/PFC), Schwefelhexafluorid (SF_6) sowie um Fluorchlorkohlenwasserstoffe (FCKW) und Halone.[237]

Der Zwischenstaatliche Ausschuss für Klimaänderungen hat verschiedene Szenarien hinsichtlich des zukünftig zu erwartenden Anstiegs der globalen Durchschnittstemperatur entwickelt. Dabei wird bis zum Jahr 2100 von einem Anstieg um 1,4–5,8 Grad Celsius gegenüber dem Jahr 1990 ausgegangen. Dabei würde es sich um die ausgiebigste Erderwärmung der vergangenen 10'000 Jahre handeln.[238] Gleichzeitig wird eine durchschnittliche Zunahme der Niederschläge erwartet und eine Zunahme sog. extremer Wetterereignisse (Stürme, etc.). Als eine Folge wird ein Anstieg des Meeresspiegels zwischen 1990 und 2100 um eine Höhe von 9 bis 88 cm prognostiziert. Dabei würde ein Anstieg von 50 cm die Umsiedlung von Millionen von Menschen aus niedrigen Küstenregionen erforderlich machen und hätte das gänzliche Versinken kleinerer Inselstaaten zur Folge. Insgesamt sind jedoch die möglichen Folgen der Erderwärmung für den Menschen und Ökosysteme schwer abzuschätzen und mit erheblichen Unsicherheiten belastet. Die Anpassungsfähigkeit zahlreicher Ökosysteme wird jedoch voraussichtlich überschritten, so dass es zu Zusammenbrüchen von Ökosystemen kommen kann.[239] In diesem Zusammenhang ist auch mit negativen Folgen für die Landwirtschaft und Fischerei zu rechnen. Andererseits kann im Einzelfall auch mit positiven Auswirkungen gerechnet werden; so könnte die Landwirtschaft in den oberen Breitengraden der nördlichen und südlichen Hemisphäre ertragreicher werden.[240] Hinsichtlich der Auswirkungen auf die menschliche Gesundheit wird mit einer Zunahme der Ausbrei-

236 IPCC TAR, S. 730 („It is therefore unlikely [bordering on very unlikely] that natural internal variability alone can explain the changes in global climate over the 20th century.").

237 IPCC TAR, S. 243.

238 IPCC TAR, S. 527.

239 IPCC TAR, S. 237 ff.

240 IPCC TAR, S. 32, 252 ff.

tung von Malaria und anderen Krankheiten sowie mit einer Zunahme hitzebedingter Krankheiten gerechnet.[241]

II. Niedergang der globalen Artenvielfalt

Ein weiteres globales Problem liegt in dem zunehmenden Verlust an Artenvielfalt. Zwar lassen sich auch hier präzise Aussagen über den Umfang des Aussterbens von Tier- und Pflanzenarten und der damit einhergehende Verlust an genetischen Ressourcen nicht treffen. Gleichwohl haben sich in den vergangenen Jahrzehnten die Hinweise auf den beträchtlichen Umfang des Problems so weit verdichtet, dass über das Vorhandensein des globalökologischen Problems grundsätzliche Zweifel nicht mehr bestehen können.[242]

Bis heute sind etwa 1,75 Millionen Tier- und Pflanzenarten beschrieben;[243] allerdings liegen die Schätzungen der tatsächlich auf der Erde existierenden Arten bei einer Zahl zwischen 5 und 30 Millionen.[244] Eine gängige Schätzung des *World Conservation Monitoring Centres* des Umweltprogramms der Vereinten Nationen besagt, dass von etwa 14 Millionen Tier- und Pflanzenarten auf der Erde ausgegangen werden kann.[245] Diese Arten sind nicht gleichmäßig über die Erde verteilt. Vielmehr gibt es besonders artenreiche sog. „hot spots" oder „megadiversity" Gegenden, welche sich in erster Linie in den tropischen Regenwäldern finden. Hier existiert mehr als die Hälfte des Artenreichtums der Erde.[246] Vor dem Hintergrund der Unkenntnis über die tatsächlich existierenden Arten kann der stattfindende Artenverlust nicht mit Genauigkeit quantifiziert werden. Studien gehen jedoch von einer Besorgnis

241 IPCC TAR, S. 462 ff.; WMO / WHO / UNEP (Hrsg.), Climate and Human Health; s. auch *G. Sanderson*, The Futurist 1992, S. 34 ff.

242 So auch *B. Lomborg*, The skeptical Environmentalist, S. 257.

243 WBGU (Hrsg.), Welt im Wandel – Erhaltung und nachhaltige Nutzung der Biosphäre, S. 38.

244 S. *E. O. Wilson*, in: Ende der biologischen Vielfalt?, S. 21.

245 UNDP (Hrsg.), GEO 3, 2002, S. 120.

246 Dazu etwa W. Barthlott / M. Winiger (Hrsg.), Biodiversity; vgl. auch *E. O. Wilson*, in: Ende der biologischen Vielfalt?, S. 25.

erregend hohen Aussterbensrate aus, welche in erster Linie aus der hohen Verlustrate tropischer Regenwälder geschlossen werden kann.[247]

Zwar wird die vereinzelte Zerstörung eines Ökosystems mit der Folge des Aussterbens einer Art aus ökologischer Sicht durchaus lokale oder regionale Auswirkungen haben. Dennoch muss der Verlust an Artenvielfalt aufgrund seiner Summierung und der Globalität dieses Vorgangs als Interesse der planetaren Ökologie verstanden werden.[248] Neben der ökologischen Argumentation sprechen hierfür auch zwei weitere Begründungsansätze, die im Kontext der Biodiversität zentral sind. Zum einen geht es um das Argument der Erhaltung der genetischen Vielfalt als Ressource für die Menschen („the library of life is on fire", *Gro Harlem Brundtland*), zum anderen kann ein intrinsischer Argumentationsansatz gewählt werden, dahingehend dass Artenvielfalt als Teil der Schöpfung inhärent erhaltenswert ist.[249]

III. Zwischenergebnis

Allein dieser kurze Überblick zeigt, dass globale Umweltprobleme bereits jetzt eine Dimension erreicht haben, welche Maßnahmen zum globalen Umweltschutz unabweisbar machen. Das Bild der umweltpolitischen Bedeutung des Technologietransfers zum Umweltschutz wäre aber

247 Dazu *A. E. Lugo*, in: Ende der biologischen Vielfalt?, S. 76 ff.

248 Vgl. Zwischenbericht der Enquete-Kommission „Globalisierung der Weltwirtschaft", BT-Drs. 14/6910 v. 13.9.2001, S. 97 f. Vgl. auch *D. Bodansky*, Vanderbilt JTL, Bd. 28 (1995), S. 623, 624 ff.; *M. Bowman*, in: International Law and the Conservation of Biological Diversity, S. 5 ff.

249 Die Staaten haben sich im Rahmen der Verabschiedung des Übereinkommens über die Artenvielfalt diese drei Ansätze zu eigen gemacht, vgl. die Präambel: „im Bewußtsein des Eigenwerts der biologischen Vielfalt sowie des Wertes der biologischen Vielfalt und ihrer Bestandteile in ökologischer, genetischer, sozialer, wirtschaftlicher, wissenschaftlicher, erzieherischer, kultureller und ästhetischer Hinsicht sowie im Hinblick auf ihre Erholungsfunktion, ferner im Bewusstsein der Bedeutung der biologischen Vielfalt für die Evolution und für die Bewahrung der lebenserhaltenden Systeme der Biosphäre, in Bestätigung dessen, dass die Erhaltung der biologischen Vielfalt ein gemeinsames Anliegen der Menschheit ist [...]". Für eine Kategorisierung von „consumptive and non-consumptive justifications" zum Schutz der biologischen Vielfalt *J. Bloch*, Pace ELR, Bd. 10 (1992), S. 175, 183 ff. S. für eine Betrachtung aus christlicher Perspektive *J. Cobb*, in: Ende der biologischen Vielfalt?, S. 512.

ohne einen Ausblick auf die voraussichtliche Entwicklung der Umweltprobleme unter Einbeziehung der Entwicklungsperspektive der Entwicklungsländer unvollständig.

C. Wachstum in Entwicklungsländern – Probleme der aufholenden Entwicklung und des Umweltschutzes

Wird versucht, den Blick weg von der aktuellen ökologischen Problematik hin zu einer globalökologischen Zukunftsperspektive zu wenden, fällt sogleich die Frage der ökonomischen Entwicklungsinteressen der Entwicklungs- und Schwellenländer ins Auge. Wenn bereits der gegenwärtige globale Entwicklungsstand zu einer ernsten Umweltproblematik geführt hat, drängt sich die Möglichkeit einer Verschärfung der ökologischen Probleme durch den fortschreitenden Entwicklungsprozess dieser Länder auf. Die obigen Entwicklungen, zu denen – jedenfalls im Bereich klimaschädlicher Emissionen – in erster Linie Industriestaaten beigetragen haben, müssen daher zusätzlich vor dem Hintergrund des Wachstums in den Entwicklungsländern gesehen werden.

Von solchermaßen umweltwirksamen Wachstumsprozessen soll hier – wiederum beispielhaft – zum einen das Bevölkerungswachstum, zum anderen die Emissionsentwicklung aufgrund eines erhöhten Energieverbrauchs herausgegriffen werden.

I. Das Bevölkerungswachstum

Die Zahl der auf der Erde lebenden Menschen hat Ende des Jahres 1999 nach Angaben der Vereinten Nationen die Schwelle von sechs Milliarden überschritten; im Juli 2005 soll die Zahl in etwa 6,5 Milliarden betragen. Es wird geschätzt, dass die Weltbevölkerung gegenwärtig jährlich um 76 Millionen Menschen zunimmt.[250] Bis zum Jahr 2050 soll eine Weltbevölkerung von 10,6 Milliarden Menschen erreicht werden, wobei

250 Vgl. UN Department of Economic and Social Affairs (Hrsg.), World Population Prospects – The 2004 Revision, Dokument ESA/P/WP.193 v. 24.2.2005.

dieses Wachstum ganz überwiegend in den Entwicklungsländern stattfindet.[251] Es wird geschätzt, dass die Bevölkerung der 50 Staaten, die als am wenigsten entwickelte Länder eingeordnet sind, sich in der Zeit von 2005 bis 2050 mehr als verdoppeln wird, in manchen der ärmsten Länder in dieser Zeit sogar verdreifachen wird.[252]

Mit diesem Anstieg der Weltbevölkerung ist ein Wachstum des Ressourcenverbrauchs und der klimarelevanten Emissionen unausweichlich verbunden. Zugleich haben das Wachstum und die damit verbundene Migration Auswirkungen auf den Raum und die Tragfähigkeit von Ökosystemen.[253] So kann ein enger Zusammenhang zwischen der zunehmendern Abholzung von Regenwäldern und dem Anstieg der Bevölkerung in der jeweiligen Region beobachtet werden.[254] In diesem Zusammenhang wird in der Agenda 21 ausgeführt:

> Die wachsende Weltbevölkerung und der Anstieg der Weltproduktion im Verbund mit nicht nachhaltigen Verbrauchsmustern setzt die Lebenserhaltungskapazität unseres Planeten einer immer größeren Belastung aus. Diese interaktiven Prozesse beeinträchtigen die Nutzung des Bodens, des Wassers, der Luft, der Energie und der sonstigen Ressourcen. [...] Innerhalb dieses verschlungenen Beziehungsgefüges sind die menschlichen Dimensionen als vorrangig zu berücksichtigende Elemente zu betrachten und sollen daher in auf Nachhaltigkeit ausgerichteten gesamtpolitischen Konzepten angemessen berücksichtigt werden. Solche politischen Konzepte sollen sich mit den Wechselbeziehungen zwischen demographischen Trends und Faktoren, dem Ressourcenverbrauch, dem Transfer angepaßter Technologien und der Entwicklung befassen.[255]

251 Laut UNFPA (Hrsg.), State of the World Population 1999, findet 95% des Wachstums in Entwicklungsländern statt.

252 UN Department of Economic and Social Affairs (Hrsg.), World Population Prospects.

253 UNFPA (Hrsg.), State of the World Population 2001, Kap. 2.; UNFPA (Hrsg.), State of the World Population 2004, S. 17 ff. S. auch World Commission on Environment and Development (WCED), (Fn. 224), S. 55 ff.; *H. Birg*, APuZ, B 35-36/94 (2.9.1994), S. 21 ff.

254 UNFPA (Hrsg.), State of the World Population 2001, S. 22 f.

255 Agenda 21, Kapitel 5, Ziff. 5.3.

II. Ansteigender Energieverbrauch und Prognosen der Emissionsentwicklung von Treibhausgasen

Der Weltenergieverbrauch ist in den vergangenen Jahren insgesamt weiter angestiegen.[256] Dies gilt sowohl für die OECD-Staaten, als auch für die Entwicklungsländer. Im Jahr 1990 hatten die OECD-Staaten und die Staaten im Übergang zur Marktwirtschaft gemeinsam etwa Dreiviertel des weltweiten industriellen Energiebedarfs. Hinsichtlich der Entwicklungsländer ist jedoch im Zuge einer zunehmenden Industrialisierung mit einem weiteren deutlichen Anstieg des Energiebedarfs zu rechnen.[257] Prognosen des zukünftigen Energiebedarfs sind allerdings von erheblichen Unsicherheiten gekennzeichnet, zum einen weil Bevölkerungswachstum, Industrialisierungsprozesse und wirtschaftliche Entwicklung der kommenden Jahre kaum mit Sicherheit abschätzbar sind, zum anderen weil die technologische Entwicklung insoweit noch offen ist. So wird der zukünftige Energiebedarf unter anderem entscheidend von dem Umfang des Transfers energiesparender Technologien abhängen.

Da der Pro-Kopf-Energieverbrauch auch als Indikator für Wohlstand und Entwicklung angesehen wird, hat diese Entwicklung insgesamt eine positive Seite. Andererseits deutet ein wachsender Energieverbrauch auf wachsende Ressourcenausnutzung hin, die mit erhöhten Emissionen einhergeht. Für das Weltklima hat die zukünftige Emissionsentwicklung herausragende Bedeutung. Nach Schätzungen soll bisher das reichste Fünftel der Weltbevölkerung 53% des Kohlendioxidausstoßes verursacht haben, während das ärmste Fünftel für lediglich 3% verantwortlich ist. Nach den Erfahrungen der Industriestaaten wird für die Zukunft davon ausgegangen, dass jedoch gerade der Übergang von einer Wirtschaft, die von landwirtschaftlicher Produktion dominiert wird, zur industriellen Produktion unausweichlich zu einem Anstieg schädlicher Emissionen führt. Zukünftige Emissionsprognosen zeigen daher einerseits einen deutlichen Anstieg der Gesamtemissionen von Treibhausgasen und andererseits, wenngleich auch hier die Prognosen weit auseinander gehen,

256 Vgl. zum Ganzen: WBGU (Hrsg.), Welt im Wandel – Energiewende zur Nachhaltigkeit, S. 15 ff. Prognosen existieren insbesondere von der Internationalen Energie-Agentur (IEA), dem Weltenergierat (WEC) und der US-Amerikanischen Energy Information Administration (EIA).

257 S. etwa The World Bank (Hrsg.), Fuel for Thought, S. 20 f.; OECD / IEA (Hrsg.), Beyond Kyoto.

eine signifikante Zunahme des Anteils der Entwicklungsländer an diesen Emissionen.[258]

Die nachfolgend abgebildete Prognose des zukünftigen Anteils der Entwicklungsländer („Rest of the World") an den globalen Treibhausgasemissionen zeigt die dominierende Rolle der Entwicklungsländer im Klimageschehen.

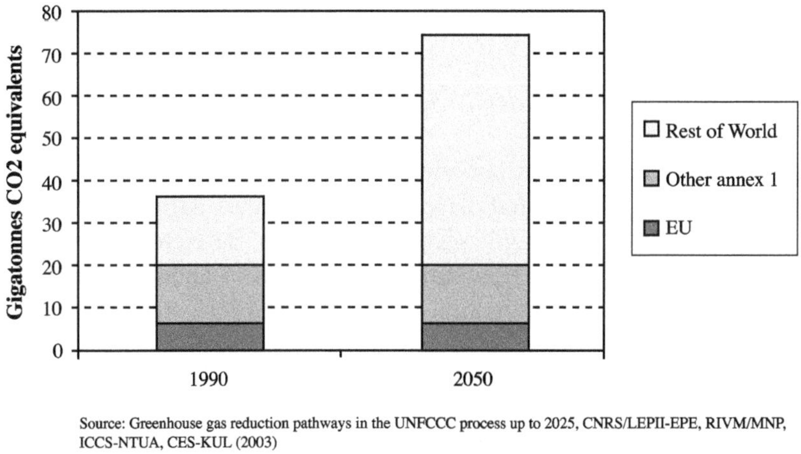

Quelle: Europäische Kommission, Mitteilung der Kommission an den Rat, an das Europäische Parlament, an den Europäischen Wirtschafts- und Sozialausschuss und an den Auschuss der Regionen, Strategie für die erfolgreiche Bekämpfung der globalen Klimaänderung, Dokument KOM(2005) 35 endg. v. 9.2.2005.

Gleichzeitig betonen Szenarien zum Schutz der Erdatmosphäre die Notwendigkeit, dass die Treibhausgasemissionen zukünftig unterhalb des gegenwärtigen Emissionsniveaus liegen müssen. Hieraus folgt aus umweltpolitischer Sicht die Notwendigkeit der Beteiligung von Entwicklungsländern in den Anstrengungen zum Klimaschutz. Die Europäische Kommission schätzt, dass auch wenn die EU ihre Treibhausgasemissionen bis zum Jahre 2050 um fünfzig Prozent senken würde, dies keine

258 IPCC (Hrsg.), Climate Change 1995 – Impacts, Adaptations and Mitigation of Climate Change: Scientific-Technical Analyses, S. 84 ff. Vgl. auch Zehnter Bericht zur Entwicklungspolitik der Bundesregierung, BT Drs. 13/3342 v. 14.12.1995, S. 25.

signifikanten Auswirkungen auf die globale Emissionsentwicklug haben würde.[259]

Aus ökologischer Sicht muss daher generell festgestellt werden, dass der heute in den Industriesstaaten vorherrschende Lebensstandard nicht universalisierbar ist[260] und dass dennoch ein Anstieg gefährlicher Treibhausgase unausweichlich ist und mit einer Verschärfung globaler Umweltprobleme gerechnet werden muss.

III. Die potenzielle Rolle der Technologie

Umweltverträglichen, insbesondere energiesparenden Technologien kommt vor dem Hintergrund dieser Prognosen eines Klimawandels eine zentrale Rolle zu.[261] Dies gilt nicht nur für den Bereich der Industrie, sondern auch für private Haushalte, Verkehr und Landwirtschaft. Eine Studie des Entwicklungsprogramms der Vereinten Nationen führt aus:

> [...] Of the various entry points for efforts to reduce energy demand, it is technological performance that yields the largest and most accessible opportunities. Technological change has, by far, greater potential than changes in the patterns of consumption of goods and services, [...][262]

Dabei wird soll nicht „blind" daran geglaubt werden, dass Technologie allein ein Ausweg aus dem obigen Dilemma darstellt. Die zentrale Rolle der Technologie ergibt sich aber gleichwohl allein daraus, dass die Ursachen der Emissionen technische Einrichtungen sind und eine Reduktion

259 Europäische Kommission, Mitteilung der Kommission an den Rat, an das Europäische Parlament, an den Europäischen Wirtschafts- und Sozialausschuss und an den Auschuss der Regionen, Strategie für die erfolgreiche Bekämpfung der globalen Klimaänderung, Dokument KOM(2005) 35 endg. v. 9.2.2005, S. 4.

260 Vgl. auch *V. Hösle*, Philosophie der ökologischen Krise, S. 140. Dazu auch *R. Panjabi*, Cal Western ILJ, Bd. 23 (1992), S. 177, 181 ff.; *M. Strong*, Colorado JIELP, Bd. 4 (1993), S. 21, 24 f.

261 So auch Europäische Kommission, Dokument KOM(2005) 35 endg. v. 9.2.2005, S. 5 f.

262 UNDP (Hrsg.), Energy After Rio – Prospects and Challenges, Executive Summary, 1997, S. 18. So auch mit Hinweisen auf technologische Optionen *M. Hoffert* u.a., Science, Bd. 298 (1.11.2002), S. 981 ff. Vgl. auch UNIDO (Hrsg.), Impact of Improved Technology on Industrial Greenhouse-gas Emissions in Developing Countries, 1997.

der Emission damit in erster Linie eine technische Herausforderung darstellt. Das Ziel ist im Kern in dem Versuch einer zunehmenden Entkopplung des Energieverbrauchs von der wirtschaftlichen Entwicklung zu sehen. Dies kann in einer effizienteren Nutzung fossiler Energieträger oder durch Ersatz fossiler Energieträger mit regenerativen Energiequellen geschehen; in beiden Fällen stehen jedoch Technologien im Vordergrund.[263] Aus ökonomischer Sicht spielt die Technologie zudem auch eine zentrale Rolle bei Reduzierung der Kosten von Maßahmen zur Verminderung von Treibhausgasen.[264]

In diesem Zusammenhang wird zu Recht darauf hingewiesen, dass Investitionen in technische Einrichtungen etwa im Bereich der Energieversorgung kurzfristige Änderungen nur unter Inkaufnahme sehr hoher Kosten möglich sind, da die Investitionen oft eine langjährige Lebensdauer haben. Dazu führt wiederum der Zwischenstaatliche Ausschusses für Klimaänderungen aus:

> The world energy supply system is huge, and many of the installations have economic lifetimes measured in decades. Annual worldwide investments are on the order of $ 150 billion. This means that changes will take considerable time to implement. However, within a period of 50–100 years, the entire energy supply system will be replaced at least twice. New investments to replace an old plant or to expanc capacity are opportunities to adopt technologies that are more environmentally desirable at low incremental cost. Significant reductions in GHG emissions will not be achieved by a few scattered improvements. New technology must become characteristic for all new investments in order to reduce net carbon emissions significantly. [...][265]

263 Vgl. IPCC (Hrsg.), Climate Change 1995 – Impacts, Adaptations and Mitigation of Climate Change, S. 585 ff. Zur Notwendigkeit vermehrter Nutzung regenerativer Energien bereits *D. Hayes*, EA, Bd. 33 (1978), S. 111 ff.

264 Vgl. etwa *J. Edmonds / J. Dooley / M. Wise*, in: Critical Issues in the Economics of Climate Change, S. 107 ff.

265 Vgl. IPCC (Hrsg.), Climate Change 1995 – Impacts, Adaptations and Mitigation of Climate Change: Scientific-Technical Analyses, 1996, S. 591. Dieses Phänomen wird in der ökonomischen Literatur unter dem Begriff „carbon lock-in" problematisiert. Der Einsatz von Technologien müsse weniger unter dem Gesichtspunkt vereinzelter technischer Einrichtungen, sondern als „Techno-Institutional Complex" verstanden werden, einem komplexen sozialen System der Interaktion privater und öffentlicher Institutionen. Dazu *G. Unruh*, E Pol, Bd. 28 (2000), S. 817 ff.; *ders.*, E Pol, Bd. 30 (2002), S. 317 ff.

Das Erfordernis längerfristiger Planung und frühzeitiger Umsteuerung hin zu umweltverträglicheren Technologien wird ebenfalls im Bereich der Verkehrsplanung deutlich.[266] Umweltschädliche Investitionsentscheidungen können hier – wenn überhaupt – nur längerfristig korrigiert werden. Hieraus ergibt sich zugleich die Chance einer rechtzeitigen integrierten Verkehrsplanung gerade in Entwicklungsländern.[267]

Der Blick auf die Problematik des Ozonlochs ergibt ein teilweise ambivalentes Bild. Einerseits zeigt sich, dass ein schnelles Umsteuern angesichts gravierender Umweltprobleme – unter entsprechenden Kosten – grundsätzlich möglich ist. Hier wurde mit unterschiedlich langen Übergangsfristen ein schrittweiser Ausstieg zunächst aus der Nutzung der schädlichsten Stoffe, später der weniger schädlichen Stoffe vereinbart. Andererseits wurden die Übergangsfristen als zu lang (zu industriefreundlich) kritisiert.[268] Jedenfalls zeigt das Beispiel, dass ein Umsteuern bei entsprechenden internationalen politischen Willen durchaus möglich ist, dass Kompromisse zwischen dem Umweltinteresse eines sofortigen Umsteuerns und Investoreninteresse längerer Übergangsfristen durchaus zu finden sind und dass darüber hinaus Chancen frühzeitiger Weichenstellungen in Entwicklungsländern genutzt werden können. Hierbei wird allerdings nicht verkannt, dass die Dimensionen der Klimaproblematik freilich sehr viel umfassender sind.[269] Vor diesem Hintergrund wird betont, dass die gegenwärtigen Trends technologischer Adaption ungenügend sind und eine deutliche Beschleunigung des Technologietransfers zum Klimaschutz unverzichtbar ist.[270]

IV. Andere Auswege aus dem Dilemma der aufholenden Entwicklung?

Neben der Handlungsoption des Technologietransfers zum internationalen Umweltschutz wäre zu überlegen, ob als radikaler Ausweg aus dem oben beschriebenen Dilemma der aufholenden Entwicklung die Verhin-

266 OECD / IEA (Hrsg.), Beyond Kyoto, S. 31 ff.

267 *R. Dolzer*, Verkehrswesen, S. 75.

268 Dazu etwa *P. Lawrence*, JEL, Bd. 4 (1992), S. 15, 17.

269 Dazu wiederum *G. Unruh*, E Pol, Bd. 28 (2000), S. 817 ff.

270 Vgl. etwa IEA-CERT (Hrsg.), The Technology Response to Climate Change: A Call for Action, S. 3.

derung weiterer Entwicklungsschritte der Entwicklungsländer zur Erhaltung der globalen Ökologie in Betracht kommt.

Bereits aus zwei Gründen scheidet diese Option im Ergebnis aus. Erstens ist nicht ersichtlich, wie eine solche Politik praktisch umgesetzt werden könnte. So erscheint etwa die Durchsetzung einer Verpflichtung dahingehend, dass beispielsweise die Volksrepublik China unfreiwillig auf die Nutzung ihrer umfangreichen Kohlevorkommen zur Energieerzeugung zugunsten des Schutzes des globalen Klimas verzichtet, geradezu abwegig.[271] Zweitens wirft eine solche Haltung ethisch-moralische Fragen auf: Darf ein Teil der Staatengemeinschaft einem anderen Teil Vorteile untersagen, die sie selbst über Jahre selbstverständlich in Anspruch genommen hat? *T. Franck* hat in diesem Zusammenhang zu Recht auf den Gesichtspunkt der distributiven Gerechtigkeit hingewiesen.[272]

Das Völkerrecht scheint für diese Grundfrage gegenwärtig keine eindeutige Antwort bereitzuhalten. Teilweise wird schlicht auf den in Artikel 2 VN-Charta niedergelegten Grundsatz der souveränen Gleichheit der Staaten verwiesen. So trug ein Vertreter der chinesischen Regierung im Jahre 1997 vor:

> [...] According to the UN Charter, everybody is born equal, and has the inalienable right to enjoy modern technological civilisation. Today, the per capita energy consumption of China is just 1/10 of that of developed countries, 1/8 of that of medium developed countries. It is estimated 30–40 years would be needed for China to catch up with the level of medium developed countries. No one is entitled to prohibit the families from using refrigerators, or those who live and work in such a high temperature of 40°C from enjoying air-conditioning. [...][273]

Diese politische Stellungnahme verdeutlicht die tatsächliche Unmöglichkeit und die moralische Fragwürdigkeit eines Entwicklungsverbotes.

271 S. dazu aber *M. Nettesheim*, ArchVR, Bd. 34 (1996), S. 168 ff.

272 *T. Franck*, Fairness in International Law and Institutions, S. 364 ff.; s. auch *B. Kellersmann*, Die gemeinsame, aber differenzierte Verantwortlichkeit, S. 36. S. auch *Chr. Stone*, AJIL, Bd. 86 (1992), S. 445, 457; *M. Strong*, Colorado JIELP, Bd. 4 (1993), S. 21, 24 („After all, we have built the modern industrial civilization that has produced this dilemma, however inadvertently. We continue to monopolize its benefits while the people of the developing world must share, and indeed bear disproportionately, the global risks for which we are so largely responsible.").

273 Rede *Dr. Song Jian* anlässlich der Konferenz des „China Council for International Cooperation on Environment and Development" am 5.10.1997.

Andererseits ist zu überlegen, ob ein uneingeschränktes souveränes Recht auf eine Entwicklung ohne Rücksicht auf globalökologische Belange im heutigen Völkerrecht anerkannt ist. Insoweit mag es zu einer Modifikation des Souveränitätsgrundsatzes und eines „Rechts auf Entwicklung" dahingehend gekommen sein, dass einzig eine nachhaltige Entwicklung verfolgt werden darf, die jedenfalls nicht in erkennbar negativer Weise globalökologische Interessen gefährdet.[274] Das Beispiel der Ozonschicht mag diese letztlich theoretische Überlegung verdeutlichen: Könnte ein Staat nach allgemeinem Völkerrecht zulässigerweise unilateral entscheiden, angesichts des Ozonlochs die Produktion besonders schädlicher Fluorchlorkohlenwasserstoffe zu erhöhen? Wird das Prinzip 21 der Stockholmer Erklärung (bzw. Prinzip 2 der Rio-Erklärung von 1992) als geltendes Prinzip des Völkerrechts anerkannt, wird man hieran Zweifel anmelden.[275] Ferner spricht die – rechtlich unverbindliche – Rio-Erklärung von dem Recht auf Entwicklung lediglich insofern als „den Entwicklungs- und Umweltbedürfnissen der heutigen und kommenden Generationen in gerechter Weise entsprochen wird".[276]

Wenn insoweit von einer Modifikation der Souveränität ausgegangen wird, ist die o.g. Stellungnahme der chinesischen Seite letztlich völkerrechtlich jedenfalls ungenau. Problematisch erscheint jedoch, dass die Grenzen der Entwicklung, bzw. die genauen Konturen einer „nachhaltigen Entwicklung" im Einzelfall kaum bestimmbar sind und jedenfalls wohl jenseits derjenigen Tätigkeiten liegen, die die Industriestaaten gegenwärtig in völkerrechtlich erlaubter Weise ausüben.

Diese Überlegungen zu Umfang und Folgen einer möglichen Modifikation der Souveränität hin zu einer umweltrechtlich beschränkten Souveränität können und müssen an dieser Stelle nicht abschließend behandelt werden;[277] die Grundfrage kann an dieser Stelle auch unentschieden

274 So wohl PCA i.S. *Iron Rhine („Ijzeren Rijn") Railway* (Belgien ./. Niederlande) v. 24.5.2005, § 59.

275 Vgl. das Gutachten des IGH i.S. *Legality of the Threat or Use of Nuclear Weapons*, ICJ Rep. 1996, § 29; vgl. auch *W. Graf Vitzthum*, in: Völkerrecht, 5. Abschnitt, Rz. 97.

276 Prinzip 3 lautet: „The right to development must be fulfilled so as to equitably meet developmental and environmental needs of present and future generations."

277 Vgl. dazu die Arbeit von *K. Odendahl*, Die Umweltpflichtigkeit der Souveränität; *N. Schrijver*, in: Sustainable Development, S. 80 ff. Dazu auch bereits *P. Muldoon*, Texas ILJ, Bd. 22 (1986), S. 1, 13 ff.

bleiben. Für das vorliegende Thema entscheidend ist vielmehr, dass sowohl im Fall einer beschränkten („nachhaltigen“) Souveränität, als auch im Fall eines traditionellen Souveränitätsverständnisses im Sinne der „Lotus“-Entscheidung des Ständigen Internationalen Gerichtshofes[278] die Bedeutung des Technologietransfers zum Umweltschutz zentral ist: Wird eine Völkerrechtspflicht zur nachhaltigen Entwicklung bejaht, ist der Technologietransfer Voraussetzung zur Umsetzung einer solchen umweltverträglichen Entwicklung. Wird hingegen an einem traditionellen Verständnis der Souveränität festgehalten, wäre der Technologietransfer angesichts des völligen Entscheidungsfreiraums der Staaten für oder gegen einen bestimmten Entwicklungspfad der einzig gangbare Weg, die Staaten in eine umweltverträgliche Entwicklung zu bewegen.

Somit kann als Zwischenergebnis festgehalten werden, dass der Technologietransfer zum globalen Umweltschutz ein Kernpunkt jeder Strategie sein muss, die negativen globalökologischen Folgen der weiteren Entwicklung so effektiv wie möglich zu begrenzen. Bei der Verfolgung der Entwicklungsinteressen sollen in den Entwicklungsländern jene Technologien zum Einsatz kommen, die die schädlichen Auswirkungen auf die globale ökologischen Gemeinschaftsinteressen minimieren. Anstelle der Verwendung veralteter, ineffizienter und umweltverschmutzender Technologien sollen moderne, effiziente und umweltverträgliche Technologien treten *(„leapfrogging technology“[279])*.

Für den Bereich klimaschädlicher Emissionen verdeutlicht das folgende Schaubild die mögliche Auswirkung effektiven Technologietransfers, welches einer südafrikanischen Stellungnahme im Rahmen des Hilfsorgans für wissenschaftliche und technische Beratung des Klimarahmenübereinkommens entnommen ist:[280]

278 StIGH i.S. *The Case of the S.S. „Lotus“* (1927), P.C.I.J., Ser. A, No. 10.

279 Zum Begriff *N. Choucri*, in: Sustainable Development and International Law, S. 189, 199.

280 Dokument FCCC/SBSTA/1998/MISC.3 v. 17.4.1998, S. 4.

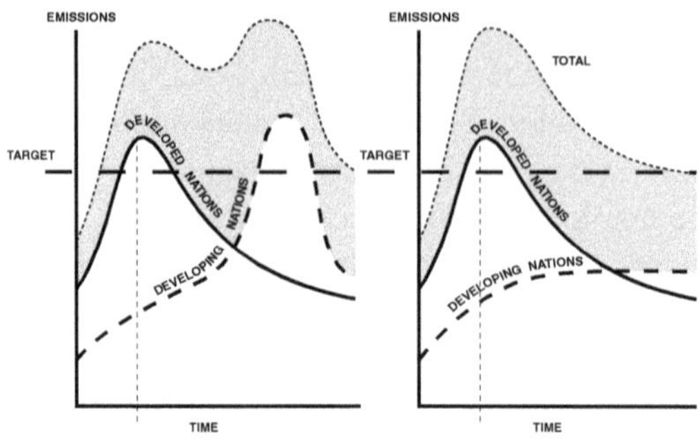

FIGURE A FIGURE B

Danach werden zwei Szenarien gegenübergestellt, wobei Schaubild B als Idealszenario die positiven Auswirkungen eines „well engineered technology transfer coupled with financial and technical assistance flowing from the developed nations to the developing nations" zeigt.

V. Unterschiedliche Agenden im Umweltschutzbereich

Zu dem Interessengeflecht im Kontext des Technologietransfers zum globalen Umweltschutz gesellt sich jedoch auch ein weiterer wichtiger Aspekt. Dieser liegt darin, dass Industriestaaten und Entwicklungsländer gerade im Bereich des Umweltschutzes unterschiedliche Prioritäten setzen und damit jedenfalls partiell unterschiedliche Agenden verfolgen.[281]

Aus der Sicht vieler Entwicklungsländer stellt die Armut nach wie vor das größte – auch umweltpolitische – Problem dar. Insoweit kann auf das berühmte Zitat *Indira Gandhis* auf der Stockholmer Umweltkonferenz vom Juni 1972 verwiesen werden:

> The rich countries may look upon development as the cause of environmental destruction, but to us it is one of the primary means of improving the environment of

281 Dazu *R. P. Anand*, Indian JIL, Bd. 20 (1980), S. 1 ff.; *L. Gündling*, ZaöRV, Bd. 56 (1996), S. 796, 798; *G. Handl*, NYJILP, Bd. 20 (1988), S. 603; *T. O. Hyder*, in: Confronting Climate Change, S. 323 ff.; *J. Ntambirweki*, Hastings ICLR, Bd. 14 (1991), S. 905; *M. Paterson / M. Grubb*, Int Aff., Bd. 68 (1992), S. 293 ff.; *I. Seidl-Hohenveldern*, in: FS Miaja de la Muela, Bd. I, S. 351, 354 f. Vgl. auch *B. Vonessen*, Europäische Entwicklungshilfe und Umweltschutz, S. 21 ff. sowie den Hinweis bei *Chr. Engel*, in: FS Drobnig, S. 247, 276.

> living, of providing food, water, sanitation and shelter, of making the deserts green and the mountains habitable.[282]

Aus der Sicht zahlreicher Entwicklungsländer erscheinen globale Umweltschäden gegenüber den lokalen Umweltproblemen zweitrangig. Insbesondere die Wasserverschmutzung und damit die Gefährdung der Versorgung mit sauberem Trinkwasser in städtischen Ballungszentren ist ein drängendes Problem in zahlreichen Staaten.[283] Daneben ist auch die Luftverschmutzung etwa durch Staub, Schwefeldioxid (SO_2) und Stickoxid (NO_x) zu nennen.[284] Es kann nicht überraschen, dass diese Probleme in Entwicklungsländern regelmäßig eine höhere politische Priorität genießen.[285] Dagegen erscheinen etwa Befürchtungen hinsichtlich globaler Klimaänderungen sekundär.

Hiermit ist gleichzeitig die Frage einer Differenzierung zwischen globalen Umweltproblemen einerseits und lokalen oder regionalen Umweltproblemen andererseits angesprochen. Eine solche Dichotomie erscheint aus ökologischer Sicht künstlich. Gleichwohl können der Tendenz nach aus praktischer Sicht lokal begrenzte Umweltprobleme identifiziert werden.[286] Hier ist etwa an die Bodenverunreinigungen oder an die besonders erhöhte Konzentration von Schadstoffen unmittelbar an der Emissionsquelle zu denken. Die Tatsache, dass diese Umweltschäden global an unzähligen Stellen gleichzeitig auftreten, ändert nichts daran, dass das einzelne Umweltproblem zunächst primär lokale Auswirkungen hat. Von genuin globalen Umweltproblemen kann demgegenüber bei den oben angesprochenen Problemen des Weltklimas und

282 Zitiert nach *R. P. Anand*, Indian JIL, Bd. 20 (1980), S. 1, 8 ff.

283 Vgl. UNEP (Hrsg.), GEO 3, S. 152 ff.; WBGU (Hrsg.), Welt im Wandel – Wege zu einem nachhaltigen Umgang mit Süßwasser, S. 197 ff. über das sog. *Favela-Syndrom* bei ungeregelter Urbanisierung. Vgl. auch Zehnter Bericht zur Entwicklungspolitik der Bundesregierung, BT Drs 13/3342 v. 14.12.1995, S. 22.

284 UNEP (Hrsg.), GEO 3, S. 210 ff.; The Economist, Dirt poor (21.3.1998).

285 Diese lokalen Umweltprobleme entbehren vielfach nicht einer internationalen Dimension insoweit, als die Umweltverschmutzungen von Industrieanlagen ausgehen, die durch Investitionen der Industriestaaten entstanden sind, wobei als Investitionsanreize teilweise auch niedrigere Umweltauflagen in Entwicklungsländern eine Rolle spielen mögen. Diese Probleme des Transfers umweltschädigender Technologie bleiben hier indes außen vor. Dazu schon oben, Fn. 7.

286 So auch *U. E. Simonis*, FW, Bd. 73 (1998), S. 9 (Unterscheidung zwischen globalen und universell auftretenden Umweltproblemen).

der Ozonschicht die Rede sein, wenn die fortgesetzte Umweltverschmutzung an einer Stelle globale klimatische Veränderungen befürchten lässt. Dagegen stellt etwa die Verschmutzung des Rheins oder der Nordsee ein regionales Umweltproblem dar; Auswirkungen auf die Umwelt des Südpazifiks etwa sind nicht zu befürchten. Auch wenn sich Zuordnungen dieser Art freilich nur in vergröberter Weise vornehmen lassen, kann der Tendenz nach kann gesagt werden, dass lokale oder regionale Umweltprobleme in der Regel eine höhere politische Priorität besitzen. Dagegen erscheinen globale Umweltprobleme aus dieser Perspektive zunächst weniger dringlich.[287]

Wenngleich lokale und regionale Umweltprobleme in vielen Entwicklungsländern als besonders dringlich angesehen werden, wird daneben betont, dass gerade Entwicklungsländer zugleich von den Nachteilen der globalen Umweltprobleme besonders betroffen sind. Dies zeigt sich insbesondere im Fall der Klimaänderungen. Aufgrund der vergleichsweise geringeren Ressourcen zur Anpassung an veränderte Klimabedingungen (etwa Klimaanlagen, Küstenschutzmaßnahmen gegen einen erhöhten Meeresspiegel) wird erwartet, dass die Bevölkerung in Entwicklungsländern früher und härter betroffen sein wird.[288] Im Kontext internationaler Regelungen zum Klimaschutz legen daher Entwicklungsländer besonderen Wert auf Anpassungsmaßnahmen *(adaptation)*. Somit kann ferner festgestellt werden, dass sich auch innerhalb des Problemkreises genuin-globaler Umweltprobleme die Prioritäten von Industrieländern und Entwicklungsländern der Tendenz nach unterscheiden.

Auch wenn demnach insgesamt zu Recht auf die Priorität lokaler bzw. regionaler Umweltprobleme in den Entwicklungsländern hingewiesen wird, zeigt sich, dass vor dem Hintergrund der besonderen Betroffenheit gerade der Entwicklungsländer durch genuin globale Umweltprobleme, diese von erheblicher Bedeutung sind. Zudem stehen die lokale Bekämpfung der Umweltschmutzung und die Hinwendung zu einem nachhaltigen Entwicklungspfad zum Schutz globaler Umweltgüter nicht in einem Alternativverhältnis. Vielmehr ergeben sich hier an vielen Stellen Synergieeffekte, was etwa an den Beispielen der Erhöhung der

287 In diesem Zusammenhang könnte auch die Frage nach den Grenzen völkerrechtlicher Regelungsbedürfnisse aufgeworfen werden. Jedenfalls im Bereich genuin-globaler Umweltprobleme erscheint ein Regelungsbedarf unabweisbar.

288 Dazu auch *P. S. Elder*, McGill LJ, Bd. 36 (1991), S. 831, 836; *P. Usher*, SIULJ, Bd. 14 (1989), S. 257.

Energieeffizienz, der stärkeren Nutzung regenerativer Energien und einer nachhaltigen Verkehrspolitik unmittelbar einleuchtet.

VI. Fazit: Technologietransfer als Kernstrategie im Dilemma der aufholenden Entwicklung

Die so skizzierte Ausgangslage, die einerseits von dem Dilemma der aufholenden Entwicklung und andererseits von unterschiedlicher Prioritätensetzung von Industrieländern und Entwicklungsländern gekennzeichnet ist, bildet somit den Hintergrund neuer internationaler Diskussionen zum Technologietransfer.

Diese Ausgangssituation kann für die Völkerrechtsentwicklung nicht folgenlos bleiben, vielmehr ist die Völkerrechtssetzung im Bereich des internationalen Umweltschutzes von diesen Facetten nachdrücklich gekennzeichnet und bildet ein Beispiel für das „Völkerrecht der Kooperation" *(W. Friedmann*[289]*)*. Die Gruppe der Entwicklungsländer hat insoweit, wie sich unten zeigen wird, ihre Interessen in den verschiedenen Verhandlungsprozessen mit Nachdruck formuliert, darunter auch die Forderung nach Technologietransfer. Zugleich haben die Industriestaaten ihr eigenes Interesse an dem Einsatz moderner Umwelttechnologie auch in Entwicklungsländern erkannt.[290]

Demnach soll nun der zentralen völkerrechtliche Frage nachgegangen werden, wie der notwendige und dringende Transfer umweltverträglicher Technologien nach dem Völkerrecht der Gegenwart behandelt wird.

289 Dazu etwa *W. Friedmann*, RdC, Bd. 127 (1969-II), S. 91 ff. Dazu im umweltvölkerrechtlichen Kontext *P.-T. Stoll*, in: Enforcing Environmental Standards, S. 39 ff.

290 Vgl. UNCTAD (Hrsg.), Do Environmental Imperatives Present Novel Problems, S. 7; s. auch *A. Boyle*, Comment, S. 138. Zum Ganzen auch bereits *O. Kimminich*, in: Spirit of Uppsala, S. 314, 340.

Viertes Kapitel

Entwicklungen der internationalen Umweltpolitik mit Bezug zum Technologietransfer

A. Einleitung

Der Technologietransfer zwischen Industriestaaten und Entwicklungsländern besitzt sektorspezifisch im Kontext des Schutzes globaler Umweltgüter überragende Bedeutung. Gleichzeitig hat sich im Vergleich zu früheren Diskussionen um eine „Neue Weltwirtschaftsordnung“ neben der Änderung der wirtschaftsvölkerrechtlichen Rahmenbedingungen eine gänzlich neue Verhandlungsposition der Entwicklungsländer ergeben, da der Transfer umweltverträglicher Technologien zum Schutz globaler Umweltgüter als eigenes Interesse der Industriestaaten erkannt worden ist. Bevor jedoch im Einzelnen umweltvölkerrechtliche Regelungen zum Technologietransfer untersucht werden, sind zunächst allgemeine Entwicklungen der internationalen Umweltpolitik in den Blick zu nehmen.

Ein Blick auf die allgemeinen, übergreifenden umweltpolitischen Entwicklungen in Bezug auf den Technologietransfer bietet sich zunächst vor allem deshalb an, weil er das Verständnis der vor diesem Hintergrund verhandelten Übereinkommen erleichtert. Hier müssen daher zunächst die technologietransferrelevanten Aussagen der großen Umweltschutzkonferenzen von 1972 bis 2002 behandelt werden sowie die Arbeiten der Kommission für nachhaltige Entwicklung (CSD). Daneben ist auch auf weitere übergreifende Initiativen hinzuweisen.

Die hier angesprochenen Dokumente sind rechtlich nicht verbindlich und werden dennoch vielfach als „weiches Völkerrecht“ *(soft law)* bezeichnet. An dieser Terminologie ist problematisch, dass es sich bei den Dokumenten gerade nicht um „Recht“ handelt. Die Staaten haben bei der Verabschiedung der Konferenzerklärungen und ähnlichen Dokumente regelmäßig keinen Rechtsbindungswillen und hierin liegt, worauf *Sir*

Gerald Fitzmaurice hingewiesen hat,[291] oftmals gerade der Grund für ihre breite Akzeptanz. Gleichwohl bezeugen die darin niedergelegten Grundsätze vielfach einen internationalen Meinungsbildungsprozess und erzeugen mitunter politische Erwartungen an die Beachtung der Grundsätze durch die Staaten.[292] Aus diesem Grunde sollen sie auch hier nicht außen vor bleiben.

B. Die Stockholmer Konferenz über die menschliche Umwelt von 1972

Als erste Manifestation internationalrechtlichen Handlungswillens im Bereich des globalen Umweltschutzes sind, neben der Gründung des Umweltprogramms der Vereinten Nationen,[293] die Stockholmer Erklärung und ein Aktionsplan zu nennen, welche als Ergebnis der Stockholmer Umweltkonferenz vom 5. bis 15. Juni 1972 von einer großen Staatenmehrheit verabschiedet worden sind.[294] Die Bedeutung des Technologie-

291 *G. Fitzmaurice*, in: IDI Livre du Centenaire, S. 196, 269.

292 Zur Problematik des „soft law" s. insbesondere *R. R. Baxter*, ICLQ, Bd. 29 (1980). S. 549 ff.; *C. Chinkin*, ICLQ, Bd. 38 (1989), S. 851 ff.; *P.-M. Dupuy*, Michigan JIL, Bd. 12 (1991), S. 420 ff.; *W. Heusel*, „Weiches" Völkerrecht; *H. Hillgenberg*, EJIL, Bd. 10 (1999), S. 499 ff.; *J. Klabbers*, Nordic JIL, Bd. 65 (1996), S. 167 ff.

293 Das Umweltprogramm der Vereinten Nationen wurde mit Res. der VN Generalversammlung 2997 (XXVII) v. 15.12.1972 in der Folge der Stockholmer Konferenz gegründet. Zu UNEP *B. Desai*, Institutionalizing International Environmental Law, S. 167 ff.; *S. Mahmoudi*, Asian YIL, Bd. 5 (1997), S. 175 ff.; *P. H. Sand*, NuR 1985, S. 170 ff.

294 Deutsche Übersetzung abgedr. in: VN 1972, S. 109 ff. Es stimmten 103 Staaten für die Deklaration, 12 enthielten sich, es gab keine Gegenstimme, vgl. Dokument A/CONF.48/14/REV.1. Dazu *U. Beyerlin*, ZaöRV, Bd. 54 (1994), S. 124, 127 f.; *A. Kiss / J.-D. Sicault*, AFDI, Bd. XVIII (1972), S. 603 ff.; *L. B. Sohn*, Harvard ILJ, Bd. 14 (1973), S. 423 und *Note*: The Stockholm Conference: A Synopsis and Analysis, Stanford JIS, Bd. 8 (1973), S. 65. Für die Zeit vor der Stockholmer Konferenz ist auf die vorbereitenden Resolutionen der Generalversammlung hinzuweisen: Res. 2398 (XXIII) v. 3.12.1968; Res. 2581 (XXIV) v. 15.12.1969; Res. 2657 (XXV) v. 7.12.1970; Res. 2849 (XXVI) v. 20.12.1971.

transfers zur Förderung weltweiter Umweltschutzanstrengungen wurde bereits in diesem Rahmen erkannt.

In ihrem operativen Teil enthält die Stockholmer Erklärung zum einen in einem ersten Teil eine umfangreiche „Proklamation" sowie in einem zweiten Teil 26 Grundsätze, welche von der gemeinsamen Staatenüberzeugung getragen sind. Unstreitig handelt es sich bei der Erklärung jedoch um ein im Rechtssinne unverbindliches Dokument. Aus der Gesamtschau dieser Grundsätze ergibt sich die Anerkennung unterschiedlicher umweltpolitischer Prioritäten von Industrieländern und Entwicklungsländern (vgl. Grundsätze 9 und 10), die Bestätigung, dass Umweltschutzmaßnahmen die Entwicklungschancen der Entwicklungsländer nicht beschränken sollen (insbesondere Grundsatz 11), und dass diese insoweit bei entstehenden Kosten, sowohl für den Schutz der Umwelt in den Entwicklungsländern selbst, als auch im Falle internationaler Umweltbelange von den industrialisierten Staaten mit finanziellen und technischen Mitteln unterstützt werden sollen (Grundsatz 9 und 12). Dabei geht der Grundsatz 12 explizit auf die Frage des Verhältnisses zwischen Umweltschutz und der wirtschaftlichen Entwicklung der Entwicklungsländer ein und zeichnet bereits deutlich das Konzept der „gemeinsamen, aber unterschiedlichen Verantwortlichkeiten" vor. Der Grundsatz 12 sei daher an dieser Stelle vollständig wiedergegeben:

> Unter Berücksichtigung der Gegebenheiten und besonderen Erfordernisse in den Entwicklungsländern sowie aller Kosten, die sich aus der Einbeziehung von Umweltschutzmaßnahmen in ihre Entwicklungsplanung ergeben können, sowie der Notwendigkeit, diesen Ländern auf Aufforderung zusätzliche internationale technische und finanzielle Hilfe hierfür zuteilwerden zu lassen, sollten für die Erhaltung und Verbesserung der Umwelt Mittel zur Verfügung gestellt werden.

Es handelt sich bei dieser Forderung um die erste ausdrückliche Erwähnung eines Erfordernisses der technischen Hilfestellung für Entwicklungsländer im Umweltbereich. Neben der Stockholmer Erklärung verabschiedete die Konferenz auch den sog. „Action Plan for the Human Environment". Darin werden insgesamt 109 Empfehlungen ausgesprochen, welche die internationalen Anstrengungen zum Umweltschutz leiten sollten. Auch hier wird auf die Notwendigkeit des Technologietransfers explizit hingewiesen, wie Empfehlung 108 unterstreicht. Sie lautet:

> It is being recognized that it is in the interest of mankind that the technologies for protecting and improving the environment be employed universally, it is recommended that the Secretary-General be asked to undertake studies, in consultation with Governments and appropriate international agencies, to find means by which environmental technologies may be made available for adoption by developing countries under the terms and conditions that encourage their wide distribution without constituting an unacceptable burden to developing countries.

Es kann somit im Ergebnis festgestellt werden, dass die Notwendigkeit des Transfers von umweltverträglichen Technologien an Entwicklungsländer zum Zwecke des globalen Umweltschutzes bereits vom Beginn der Entwicklung internationaler Regelungen zum globalen Umweltschutz an als wichtiger Aspekt der Beziehungen zwischen Industriestaaten und Entwicklungsländern im Grundsatz Anerkennung gefunden hat. Die Grundlegung einer entwicklungspolitischen Dimension des internationalen Umweltschutzes erfolgte demnach bereits auf der Stockholmer Konferenz.

C. Der Brundtland-Bericht

Die Weltkommission für Umwelt und Entwicklung (sog. Brundtland-Kommission) wurde mit Unterstützung der Generalversammlung der Vereinten Nationen im Jahr 1984 gegründet.[295] Ziel der Kommission war insbesondere eine Analyse des Verhältnisses von Umweltschutz und Entwicklung und die Ausarbeitung von Vorschlägen für zukünftige Maßnahmen der Staatengemeinschaft in diesem Bereich.

Der Bericht von 1987 ist in erster Linie für die Formulierung des Begriffs der „nachhaltigen Entwicklung“ bekannt geworden. Danach handelt es sich um eine Entwicklung, „die die Bedürfnisse der Gegenwart befriedigt, ohne die Fähigkeiten der künftigen Generationen, ihre eigenen Bedürfnisse zu erfüllen, zu beeinträchtigen“.[296] Zu der Frage des Technologietransfers zum internationalen Umweltschutz wird aber eben-

295 Vgl. Res. A/RES/38/161 v. 19.12.1983. Dazu auch *P. Sands*, BYIL, Bd. LXV (1994), S. 306, 313 ff.

296 WCED (Hrsg.), Our Common Future, 1987, S. 43. Vgl. auch Präambel Res. A/RES/42/187 v. 11.12.1987.

falls Stellung genommen, wenngleich auch nur in sehr allgemeiner Weise. Erstens wird die besondere Rolle der Technologie beim Umweltschutz generell betont. Zudem wird auch darauf hingewiesen, dass Umwelttechnologie an die örtlichen Gegebenheiten des Einsatzortes angepasst sein müsse. In diesem Zusammenhang falle auf, dass die Weiterentwicklung von Umwelttechnologien vielfach einzig an Einsatzmöglichkeiten in Industriestaaten orientiert sei.[297] Zweitens wird ein eigener Abschnitt des Berichts dem Thema „Broadening the Technological Base" gewidmet. Danach bedürfe die Förderung einer nachhaltigen Entwicklung einer organisierten Anstrengung, neue Technologien zu entwickeln und zu verbreiten. Die Herausforderung bestehe darin, dass neue Technologien all jene erreichen, die sie benötigten. Hindernisse, wie Informationsdefizite und Schwierigkeiten bei der Finanzierung kommerzieller Technologien, müssten überwunden werden. Als zentraler Aspekt wird sodann der gewerbliche Rechtsschutz herausgestellt. Einerseits wird auf die kommerzielle Anreizfunktion hingewiesen, andererseits wird darin ein potenzielles Hindernis für den Transfer gesehen. Neben dem Transfer von Technologien wird schließlich auch betont, dass Entwicklungsländer ihre eigenen technologischen Fähigkeiten stärken sollten.[298]

Insgesamt weist der Brundtland-Bericht damit in zutreffender Weise auf das oben dargestellte Dilemma hin, bleibt aber letztlich zurückhaltend hinsichtlich substanzieller Aussagen über konkrete Lösungsschritte im Bereich des Technologietransfers. Die Problematik des Technologietransfers zum Umweltschutz wird zwar angesprochen, insgesamt bleibt das Dokument jedoch im Hinblick auf konkrete Handlungsvorschläge wenig ergiebig.

297 WCED (Hrsg.), Our Common Future, 1987, S. 60.
298 WCED (Hrsg.), Our Common Future, 1987, S. 87 f.

D. Die Rio Konferenz über Umwelt und Entwicklung von 1992

Die Fortführung des in Stockholm begonnenen Prozesses[299] fand einen weiteren Höhepunkt in der Konferenz über Umwelt und Entwicklung, welche vom 3. bis 14. Juni 1992 in Rio de Janeiro (Brasilien) tagte.[300]

Als wichtigste Entwicklungen sind hier die Verabschiedung des Übereinkommens der Vereinten Nationen über die Artenvielfalt und die Verabschiedung des Klimarahmenübereinkommens herauszuheben.[301] Daneben ist die Verabschiedung der rechtlich unverbindlichen Rio-Deklaration, der Agenda 21 sowie der Wald-Grundsatzerklärung[302] zu nennen. In institutioneller Hinsicht wurde die Kommission für nachhaltige Entwicklung (*Commission on Sustainable Development*, CSD) ins Leben gerufen.[303]

299 In der Zwischenzeit wurde der Technologietransfer zum Umweltschutz auch im Rahmen des Verwaltungsrats des UNEP diskutiert. Resolution 14/16 über die Förderung der Weitergabe von Umweltschutztechnologien vom 18.6.1987 forderte die Regierungen zur Unterstützung des Austausches von Technologien auf.

300 Dazu *U. Beyerlin*, ZaöRV, Bd. 54 (1994), S. 134; *H. Hohmann*, NVwZ 1993, S. 311 ff.; *A. Kiss / S. Doumbe-Bille*, AFDI, Bd. XXXVIII (1992), S. 823 ff.; *P. Malanczuk*, in: Sustainable Development, S. 23 ff.,; *M. Pallemaerts*, in: Greening International Law, S. 1 ff.; *M. Ruffert*, JUTR, Bd. 21 (1993), S. 397 ff.; *P. H. Sand*, EJIL, Bd. 4 (1993), S. 377; *P. Sands*, BYIL, Bd. LXV (1994), S. 324 ff.; *M. Schröder*, ArchVR, Bd. 34 (1996), S. 255 ff.

301 Dazu im fünften Kapitel unter C, bzw. D.I.

302 Dazu *B. Schulte zu Sodingen*, Der völkerrechtliche Schutz der Wälder, S. 191 ff.

303 Vgl. GA Res. 47/191 v. 22.12.1992 („Institutional arrangements to follow up the United Nations Conference on Environment and Development"), wonach der Wirtschafts- und Sozialrat der Vereinten Nationen aufgefordert wird, die CSD zu gründen, was sodann mit Res. 1993/207 geschah. Vgl. dazu *U. Beyerlin / T. Marauhn*, Rechtssetzung und Rechtsdurchsetzung im Umweltvölkerrecht nach der Rio-Konferenz 1992, S. 60 ff.; *B. Desai*, Institutionalizing International Environmental Law, S. 189 ff.; *P. Orliange*, AFDI, Bd. XXXIX (1993), S. 820 ff.

I. Die Rio-Deklaration über Umwelt und Entwicklung

Die Rio-Erklärung enthält 27 kurzgefasste Prinzipien über das Verhältnis zwischen Umweltschutz und Entwicklung.[304] Sie ist damit das prägnanteste Dokument zu globalen Umweltfragen, welches von 176 Staaten angenommen wurde. Im Vergleich zur Stockholmer Konferenz und ihrer Abschlussdeklaration ist bereits der Titel der Rio-Erklärung insoweit bemerkenswert, als die Zentrierung auf das Thema Umwelt aufgegeben wurde und der Aspekt der Entwicklung gleichberechtigt Berücksichtigung gefunden hat. Betrachtet man freilich die breitere öffentliche Wahrnehmung des „Rio-Gipfels" als „Umweltgipfel", bzw. „Earth Summit", steht weiterhin der Aspekt des Umweltschutzes im Vordergrund.[305] Gleichwohl wird die Verbindung zwischen Umwelt und Entwicklung durchgängig berücksichtigt, etwa mit der Erwähnung eines Rechts auf Entwicklung (Prinzip 3), dem Integrationsgebot des Umweltschutzes im Entwicklungsprozess (Prinzip 4), dem Ziel der Armutsbekämpfung als Notwendigkeit einer nachhaltigen Entwicklung (Prinzip 5) und der Berücksichtigung der besonderen Situation der am wenigsten entwickelten Länder (Prinzip 6). Insbesondere muss hier zudem auf Prinzip 7 hingewiesen werden, wonach die entwickelten Staaten ausdrücklich die Verantwortung anerkennen, „die sie in Anbetracht des Drucks, den ihre Gesellschaften auf die globale Umwelt ausüben, sowie in Anbetracht der ihnen zur Verfügung stehenden Technologien und Finanzmittel bei dem weltweiten Streben nach nachhaltiger Entwicklung tragen". Im Hinblick auf den Technologietransfer ist Prinzip 9 zu nennen. Es lautet:

> Die Staaten sollten zusammenarbeiten, um den Ausbau der eigenen Kapazitäten für eine nachhaltige Entwicklung zu stärken, indem sie das wissenschaftliche Verständnis durch den Austausch wissenschaftlicher und technologischer Erkenntnisse vertiefen und die Entwicklung, Anpassung, Verbreitung und Weitergabe von Technologien fördern, einschließlich neuer und innovativer Technologien.[306]

304 Vgl. *J. Kovar*, Colorado JIELP, Bd. 4 (1993), S. 119 ff.; *I. Porras*, in: Greening International Law, S. 20 ff.

305 So zu Recht *I. Porras*, in: Greening International Law, S. 20.

306 Im englischen Original lautet das Prinzip: „States should cooperate to strengthen endogenous capacity-building for sustainable development by improving scientific understanding through exchanges of scientific and technological knowledge, and

Danach wird, im Gegensatz zu anderen Prinzipien der Deklaration, lediglich die weiche Formulierung des „should" für die Aufforderung zur Zusammenarbeit gewählt. Weiter werden hinsichtlich der technologischen Zusammenarbeit, die in enger Beziehung zum Kapazitätsaufbau steht, vier Handlungsschwerpunkte identifiziert; diese sollen jeweils aber nur „gefördert" werden. Zum einen geht es um die Entwicklung von Technologien, zweitens um die Anpassung vorhandener Technologien an gegebenenfalls andere Bedingungen, drittens allgemein um die Verbreitung von Technologien und viertens den Technologietransfer. Dabei wird die Abgrenzung zwischen Verbreitung *(diffusion)* und Transfer *(transfer)* nicht weiter erklärt.

Insgesamt stellt sich Prinzip 9 der Rio-Erklärung damit als allgemein gehaltene Niederlegung des Postulats einer Förderung des Technologietransfers dar. Der Technologietransfer ergänzt damit den Kernbestand der Handlungsmaximen im Bereich von Umwelt und Entwicklung, gleichzeitig findet er jedoch nur in Form einer äußerst vagen Formulierung Aufnahme; für den Technologietransfer ist der Ertrag der Rio-Erklärung damit gering.

II. Die „Agenda 21" (insbesondere Kapitel 34)

Auf der Konferenz von Rio wurde ferner die sog. Agenda 21 verabschiedet.[307] Dabei handelt es sich nach dem Wortlaut der Agenda selbst um ein Aktionsprogramm, welches eine „globale Partnerschaft" zum Ziel hat, welche „auf eine nachhaltige Entwicklung ausgerichtet" ist.[308] Sie ist dabei „Ausdruck eines globalen Konsenses und einer politischen Verpflichtung auf höchster Ebene zur Zusammenarbeit im Bereich von Entwicklung und Umwelt".[309] Das Aktionsprogramm soll in Form einzelner „bestimmter Ziele, Maßnahmen und Instrumenten" eine Ausgangsbasis darstellen, um diese zu erreichen. Dabei versteht sie sich als

---

by enhancing the development, adaptation, diffusion and transfer of technologies, including new and innovative technologies."

307 Siehe N. Robinson (Hrsg.), Agenda 21: Earth's Action Plan; *S. Johnston*, The Earth Summit. Die im nachfolgenden stellenweise zitierte deutsche Übersetzung der Agenda 21 ist einer Broschüre des BMU entnommen.

308 Kapitel 1, Präambel.

309 Kapitel 1, Präambel.

ein „dynamisches Programm“, welches „im Laufe der Zeit angesichts veränderter Bedürfnisse und Umstände“ fortentwickelt werden kann.[310]

Die Agenda ist in vier große Abschnitte gegliedert, Teil I. über die „soziale und wirtschaftliche Dimension“, Teil II. über die „Erhaltung und Bewirtschaftung der Ressourcen für die Entwicklung“, Teil III. über die „Stärkung der Rolle wichtiger Gruppen“ und schließlich Teil IV. zu Möglichkeiten der Umsetzung. Hierbei ist dem Transfer umweltverträglicher Technologien in ihrem letzten Teil als Umsetzungsstrategie das Kapitel 34 gewidmet („Transfer umweltverträglicher Technologien, Kooperation und Stärkung von personellen und institutionellen Kapazitäten“), was wiederum den Stellenwert der Frage im Kontext der nachhaltigen Entwicklung verdeutlicht.[311] Der Inhalt des Kapitels soll überblicksartig dargestellt werden.

Zunächst wird in einer Einführung der Begriff der „umweltverträglichen Technologien“ allgemein umrissen. Diese „schützen die Umwelt, sind sauberer, nutzen alle Rohstoffe auf eine nachhaltigere Weise, führen Abfälle und Produkte vermehrt einem Recycling zu und gehen mit den verbleibenden Reststoffen besser um als die Technologien, an deren Stelle sie getreten sind“[312]. Demnach soll sich dieser Begriff aus einem Vergleich zu herkömmlichen Technologien definieren. Eine eigenständigere Definition erfolgt nur im Hinblick auf die Technologien, welche mit „schadstoffbedingter Umweltverschmutzung“ im Zusammenhang stehen. Hierunter sind „abfallarme oder abfallfreie verfahrens- bzw. produktbezogene Technologien zu verstehen. Dazu gehören auch nachgeschaltete Entsorgungs- und Reinigungstechnologien“[313]. Letztlich darf nicht verwundern, dass auch dieser Definitionsversuch nicht weit führt. Die Frage, ob eine Technologie als „umweltverträglich“ bezeichnet werden kann, wird in der Regel nur im Hinblick auf den jeweils vorherrschenden „Stand der Technik“ festgestellt werden können. Es handelt sich dem-

310 Kapitel 1, Präambel.

311 Die Frage des Technologietransfers wird jedoch auch innerhalb der anderen Kapitel an zahlreichen Stellen berücksichtigt, siehe nur: 2.1, 2.3, 4.18, 5.3, 6.7, 6.13, 6.44, 7.41, 7.49, 7.51, 7.72, 8.33, 9.12, 9.18, 9.24, 13.10, 14.9, 14.94, 15.7, 17.2, 17.13, 17.28, 17.37, 17.92, 17.133, 18.14, 18.30, 18.79, 19.63, 20.13, 20.26, 21.23, 21.35, 30.2, 33.15, 37.6, 37.7. Dies geschieht teilweise mit einem ausdrücklichen Hinweis auf Kapitel 34.

312 Abschnitt 34.1.

313 Abschnitt 34.2.

nach um einen eminent dynamischen Begriff, welcher mit der Fortentwicklung von Forschung und Entwicklung stark veränderlich ist.[314]

Ein weiterer Hinweis für eine Definition des Begriffs der umweltverträglichen Technologien, welcher in hiesigem Zusammenhang nicht weniger wichtig erscheint, wird sodann in Abschnitt 34.3 gegeben. Dort heißt es:

> Bei umweltverträglichen Technologien handelt es sich nicht um einzelne Verfahren oder technische Hilfsmittel, sondern um Gesamtsysteme, die sowohl Know-How, Verfahren, Güter und Dienstleistungen sowie technische Einrichtungen als auch Organisation und Management umfassen.

Demnach wird auch für die Agenda 21 von einem weiten Technologiebegriff ausgegangen. Es wird nicht die individuelle Technik in Blick genommen, sondern vielmehr jedes Wissen, welches sich auf technische Anwendungen bezieht. Hieraus folgert die Agenda 21 weiter:

> Dies bedeutet, dass bei der Erörterung der Transfer von Technologien auch die Entwicklung der menschlichen Ressourcen und die örtlichen Gegebenheiten im Hinblick auf den Aufbau der im Zusammenhang mit den jeweils ausgewählten Technologien erforderlichen personellen und institutionellen Kapazitäten anzusprechen sind [...][315]

Demnach soll der Technologietransfer zwar vom Kapazitätsaufbau begrifflich getrennt bleiben, gleichwohl wird der enge Zusammenhang beider Ziele betont.

Die Einführung des Kapitels nimmt wesentliche Erkenntnisse aus den fruchtlosen Diskussionen um eine „Neue Weltwirtschaftsordnung" auf, indem es den Technologietransfer als einen Prozess begreift, welcher sowohl von „Technologielieferanten" als auch „Technologieempfängern" gemeinsame Anstrengungen voraussetzt und an dem Regierungen, die Privatwirtschaft, sowie Forschungs- und Entwicklungseinrichtungen beteiligt sind. Es wird weiter betont, dass es einzig darum gehen könne, „günstige Voraussetzungen für den Zugang zu umweltverträglichen Technologien und für deren Transfer insbesondere an Entwicklungslän-

314 *M. Townsend*, EPL, Bd. 23/2 (1993), S. 66.

315 Im englischen Original lautet die Passage: „This implies that when discussing transfer of technologies, the human resource development and local capacity-building aspects of technology choices, [...], should also be adressed."

der zu schaffen“. Dies könne erreicht werden durch „technologische Zusammenarbeit fördernde Maßnahmen, die es ermöglichen sollen, das erforderliche technologische Know-how weiterzugeben sowie die wirtschaftlichen, technischen und organisatorischen Voraussetzungen für den effizienten Einsatz und die Weiterentwicklung der weitergegebenen Technologien zu schaffen“[316]. Als Handlungsgrundlage finden sich sodann insbesondere auch Ausführungen zu der Frage des Verhältnisses zwischen dem Schutz von Patenten und dem Zugang zu Technologien. Nachdem in Abschnitt 34.9 darauf hingewiesen wird, dass es einen großen Bestand an technologischem Wissen gibt, welcher allgemein zugänglich sei, und es zahlreiche Technologien gebe, welche nicht durch Patente geschützt seien, wird sodann ein Prüfauftrag erteilt, um die Rolle des Patentschutzes beim Transfer umweltverträglicher Technologien zu untersuchen. Schließlich wird in Abschnitt 34.11 zu patentrechtlich geschützten Technologien ausgeführt:

> Patentrechtlich geschützte Technologien sind auf kommerziellem Weg beschaffbar, und die internationale Wirtschaft ist ein wichtiges Medium zum Transfer von Technologien. Es soll versucht werden, das vorhandene Wissenspotenzial zu erschließen und es mit vor Ort vorhandenen Innovationen neu zu kombinieren, um alternative Technologien zu schaffen. Parallel zur weiteren Prüfung von Konzepten und Modalitäten für die Gewährleistung eines gesicherten Zugangs – insbesondere der Entwicklungsländer – zu umweltverträglichen Technologien, einschließlich dem Stand der Technik entsprechenden Technologien, soll ein besserer Zugang zu umweltverträglichen Technologien gefördert, erleichtert und gegebenenfalls finanziert werden, während faire Anreize den Innovatoren geboten werden sollen, die zur Förderung von Forschung und Entwicklung neuer umweltverträglicher Technologien beitragen.

Diese Passage verdeutlicht zum einen, dass die Staaten die Erreichung des Ziels des Transfers umweltverträglicher Technologien den Schutz geistigen Eigentums nicht in Frage stellen wollen, und zum anderen, dass sie erkennbar marktwirtschaftliche Mechanismen im Vordergrund sehen; von einem Zwangstransfer ist hier nicht die Rede.[317] Als unabdingbare Voraussetzung für den Erfolg der Bemühungen um den Transfer umweltverträglicher Technologien wird weiter das Vorhandensein einer technologischen Mindeststruktur betont (34.13). Ferner wird in

316 Abschnitt 34.4.

317 So auch *H. Hohmann*, NVwZ 1993, 315 f.

diesem Zusammenhang die Wichtigkeit der Möglichkeit „informierten Wahl“ (34.8) bzw. der „durchdachteren Wahl“ (34.12) angepasster Technologien genannt.

Auf diesen Grunderkenntnissen aufbauend wird als zentrales konkretes Ziel in Abschnitt 34.14, lit. b) „die Förderung, Erleichterung und wo nötig Finanzierung des Zugangs zu umweltverträglichen Technologien sowie des dazugehörigen Know-how insbesondere an die Entwicklungsländer zu günstigen Bedingungen, einschließlich einvernehmlich festgelegter konzessionärer Bedingungen und Vorzugsbedingungen“ genannt, „wobei die Notwendigkeit des Schutzes geistigen Eigentums sowie die speziellen Bedürfnisse der Entwicklungsländer im Zusammenhang mit der Umsetzung der Agenda 21 zu berücksichtigen sind [...]“.

Es werden sodann im Einzelnen sieben Maßnahmenbündel ausgebreitet, von denen der Abschnitt 34.18 „Unterstützung und Förderung des Zugangs zum Transfer von Technologien“ für die hiesige Fragestellung am relevantesten erscheint, darunter insbesondere Buchstabe e):

> Die Regierungen und internationalen Organisationen sollen die Einführung wirksamer Modalitäten für den Zugang zu umweltverträglichen Technologien und deren Transfer insbesondere an Entwicklungsländer durch entsprechende Aktivitäten fördern und auch die Privatwirtschaft hierzu ermutigen, so auch durch [...]
> e) die Ergreifung folgender Maßnahmen, insbesondere in den Entwicklungsländern, im Falle von in privater Hand befindlichen Technologien:
> i) die Schaffung und die Verbesserung geeigneter Anreize steuerlicher und sonstiger Art durch die Industrieländer und andere Länder, die dazu in der Lage sind, um den Transfer umweltverträglicher Technologien durch Unternehmen, insbesondere an die Entwicklungsländer, als integralen Bestandteil einer nachhaltige Entwicklung zu fördern;
> ii) die Förderung des Zugangs zu patentrechtlich geschützten umweltverträglichen Technologien und deren Transfer insbesondere an die Entwicklungsländer;
> iii) den Erwerb von Patenten und Lizenzen auf kommerzieller Basis zum Transfer an die Entwicklungsländer auf nichtkommerzieller Basis als Teil der Entwicklungszusammenarbeit zur Erzielung einer nachhaltige Entwicklung, wobei die Notwendigkeit eines Schutzes geistigen Eigentums zu berücksichtigen ist;
> iv) in Übereinstimmung mit den einschlägigen internationalen Übereinkommen, denen die Staaten beigetreten sind, und unter den darin anerkannten spezifischen Bedingungen die Ergreifung von Maßnahmen zur Verhinderung eines Mißbrauchs des Schutzes geistigen Eigentums, einschließlich Regelungen für dessen Erwerb durch Zwangslizenzen, unter Berücksichtigung einer gerechten und angemessenen Entschädigung;
> v) die Bereitstellung finanzieller Ressourcen zum Erwerb umweltverträglicher Technologien, um insbesondere den Entwicklungsländern die Möglichkeit zu ge-

> ben, auch solche Maßnahmen zur Förderung einer nachhaltige Entwicklung zu ergreifen, die für sie eine besondere oder außergewöhnliche Belastung mit sich bringen würde [...]

In den Verhandlungen zu diesem Kapitel der Agenda 21 waren die genannten Abschnitte 34.11, 34.14 lit. b und der eben zitierte 34.18 lit. e iv. die umstrittendsten Abschnitte auf der Rio-Konferenz. Die gegensätzlichen Positionen wurden von den Vereinigten Staaten auf der einen Seite und der Gruppe der 77 auf der anderen Seite vertreten. Erst durch die Arbeit einer eigens hierfür kurzfristig eingesetzten „sub-contact group" konnten diese Abschnitte zuletzt als Paket unstreitig gestellt werden. Dabei konnten sich schließlich die Vereinigten Staaten mit ihren Formulierungswünschen in den Abschnitten 34.11 und 34.18 lit. e) iv.) durchsetzen und akzeptierten darauf die Formulierung in 34.14. lit. b).[318]

Kapitel 34 der Agenda 21 breitet damit ein umfangreiches Handlungsprogramm im Bereich des Technologietransfers aus. Insoweit ist zunächst festzustellen, dass die Frage des Technologietransfers zum Umweltschutz als eine der Kernhandlungsstrategien erkannt und dementsprechend im Rahmen der Agenda berücksichtigt worden ist. Daneben wird im Bereich jener patentgeschützter Technologien, die sich in privater Hand befinden, für einen Transfer der kommerzielle Weg vorgezeichnet, wobei der Schutz des gewerblichen Eigentums nicht in Frage gestellt wird. Die Rolle staatlichen Handelns liegt demgegenüber im Bereich eines allgemeinen Förderauftrags, sowie „gegebenenfalls" bzw. „wo nötig" in der Finanzierung. Dabei stehen die Abschnitte 34.11. und 34.14, lit. b) im Grundsatz auch in keinem Spannungsverhältnis. Maßgeblich ist in beiden Abschnitten, dass der Technologietransfer im Kern als privatwirtschaftliche Transaktion wahrgenommen wird. Dieser Befund wird durch Abschnitt 30.2 bestätigt, wonach der Technologietransfer „größtenteils" in den Aufgabenbereich der Privatwirtschaft fällt.

Im Hinblick auf spezifische Technologietransfervorschriften anderer „internationaler Instrumente", sieht Abschnitt 34.6 ausdrücklich vor, dass diese durch die Handlungsvorschläge des Kapitels 34 der Agenda 21 unberührt bleiben. Dies ist insofern bemerkenswert, als ansonsten eine Heranziehung des Kapitels 34 als Auslegungshilfe im Grundsatz

318 *S. Johnston*, The Earth Summit, S. 455.

keineswegs fernliegend erschiene.[319] Gerade dies wollten die Verfasser der Agenda 21 jedoch mit dieser Vorschrift ausschließen.

E. Die Arbeiten der Kommission für Nachhaltige Entwicklung (CSD) zur Umsetzung des Kapitels 34

Zur Begleitung der Umsetzung der Agenda 21 wurde nach Aufforderung durch die Generalversammlung[320] im Jahr 1993 durch den Wirtschafts- und Sozialrat der Vereinten Nationen 1993 die in Kapitel 38 der Agenda 21 vorgesehene Kommission für Nachhaltige Entwicklung (CSD) gegründet. Sie dient seitdem als zwischenstaatliches Beratungsforum über Fragen der nachhaltigen Entwicklung.[321]

Die Umsetzung des Kapitels 34, die Frage des Transfers umweltverträglicher Technologien, nahm dabei als bereichsübergreifendes, sog. „cross-cutting issue", bereits bei der Gründung der CSD einen herausgehobenen Platz ein. Dies ergibt sich zum einen aus der besonderen Betonung des Technologietransfers in Kapitel 38 der Agenda 21 und der Gründungsresolution der Generalversammlung, wo hinsichtlich der allgemeinen Aufgabe der Umsetzungskontrolle der Agenda 21 die Bereitstellung finanzieller Ressourcen und der Technologietransfer besonders herausgehoben werden.[322] Zum anderen wird die Frage der finanziellen

319 In Betracht käme etwa die Heranziehung als Auslegungshilfe i.S.v. Art. 31 Abs. 2 oder 3 WVK.

320 Auch die Generalversammlung selbst hat mehrfach die Notwendigkeit des Transfers umweltverträglicher Technologien betont, vgl. etwa Resolutionen 49/99 v. 19.12.1994 u. 50/95 v. 20.12.1995.

321 Der Wirtschafts- und Sozialrat kann gem. Art. 68 der VN-Charta Kommissionen „für wirtschaftliche und soziale Fragen und für die Förderung der Menschenrechte sowie alle sonstigen zur Wahrnehmung seiner Aufgaben erforderlichen Kommissionen" einsetzen. Bereits im Vorfeld der Konferenz gab es Diskussionen über die Gründung einer mit weiter reichenderen Befugnissen ausgestatteten Umweltorganisation. Letztlich konnte man sich aber nur auf diese dem ECOSOC unterstehenden Kommission einigen. Dazu *P. Orliange*, AFDI, Bd. XXXIX (1993), S. 820 ff. S. auch *B. Desai*, Institutionalizing International Environmental Law, S. 189 ff.

322 Vgl. Agenda 21, Kapitel 38.13 und Res. 47/191 v. 22.12.1992 der VN Generalversammlung. Das technologietransferbezogene Mandat lautet dort: „[...] 3. [...] (b) To

Ressourcen und des Technologietransfers bei den Leitlinien der konkreten Arbeitsorganisation der CSD an erster Stelle genannt und der Generalsekretär wird aufgefordert, bereits für die erste Sitzung der CSD einen Fortschrittsbericht zum Thema vorzulegen.[323]

Dementsprechend lag der ersten Sitzung der CSD im Juni 1993 ein Bericht des Generalsekretärs über Technologietransfer als Ausgangspunkt für die weitere Befassung der CSD mit dem Thema vor.[324] Darin finden sich eine erste Bestandsaufnahme und Vorschläge für mögliche Schwerpunkte der Arbeit der CSD auf dem Gebiet. Unter anderem wird betont, dass Entwicklungsländer Technologien auf verschiedenen Wegen erhalten können, wobei Auslandsdirektinvestitionen besonders hervorgehoben werden. Die Rolle der Regierungen bestehe in erster Linie in der Liberalisierung der Investitionsbedingungen und der Schaffung eines transparenten und rechtssicheren Rahmens für die Beeinflussung unternehmerischer Investitionsentscheidungen. Zudem stünden Regierungen die Instrumente der steuerlichen Anreize und Subventionen zur Verfügung und die Option der direkten Finanzierung auf multilateraler oder bilateraler Basis. Der fehlende Markt für umweltverträgliche Technologien stelle bislang eines der wichtigsten Hindernisse für die rasche Verbreitung dar. Ferner sei die Entwicklung umweltpolitischer Verantwortung im Bereich der Unternehmen entscheidend. Der Bericht betont demnach im Ergebnis vor allem den marktwirtschaftlichen Rahmen allfälliger Technologietransfers. Im Kontext bereits bestehender Initiativen

---

consider information provided by Governments, for example, in the form of periodic communications or national reports regarding the activities they undertake to implement Agenda 21, the problems they face, such as problems related to financial resources and technology transfer, and other environment and development issues they find relevant; (c) To review the progress in the implementation of the commitments set forth in Agenda 21, including those related to the provision of financial resources and transfer of technology; [...] 5. Decides that the Commission, in the fulfilment of its functions, will also: (a) Monitor progress in promoting, facilitating and financing, as appropriate, access to and transfer of environmentally sound technologies and corresponding know-how, in particular to developing countries, on favourable terms, including on concessional and preferential terms, as mutually agreed, taking into account the need to protect intellectual property rights as well as the special needs of developing countries for the implementation of Agenda 21; [...]“.

323 Vgl. Res. 47/191 v. 22.12.1992, Nr. 14 lit. a) bzw. Nr. 16 lit. b).

324 Dokument E/CN.17/1993/10 v. 4.6.1993.

werden die Wichtigkeit von einschlägigen Informationsnetzwerken und der Kapazitätsaufbau[325] besonders hervorgehoben. Der CSD weist der Bericht in erster Linie eine koordinierende Rolle zu; eine Duplizierung der Maßnahmen müsse vermieden werden.

Auf ihrer ersten Sitzung betonte die CSD erwartungsgemäß die große Bedeutung des Technologietransfers für die nachhaltige Entwicklung und verabschiedete insbesondere einen Katalog an Forderungen an die Regierungen zur Umsetzung der Technologietransferbestimmungen der Agenda 21,[326] wobei diese im Wesentlichen nicht über die bereits in der

325 Ein Industrievertreter wird mit den Worten zitiert: „technology transfer is not just putting together a set of blueprints and faxing them out to [developing countries]. There is a whole educational process that goes with it and a structure to be sure local managers are trained to use the technology“, vgl. Dokument E/CN.17/1993/10 v. 4.6.1993, § 58.

326 S. Dokument E/1993/25/Rev.1: „46. The Commission decides that in order to make operational those provisions of Agenda 21 relating to the transfer of environmentally sound technologies, cooperation and capacity-building, there is a particular need to focus on, inter alia, the dissemination of information, the removal of barriers and the creation of incentives, financial support and endogenous capacity-building. In this regard, the Commission: (a) Urges bilateral and multilateral donors, as well as national Governments, to undertake efforts to increase their financial support at the international, regional and subregional levels for activities that are designed to promote and facilitate the transfer of environmentally sound technologies, in particular to developing countries and to the building of the endogenous capacities of developing countries to develop and manage those technologies, including state-of-the-art technologies and technologies already in place; (b) Urges Governments to develop policies and innovative mechanisms that would promote and/or improve access to environmentally sound technologies, in particular of developing countries, and to provide appropriate incentives, fiscal or otherwise, to encourage the private sector to transfer those technologies, in particular to the developing countries, in accordance with paragraph 34.18 (e) of Agenda 21; (c) Urges all Governments, wherever appropriate and taking into account national strategies, to identify and implement an appropriate mix of economic instruments and normative measures to encourage and support the investment and infrastructure required to promote access to and transfer of environmentally sound technologies, in particular to developing countries; (d) Urges Governments to formulate policies and programmes for the effective transfer of environmentally sound technologies that are publicly owned or in the public domain; (e) Recognizes the need to develop methodologies and establish, where appropriate, institutions for technology assessment; (f) Also recognizes that in addition to promoting the transfer of environmentally sound technologies, the Commission should promote both the development of methodologies for and the assessment of the environmental, health, safety and social impacts of

Agenda 21 niedergelegten allgemeinen Aufforderungen hinausgehen. Daneben wurde beschlossen, eine Expertenarbeitsgruppe einzurichten, um im Hinblick auf die zweite Sitzung der CSD konkrete Vorschläge zur Umsetzung des Kapitels 34 der Agenda 21 zu bewerten und vorzuschlagen (Inter-sessional Ad Hoc Open-ended Working Group on Technology Transfer and Cooperation – ISWG).

Ende Januar 1994 legte der Generalsekretär erneut einen Bericht zum Thema vor, der die Grundlage für die Arbeit der ISWG bilden sollte.[327] Dieser ausführliche Bericht, der im Wesentlichen auf zwei vorhergegangene Workshops zurückgeht, enthält Vorschläge für konkretere Schritte, die im Bereich des Technologietransfers aus Sicht des Generalsekretärs unternommen werden können. An dieser Stelle sollen nur einzelne Vorschläge des Berichts hervorgehoben werden. Es wird insbesondere die Notwendigkeit der Verbesserung des Zugangs zu Informationen über Technologien betont, gleichzeitig aber auch Maßnahmen zur Verbesserung der Investitionsbedingungen für private Investoren in Entwicklungsländern im Bereich der Umwelttechnologien (etwa die Schaffung sog. „one-stop-shops" in Entwicklungsländern; dabei handelt es sich um Einrichtungen, die alle notwendigen Informationen für Investoren gebündelt zur Verfügung stellen). Im Bereich der Beseitigung bestehender

---

technologies. In this context, national and international measures should be strengthened to promote information exchange on and discourage the transfer of activities that employ hazardous technologies which are not used and/or are prohibited in developed countries; (g) Urges Governments and appropriate organizations to modify their policies and regulations to facilitate access to, transfer of and introduction of environmentally sound technologies; (h) Stresses the importance of strengthening national capacities to assess, develop, manage and apply new technologies, and in this context, the need to strengthen existing institutions, train personnel at all levels and educate the end-users of new technologies; (i) Urges developing countries that are in a position to do so to cooperate among themselves with a view to developing and improving environmentally sound technologies, and exhorts the international community, as well as the institutions of the United Nations system, to provide full support to initiatives intended to promote technological cooperation and capacity-building among developing countries; (j) Recognizes the positive initiatives of developing countries in the field of environmentally sound technology, for example in biotechnology, and urges developed countries and the United Nations system to support such initiatives." Dieser Katalog wie auch die anderen Ergebnisse der Tagung konnten nur nach längeren Verhandlungen unter Vorsitz des kanadischen Diplomaten *A. Campeau* abgeschlossen werden.

327 Dokument E/CN.17/ISWG.I/1994/2 v. 31.1.1994.

Transferhemmnisse werden weitere Studien zur Bedeutung des geistigen Eigentums vorgeschlagen und daran gedacht, dass Regierungen zentrale Institutionen schaffen könnten, die öffentlich zugängliche Informationen („in the public domain“) bereithalten. Schließlich wird auf die Möglichkeit finanzieller Anreize durch die Schaffung entsprechender Finanzfonds hingewiesen. Der Bericht betont weiter die Wichtigkeit des Kapazitätsaufbaus, welcher durch Austauschprogramme, Bildungsreisen und den Aufbau von Informationsnetzwerken unterstützt werden könne. Als besonderer Vorschlag wird weiter die Schaffung einer sog. „Environmentally Sound Technology Rights Bank (ESTRB)“ genannt. Diese könne Patente erwerben, um sie an Entwicklungsländer unter Vorzugsbedingungen weiterzugeben.[328] Der Bericht versucht darüber hinaus aber auch, Faktoren aufzuzeigen, die den Technologietransfer behindern. Dabei wird etwa erwähnt, dass einerseits das Informationsdefizit als Hauptproblem anzusehen sei, andererseits aber oftmals kein allgemeines Problem des fehlenden Zugangs zu entsprechenden technologischen Informationen bestehe, sondern dass es in erster Linie an der Weitergabe vorhandener Informationen an die entsprechenden Endnutzer, insbesondere kleinere Unternehmen, kranke. Die Rolle der Regierungen beschränke sich auf die Schaffung von Anreizsystemen und einer unterstützenden Infrastruktur. Dabei seien offene Märkte, stabile und vorhersehbare Investitionsbedingungen, einschließlich verlässlicher Umweltschutzvorschriften, die wichtigste Voraussetzung für eine fruchtbare und langfristige technologische Kooperation. Die Zurverfügungstellung von Patentrechten allein sei im Übrigen ohne die entsprechende Hardware und die begleitende technische Unterstützung nicht erfolgversprechend.

Unter dem Vorsitz des Niederländers *M. Enthoven* verabschiedete die ISWG nach sechs Sitzungen im Februar 1994 ihren Bericht für die zweite Sitzung der CSD im Mai 1994, der Charakter der Arbeitsgruppe als Expertengremium wird dabei ausdrücklich hervorgehoben.[329] Im Rahmen der Sitzungen präsentierte Tunesien immerhin bereits ein konkretes Ergebnis, nämlich die Initiative zur Gründung eines Umwelttechnologie-

328 Zu den Überlegungen einer „Bank für Rechte an Technologien“ auch die Überlegungen bei UNCTAD (Hrsg.), Promoting the Transfer and Use, S. 39 ff.

329 Dokument E/CN.17/1994/11 v. 14.4.1994.

zentrums in Tunis.[330] Der Bericht der Expertenarbeitsgruppe enthält eine Bewertung der damaligen Situation und der Vorschläge zu Verbesserung des Technologietransfers. Breiten Raum nahm in den Beratungen die Frage der Definition des Begriffs der „environmentally sound technologies" ein. Es bestehe ein Bedarf der Konkretisierung des Begriffs, insbesondere zur Entwicklung von Kriterien und Indikatoren für das Merkmal der Umweltverträglichkeit. Zentral für einen funktionierenden Technologietransfer sei weiter die Stimulierung sowohl der Angebots- als auch der Nachfrageseite. Insoweit bestünde Handlungsbedarf sowohl auf Empfängerseite (Kapazitätsaufbau, auch im Hinblick auf die Identifikation von Anpassungsproblemen von Technologien an lokale Bedürfnisse) als auch bei den Lieferanten (Weitergabe von Informationen). Regierungen in Entwicklungsländern müssten deshalb in diesem Prozess auch durch zusätzliche – auch finanzielle – Unterstützung begleitet werden. Die Expertengruppe weist in diesem Zusammenhang aber auch ausdrücklich auf die zentrale Rolle des Privatsektors hin, der auf verlässliche marktwirtschaftliche Bedingungen und den Schutz der gewerblichen Schutzrechte angewiesen ist. Abschnitt 34.14, lit. b) der Agenda 21 wird ausdrücklich erwähnt. Wiederum wird auf die Möglichkeit der unterschiedlichen Behandlung von Technologien im Privateigentum und jenen öffentlichen Technologien verwiesen. Als konkreten nächsten Schritt regt die Arbeitsgruppe vor allem an, eine umfassende Bestandsaufnahme vorhandener Informationssysteme über umweltverträgliche Technologien durchzuführen, desweiteren Fallstudien zum konkreten Bedarf im Bereich des Kapazitätsaufbaus zu erstellen und Umwelttechnologiezentren sowie sog. „one-stop-shops" in Empfängerländern zu gründen. Ferner wird die Wichtigkeit der Mobilisierung weiterer finanzieller Ressourcen betont und in diesem Zusammenhang auch die Gründung eigener Finanzierungsmechanismen für den Technologietransfer erwogen.

Die zweite CSD nahm den Bericht der Arbeitsgruppe an und folgte den Empfehlungen durch die Festlegung dreier Schlüsselgebiete, die zunächst bearbeitet werden müssten. Hierbei handele es sich um

330 S. Dokument E/CN.17/ISWG.I/1994/3 v. 28.1.1994. Das *Centre International des Technologies de l'Environnement de Tunis* (CITET) wurde im Juni 1996 eingeweiht und arbeitet seitdem im Bereich des Transfers umweltverträglicher Technologien und des Kapazitätsaufbaus (s. <http://www.citet.nat.tn>).

a) den Zugang und die Verbreitung zuverlässiger Informationen über umweltverträgliche Technologien,
b) die institutionelle Entwicklung und den Kapazitätaufbau und
c) finanzielle und partnerschaftliche Arrangements.[331]

Daneben werden in der Entschließung der Kommission Abschnitte des Kapitels 34 der Agenda 21 repetiert und betont, dass es Aufgabe sowohl der Industriestaaten wie auch der Entwicklungsländer sei, günstige Bedingungen für den Technologietransfer zu schaffen.[332] Im Ergebnis entschloss sich die Kommission zur Aufforderung an andere internationale Organisationen, eine Übersicht über vorhandene Informationsquellen zu erarbeiten und über die Umsetzungsmaßnahmen in den drei Schwerpunktbereichen zur dritten Sitzung zu berichten.

Im März 1995 behandelt ein darauf folgender weiterer Bericht des Generalsekretärs die Umsetzungsaktivitäten in den Schwerpunktbereichen. Darin finden sich Empfehlungen für die drei Bereiche und ein Vorschlag für Elemente eines Arbeitsprogramms zur Förderung des Technologietransfers.[333] Außerdem enthält der Bericht auch eine weitere Annäherung an das Begriffsverständnis von Technologietransfer, in dem er die verschiedenen Facetten des Prozesses folgendermaßen beschreibt:

331 S. Dokument E/1994/33 – E/CN.17/1994/20, Rz. 79.

332 S. Dokument E/1994/33 – E/CN.17/1994/20, Rz. 86 („The Commission also stresses the crucial role that Governments of both developed and developing countries have to play in creating favourable conditions for the public sector and in encouraging the private sector to develop and transfer environmentally sound technologies and build the capacities in developing countries to use and manage those technologies effectively. In this regard, international cooperation is highly important. The application of incentives, such as reducing trade barriers, encouraging competition, opening up markets to foreign collaboration, reducing corporate taxes and providing fiscal incentives to enterprises that implement the transfer of environmentally sound technologies, as well as other market reforms and sector restructuring, are likely to have a substantial impact on improving access to capital for new technologies. The further improvement and effective implementation of an appropriate policy, legal and regulatory framework, on both the supply and the demand side, can create new possibilities for the development of environmentally sound technologies and their transfer to developing countries. This may include a mix of macroeconomic policies, economic incentives and environmental regulations.“).

333 Dokument E/CN.17/1995/17 v. 20.3.1995. Dazu auch UNYB, Bd. 49 (1995), S. 857.

> Technology transfer is a process involving the raising of awareness of the benefits of ESTs so as to create the demand for these technologies, the obtaining of information and the making of assessments of available and accessible technological options, and the implementing of technology selection and the managing of technological change. If any of these elements is omitted or seriously deficient, successful technology transfer will be difficult. The above implies transfer of hardware and services, of skills for operating and maintaining technology, and of technological capacity to adapt, incorporate and upgrade technology.[334]

Daneben wird nochmals deutlich auf das Zusammenwirken privatwirtschaftlicher Investitionsentscheidungen und den erforderlichen Rahmenbedingungen hingewiesen:

> While the transfer of ESTs is effected primarily through private transactions, the scope and speed of this transfer are directly related to the creation of an „enabling" environment that is of common interest to all parties involved in the transfer process. It requires the setting up of a legal and economic framework with a practical system of environmental regulations, enforcement mechanisms and economic and fiscal incentives.[335]

Die drei Schwerpunktbereiche werden in dem Bericht ausführlich diskutiert. Abschließend werden zahlreiche Umsetzungsempfehlungen gegeben. Im Kern wird wiederum empfohlen, dass alsbald ein Überblick über vorhandene Informationszentren vorbereitet wird. Außerdem sollten alle beteiligten internationalen Organisationen ihre Zusammenarbeit auf diesem Gebiet verbessern. Weiter werden verschiedene Maßnahmen im Bereich des Kapazitätsaufbaus vorgeschlagen. Schließlich wird im Bereich finanzieller Arrangements eine Einwirkung auf den Finanzsektor angeregt, die entsprechende Anreize schafft, umweltverträgliche Technologien besonders zu unterstützen; andere Empfehlungen betreffen die Verbesserung der umweltpolitischen Rahmenbedingungen durch die Regierungen.

Die dritte Sitzung der Kommission im April 1995 beschloss sodann ein Arbeitsprogramm, um die Umsetzung von Maßnahmen in den drei Schwerpunktbereichen voranzutreiben; über die Umsetzung dieses Arbeitsprogramms sollte im Jahre 1997 berichtet werden.[336] Beobachter der Konferenz schreiben, dass u.a. die Rolle des Privatsektors, die Frage der

334 Dokument E/CN.17/1995/17 v. 20.3.1995, Rz. 7.

335 Dokument E/CN.17/1995/17 v. 20.3.1995, Rz. 11.

336 S. Dokument E/1995/32 – E/CN.17/1995/36, Rz. 143 ff.

neuen und zusätzlichen Finanzmittel und die Art der förderlichen Rahmenbedingungen für umweltverträgliche Technologien besonders umstritten waren.[337] In dem Bericht der Sitzung finden sich dementsprechend auch zahlreiche Formelkompromisse, die in weiten Teilen Aussagen des Kapitels 34 der Agenda 21 replizieren;[338] insoweit fällt hier auf, dass die überwiegend pragmatischeren Aussagen des Berichts des Generalsekretärs sich in dieser Form im Ergebnis der dritten Sitzung der CSD nicht immer wiederfinden.

Hinsichtlich des Arbeitsprogrammes wird aber den Empfehlungen überwiegend gefolgt. Es wird etwa zu weiterer Arbeit an einer Sichtung vorhandener Informationssysteme (durch das UNEP) aufgefordert. Die Gründung von nationalen Technologieinformationszentren wird angeregt und im Kontext der finanziellen Zusammenarbeit werden zahlreiche Vorschläge der Arbeitsgruppe übernommen. In letzterem Zusammenhang wird wie bereits in der Agenda 21 einerseits die Erhöhung der Finanzflüsse von Industriestaaten in Entwicklungsländer gefordert, andererseits die Schaffung günstiger Rahmenbedingungen für Auslandsdirektinvestitionen.

Der vierten Sitzung der CSD lag ein Zwischenbericht des Generalsekretärs zur Umsetzung des Arbeitsprogramms vor.[339] Darin werden Beispiele von Umsetzungsmaßnahmen auf nationaler Ebene und auf der Ebene internationaler Organisationen beschrieben. Es zeigt sich, dass im Einzelnen zahlreiche Prozesse begonnen haben, die zunächst insgesamt auf ein gesteigertes Problembewusstsein hinweisen. Im Zusammenhang mit Maßnahmen zum Kapazitätsaufbau wird insbesondere auf das Instrument der sog. „National Technology Needs Assessments" (NTNA) hingewiesen. Bei diesen Bedürfniseinschätzungen geht es um einen interaktiven Prozess, der die konkrete Nachfrage nach Technologien analysiert und die tatsächlichen örtlichen Bedürfnisse von Technologieempfängern ermittelt. Es konnte insoweit über verschiedene Pilotprojekte berichtet werden.[340] Im Bereich der bereits bestehenden Technologieinformationszentren werden das „International Environmental Technology Centre" in Japan[341] und das „Asian and Pacific Centre for Technology

337 Vgl. Earth Negotiations Bulletin, Bd. 5, Nr. 42 v. 1.5.1995, S. 4.

338 Vgl. Rz. 142 lit. d).

339 Dokumente E/CN.17/1996/13 und Add.1 v. 12.3.1996.

340 Dokument E/CN.17/1996/13 v. 12.3.1996, Rz. 14 ff.

341 Das IETC des UNEP wurde 1992 gegründet. Internet: <http://www.unep.or.jp>.

Transfer“ in Indien[342] hervorgehoben. Auch die „Climate Technology Initiative“ (CTI) der OECD und IEA im Klimaschutzbereich wird herausgestellt.[343] Als Ergebnis der vierten Sitzung der Kommission wurde eine Entscheidung verabschiedet, die im Wesentlichen die laufenden Initiativen zur Kenntnis nimmt und zu ihrer Fortsetzung und Ausweitung ermuntert.[344]

Die fünfte Sitzung der Kommission stand bereits im Zeichen der Vorbereitung der im Juni 1997 tagenden Sondergeneralversammlung („Rio + Fünf“, UNGASS), welche die Fortschritte bei der Umsetzung der Beschlüsse der Konferenz von Rio nach fünf Jahren überprüfen und weiterentwickeln sollte. In einem vorbereitenden Bericht des Generalsekretärs wird zwar das Arbeitsprogramm der Kommission anerkannt, auf zahlreiche Workshops und Studien[345] im Zusammenhang mit der Forderung nach Technologietransfer hingewiesen und insoweit eine Steigerung des Problembewußtseins konstatiert. Gleichwohl heißt es, dass die Umsetzung des Kapitels 34 insgesamt nicht zufriedenstellend sei.[346] Hierbei wird im Besonderen auf die Kritik der Entwicklungsländer hingewiesen, dass die in Abschnitt 34.14, lit. b) der Agenda 21 erwähnten Vorzugsbedingungen nicht in ausreichender Weise umgesetzt würden. Weiter werden die weiterhin mangelnden technologischen Kapazitäten insbesondere in Sub-Sahara Afrika beklagt.[347]

Der Tenor der Sondergeneralversammlung war dementsprechend kritisch was die Umsetzung der Agenda 21 im Technologietransferbereich angeht. In Ziffer 21 des Programms zur weiteren Umsetzung der Agenda 21 heißt es:

342 Das Zentrum, das der United Nations Economic and Social Commission for Asia and the Pacific (UNESCAP) untersteht, besteht seit 1977. Internet: <http://www.apctt.org>.

343 Dazu im fünften Kapitel, Abschnitt C. IV. 2.

344 S. Dokument E/1996/28 – E/CN.17/1996/38, Decision 4/10 v. 3.5.1996. Dazu auch YUN, Bd. 50 (1996), S. 746 u. *M. P. Williams Silveira*, YIEL, Bd. 7 (1996), S. 378.

345 Die vom UNEP im April 1996 vorgelegte Übersicht über bestehende einschlägige Informationssysteme kam zu dem Ergebnis, dass eine bessere Koordinierung und Abstimmung der Systeme notwendig erscheint.

346 Dokument E/CN.17/1997/2 v. 31.1.1997, Rz. 105 f. und E/CN.17/1997/2/Add.24 v. 22.1.1997, Rz. 25.

347 Dokument E/CN.17/1997/2/Add.24 v. 22.1.1997, Rz. 25 f.

> [...] technology transfer and technology-related investment from public and private sources, which are particularly important to developing countries, have not been realized as outlined in Agenda 21. Although increased private flows have led to investments in industry and technology in some developing countries and economies in transition, many other countries have been left behind. Conditions in some of these countries have been less attractive to private sector investment and technological change has been slower, thus limiting their ability to meet their commitments to Agenda 21 and other international agreements. The technology gap between developed countries and, in particular, the least developed countries has widened.

Das Programm widmet dem Technologietransfer daneben einen eigenen Abschnitt, der das Erfordernis des Technologietransfers nochmals als unentbehrliche Voraussetzung der nachhaltigen Entwicklung beschreibt und in diesem Sinne überwiegend Wiederholungen aus dem Kapitel 34 der Agenda 21 enthält.[348] Im Einzelnen wird der Formelkompromiss „The international community should promote, facilitate and finance, as appropriate, access to and transfer of environmentally sound technologies and the corresponding know-how, in particular to developing countries, on favourable terms, including concessional and preferential terms, as mutually agreed, taking into account the need to protect intellectual property rights as well as the special needs of developing countries for the implementation of Agenda 21" wiederholt. Weiter wird unter anderem auf die besondere Rolle der Regierungen bei der Schaffung eines günstigen Investitionsklimas für private Investitionen hingewiesen und ausdrücklich die Forderung nach der Gründung von Technologieinformationszentren wiederholt. Daneben verabschiedete die Konferenz ein mehrjähriges Arbeitsprogramm für die Zeit von 1998 bis 2002. Umsetzungsfragen des Kapitels 34 sollten umgehend im Rahmen der Sitzungen des Jahres 1998 behandelt werden.[349]

Auf der sechsten Sitzung der Kommission, die vom 20. April bis 1. Mai 1998 tagte, waren dementsprechend Fragen des Technologietransfers von zentraler Bedeutung. In Vorbereitung der Sitzung unterbreitete der Generalsekretär ein Dokument mit Vorschlägen für mögliche Handlungsoptionen der Regierungen, welches auf den Ergebnissen ver-

348 S. dazu den Abdruck des Wortlauts der Ziff. 88–97 des Programms in Anhang 1.
349 S. Dokument A/S-19/2.

schiedener zwischenzeitlich abgehaltener Workshops beruht.[350] In erster Linie betreffen die Handlungsvorschläge für Regierungen flankierende Maßnahmen und Möglichkeiten der Setzung von Anreizen zur Verbesserung des Transfers von Technologien. So müssten die Regierungen einen klaren Rahmen für die Nutzung umweltverträglicher Technologien vorgeben, wobei insbesondere kleine und mittlere Unternehmen unterstützt werden sollten. Daneben könnten auch Handelskammern und andere Wirtschaftsverbände durch Kooperationsabkommen wichtige Beiträge zum Technologietransfer leisten. Diese Maßnahmen müssten sodann regelmäßig auf ihre Effektivität hin evaluiert werden. Ferner betont der Bericht, dass die Regierungen im Bereich öffentlich geförderter Forschungseinrichtungen über besondere Gestaltungsspielräume im Bereich des Technologietransfers verfügten. Schließlich wird auf die Notwendigkeit der Entwicklung technologischer Komponenten im Rahmen der nationalen Entwicklungsstrategien hingewiesen.

Als Ergebnis kontroverser Diskussionen, die wiederum auch von dem Streit um die Bedeutung des gewerblichen Rechtsschutzes im Kontext des Technologietransfers gekennzeichnet waren,[351] verabschiedete die Kommission ihre ausführliche Entscheidung 6/3,[352] welche den vorläufigen Höhepunkt der Arbeiten an der Umsetzung des Kapitels 34 darstellt.[353] Die Entscheidung ist von zahlreichen Wiederholungen der allgemeinen, formelkompromisshaften Aussagen geprägt, die bereits die Agenda 21 und das Aktionsprogramm vom Vorjahr kennzeichnen. Die Agenda 21 und die Rio-Erklärung werden dabei ausdrücklich als grundlegender Rahmen für Aktivitäten im Bereich des Transfers umweltverträglicher Technologien bezeichnet.

Mit der Annahme dieser Entscheidung wurde das Arbeitsprogramm der Kommission im Bereich des Technologietransfers als vorläufig erfüllt angesehen; eine Überprüfung der Entscheidung wurde für das Jahr 2002 vorgesehen. Insgesamt stellt sich damit die Frage einer Zwischenbewertung der Arbeit der CSD.

350 Vgl. Dokumente E/CN.17/1998/6 v. 5.3.1998 und E/CN.17/1998/Add.1 v. 11.3.1998. Für die Sitzung wurden auch zahlreiche Hintergrundpapiere erstellt. Zum Ganzen auch *M.P. Williams Silveira*, YIEL, Bd. 9 (1998), S. 537 f.

351 Earth Negotiations Bulletin, Bd. 5 Nr. 108 v. 30.4.1998, S. 2.

352 Dokument E/1998/29 – E/CN.17/1998/20.

353 Der vollständige Wortlaut der Entscheidung ist in Anhang 2 abgedruckt.

Dabei werden zwei Strömungen der Tendenz nach deutlich. Erstens ist festzustellen, dass auf einer politischen Ebene die Gegensätzlichkeit zwischen einerseits des durch die Forderungen nach einem durch das Gedankengut einer „Neue Weltwirtschaftsordnung" inspirierten, dirigistischen oder jedenfalls im Kern staatlich induzierten Technologietransfer und andererseits einer liberalen, marktorientierten Haltung bei der Frage des Technologietransfers auf der politischen Ebene der Resolutionen und Entscheidungen der Kommission nicht vollständig aufgehoben werden konnte. Dies zeigen etwa fortgesetzte Auseinandersetzungen über die Rolle der gewerblichen Schutzrechte und die teilweise passive Haltung der Entwicklungsländer, die Handlungsbedarf im Wesentlichen auf der Seite der Industrieländer sehen. Damit haben die Staaten auf politischer Ebene auch nach vier Jahren der Auseinandersetzung mit der Problematik nur begrenzten Fortschritt bei der Einigung auf die Kerninstrumente zur Förderung des Technologietransfers gemacht. Konsens besteht zwar etwa im Bereich der Notwendigkeit eines verbesserten Informationsaustausches, dieser war aber bereits 1992 vorhanden. Was aber die Rolle öffentlicher Finanzmittel von Seiten der Industriestaaten bzw. die zentrale Bedeutung günstiger Rahmenbedingungen für private Investitionen, einschließlich des gewerblichen Rechtsschutzes angeht, bleiben unterschiedliche Akzente weiterhin klar erkennbar.[354] Dies zeigt sich in den andauernden Wiederholungen immer derselben Formelkompromisse, die bereits auch die Agenda 21 charakterisieren. Freilich darf insoweit aber nicht verkannt werden, dass gerade Wiederholungen in Verhandlungsprozessen dieser Art auch eine spezifische Funktion der Aufrechterhaltung bestimmter Verhandlungspositionen haben. Sie reflektieren schlicht die weiterhin unterschiedlichen Positionen der Staaten.

Zweitens kann aber gleichwohl positiv hervorgehoben werden, dass auf einer zweiten Ebene, der technischen Ebene von Expertenworkshops, die im Rahmen oder im Zusammenhang mit den Arbeiten der Kommission für Nachhaltige Entwicklung durchgeführt worden sind, durchaus konstruktive Wege der Verbindung beider Positionen erkennbar sind. Insoweit kann gesagt werden, dass der Prozess insgesamt zu einem Er-

354 Dabei trat nach den Berichten von Konferenzbeobachtern insbesondere Indien als Verfechter einer kritischen Haltung was die Rolle des Privatsektors angeht besonders scharf hervor, vgl. Earth Negotiations Bulletin, Bd. 5 Nr. 57 v. 6.5.1996, S. 5. Dagegen betonten besonders die Vereinigten Staaten und Kanada die Rolle des Privatsektors, vgl. Earth Negotiations Bulletin, Bd. 5 Nr. 68 v. 10.3.1997, S. 9.

kenntnisfortschritt, was die Probleme und erforderlichen Maßnahmen angeht, geführt hat. Insbesondere muss betont werden, dass im Bereich der tatsächlichen Umsetzung in dem fraglichen Zeitraum zahlreiche Projekte zum Transfer umweltverträglicher Technologien angelaufen sind.[355] Zu den so angesprochenen Erkenntnissen gehören u.a. ein zunehmendes Verständnis für die Prozesshaftigkeit des Technologietransfers, für die große Bedeutung des Kapazitätsaufbaus, die zentrale Rolle des Privatsektors und die gleichwohl möglichen flankierenden Maßnahmen der Regierungen. Außerdem werden die Probleme des Informationsflusses differenzierter betrachtet. Insgesamt hat sich ein stärkeres Bewusstsein für die Vielgestaltigkeit der Technologietransferprozesse, abhängig etwa von Zielland bzw. Region und Sektor, herausgebildet.

Wenn demnach die Arbeiten zwar aus normativer Sicht insgesamt unergiebig erscheinen, liegt der Wert der Kommissionsarbeit jedoch gerade darin, ein zentrales Forum zur Diskussion der Umsetzung der einschlägigen Abschnitte der Agenda 21 geschaffen zu haben,[356] womit ein Beitrag zur Umsetzung der Ziele der Agenda 21 geleistet worden ist. Dieser ist zwar aus juristischer Perspektive nicht greifbar, gleichwohl aber in tatsächlicher Hinsicht angesichts der Komplexität des Themas von Bedeutung.

F. Der Weltgipfel für nachhaltige Entwicklung (Johannesburg Gipfel)

Zehn Jahre nach der Rio-Konferenz fand vom 26. August bis 4. September 2002 der „Weltgipfel für nachhaltige Entwicklung" in Jo-

355 Vgl. dazu etwa das Hintergrundpapier der Division for Sustainable Development im Department of Economic and Social Affairs (DESA) der VN, Status of Implementation CSD 6 Decision 6/3 on Transfer of Environmentally Sound Technologies, Background Paper, Nr. 17. Darin werden auf über hundert Seiten konkrete Projekte vorgestellt, die der Umsetzung der Agenda 21 im Bereich des Technologietransfers zugeordnet werden.

356 So auch *B. Desai*, Institutionalizing International Environmental Law, S. 195.

hannesburg statt.[357] Im Rahmen der Vorbereitungen dieser Konferenz war der Kommission für Nachhaltige Entwicklung die Rolle eines vorbereitenden Ausschusses zugewiesen („Commission on Sustainable Development acting as the preparatory committee for the World Summit on Sustainable Development").[358]

In diesem Zusammenhang legte der Generalsekretär noch vor dem „First Summit Preparatory Committee (PREPCOM 1)" einen erneuten Bericht über die Entwicklungen im Zusammenhang mit der Durchführung des Kapitels 34 vor.[359] Darin wird ein neues Verständnis der Technologietransferfrage konstatiert. Es wird ausgeführt „how, since the United Nations Conference on Environment and Development, technology transfer has come to be understood in new ways". Die oben angesprochene Akzentverschiebung der Diskussion hin zu marktwirtschaftlichen Instrumenten – insbesondere auf der technischen Ebene – wird darin sehr deutlich. Zahlreiche Staaten hätten, so der Bericht, zur Förderung des Technologietransfers drei Strategien verfolgt:

> a) Building industries that are competitive in both domestic and global markets and that contribute to sustainable development;
> b) Establishing business conditions attractive to technology-oriented investment, including foreign investment, technology transfer and managerial know-how;
> c) Promoting public/private research and development partnerships to promote adaptation, commercialization and spin-off of cleaner technologies.

Weiter wird die besondere Rolle von Maßnahmen im Empfängerland betont. Der Transfer umweltverträglicher Technologien sei dann am erfolgreichsten, wenn er nachfrageorientiert erfolge; dies hänge wiederum von der jeweiligen nationalen Nachhaltigkeitspolitik ab.[360] Sodann

357 Dazu *U. Beyerlin / M. Reichard*, ZaöRV, Bd. 63 (2003), S. 213 ff.; *L. Kimball / F. X. Perrez / J. Werksman*, YIEL, Bd. 13 (2002), S. 3 ff.; *T. Laubner*, GYIL, Bd. 45 (2002), S. 417 ff.; *S. Maljean-Dubois*, AFDI, Bd. XLVIII (2002), S. 592 ff.; *N. Wolff*, NuR 2003, S. 137 ff.; kritisch insbesondere, was die Verhandlungsposition der Vereinigten Staaten angeht, *G. Pring*, Denver JILP, Bd. 30 (2002), S. 410 ff.

358 Vgl. Res. der VN-Generalversammlung 55/199 v. 5.2.2001.

359 Dokument E/CN.17/2001/PC/11 v. 2.3.2001.

360 S. Dokument E/CN.17/2001/PC/11 v. 2.3.2001, S. 3, „[...] 8. The transfer of cleaner technologies to developing countries has been most effective when it has been driven by demand from enterprises in those countries. The demand depends to a large extent on national policies for sustainable development. In general, countries with strong environmental policies have benefited from more technology transfer

steht die Frage der Finanzierung des Technologietransfers im Vordergrund. Die Bereitstellung der notwendigen finanziellen Ressourcen für Investitionen in saubere Technologien stelle vielfach ein Problem dar. In diesem Zusammenhang wird auf zahlreiche zwischenzeitlich gegründete Finanzierungsfonds hingewiesen. Diese stellten Mittel zu günstigen Bedingungen bereit. Allerdings sei das Problem teilweise eine ungenügende Nutzung bestehender Mittel.[361] Schließlich wird die Bedeutung der Auslandsdirektinvestitionen betont. Bei Technologietransfer handele es sich um eine „business-to-business operation", die regelmäßig bei Auslandsdirektinvestitionen, bei Handel und anderen Transaktionen stattfinde. Ein zentraler Gesichtspunkt sei daher die Erhöhung von Auslandsinvestitionen bei gleichzeitiger Schaffung der umweltpolitischen Rahmenbedingungen im Zielland.[362] Im Kontext der Verbesserung des Informationsflusses wird auf die Chancen moderner Kommunikationsmittel im Prozess der Globalisierung hingewiesen.

Demgegenüber erhielten zahlreiche Entwicklungsländer in den Verhandlungen ihre hergebrachte Kritik an der mangelnden Umsetzungsbereitschaft der Regierungen der Industriestaaten aufrecht. Diese Positionen wurden – auf der politischen Ebene – im Rahmen der regionalen Vorbereitungstreffen klar formuliert.[363] Die Zusammenfassung der De-

---

and more rapid economic growth than countries with weak environmental policies."

361 S. Dokument E/CN.17/2001/PC/11 v. 2.3.2001, S. 4, „16. [...] There are substantial sums of money seeking good projects and not enough well developed project proposals for the funds. [...]".

362 S. Dokument E/CN.17/2001/PC/11 v. 2.3.2001, S. 4, Rz. 18–20.

363 Vgl. etwa die Feststellungen der *Phnom Penh Regional Platform on Sustainable Development for Asia and the Pacific* vom November 2001: „29. We view with serious concern that the commitment to further promote the transfer of environmentally-sound technologies to developing countries on favourable terms as embodied in Agenda 21 has mostly been unfulfilled. We stress the crucial importance of transfer of technology to developing countries in the implementation of Agenda 21. We further stress the urgent need to facilitate the transfer of environmentally sound technologies to developing countries and economies in transition through improved mechanisms including the World Trade Organization (WTO) process, better access to information, and enhanced capacities of recipient countries to utilize such technologies. There is a need to promote the development of local technologies, improvement of capacity for technology assessment, particularly of new and imported technologies, private sector participation in research and development and bigger national allocations for science and technology. The technologies of particular re-

batten im Rahmen der zweiten Vorbereitungssitzung des Preparatory Committee (PREPCOM 2) hält dementsprechend fest:

> 65. The lack of implementation by the international community concerning the transfer of environmentally sound technology and the equitable sharing of benefits from technology, especially information, communication and other new technologies, was noted by many countries. They believe that the main lesson to be drawn is that markets do not by themselves ensure the diffusion of technological capacity, hence a supplementary means of guaranteeing that developing countries benefit from technical innovation is needed, including the provision of environmentally sound technology on concessional and preferential terms.[364]

Diese Sicht spiegelt sich auch in dem umfangreichen „Plan of Implementation of the World Summit on Sustainable Development" wider, den die Konferenz neben der „Johannesburger Erklärung über die nachhaltige Entwicklung" verabschiedet hat.[365] Fragen des Technologietransfers werden dort in verschiedenen thematischen Abschnitten des Plans aufgegriffen. Gleichzeitig behandeln insbesondere die Ziffern 105 und 106 des Plans im Abschnitt „Means of Implementation" den Technologietransfer.

Der Plan stellt in der Einleitung den Techologietransfer jedoch zunächst in engen Zusammenhang mit der Forderung der „Good Governance" als Voraussetzung einer nachhaltigen Entwicklung. In einer von Globalisierung gekennzeichneten Welt bestehe weiterhin das Bedürfnis eines dynamischen internationalen wirtschaftlichen Umfeldes, das die

---

levance to the region are biotechnology, information and communications technology, environmentally sound technology and renewable energy and desalination technologies, and resource-efficient low-waste and no-waste technologies.", Dokument E/CN.17/2002/PC.2/8 v. 7.1.2002, S. 7. S. auch die Resolution der *Rio de Janeiro Platform for Action on the Road to Johannesburg* vom Oktober 2001: „[...] 14. **Regret** that, although the countries of the Latin American and Caribbean region have made progress in promoting a more favourable environment for technology transfer and for new clean, energy-efficient approaches to production – together with the corresponding technical knowledge – particularly through the establishment of suitable systems for the protection of intellectual property, the developed countries have not adopted effective measures for ensuring transfers of, in particular, the most appropriate technologies in terms of environmental, social and economic sustainability. [...]" Dokument E/CN.17/2002/PC.2/5/Add.2 v. 12.12.2001.

364 S. Dokument A/CONF.199/PC/2, S. 16.

365 Dokument A/CONF.199/20. Beide Dokumente wurden durch die VN-Generalversammlung bekräftigt, s. A/RES/57/253 v. 21.2.2003.

internationale Zusammenarbeit insbesondere auf dem Gebiet der Finanzen und des Technologietransfers, der Verschuldung und des Handels fördere.[366] Im Bereich des Schwerpunktthemas des Gipfels, der Armutsbekämpfung als „indispensable requirement for sustainable development", wird Technologietransfer im Zusammenhang mit der Stärkung der industriellen Entwicklung zur Bekämpfung der Armut genannt.[367] Im Abschnitt über die Änderung nicht-nachhaltiger Verbrauchs- und Produktionsgewohnheiten werden ebenfalls Maßnahmen zum Transfer von Technologien zur Erhöhung der Ökoeffizienz gefordert.[368] Diese werden in engen Zusammenhang mit der Forderung nach der Verbesserung der Investitionsbedingungen in diesem Bereich gestellt. Für die Umsetzung der Beschlüsse der Kommission für Nachhaltige Entwicklung im Bereich der nachhaltigen Energieversorgung werden weitere Maßnahmen zur Mobilisierung finanzieller Mittel und dem Transfer von Technologien gefordert.[369] Beim Thema des sauberen Wassers wird der Transfer von Technologien im Bereich der Wasserversorgungs- und Entsorgungsinfrastruktur sowie des Wasserressourcenmanagements gefordert.[370] Die Klimaproblematik wird ausführlich behandelt. Hier wird die Umsetzung

366 Dokument A/CONF.199/20. *Plan of Implementation*, Rz. 4.

367 Dokument A/CONF.199/20. *Plan of Implementation*, Rz. 10 („[...] Provide assistance and mobilize resources to enhance industrial productivity and competitiveness as well as industrial development in developing countries, including the transfer of environmentally sound technologies on preferential terms, as mutually agreed; [...]").

368 Dokument A/CONF.199/20. *Plan of Implementation*, Rz. 15 („[...] Increase eco-efficiency, with financial support from all sources, where mutually agreed, for capacity-building, technology transfer and exchange of technology with developing countries and countries with economies in transition, in cooperation with relevant international organizations. [...]").

369 Dokument A/CONF.199/20. *Plan of Implementation*, Rz. 20 (vgl. insbesondere: „[...] (i) Accelerate the development, dissemination and deployment of affordable and cleaner energy efficiency and energy conservation technologies, as well as the transfer of such technologies, in particular to developing countries, on favourable terms, including on concessional and preferential terms, as mutually agreed; [...]").

370 Dokument A/CONF.199/20. *Plan of Implementation*, Rz. 25 („[...] (a) Mobilize international and domestic financial resources at all levels, transfer technology, promote best practice and support capacity-building for water and sanitation infrastructure and services development, ensuring that such infrastructure and services meet the needs of the poor and are gender-sensitive; [...]") und Rz. 28.

der einschlägigen Übereinkommen angemahnt.[371] Beim Technologietransfer wird interessanterweise die Beteiligung des Privatsektors und der „market-based approaches" hervorgehoben.[372] Weiter ist auf den Abschnitt zum Thema Wald gesondert hinzuweisen, wo sich ebenfalls Aufforderungen zum Technologietransfer finden.[373] Der Plan geht auch auf den Bereich der Gesundheitsfürsorge ein; auch hier wird Technologietransfer gefordert.[374] Schließlich wird in den regionalspezifischen Abschnitten über kleine Inselstaaten und Afrika der Technologietransfer erwähnt.[375]

In den Ziffern 105 und 106 im Abschnitt „Means of Implementation" geht es sodann allgemeiner um den Technologietransfer bzw. die Umset-

371 Dazu unten im fünften Kapitel, Abschnitt C. I.

372 Dokument A/CONF.199/20. *Plan of Implementation*, Rz. 38 („[...] (c) Provide technical and financial assistance and capacity-building to developing countries and countries with economies in transition in accordance with commitments under the Convention, including the Marrakesh Accords; (d) Build and enhance scientific and technological capabilities, inter alia, through continuing support to the Intergovernmental Panel on Climate Change for the exchange of scientific data and information especially in developing countries; (e) Develop and transfer technological solutions; (f) Develop and disseminate innovative technologies in regard to key sectors of development, particularly energy, and of investment in this regard, including through private sector involvement, market-oriented approaches, and supportive public policies and international cooperation; [...]").

373 Dokument A/CONF.199/20. *Plan of Implementation*, Rz. 45 („[...] (d) Take immediate action at the national and international levels to promote and facilitate the means to achieve sustainable timber harvesting and to facilitate the provision of financial resources and the transfer and development of environmentally sound technologies, and thereby address unsustainable timber-harvesting practices; [...] (f) Create and strengthen partnerships and international cooperation to facilitate the provision of increased financial resources, the transfer of environmentally sound technologies, trade, capacity-building, forest law enforcement and governance at all levels and integrated land and resource management to implement sustainable forest management, including the proposals for action of the Intergovernmental Panel on Forests/Intergovernmental Forum on Forests; [...]").

374 Dokument A/CONF.199/20. *Plan of Implementation*, Rz. 54 („[...] (l) Transfer and disseminate, on mutually agreed terms, including through public-private multisector partnerships, with international financial support, technologies for safe water, sanitation and waste management for rural and urban areas in developing countries and countries with economies in transition, taking into account country-specific conditions and gender equality, including specific technology needs of women;" [...]).

375 Dokument A/CONF.199/20. *Plan of Implementation*, Rz. 58, 62.

zung des Kapitels 34 der Agenda 21 (vgl. Abdruck in Anhang 3). Zunächst wird wiederum der bekannte Formelkompromiss „Promote, facilitate and finance, as appropriate, access to and the development, transfer and diffusion of environmentally sound technologies and corresponding know-how, in particular to developing countries and countries with economies in transition on favourable terms, including on concessional and preferential terms, as mutually agreed, as set out in chapter 34 of Agenda 21" wiederholt. Weiter werden jedoch durchaus Aspekte der vorherigen Fachdiskussionen aufgenommen. So ergibt sich insgesamt ein Bild des Technologietransfers als ein Prozess, bei dem beide Seiten wichtige Rollen haben. Es werden der Kapazitätsaufbau, die Förderung von Technologiebedürfniseinschätzungen der Nachfrageseite und die Schaffung eines Rechts- und Reglungsrahmens für Technologielieferanten und Empfänger betont. Der Aufbau von Netzwerkstrukturen zur Förderung technologischer Zusammenarbeit und von partnerschaftlichen Strukturen, die Investitionen fördern, wird herausgestellt.

Versucht man den Beitrag des Johannesburg-Gipfels im Bereich des Transfers umweltverträglicher Technologien zu bewerten, ergibt sich insgesamt ein differenziertes Bild der technologischen Zusammenarbeit. So ist erkennbar eine Entwicklung der Diskussionen über Technologietransfer hin zu mehr marktwirtschaftlichen Ansätzen erfolgt. Dies gilt insbesondere für die Hintergrundpapiere des Generalsekretärs, die aus zahlreichen Diskussionsbeiträgen auf der Fachebene gespeist sind. Diese Entwicklung schlägt sich allerdings erneut nur bedingt auf der Ebene der politischen Abschlusserklärungen nieder. Dort bleibt es zunächst bei der Wiederholung der bereits zehn Jahre vorher ausgehandelten Formelkompromisse der Agenda 21, womit jedenfalls was die politischen Kernaussagen angeht insgesamt eine Stagnation des Prozesses festgestellt werden muss. Daneben ist jedoch gleichwohl eine Weiterentwicklung der Diskussion insoweit zu beobachten, als auch im Technologietransferbereich ein Schwerpunkt bei der Umsetzung der Ziele von Rio liegt. In den problemspezifischen Kapiteln des *Plan of Implementation* geht es daher um teilweise sehr spezifische sektorielle Technologietransferbedürfnisse, die die Probleme der jeweiligen einzelnen Sektoren aufgreifen und damit die allgemeinen Formulierungen der Agenda 21 konkretisieren. Neben diesen Erklärungen zum Technologietransfer fällt schließlich auf, dass die Frage der Finanzierung gegenüber dem Technologietransfer einen vergleichsweise breiteren Raum einnimmt.[376]

G. Zwischenergebnis

Würdigt man zusammenfassend die Arbeit der Vereinten Nationen im Bereich des Technologietransfers von den Anfängen der Stockholmer Konferenz bis zum Johannesburger Gipfel, erscheint es möglich, zwei Phasen der Diskussion zu identifizieren. In den siebziger Jahren der Stockholmer Konferenz waren die Überlegungen zum Technologietransfer zunächst ganz entscheidend von den Diskussionen um eine „Neue Weltwirtschaftsordnung" geprägt. Ferner ging es damals noch um eine erste Bewusstseinsbildung internationalrechtlichen Handlungsbedarfs zum Umweltschutz. Diese Phase kulminierte im „Erdgipfel" von 1992. Dort erreichten die Bemühungen um globalen Umweltschutz mit der Verabschiedung der Agenda 21 und der Klimarahmen- und Artenvielfaltskonvention einen ersten Höhepunkt. Gleichzeitig waren die weltwirtschaftlichen Entwicklungen an einem Wendepunkt angelangt. Mit dem „Spirit of Cartagena" und den zusammenhängenden Entwicklungen wurden überkommene Forderungen der „Neuen Weltwirtschaftsordnung" weitest gehend zurückgestellt, wenngleich Motive der älteren Diskussionen weiter nachweisbar sind.

Indes begann daneben eine Phase der Diskussion um konkrete Möglichkeiten der Umsetzung der Forderungen nach Technologietransfer. So kann zehn Jahre nach der Rio-Konferenz festgestellt werden, dass auch für den Technologietransfer zum internationalen Umweltschutz eine Umsetzungsphase begonnen hat, die durch zahllose konkrete Projektmaßnahmen belegt wird.[377] Der Akzent der Diskussion hat sich in die –

376 Dokument A/CONF.199/20. *Plan of Implementation*, Rz. 81 ff.

377 Nur beispielhaft ist zu erwähnen, dass auf deutscher Seite etwa das Internationale Transferzentrum für Umwelttechnik (ITUT) in Leipzig gegründet wurde. Dabei steht allerdings neben umweltpolitischen Zielen der Aspekt der Exportförderung deutscher Umwelttechnologie im Vordergrund. Vgl. etwa Broschüre des BMU, April 1996 („Spitzenstellung in der Umwelttechnik sichern"). Von Seiten der Europäischen Kommission hat EuropeAid beispielsweise das Programm „Asia Pro

freilich weniger plakativen – Überlegungen der konkreten technologischen Bedürfnisse der Empfängerländer, der Vielgestaltigkeit der Transferwege sowie den Voraussetzungen erfolgreicher Transfers auf marktwirtschaftlicher Basis einschließlich der Finanzierung verschoben.

H. Weitere übergreifende Entwicklungen in internationalen Foren, insbesondere: Die Globale Umweltfazilität (GEF)

Neben der oben ausführlicher skizzierten Arbeit der Vereinten Nationen haben sich zahlreiche andere internationale Organisationen den Fragen des Umwelttechnologietransfers als übergreifendes Thema angenommen. Dabei erscheint es für die vorliegende Arbeit nicht entscheidend, jede Initiative im Einzelnen vorzustellen. Abhängig von den jeweiligen Mandaten haben die Organisationen auch durchaus verschiedene Schwerpunkte gesetzt.[378] Auch verschiedene Teile der Weltbankgruppe

---

Eco" ins Leben gerufen. In diesem Rahmen werden Umweltschutzprojekte in bestimmten asiatischen Staaten finanziell unterstützt. Japan hat bereits im Jahre 1990 ein *International Center for Environmental Technology Transfer* (ICETT) gegründet (<http://www.icett.or.jp>). Von U.S.-amerikanischer Seite wurde im Jahre 1998 die TCAPP-Initiative gegründet, die Maßnahmen zur Förderung von privaten Investitionen und den Aufbau von bedarfsgerechten Märkten für Umwelttechnologie in den Entwicklungsländern unterstützt. Sie soll Modellcharakter für Technologietransfer zum Klimaschutz haben. Das Programm wird heute als „Climate Technology Partnership" (CTP) weitergeführt.

378 Hinzuweisen ist etwa auf die OECD, die verschiedene Studien erarbeitet und Konferenzen zum Thema organisiert hat. Dies gilt insbesondere auch für die Internationale Energie Agentur der OECD, die im Bereich des Klimaschutzes Fragen der nachhaltigen Energieversorgung aufgegriffen hat. Als Auswahl s. etwa OECD (Hrsg.), Technologies for Cleaner Production and Products, 1995, S. 89 ff.; Dokument COM/ENV/EPOC/IEA/SLT(2000)1 („Climate Friendly Technology") in Vorbereitung auf eine gemeinsame OECD/IEA Forumsdiskussion in Paris im Mai 2000; OECD/IEA (Hrsg.), Technology Without Borders, 2001 (Fallstudien gelungener Technologietransfers); OECD (Hrsg.), Technology Policy and the Environment, 2002. Auch die UNCTAD hat im Rahmen des Advanced Technology Assessment (ATAS) Programms wertvolle Beiträge zur Diskussion geleistet, s. etwa Dokument UNCTAD/ITE/IIP/9 (The Role of Publicly Funded Research and Publicly Owned Technologies in the Transfer and Diffusion of Environmentally

haben sich bemüht, Aspekte des globalen Umweltschutzes in ihren Programmen zu berücksichtigen.[379] Nicht fehlen darf indes ein Blick auf die Globale Umweltfazilität (GEF), da diese im Kontext des Technologietransfers zum Umweltschutz eine spezifische Rolle spielt und gleichzeitig ein Beispiel für konkrete Maßnahmen im Bereich des Technologietransfers bildet.

Die allgemeinen Fragen der institutionellen Struktur dieser Organisation ohne eigene Völkerrechtspersönlichkeit[380] wurden bereits an anderer Stelle erörtert, so dass diese hier übergangen werden können.[381] Die Globale Umweltfazilität wird turnusmäßig mit finanziellen Mitteln ausgestattet, um die Finanzierung sog. vereinbarter Mehrkosten bei Maßnahmen zum globalen Umweltschutz in bestimmten thematischen Schwerpunktgebieten („focal areas") zu gewährleisten. Derzeit umfassen diese Schwerpunktgebiete die Artenvielfalt, den Klimaschutz, internationale Gewässer, Landdegradation (vornehmlich Desertifikation und Deforestation), Abbau der Ozonschicht und persistente organische Schadstoffe.[382] Eine Besonderheit der GEF ist ihre enge Anbindung an die verschiedenen internationalen Umweltschutzübereinkommen. Dies

---

Sound Technologies, 2000). Vgl. auch UNCTAD (Hrsg.), Science and Technology Issues: Promoting the Transfer of Environmentally Sound Technologies, 1997. Für Arbeiten der UNIDO s. etwa UNIDO (Hrsg.), Impact of Improved Technology on Industrial Greenhouse-gas Emissions in Developing Countries, 1997.

379 Zur Weltbank etwa *R. Dolzer*, in: Regelungsmaß und Steuerungskraft des Umweltrechts, S. 73 ff.; *I. Shihata*, Maryland JILT, Bd. 16 (1992), S. 1 ff.; *A. Steer / J. Mason*, Indiana JGLS, Bd. 3 (1995), S. 35 ff.

380 Vgl. dazu bereits das Gutachten des Rechtsberaters *C.-A. Fleischhauer* v. 4.11.1993. Dazu *H. Sjöberg*, Restructuring the GEF, S. 37 f.

381 S. hierzu die Darstellungen von *M. Ehrmann*, ZaöRV, Bd. 57 (1997), S. 565 ff. und neuerdings *L. Boisson de Chazournes*, The Global Environment Facility as a Pioneering Instiution. S. auch *U. Beyerlin*, Umweltvölkerrecht, Rz. 526 ff.; *B. Desai*, Institutionalizing International Environmental Law, S. 195 ff.; *R. Dolzer*, in: FS Grahl-Madsen, S. 331; *M. Fitzmaurice*, RdC, Bd. 293 (2001), S. 80 ff.; *N. Michels*, Umweltschutz und Entwicklungspolitik, S. 313 ff.; *P. H. Sand*, in: Enforcing Environmental Standards, S. 479 ff.; *S. Silard*, George Wash JILE, Bd. 28 (1995), S. 607 ff.; *H. Sjöberg*, in: Greening International Institutions, S. 148 ff. Zu jährlichen Entwicklung der GEF s. auch die Jahresberichte von *J. Werksman* in: YIEL, Bd. 8 (1997), S. 482 und von Bd. 9 (1998) bis Bd. 14 (2003) von *F. Bloch*.

382 Vgl. Ziff. 2 Instrument for the Establishment of the Restructured Global Environment Facility i.d.F. Juni 2003.

gilt für das Artenvielfaltsübereinkommen[383] und das Klimarahmenübereinkommen[384] ebenso wie für die Wüstenbekämpfungskonvention und das Stockholmer Übereinkommen. Insoweit ist im Kontext der unten untersuchten Übereinkommen auf die relevanten Aspekte der Schwerpunktgebiete zurückzukommen.

Allgemein besteht die Rolle der GEF im Hinblick auf den Transfer von Umwelttechnologien nicht in der Bereitstellung der Technologien selbst, sondern in der Leistung von finanziellen Beiträgen für den Technologietransfer. Nach dem *Instrument for the Establishment of the Restructured Global Environment Facility*, dem Gründungsdokument der GEF in ihrer heutigen Form, ist der GEF zwar unmittelbar keine eigene Rolle beim Technologietransfer zugewiesen. Mittelbar stellt sich jedoch heraus, dass die Projekte, für die Beiträge zur Verfügung gestellt werden, in der Regel einen Technologietransfer vorsehen.[385] Damit ist die praktische Bedeutung der Finanzierungsleistung der GEF für die Frage des Techologietransfers von herausragender Bedeutung. Hinsichtlich des Umfangs der bisherigen Aktivitäten ist es der GEF nach eigenen Angaben seit ihrer Gründung gelungen, Zuschüsse i.H.v. 4,5 Milliarden US-Dollar für Umweltprojekte in Entwicklungsländern und Ländern im Übergang zur Marktwirtschaft zu investieren und in diesem Zusammenhang weitere 14,5 Milliarden US-Dollar Kofinanzierungen von dritter Seite zu generieren. Im Rahmen der dritten Wiederauffüllung des Fonds haben sich die Geberländer der GEF auf 3 Milliarden US-Dollar für den Zeitraum von 2002 bis 2006 geeinigt. Insgesamt wurden seit 1991 mehr als 1'300 Projekte in 140 Staaten gefördert.[386] Angesichts der im Rahmen des Kapitels 33 der Agenda 21 genannten jährlichen Gesamtkosten der Umsetzung der Agenda 21 von 600 Milliarden US-Dollar[387] nimmt sich dieser Betrag allerdings bescheiden aus.[388]

383 S. fünftes Kapitel, Abschnitt D. I.

384 S. fünftes Kapitel, Abschnitt C. III. 6.

385 Indirekt spiegelt sich dies aber etwa in Anhang D zum Instrument wider, wonach die Aufgabenteilung der verschiedenen Durchführungsorganisationen konkretisiert wird. So heißt es etwa für das Entwicklungsprogramm der VN: „(a) UNDP will play the primary role in ensuring the development and management of capacity building programs and technical assistance projects. [...]“.

386 Für weitere Angaben s. <http://www.gefweb.org>.

387 Vgl. Ziff. 33.18 der Agenda 21.

388 Dazu auch *R. Dolzer*, in: FS Jaenicke, S. 37, 44 f.

Die inhaltlichen Schwerpunkte der zu finanzierenden Projekte ergeben sich einerseits aus der *Operational Strategy* und den *Operational Programmes* der GEF, andererseits aber aus den jeweiligen Anforderungen, welche die zuständigen Gremien der jeweiligen Umweltübereinkommen an die Arbeit der GEF als Finanzierungsmechanismus richten. Die GEF begreift die Aufgabe der Finanzierung des Transfers umweltfreundlicher Technologien dabei als Kernpunkt ihrer Arbeit, wobei der Beteiligung der Privatwirtschaft an einschlägigen Projekten eine besondere Rolle zukommt.[389] Seit dem Beginn der Arbeit der GEF ist damit, insbesondere im Bereich des Klimaschutzes, ein substanzieller Beitrag zum Technologietransfer geleistet worden. Eine Übersicht über die Arbeit der GEF auf dem Gebiet des Klimaschutzes belegt, dass Finanzierungshilfen der GEF insbesondere einen Beitrag zur Förderung energieeffizienterer Technologien und der Einführung regenerativer Energien leisten konnten.[390] Dabei ging es unter anderem um die Finanzierung von Vorbildprojekten, von Kapazitätsaufbau und um Beihilfen zur Markteinführung entsprechender Technologien,[391] wobei die GEF bemüht war,

389 Vgl. etwa Draft CEO Report on the Policies, Operations and Future Developments of the GEF, Dokument GEF/C.11/5 v. 9.3.1998: „22. The GEF has proved that, in addition to being a forum for institutional development and NGO involvement, it is a platform for technological change. [...] 23. Energy policy and investment in global environment friendly technologies are key pillars for any climate change strategy and it is the private sector – not governments – that are the key players in the technology transfer arena. Net private capital flows to developing countries are almost six times official development assistance. In the GEF, we are keen on entering into bilateral (or even trilateral) partnerships with the private sector where our funds augment, not displace, private capital and where our interventions facilitate and catalyze demonstration projects with significant replication potential. 24. The GEF and its collaborators are also working to: (a) Promote consistent, incentive oriented regulatory frameworks that internalize environmental costs, do not distort the market, and yield a level playing field for private investment. (b) Facilitate the transfer of know-how and help remove institutional barriers. (c) Catalyze partnerships to enable implementation of international agreements. (d) Lower risks associated with innovative technologies. 25. In more than 150 catalytic projects, the GEF is promoting state of the art technology: photovoltaics, biomass gasifiers, wind power, geothermal energy, efficient industrial boilers, and improved lighting systems. In a short time and with limited funds, GEF has increased the worldwide output of photovoltaic energy alone by more than five fold."

390 *E. Martinot / O. McDoom*, Promoting Energy Efficiency and Renewable Energy.

391 Beispielhaft kann auf Bemühungen der GEF verwiesen werden, etwa den mexikanischen Markt für Energiesparlampen und den thailändischen Markt für FCKW-

stets auch den Privatsektor einzubeziehen. Letzteres wurde auf der zweiten GEF Versammlung im Jahr 2002 von den teilnehmenden Staaten ausdrücklich angemahnt.[392]

I. Fazit des allgemeinen Teils

Mit den obigen Ausführungen kann der allgemeine Überblick über die Geschichte völkerrechtlicher Regelungsversuche im Bereich des Technologietransfers, über die wichtigen Parallelentwicklungen der weltwirtschaftlichen Liberalisierungsbestrebungen, die Zuspitzung globaler Umweltprobleme in ihrer spezifischen entwicklungspolitischen Dimension und der Hinweis auf internationale umweltpolitische Arbeiten der Vereinten Nationen als Hintergrund für den nachfolgenden „Besonderen Teil" abgeschlossen werden. Die Tatsache, dass den früheren allgemeinen Diskussionen um den Technologietransfer im globalökologischen Kontext neue Seiten abgewonnen werden können, dürfte angesichts des Dilemmas der aufholenden Entwicklung nicht mehr zweifelhaft sein.

Im Hinblick auf Technologietransfer zum globalen Umweltschutz ist in normativer Hinsicht gleichzeitig festzuhalten, dass weder aus den Stockholmer, noch den Rio oder Johannesburg Konferenzdokumenten, noch den zuletzt vorgestellten umfangreichen Arbeiten der Vereinten Nationen, insbesondere jenen der Kommission für Nachhaltige Entwicklung, und Institutionen wie der Globalen Umweltfazilität allgemeine

---

freie Kühlanlagen anzuregen. Dazu der Bericht von *S. Birner / E. Martinot*, The GEF Energy-Efficient Product Portfolio: Emerging Experience and Lessons.

392 Vgl. *Beijing Declaration of the Second GEF Assembly* v. 18.10.2002: „14. The GEF should enhance technology transfer by strengthening public-private partnerships and technology cooperation, both North/South and South/South. 15. Recognizing previous efforts to engage the private sector, the GEF should develop a new strategy, in dialogue with private sector entities, to better engage the private sector with greater emphasis on the development of an enabling environment and market-oriented strategies to enhance sustainability and replication. Such a strategy should aim to further improve operational procedures so as to expand GEF partnerships with the private sector." Zu Finanzierungsfragen nach dem Gipfel von Johannesburg *N. Matz*, ZaöRV, Bd. 63 (2003), S. 503 ff.; *B. Baker Röben / V. Röben*, ZaöRV, Bd. 63 (2003), S. 517 ff.

Rechtspflichten zum Technologietransfer abgeleitet werden können. Entscheidend ist daher auf die nachfolgend zu untersuchenden speziellen Bestimmungen der einzelnen völkerrechtlichen Übereinkommen abzustellen. Hier ist zu prüfen, ob sich insoweit hinter oder unter der oben angezeigten „Schaumwelle von soft law“[393] Rechtspflichten zum Technologietransfer verbergen.

Gleichwohl zeigen die genannten Dokumente einen Diskussionsprozess, der durchaus Auswirkungen auf das internationale Meinungsklima hat. Tendenzen der Umsetzung verschiedener politischer Absichtserklärungen sind insofern erkennbar, als die Komplexität des technologischen Entwicklungsprozesses verdeutlicht und bei der Umsetzung von Technologietransferbemühungen die Rolle des Privatsektors anerkannt wurde. In diesem Kontext treten zunehmend marktwirtschaftliche Ansätze zur Förderung des Technologietransfers in den Vordergrund, wozu auch die Finanzierungsaufgabe der Globalen Umweltfazilität zu rechnen ist. Zu prüfen ist daher auch, ob diese Ansätze für die speziellen umweltvölkerrechtlicher Übereinkommen Technologietransferbestimmungen von Bedeutung sind.

393 *T. Oppermann* sprach im Hinblick auf die Dokumente der Neuen Weltwirtschaftsordnung von der „Schaumwelle einer großen Anzahl von Resolutionen, Absichtserklärungen und ähnlich flexiblen Äußerungen“, s. *T. Oppermann*, in: FS Carstens, S. 449.

Fünftes Kapitel

Technologietransfer aus umweltvölkerrechtlicher Sicht

A. Einleitung

Es sollen nunmehr im Einzelnen umweltvölkerrechtliche Regelungen zum Technologietransfer untersucht werden.[394] Hierbei sind zunächst die Verträge zum Schutz der Ozonschicht (B.), jene zum Schutz vor Klimaänderungen (C.) und schließlich – überblicksartig – weitere völkerrechtliche Übereinkommen zum Umweltschutz (unter D.) in den Blick zu nehmen.

394 Dabei werden nur solche Übereinkommen untersucht, die den Schutz globaler Umweltbelange zum Ziel haben. Wichtige Umweltübereinkommen mit regionalem Ansatz bleiben daher gänzlich außer Betracht. Anzumerken ist allerdings, dass in dem im Rahmen der Wirtschaftskommission der VN für Europa ausgehandelten Übereinkommen der siebziger Jahre zur Bekämpfung großräumiger Luftverschmutzung Regelungen über den Technologietransfer fehlen. In Artikel 7 und 8 lit. c) des Übereinkommens über weiträumige grenzüberschreitende Luftverunreinigung v. 13.11.1979 (s. DE-BGBl. 1982 II., S. 373; SR 0.814.32; Ö-BGBl. Nr. 158/1983) finden sich lediglich allgemeine Regelungen über Forschungszusammenarbeit und Informationsaustausch. Die insoweit schwach ausgestaltete technologische (und finanzielle) Zusammenarbeit wurde als eine der Hauptschwächen dieses Übereinkommens angesehen. Der Hintergrund dieses Mangels liegt in erster Linie im Ost-West Konflikt, der zur Zurückhaltung westlicher Staaten führte, Zusagen im Bereich des Technologietransfers zu machen. Vgl. *M. Levy*, in: Green Globe Yearbook 1995, S. 59, 65.

B. Völkervertragsrecht zum Schutz der Ozonschicht

I. Überblick über den Stand völkerrechtlicher Übereinkommen

Der normative Rahmen des völkerrechtlichen Schutzes der Ozonschicht[395] ergibt sich einerseits aus dem Wiener Übereinkommen vom 22. März 1985 zum Schutz der Ozonschicht[396] andererseits aus dem Montrealer Protokoll über Stoffe, die zu einem Abbau der Ozonschicht führen.[397] Das Montrealer Protokoll hat inzwischen zahlreiche Änderungen erfahren; zu nennen sind die Änderungen von London (1990)[398], von Kopenhagen (1992)[399], von Montreal (1997)[400] und von Peking (1999)[401]. Die oben angesprochene Reduzierung der Emissionen ozonabbauender Substanzen und die damit zusammenhängende Prognose einer Erholung der Ozonschicht sind auf diese völkerrechtlich verbindlichen Übereinkommen zurückzuführen. Der Technologietransfer war und ist eine entscheidende Voraussetzung dieses relativen Erfolgs des Umweltvölkerrechts. Insofern soll zunächst in gebotener Kürze auf die technische Problematik des Schutzes der Ozonschicht hingewiesen werden.[402]

395 Für die Hintergründe und Ursachen für den Abbau der Ozonschicht s. oben drittes Kapitel, B. I. 1. S. aus der zahlreichen Literatur *H. Beck*, Die Differenzierung von Rechtspflichten, S. 135 ff.; *J. Brunnée*, Entwicklungen im Umweltvölkerrecht, S. 311 ff.; *J. W. Kindt / S. M. Menefee*, Texas ILJ, Bd. 24 (1989), S. 261 ff.; *B. Lieberman*, Buffalo ELJ, Bd. 2 (1994), S. 1 ff.; *J. Patlis*, Cornell ILJ, Bd. 25 (1992), S. 183 ff.; *V. Williams*, JNREL, Bd. 10 (1994-95), S. 88 ff.

396 Das Übereinkommen ist am 22.9.1988 in Kraft getreten. (DE-BGBl. 1988 II., S. 901; SR 0.814.02; Ö-BGBl. Nr. 596/1988).

397 Das Übereinkommen ist am 1.1.1989 in Kraft getreten (DE-BGBl. 1988 II., S. 1014; SR 0.814.021; Ö-BGBl. Nr. 283/1989).

398 Die Änderung ist am 10.8.1992 in Kraft getreten (DE-BGBl. 1991 II., S. 1331; SR 0.814.021.1; Ö-BGBl. Nr. 206/1993).

399 Die Änderung ist am 14.6.1994 in Kraft getreten (DE-BGBl. 1993 II., S. 2182; SR 0.814.012.2; Ö-BGBl. Nr. 640/1996).

400 Die Änderung ist am 10.11.1999 in Kraft getreten (DE-BGBl. 1998 II., S. 2690; SR 0.814.012.3; Ö-BGBl. III. Nr. 162/2000).

401 Die Änderung ist am 25.2.2002 in Kraft getreten (DE-BGBl. 2002 II., S. 921; SR 0.814.012.4; Ö-BGBl. III. Nr. 94/2005).

402 Dabei stütze ich mich in erster Linie auf die Arbeiten der Enquete-Kommission des 11. Deutschen Bundestages „Schutz der Erdatmosphäre“, Erster Zwischenbericht,

II. Technologische Aspekte der Ozonproblematik

Zu den nach dem Montrealer Protokoll geregelten Stoffen gehören insbesondere die Fluorchlorkohlenwasserstoffe (FCKW). Die ursprünglichen Verwendungsfelder der FCKW lagen in so verschiedenen Bereichen, wie der Aerosole (d.h. Treibmittel für Sprays [403]), der Aufschäumungstechniken für die Herstellung von Polsterungen, Isoliermassen und verschiedensten Verpackungen, ferner im Bereich der Kühlgeräte und Klimaanlagen sowie als Reinigungsmittel für Kunststoffe und Metalle in den verschiedensten Industriesparten, aber auch bei der Textilreinigung (Per). Daneben sind die Halone[404] geregelt, deren Einsatzgebiet vor allem im Bereich von Feuerlöschgeräten liegt.

Die nachfolgende Abbildung zeigt die Anteile der Hauptanwendungsgebiete von FCKW und Halonen im Jahre 1986:

Weltweiter Verbrauch von FCKW und Halonen nach Hauptanwendungen, 1986
(ODP-gewichtet)
Quelle: *K. Ahmed*, Technological Development and Pollution Abatement, S. 3, unter Verwendung von Angaben des UNEP

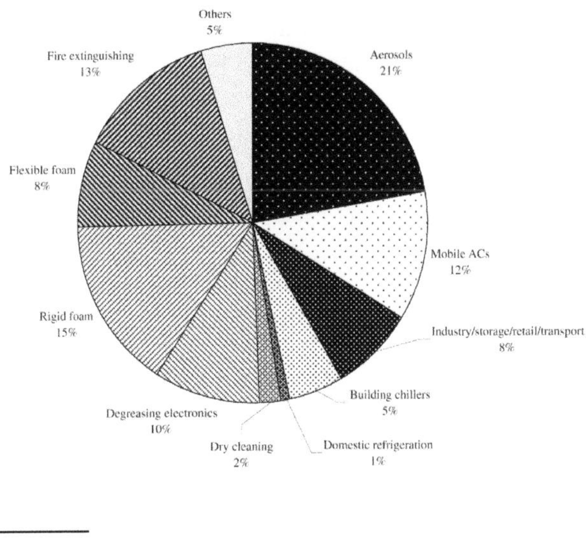

BT-Drs. 11/3246 v. 2.11.1988, S. 87 ff. u. *K. Ahmed*, Technological Development and Pollution Abatement, S. 2 ff.

403 FCKW und 1,1,1-Trichlorethan (Methylchloroform) wurden in der Regel als Träger für sog. aktive Inhaltsstoffe verwandt oder aber als Antriebsmittel welches einen Stoff aus einem Behältnis herausschleudert.

404 Dabei handelt es sich um vollhalogenierte organische Verbindungen, die mindestens ein Bromatom enthalten.

Die Grafik zeigt, dass die Verwendungsbereiche von FCKW sich in hohem Maße im Bereich industrieller Fertigung fanden. Dementsprechend überrascht nicht, dass Mitte der achtziger Jahre etwa 95% der FCKW in den Industriestaaten der OECD und den Staaten im Übergang zur Marktwirtschaft, damals der UdSSR und der Tschechoslowakei, produziert wurden.[405] Eine allfällige Drosselung der FCKW-Produktion musste dementsprechend in erster Linie in den Industrieländern stattfinden und wurde damit auch zunächst als Herausforderung für die Industriestaaten wahrgenommen.[406] Gleichzeitig wurden für die Produktion und den Verbrauch von FCKW in Entwicklungsländern im Hinblick auf die dortige Industrialisierung und Bevölkerungszunahme erhebliche Zuwachsraten prognostiziert.[407]

Um auf den Einsatz der ozonabbauenden Substanzen schnellstmöglich zu verzichten, war es notwendig, ozonschichtfreundliche Ersatztechnologien zu entwickeln. Die Möglichkeiten des Ersatzes der ozonschädigenden Technologien durch neue Technologien gestalteten sich je nach Sektor und Einsatzgebiet unterschiedlich. So war der Ersatz im Bereich der Industriereinigungsmittel zunächst einfacher zu bewerkstelligen als etwa im Bereich der Kältetechnik und der Löschmittel. Im Bereich der Aufschäumung standen bereits alternative Technologien zur Verfügung, so dass die Umstellung relativ einfach zu bewirken war.[408]

405 Vgl. die Daten bei *S. Oberthür*, Production and Consumption of Ozone Depleting Substances, S. 107.

406 Dazu auch *H. Beck*, Die Differenzierung von Rechtspflichten, S. 138.

407 Vgl. *B. Kellersmann*, Die gemeinsame, aber differenzierte Verantwortlichkeit, S. 82 f.; *J. Tripp*, NYJILP, Bd. 20 (1987/88), S. 733, 742 ff.

408 *K. Ahmed*, Technological Development and Pollution Abatement; Enquete-Kommission des 11. Deutschen Bundestages „Schutz der Erdatmosphäre“, Dritter Bericht, BT-Drs. 11/8030 v. 24.5.1990, S. 299 ff. Zu konkreten technischen Maßnahmen s. UNIDO (Hrsg.), Ozone-friendly Industrial development, 2003.

III. Völkerrechtsregeln über den Technologietransfer

1. Das Wiener Übereinkommen zum Schutz der Ozonschicht

a) Überblick über die Entstehungsgeschichte

Das Wiener Übereinkommen zum Schutz der Ozonschicht wurde zwischen 1981 und 1985 unter der Ägide des Umweltprogramms der Vereinten Nationen verhandelt.[409] Jedoch reichen die Aktivitäten des Umweltprogramms der Vereinten Nationen bis in das Jahr 1977 zurück, als auf einer Konferenz in Washington D.C. der „Weltaktionsplan für die Ozonschicht" *(World Plan of Action on the Ozone Layer)* verabschiedet wurde.[410] Zur Durchführung dieses Planes wurde sodann die Einsetzung des „Koordinationskomitees für die Ozonschicht" (Co-ordinating Committee on the Ozone Layer – CCOL) beschlossen.[411] Der Schwerpunkt der Arbeit des Koordinationskomitees lag in dem Bemühen, die wissenschaftlichen Erkenntnisse über die Ozonschicht und die Auswirkungen eines Abbaus der Ozonschicht voranzubringen. Auf Anregung der Vereinigten Staaten und Schwedens ging im Jahr 1981 wiederum vom Umweltprogramm der Vereinten Nationen die Initiative aus, eine Arbeitsgruppe von Rechtsexperten zusammenzurufen, um ein multilaterales Übereinkommen zum Schutz der Ozonschicht auszuarbeiten.[412] In mehreren Sitzungen wurde sodann ein Rahmenübereinkommen zum Schutz der Ozonschicht erarbeitet, welches am 22. März 1985 in Wien verabschiedet wurde. Hingegen scheiterte der Abschluss eines Protokolls über bindende Emissionsbeschränkungen ozonschädigender Stoffe zunächst unter anderem an dem Widerstand der Europäischen Gemeinschaften.[413] Gleichwohl ist festzustellen, dass das Wiener Übereinkommen das erste

409 S. insbesondere *R. Benedick*, Ozone Diplomacy, S. 40 ff. sowie *D. Caron*, AFDI, Bd. XXXVI (1990), S. 704, 707; *J. J. Martín Arribas*, REDI, Bd. XLVI (1994), S. 533 ff.; *I. Rummel-Bulska*, in: Transboundary Air Pollution, S. 281 ff.; *M. Tolba*, Global Environmental Diplomacy, S. 59 ff.

410 Dokument UNEP/WG/7/25/Rev.1. Dazu *R. Benedick*, Ozone Diplomacy, S. 40; *J. Brunnée*, Entwicklungen im Umweltvölkerrecht, S. 312 ff.

411 Entscheidung 84 C(V) v. 25.5.1977. Vgl. *I. Rummel-Bulska*, in: Transboundary Air Pollution, S. 281; *S. M. Williams*, Annuaire AAA, Bd. 54/55/56 (1984/85/86), S. 126, 128 ff.

412 *I. Rummel-Bulska*, Annuaire AAA, Bd. 54/55/56 (1984/85/86), S. 115, 117.

413 *R. Benedick*, Ozone Diplomacy, S. 42 ff; *J. Brunnée*, Entwicklungen im Umweltvölkerrecht, S. 316 f.

global verhandelte Übereinkommen über den globalen Schutz der Atmosphäre darstellt. Zugleich war der Abschluss von Protokollen zum Übereinkommen, welche konkrete Schritte zum Schutz der Ozonschicht vorsehen, in dem Übereinkommen angelegt (Artikel 2 Absatz 1).

Bei den Verhandlungen zum Abschluss des Wiener Übereinkommens stand eine Beteiligung von Entwicklungländern und damit eine „Nord-Süd-Dimension" im Hintergrund, vielmehr ging es zunächst in erster Linie um eine Einigung unter den Industriestaaten als den Hauptproduzenten und -konsumenten ozonschädigender Substanzen. Unter ihnen sollte es zu einer Einigung im Bereich der Kontrolle, Senkung und Begrenzung der FCKW-Emissionen kommen. Die Beteiligung der Entwicklungsländer bei den Verhandlungen fiel daher zurückhaltend aus. An den Sitzungen des CCOL nahmen bis auf Indien, Kenia und Venezuela keine Entwicklungsländer teil; auch in der Arbeitsgruppe von Rechtsexperten standen die finanzielle oder technologische Zusammenarbeit zwischen Industrie- und Entwicklungsländern nicht im Vordergrund.[414]

b) Bestimmungen zum Technologietransfer

Schon das Wiener Übereinkommen enthält in Artikel 4 erste Vorschriften hinsichtlich des Transfers von Technologien. Der primären Zielsetzung entsprechend, zunächst die Hauptproduzenten und -verbraucher in den Blick zu nehmen, betreffen diese Vorschriften allerdings in erster Linie den Austausch von technologischem Wissen unter den Industriestaaten. So enthält Artikel 4 Absatz 1 eine allgemeine Verpflichtung der Vertragsparteien zur „Erleichterung und Förderung" des Austausches wissenschaftlicher, technischer, sozio-ökonomischer, kommerzieller und rechtlicher Informationen. Eine Konkretisierung dieser Informationsaustauschpflichten findet sich in Anlage II. des Übereinkommens, welche gem. Artikel 10 Absatz 1 einen „Bestandteil des Übereinkommens" darstellt. Hiernach wird klar, dass unter dem Austausch von Informationen nicht der Technologietransfer i.e.S. zu verstehen ist. Es geht vielmehr um die Weitergabe technischer Informationen über

414 *I. Rummel-Bulska*, in: Transboundary Air Pollution, S. 281, 282 ff.

> a) Verfügbarkeit und Kosten chemischer Ersatzprodukte und alternativer Techologien zur Verringerung der Emissionen ozonverändernder Stoffe und damit zusammenhängende geplante und laufende Forschungsarbeiten;
> b) Grenzen und mögliche Gefahren bei der Verwendung chemischer oder anderer Ersatzprodukte und alternativer Technologien.[415]

Neben dieser allgemeinen Informationsaustauschpflicht ist jedoch weiter Artikel 4 Absatz 2 Satz 1 von Bedeutung:

> Die Vertragsparteien arbeiten im Einklang mit ihren innerstaatlichen Gesetzen, sonstigen Vorschriften und Gepflogenheiten sowie unter Berücksichtigung insbesondere der Bedürfnisse der Entwicklungsländer zusammen, um unmittelbar oder über zuständige internationale Stellen die Entwicklung und Weitergabe von Technologien und Kenntnissen zu fördern.[416]

Eine Konkretisierung dieser Verpflichtung zur Zusammenarbeit enthält Satz 2 des Absatzes, wonach „insbesondere“ folgende Maßnahmen ergriffen werden sollen:

> a) Erleichterung des Erwerbs alternativer Technologie durch andere Vertragsparteien;
> b) Versorgung mit Informationen über alternative Technologie und Ausrüstung sowie mit besonderen Handbüchern oder Anleitungen dazu;
> c) Versorgung mit Ausrüstung und Einrichtungen, die für Forschung und systematische Beobachtungen erforderlich sind;
> d) angemessene Ausbildung von wissenschaftlichem und technischem Personal.[417]

415 Vgl. die Legaldefinition gem. Artikel 1 Nr. 3 des Übereinkommens: „alternative Technologie oder Ausrüstung“ bedeutet „Technologie oder Ausrüstung, deren Verwendung es möglich macht, Emissionen von Stoffen, die schädliche Auswirkungen auf die Ozonschicht haben oder wahrscheinlich haben, zu verringern oder wirksam auszuschließen“.

416 Der englische Text lautet: „The Parties shall co-operate, consistant with their national laws, regulations and practices and taking into account in particular the needs of the developing countries, in promoting, directly or through competent international bodies, the development and transfer of technology and knowledge.“

417 Der englische Text lautet: „(a) Facilitation of the acquisition of alternative technologies by other Parties; (b) Provision of information on alternative technologies and equipment, and supply of special manuals or guides to them; (c) The supply of necessary equipment and facilities for research and systematic observations; (d) Appropriate training of scientific and technical personnel.“

Das Bild der technologischen Zusammenarbeit, welches Artikel 4 zeichnet, ist damit insbesondere von drei Aspekten gekennzeichnet:

Zunächst statuiert Artikel 4 erstens eine – wenn auch abgeschwächte[418] – Pflicht aller Vertragsparteien zur Zusammenarbeit, welche auf die Förderung von Entwicklung und Weitergabe von Technologien abzielt. Der Inhalt der Zusammenarbeitspflicht wird insoweit konkretisiert, als die „Erleichterung des Erwerbs alternativer Technologie" *(facilitation of the acquisition; faciliter l'acquisition)* umfasst sein soll. Die Regelung beschränkt sich demnach auf eine Zusammenarbeitspflicht zur Förderung eines Ziels und enthält damit keine eigentliche Technologietransferverpflichtung. Auch die nachfolgende Konkretisierung spricht unter Buchstabe a) nur abgeschwächt von der „Erleichterung" und der Begriff der „acquisition" deutet tendenziell einen rechtsgeschäftlichen Erwerb an, wohingegen die insoweit offenere Formulierung des „transfer" nicht benutzt wird.

Zweitens enthält Artikel 4 im Kern bereits das Bekenntnis zur Berücksichtigung der besonderen Bedürfnisse der Entwicklungsländer und damit ist das freilich erst später entwickelte Konzept der „gemeinsamen, aber differenzierten Verantwortlichkeit" angelegt. Auch wenn die Regelung hier noch jede Vertragspartei ohne Differenzierung der Rechtspflichten anspricht, ist die Problematik damit schon vorgezeichnet.[419] Dies spiegelt auch die Präambel des Wiener Übereinkommens wider. Hier wird zwar in allgemeiner Form auf die Notwendigkeit der „Berücksichtigung der Gegebenheiten und besonderen Bedürfnisse der Entwicklungsländer" hingewiesen. Vor dem Hintergund, der in der Präambel zuvor niedergelegten Bezugnahme auf das Prinzip 21 der Stockholmer Erklärung erscheint allerdings bemerkenswert, dass auf eine naheliegende Bezugnahme auf die technologietransferrelevanten Prinzipien 11 und 12 derselben Erklärung verzichtet wurde.

Drittens zielt der Verweis in Artikel 4 Absatz 2 auf „innerstaatliche Gesetze, sonstige Vorschriften und Gepflogenheiten" auf den Schutz privater Rechte an dem technologischen Wissen ab.[420] Hier wird demnach auch bereits der enge Zusammenhang zwischen dem Technologie-

418 So auch *W. Lang*, ZaöRV, Bd. 46 (1986), S. 261, 274.

419 So auch *B. Kellersmann*, Die gemeinsame, aber differenzierte Verantwortlichkeit, S. 86.

420 *I. Rummel-Bulska*, Annuaire AAA, Bd. 54/55/56 (1984/85/86), S. 115, 120.

transfer und der Problematik des Schutzes geistigen Eigentums angedeutet und zugunsten des Vorranges eines Schutzes des geistigen Eigentums gelöst.

Insgesamt spielt demnach im Wiener Übereinkommen der Technologietransfer an Entwicklungsländer eine untergeordnete Rolle. Das Anliegen verbesserter technischer Zusammenarbeit bezieht sich primär auf die Industriestaaten und liegt im Austausch von Informationen gem. Artikel 4 Absatz 1 i.V.m. der Anlage II. Es geht daher weniger um entwicklungsländerfreundliche Sonderbedingungen für einen Transfer von Technologien als um die Verbreitung von Wissen über die Existenz ozonschichtschonende Ersatztechnologien, um zur Bündelung der Forschungs- und Entwicklungstätigkeit der Industriestaaten beizutragen. Spezielle Vorschriften über einen möglichen nachfolgenden Transfer von Technologien an Entwicklungsländer finden sich daher in dem Übereinkommen nicht.

c) Unzulänglichkeiten des Wiener Übereinkommens

Bereits bei Abschluss des Übereinkommens herrschte unter den Verhandlungspartnern weitgehender Konsens, dass das Wiener Übereinkommen als solches unzulänglich war und die Verhandlungen unmittelbar fortgesetzt werden müssten, um durch die Verabschiedung eines Protokolls zum Wiener Übereinkommen rechtsverbindliche Reduzierungspflichten zu erreichen.[421] Dieses Ziel wurde in der Schlussakte der Wiener Konferenz erklärt. Zugleich wurde der Exekutivdirektor des VN-Umweltprogramms gebeten, zur Ausarbeitung eines Zusatzprotokolls eine Arbeitsgruppe einzurichten und nach Möglichkeit im Jahr 1987 eine diplomatische Konferenz zu dessen Verabschiedung einzuberufen.[422] Neben Defiziten, was konkrete Reduktionsverpflichtungen ozonabbauender Substanzen angeht, wurde aber auch das Fehlen von Vorschriften

421 Vgl. auch *P. Birnie / A. Boyle*, International Law and the Environment, S. 518 („inadequate").

422 Final Act of the Conference of Plenipotentiaries on the Protection of the Ozone Layer, Resolution on a Protocol Concerning Chloroflourocarbons v. 22.3.1985. In der Präambel der Resolution wird für die zukünftigen Verhandlungen auf die besondere Rolle der Entwicklungsländer hingewiesen. Dort heißt es: „[...] Mindful that special consideration should be given to the particular situation of developing countries, Mindful also of the relationship between the level of industrialization of a State and its responsibilities for the protection of the ozone layer, [...]".

über die finanzielle Zusammenarbeit sowie von klaren Vorschriften zur Frage des Technologietransfers kritisiert. Auf der Seite der Entwicklungsländer, welche sich aufgrund der völkervertragsrechtlichen Entwicklungen zu einem Verzicht auf den Aufbau bzw. weiteren Ausbau ihrer nationalen Produktion von ozonabbauenden Substanzen gedrängt sahen, wurden Wettbewerbsnachteile befürchtet, etwa durch hohe Lizenzgebühren für den Erhalt der notwendigen Ersatztechnologien, die ebenfalls in den Industriestaaten entwickelt worden waren.[423] Als Bedingung ihrer Zustimmung zu den Übereinkommen zum Schutz der Ozonschicht forderten sie daher – neben großzügigen Übergangsfristen und Finanzhilfen – den Transfer von Technologien zum Schutz der Ozonschicht.[424] Dementsprechend ratifizierte auch bis zur Verabschiedung des Montrealer Protokolls kein Entwicklungsland, von Mexiko abgesehen,[425] das Wiener Übereinkommen.

2. *Das Montrealer Protokoll vom 16. September 1987 über Stoffe, die zu einem Abbau der Ozonschicht führen*

Unmittelbar im Anschluss an die Verabschiedung des Wiener Übereinkommens wurden die Verhandlungen über ein Protokoll begonnen und bereits zwei Jahre später konnte das Montrealer Protokolls vom 16. September 1987 über Stoffe, die zu einem Abbau der Ozonschicht führen, verabschiedet werden.[426]

423 *H. Beck*, Die Differenzierung von Rechtspflichten, S. 149.

424 *R. Benedick*, Ozone Diplomacy, S. 124, 152 ff., 157 f. Insbesondere Brasilien, die VR China, Indien und Mexiko spielten hier eine Schlüsselrolle, da diese Staaten bereits eine eigene FCKW Produktion aufgebaut hatten. Auch Argentinien, Indonesien, Südkorea und Venezuela gehörten in diese Gruppe von Staaten. S. auch *D. Caron*, AFDI, Bd. XXXVI (1990), S. 704, 709; *P.-M. Dupuy*, in: FS Hahn, S. 539, 542.

425 Mexiko ratifizierte das Übereinkommen unmittelbar vor Verabschiedung des Montrealer Protokolls am 14.9.1987. Mexiko hat in der Umsetzung von Maßnahmen zum Ozonschutz eine gewisse Vorreiterrolle – auch gegenüber der EU – gespielt. Auf freiwilliger Basis hat Mexiko frühzeitig auf die Verwendung von FCKW verzichtet und auch internationale Investoren zur Aufgabe der Produktion bewegt, dazu Dokument WT/WGTTT/W/3 v. 11.11.2002, S. 22.

426 S. aus der umfangreichen Literatur insbesondere *W. Lang*, EA, Bd. 43 (1988), S. 105; *H. Ott*, VRÜ, Bd. 24 (1991), S. 188 ff. Zur Verhandlungsgeschichte *R. Benedick*, Ozone Diplomacy, S. 68 ff; *M. Tolba*, Global Environmental Diplomacy, S. 55 ff.

Kern des Protokolls sind die sog. Regelungsmaßnahmen *(Control Measures)* nach Artikel 2, wonach ein rechtsverbindlicher Zeitplan zur Reduktion verschiedener Gruppen von Fluorchlorkohlenwasserstoffen festgelegt wird. Dementsprechend standen diese Regelungen auch bei der Aushandlung des Montrealer Protokolls im Vordergrund. Hier ging es um die Rechtspflichten der Hauptproduzenten und -konsumenten, mithin konzentrierten sich die Verhandlungen auf die Industriestaaten, hier die gegensätzlichen Positionen der sog. *Toronto-Gruppe* auf der einen und der Europäischen Gemeinschaften auf der anderen Seite.[427] Die Entwicklungsländer spielten insgesamt auch hier eine untergeordnete Rolle. In seiner Beschreibung des Verhandlungsprozesses erinnert sich *R. Benedick* an eine private Unterhaltung mit indischen Delegierten, die den gesamten Fragenkomplex mit den Worten „rich man's problem – rich man's solution" abtaten.[428]

Gleichwohl setzte mit den Vereinbarungen des Montrealer Protokolls erstmals eine klare Differenzierung der Rechtspflichten zwischen Industriestaaten und Entwicklungsländern ein.[429] Dies gilt zum einen für die den Entwicklungsländern nach Artikel 5 Absatz 1 des Protokolls eingeräumten Berechtigung, die in Artikel 2 Absätze 1–4 vorgesehenen Regelungsmaßnahmen um zehn Jahre hinauszuschieben, zum anderen für die sogleich zu behandelnde Vorschrift zum Technologietransfer. Eine Definition des Begriffs der „Entwicklungsländer" enthält allerdings weder das Protokoll noch das Wiener Übereinkommen.[430]

a) Bestimmungen zum Technologietransfer

Die Frage des Technologietransfers zugunsten der Entwicklungsländer wird in Artikel 5 Absatz 2 und 3 des Protokolls aufgegriffen. Es wird bestimmt:

427 Die sog. Toronto-Gruppe bestand aus Kanada, den Vereinigten Staaten, Finnland, Norwegen, Schweden und Australien. *R. Benedick*, Ozone Diplomacy, S. 93; *M. Tolba*, Global Environmental Diplomacy, S. 62 f.

428 *R. Benedick*, Ozone Diplomacy, S. 100 f.

429 So auch *B. Kellersmann*, Die gemeinsame, aber differenzierte Verantwortlichkeit, S. 89 ff.

430 Auf der ersten Konferenz der Vertragsparteien zum Montrealer Protokoll wurde eine Liste von Staaten verabschiedet, die als Entwicklungsländer i.S.d. Artikels 5 anzusehen sind, vgl. Dokument UNEP/OzL.Pro.1/5 v. 6.5.1989, Entscheidung Nr. 12 E („Clarification of the term developing countries").

> 2. Die Vertragsparteien verpflichten sich, den Vertragsparteien, die Entwicklungsländer sind, den Zugang zu umweltverträglichen alternativen Stoffen und Technologien zu erleichtern und sie beim möglichst raschen Einsatz solcher Stoffe und Technologien zu unterstützen.
> 3. Die Vertragsparteien verpflichten sich, die Bereitstellung von Subventionen, Hilfen, Krediten, Garantien oder Versicherungsprogrammen für Vertragsparteien, die Entwicklungsländer sind, für den Einsatz alternativer Technologien und von Ersatzerzeugnissen bilateral oder multilateral zu erleichtern.[431]

Während Absatz 2 auf die Frage des Zugangs zu Technologien abzielt, weist Absatz 3 auf die Frage der Bereitstellung der hierzu erforderlichen finanziellen Mittel hin.

Beide Absätze bleiben jedoch wenig konkret. Absatz 2 sieht lediglich eine vage gehaltene Verpflichtung der Parteien vor, den Technologiezugang „zu erleichtern". Diese Verpflichtung geht über die bereits in Artikel 4 des Wiener Übereinkommens enthaltene Verpflichtung kaum hinaus. Immerhin könnte argumentiert werden, dass der Begriff des Zugangs, weniger als der Begriff des Erwerbs in Artikel 4 des Wiener Übereinkommens insoweit offener ist, als er keinen Anklang an den rechtsgeschäftlichen Erwerb enthält. Letztlich ist aber von einer Konkretisierung der bereits im Wiener Übereinkommen enthaltenen Zusammenarbeitspflicht abgesehen worden, denn welche Schritte zum Zwecke der „Erleichterung des Zugangs" zu ergreifen wären, bleibt auch hier dunkel.

Weiter sollen die Entwicklungsländer gem. Artikel 5 Absatz 2 bei der Nutzung alternativer Stoffe und Technologien „Unterstützung" erfahren. Auch bei dieser Ergänzung bleibt die Art und Weise der Unterstützung letztlich offen. Insbesondere werden mögliche finanzielle Transferleistungen nicht erwähnt. Diese werden allerdings in allgemeiner Form in Artikel 5 Absatz 3 angesprochen. Die Absätze 2 und 3 müssen insoweit zusammenhängend gelesen werden. Danach sind die Vertragsparteien verpflichtet, die Bereitstellung finanzieller Mittel in verschiedener Form zu „erleichtern". Es geht demnach lediglich um die Erleichterung der Bereitstellung, nicht um die Bereitstellung selbst. Die Erwähnung der verschiedenen Formen finanzieller Unterstützung ist zudem nicht kumulativ, sondern als Aufzählung verschiedener Optionen der Erleichterungspflicht ausgestaltet. Entwicklungsländer erhalten danach keinesfalls

431 Englische Fassung abgedr. in Anhang 4.

einen Anspruch auf Finanzierungsleistungen, es wird vielmehr sowohl im Bereich der Technologien als auch bei der Finanzierung lediglich eine Förderauftrag statuiert.

Technologietransferfragen werden aber auch in zwei weiteren Bestimmungen des Protokolls berührt. Zum einen wird in Artikel 9 Absatz 1 des Protokolls eine Zusammenarbeitspflicht der Vertragsparteien bei der Forschung, der Entwicklung und dem Austausch von Informationen über „geignetste Technologien" *(best technologies; les techniques les plus propres)* „zur Verbesserung der Einkapselung, Rückgewinnung, Verwertung oder Vernichtung geregelter Stoffe oder zur sonstigen Verminderung solcher Stoffe" festgelegt. Diese Pflicht zum Austausch von Informationen schließt demnach auch technologisches Wissen ein. Sie steht jedoch unter der Einschränkung, dass die Zusammenarbeit „im Einklang mit [...] innerstaatlichen Gesetzen, sonstigen Vorschriften und Gepflogenheiten und unter Berücksichtigung insbesondere der Bedürfnisse der Entwicklungsländer" erfolgt. Diese Einschränkung ist bereits aus Artikel 4 des Wiener Übereinkommens bekannt; sie wird hier gleichlautend wiederholt. Auch im Zusammenhang mit „Forschung, Entwicklung, öffentlichem Bewusstsein und Informationsaustausch" wird demnach der Zusammenhang zwischen technologischem Wissen und den zugehörigen Schutzrechten angedeutet. Eine Sonderbehandlung der Entwicklungsländer sieht Artikel 9 nicht vor.

Schließlich ist zweitens Artikel 10 Absatz 1 des Protokolls zu erwähnen. Danach wird eine spezielle Zusammenarbeitspflicht bei der Durchführung der Regelungen des Artikels 4 statuiert. Die Regelung des Artikels 4 betrifft das Verbot, geregelte Substanzen aus Nichtvertragsstaaten einzuführen. Bei der technischen Umsetzung dieser Verpflichtung soll unter den Vertragsparteien „unter Berücksichtigung insbesondere der Bedürfnisse der Entwicklungsländer" zusammengearbeitet werden. Diese Kooperationspflicht wird indes nicht näher konkretisiert; nach Absatz 3 wird die erste Konferenz der Vertragsparteien mit der Konkretisierung der technischen Zusammenarbeit und des Informationsaustausches nach Artikel 9 beauftragt.

Im Zuge der Konferenz in Montreal wurde neben dem Protokoll auch eine Resolution über den Austausch technischer Information verabschiedet. Danach wurde der Exekutivdirektor des Umweltprogramms der Vereinten Nationen beauftragt, bei der ersten Konferenz der Vertragsparteien einen Workshop zur Förderung des Austausches der in Artikel 9 und 10 angesprochenen technologischen Informationen einzurichten.[432] Diese Resolution spiegelt die Dringlichkeit wider, mit der die Parteien den Austausch von Informationen zu beschleunigen gedachten. Freilich betrifft die Resolution nicht die Erfüllung der Verpflichtungen aus Artikel 5 des Protokolls.

Hinzuweisen ist ferner auf die Präambel des Montrealer Protokolls, wonach besondere Vorkehrungen im Hinblick auf den Bedarf der Entwicklungsländer als notwendig erachtet werden und in allgemeiner Weise auf die besonderen Bedürfnisse der Entwicklungsländer bei der technologischen Zusammenarbeit hingewiesen wird.

b) *Bewertung und nachfolgende Verhandlungen*

In der Gesamtschau der technologietransferrelevanten Vorschriften kann danach im Vergleich zum Wiener Rahmenübereinkommen kein wesentlicher Fortschritt festgestellt werden. Die vorhandenen Pflichten zur Zusammenarbeit sind wenig verbindlich formuliert,[433] insbesondere fehlt jede Verpflichtung zur Bereitstellung finanzieller Ressourcen. Es kann daher rückblickend nicht verwundern, dass die vereinbarten differenzierten Pflichten zugunsten der Entwicklungsländer nicht dazu geführt haben, dass diese das Montrealer Protokoll in dieser Fassung auf breiter Basis akzeptiert hätten.[434]

Auf der ersten Konferenz der Vertragsparteien des Montrealer Protokolls im Mai 1989 in Helsinki,[435] an der Indien und die Volksrepublik China als Beobachter teilnahmen, forderte denn auch der Exekutivdirektor des VN-Umweltprogramms, *M. Tolba*, die Regelungen bezüglich der technologischen und finanziellen Unterstützungsmaßnahmen für Entwicklungsländer zu konkretisieren. Von Norwegen wurde ein konkreter Vorschlag eines „International Climate Fund“, welcher von Industrie-

432 Da die Schlussakte der Konferenz nicht leicht zugänglich ist, wird dieses Dokument in Anhang 5 vollständig wiedergegeben.

433 S. auch *R. Benedick*, Ozone Diplomacy, S. 93.

434 Immerhin ratifizierten nach dem Abschluss des Montrealer Protokolls im September 1987 (noch vor Verabschiedung der Londoner Änderungen im Juni 1990) wichtige Entwicklungsländer das Wiener Übereinkommen: Ägypten (9.5.1988), Argentinien (18.1.1990), Brasilien (19.3.1990), VR China (11.9.1989), Venezuela (1.9.1988). S. zur Haltung der Entwicklungsländer auch *F. Biermann*, BlädiP 12/1995, S. 1492, 1493 f.

435 UNEP/OzL.Pro.1/5 v. 6.5.1989.

staaten zu finanzieren wäre, gemacht.[436] Norwegen selbst wolle 0,1% des Bruttosozialprodukts oder 600 Millionen Kronen jährlich beisteuern. Der Gedanke eines internationalen Fonds wurde auch von anderen Delegationen, insbesondere von indischer und chinesischer Seite,[437] unterstützt; zu einer abschließenden Einigung kam es jedoch nicht. Die Verhandlungen waren zunehmend von einer Polarisierung der Positionen der Entwicklungsländer auf der einen und den Industriestaaten auf der anderen Seite gekennzeichnet.[438] Auf der Seite der Entwicklungsländer dominierten die Volksrepublik China und Indien die Verhandlungen. Ihre Argumentation beruhte auf zwei Grundannahmen: Erstens seien die Industriestaaten Verursacher des Ozonproblems und müssten daher auch die Kosten für seine Beseitigung tragen. Zweitens sei es Entwicklungsländern vor dem Hintergrund anderer, dringenderer Probleme, wie der Armutsbekämpfung, nicht zumutbar, aufwändige Aktivitäten zur Reduktion der FCKW-Emissionen zu ergreifen.[439] Gleichzeitig waren beide Staaten im Begriff, eine eigene FCKW-Produktion aufzubauen, die zwar noch vergleichsweise klein, aber gleichwohl stark expandierend war.[440] Die Entwicklungsländer sollten daher nach Möglichkeit in die Bemühungen zum Schutz der Ozonschicht einbezogen werden.[441]

Nach der Verabschiedung verbindlicher Reduktionspflichten für die Industriestaaten kam zudem auch die weitere Befürchtung hinzu, technische Anlagen zur Herstellung von FCKW aus den industrialisierten Vertragsstaaten der Übereinkommen könnten in Nichtvertragsstaaten exportiert werden und dort ihre Produktion ungeregelt fortsetzen. Auch um dies zu verhindern, bestand Einigkeit, dass die Entwicklungsländer in das Vertragsregime einbezogen werden müssten.[442]

436 UNEP/OzL.Pro.1/5 v. 6.5.1989, para. 26.

437 Vgl. *M. Tolba*, Global Environmental Diplomacy, S. 75.

438 *M. Tolba*, Global Environmental Diplomacy, S. 77.

439 Vgl. *M. Oksenberg / E. Economy*, in: Engaging Countries, S. 353, 385; *R. Herring / E. Bharucha*, in: Engaging Countries, S. 395, 408 f.

440 Vgl. *M. Tolba*, Global Environmental Diplomacy, S. 76.

441 Dazu auch *R. Pool*, Nature, Bd. 351 (1991), S. 6 f.

442 Vgl. dazu auch die „Helsinki Declaration“, dazu *G. Handl*, EJIL, Bd. 1 (1990), S. 250 ff.

3. Das Montrealer Protokoll i.d.F. vom 29. Juni 1990 („Londoner Änderungen")

Auf den Verhandlungsführern auf der zweiten Konferenz der Vertragsparteien des Montrealer Protokolls im Juni 1990 in London lastete enormer Erfolgsdruck, insbesondere was Fortschritte bei der Unterstützung der Entwicklungsländer anging.[443] Bereits in ihrer Eröffnungsrede mahnte die britische Premierministerin *M. Thatcher* die Pflicht der Industriestaaten an, den Entwicklungsländern bei dem Erwerb von Ersatztechnologien auch finanzielle Unterstützung zukommen zu lassen.[444] *M. Tolba* betonte laut Konferenzbericht die Entwicklungslinie der Verhandlungen im Bereich der finanziellen Zusammenarbeit und des Technologietransfers:

> The Protocol must also be forwardlooking. One hundred States Members of the United Nations had still to become Parties, among them, newly industrializing nations, two of which, in particular, represented over one third of mankind. Such nations required incentives to leapfrog the CFC phase in their industrial development and unless full agreement was reached on such incentives, there could be no meaningful Protocol. He was much encouraged by the fact that Parties were now ready to make provision for such incentives in the form of a financial mechanism and technology transfer. The OpenEnded Working Group had agreed upon target funding and a scheme for contribution to a properly financed multilateral fund designed to meet the incremental costs to developing countries of complying with the current and proposed strengthened provisions of the Protocol. The Meeting also had before it his proposal for technology transfer, which was the outcome of the fullest consultations between Governments and industry.[445]

Gleichwohl gestalteten sich die Verhandlungen, sowohl in der bis unmittelbar vor Beginn der zweiten Vertragsstaatenkonferenz tagenden Arbeitsgruppe als auch auf der Vertragsstaatenkonferenz selbst, als äußerst schwierig. Die Entwicklungsländer, die den Ausgleich der finanziellen Nachteile und Garantien für den Technologietransfer zur Vorbedingung einer Ratifikation des Protokolls machten, standen den Industriestaaten gegenüber, die, wie insbesondere die Vereinigten Staaten, die politische Präjudizwirkung zu großer Zugeständnisse insbesondere im finanziellen

443 Vgl. auch der Appell des finnischen Umweltministers *K. Bärlund*, vgl. UNEP/OzL.Pro.2/3 v. 29.6.1990, para. 2.

444 UNEP/OzL.Pro.2/3 v. 29.6.1990, para. 6.

445 UNEP/OzL.Pro.2/3 v. 29.6.1990, para. 18.

Bereich auf andere Gebiete des globalen Umweltschutzes fürchteten.[446] Im Bereich des Aufbaus eines Finanzierungsmechanismus befürworteten die Vereinigten Staaten die Ansiedlung eines Fonds innerhalb der Weltbank; außerdem müsse jede finanzielle Zusage eindeutig und voraussehbar sein.[447] Die Verhandlungen in diesen Themenbereichen konnten wegen der unnachgiebigen Haltung der Volksrepublik China und Indiens erst in den letzten Stunden der Londoner Konferenz zum Erfolg geführt werden.[448]

a) Bestimmungen zum Technologietransfer

Die Bestimmungen zum Technologietransfer wurden im Vergleich zu der ursprünglichen Fassung des Protokolls in drei Bereichen wesentlich verändert und gestärkt. Dies geschah in erster Linie durch die Einfügung eines neuen Artikels 10A, außerdem durch das in Artikel 5 Absatz 5 neu verankerte Prinzip der Konditionalität und schließlich auch durch eine Änderung der Präambel. Darüber hinaus muss die Einrichtung eines multilateralen Finanzierungsmechanismus (Multilateraler Fonds) gem. Artikel 10 in engem Zusammenhang mit diesen Vorschriften gesehen werden.

aa) Artikel 10A

Als neuer Artikel 10A wurde in das Montrealer Protokoll eingefügt:

> Jede Vertragspartei unternimmt im Einklang mit den im Rahmen des Finanzierungsmechanismus geförderten Programmen alle durchführbaren Schritte, um sicherzustellen,
> a) dass die besten verfügbaren umweltverträglichen Ersatzprodukte und damit zusammenhängende Technologien rasch an die in Artikel 5 Absatz 1 bezeichneten Vertragsparteien [Entwicklungsländer, Anm. d. Verf.] weitergegeben werden und

446 Dies galt insbesondere im Hinblick auf das Problem des Treibhauseffekts, vgl. *R. Benedick*, Ozone Diplomacy, S. 159. S. auch *A. Wood*, Int E Aff., Bd. 5 (1993), S. 335, 339.

447 *R. Benedick*, Ozone Diplomacy, S. 159.

448 Der endgültige Wortlaut wurde zwischen der britischen und chinesischen Verhandlungsführern gezimmert, vgl. *H. Ott*, VRÜ, Bd. 24 (1991), S. 188, 200; s. auch *M. Tolba*, Global Environmental Diplomacy, S. 79; unter den Konferenzteilnehmern war die Rede von „international blackmail", vgl. *R. Herring / E. Bharucha*, in: Engaging Countries, S. 395, 409.

b) dass die unter Buchstabe a vorgesehene Weitergabe unter gerechten und möglichst günstigen Bedingungen stattfindet.[449]

Der Wortlaut dieses Artikels ist auf der Londoner Konferenz besonders sorgfältig ausgehandelt worden und verdient daher ein genaues Hinsehen. Zunächst verlangt der Artikel von den Vertragsparteien die Vornahme von bestimmten „Schritten“ oder „Maßnahmen“, wie eine am französischen Wortlaut orientierte Übersetzung lauten würde. Die zu ergreifenden Maßnahmen müssen „durchführbar“ oder „möglich“ sein. Im Rahmen der Auslegung dieses unbestimmten Begriffs „alle durchführbaren Schritte“ im „chapeau“ des Artikels 10A könnte zunächst gefragt werden, ob die Pflicht zur Unternehmung von Schritten „im Rahmen“ oder „im Einklang“ mit den Aktivitäten des multilateralen Finanzierungsmechanismus besteht. Hierbei geht es um das Verhältnis von Technologietransferbestimmung und Finanzierungsmechanismus zueinander. Bei der ersten Auslegungsvariante wäre die Technologietransferpflicht auf die Aktivitäten des Finanzierungsmechanismus begrenzt.[450] Hierfür spricht indes weder der englische noch der französische Originalwortlaut. Zudem würde eine solche Interpretation Artikel 10A einer eigenständigen Bedeutung weit gehend berauben: Wenn jeder Technologietransfer allein im Zusammenhang mit dem Finanzierungsmechanismus stattfinden sollte, könnte schlicht auf Artikel 10 verwiesen werden. Ferner wäre auch der Sinn der Verpflichtung des Buchstaben b) kaum erkennbar, da bei einer alleinigen Finanzierung des Technologietransfers durch den Mechanismus stets von „gerechten und möglichst günstigen Bedingungen“ auszugehen wäre. Die Auslegung des „chapeau“ im Sinne einer Pflicht, keine den Aktivitäten des Finanzierungs-

449 Die u.a. gleichermaßen verbindlichen englischen und französischen Fassungen lauten: „Each Party shall take every practicable step, consistent with the programmes supported by the financial mechanism, to ensure: (a) That the best available, environmentally safe substitutes and related technologies are expeditiously transferred [...]; and (b) that the transfers occur under fair and most favorable conditions.“; bzw. „Chaque Partie prend toutes les mesures possibles, compatibles avec les programmes financés par le méchanisme de financement, pour que: (a) Les meilleurs produits de remplacement et techniques connexes sans danger pour l'environnement soient transférés au plus vite [...]; (b) Les transferts mentionnés [...] soient effectués dans les conditions équitables et les plus favorables“.

450 So wohl *P.-T. Stoll*, Technical Cooperation, in: International, Regional and National Environmental Law, S. 933, 943.

mechanismus gegenläufige Maßnahmen zu ergreifen, ist dagegen vom Wortlaut vollständig gedeckt und fügt sich letztlich in den Zusammenhang der Vorschriften ein, wenn auch nicht ganz klar erscheint, welche Aktivitäten insoweit als „inconsistent", bzw. „incompatibles" ausgeschlossen werden sollen. Im Ergebnis wird man somit im Hinblick auf das Verhältnis zu Artikel 10 gewissermaßen von einem Parallelsystem auszugehen haben, wonach Artikel 10A für den Technologietransfer eine eigenständige Bedeutung hat und eine eigenständige Pflicht begründet, die unabhängig von den Aktivitäten des Finanzierungsmechanismus besteht.[451]

Hiermit ist die Frage der Bedeutung des Begriffs „alle durchführbaren Schritte" jedoch nicht beantwortet. Da die erforderlichen „Schritte" der Erreichung des Ziels gem. den Buchstaben a) und b) dienen, sind sie in ihrer Tragweite zunächst teleologisch begrenzt. Ziel der Schritte ist der „rasche" Transfer der Ersatzprodukte und -technologien, zu „gerechten und möglichst günstigen Bedingungen". Über dieses Ziel hinausgehende „durchführbare Schritte" werden von Artikel 10A nicht verlangt. Diese Limitierung ist insoweit von Bedeutung, als mit diesem Interpretationsansatz jedenfalls die Behauptung einer Rechtspflicht zur kostenfreien Übertragung gem. Artikel 10A abgelehnt werden muss. Dies ergibt sich einerseits aus dem Wortlaut der „möglichst günstigen Bedingungen", was zwar nicht per se auf einen Ausschluss der kostenfreien Übertragung hindeutet, aber doch auf einen Ausschluss einer Rechtspflicht zur kostenfreien Übertragung. Hätten die Parteien an dieser Stelle eine so weit gehende Verpflichtung niederlegen wollen, hätte eine andere Formulierung gewählt werden müssen. Andererseits könnte zudem fraglich sein, ob die kostenfreie Übertragung „durchführbar" i.S.d. Artikels 10A ist.[452]

451 *J. Patlis*, Cornell ILJ, Bd. 25 (1992), S. 181, 196, geht von einem Ineinandergreifen aus. Die hier vertretene Auslegung wird auch durch den Wortlaut von Art. 5 Abs. 5 a.E. bestätigt, wonach die Konditionalität sich jeweils auf Art. 10 und Art. 10A bezieht.

452 Eine Interpretation der Technologietransferverpflichtungen im Sinne eines Anspruchs auf kostenfreie Übertragung ist keineswegs aus der Luft gegriffen, vgl. etwa den Konferenzbericht der vierten Vertragsstaatenkonferenz zum Montrealer Protokoll (1992), unmittelbar nach Inkrafttreten der Londoner Änderungen, UNEP/OzL.Pro.4/15, para. 43 („A number of representatives referred to the conditions for the transfer of technology [...], while one considered that it should be free of charge").

Im Ergebnis müssen demnach Schritte, bzw. Maßnahmen unterhalb der Schwelle der kostenfreien Übertragung ergriffen werden. Dies klärt den Bedeutungsgehalt der Rechtsverpflichtung nach Artikel 10A aber nur ungenügend. Problematisch bleiben weiter drei Begriffe. Zum einen erscheint letztlich unklar, welche Schritte „durchführbar" (1), zum anderen, was unter „gerechten Bedingungen" (2) und „möglichst günstigen Bedingungen" (3) im Sinne des Buchstaben b) zu verstehen ist.

(1) *Merkmal der „Durchführbarkeit".* Im Hinblick auf die Auslegung des Merkmals der „Durchführbarkeit" muss grundsätzlich davon ausgegangen werden, dass das Kriterium für beide am Technologietransfer beteiligten Seiten erfüllt sein muss; für beide Seiten muss der Transfer durchführbar sein. Allerdings erscheint es schwierig festzulegen, was im Einzelfall die Undurchführbarkeit einer Maßnahme ausmacht. Insbesondere erscheint die Frage entscheidend, ob hinsichtlich der zu ergreifenden Maßnahmen eine Überprüfung anhand von Verhältnismäßigkeitskriterien zulässig sein soll, etwa im Sinne von Praktikablitätserwägungen bzw. Abwägungen ökonomischer Vernunft.[453] Hierbei stellt sich bereits auf der Ebene der Interpretation der gleichermaßen verbindlichen Wortlaute die Schwierigkeit, dass die englische und die französische Textfassung gerade in dieser Frage durchaus unterschiedliche Nuancen aufweisen. Während im Englischen von „practicable" die Rede ist[454] und damit Verhältnismäßigkeitserwägungen naheliegen, ist im Französischen nur von „possible" die Rede, was im Deutschen entsprechend auch mit „möglich" übersetzt werden könnte.[455] Nach der herrschenden Auslegungsregel bei mehrsprachigen völkerrechtlichen Verträgen ist die Bedeutung zugrundezulegen, „die unter Berücksichtigung von Ziel und Zweck des Vertrags die Wortlaute am besten miteinander in Einklang

453 Diese Auslegungsmöglichkeit sieht und bedauert *J. Drogula*, Georgetown IELR, Bd. 4 (1992), S. 257, 275.

454 *F. Biermann*, BlädiP 12/1995, S. 1492, 1496, übersetzt daher ins Deutsche mit den Worten „jeder praktikable Schritt", unterlässt aber jede weitere Auslegung der Norm.

455 Auch ein Blick auf die spanische Fassung führt kaum weiter. Hier wird von „todas las medidas factibles" gesprochen, was sowohl mit „möglich" als auch mit „durchführbar" übersetzt werden kann.

bringt".[456] Wenn als Ziel und Zweck des Montrealer Protokolls eine rasche Unterstützung der Entwicklungsländer zur Reduzierung ozonschädigender Technologien angenommen wird, liegt es nahe, eine extensive Interpretation im Sinne „jeder möglichen Maßnahmen" zugrundezulegen und damit die „Durchführbarkeit" also zunächst keinen Einschränkungen im Sinne von Überlegungen der Praktikabilität zu unterwerfen. Allein das Naheliegen einer solchen Einschränkung nach dem englischen Begriff „practicable" genügt für eine solche Interpretation jedenfalls nicht. Für die Annahme einer restriktiven Interpretation müssten sich vielmehr weitere Einschränkungen im Wortlaut des Artikels finden lassen, was aber gerade nicht der Fall ist. Zudem unterstützt ein Seitenblick auf die einschlägige Vorschrift des Wiener Übereinkommens ebenfalls eine weite Interpretation. In Artikel 10A fehlt der in Artikel 4 Absatz 2 des Wiener Übereinkommens aufgenommene Satz, wonach auf die „innerstaatlichen Gesetze" und „sonstigen Vorschriften und Gepflogenheiten" verwiesen wird. Nach dem oben erläuterten Verhandlungshintergrund liegt es nahe, dass es sich bei dieser Auslassung keineswegs um ein redaktionelles Versehen handelt, sondern sich hier die Position der Entwicklungsländer hat durchsetzen können: Es ging ja gerade um die gezielte Änderung des Standards, um die substanzielle Verstärkung der Technologietransferbestimmung. Der ursprünglich sehr viel vagere Formulierungsvorschlag des Exekutivdirektors zu Beginn der Londoner Konferenz[457] deutet darauf hin, dass die Parteien eine unmissverständlich „schärfere" Rechtspflicht zum Technologietransfer statuieren wollten. Die daraufhin gewählte Formulierung „shall take every practicable step" entstammt einem Vorschlag vom 25. Juni 1990 und ist in den nachfolgenden Änderungsvorschlägen insoweit nicht mehr geändert worden.[458] Im Ergebnis muss somit davon ausgegangen werden, dass nach Arti-

456 Art. 33 Abs. 4 WVK. Dazu *M. Hilf*, Die Auslegung mehrsprachiger Verträge, S. 101 f.

457 Vgl. Dokument UNEP/OzL.Pro.WG.IV/7.Rev.1 v. 19.6.1990 lautete in Bezug auf Technologietranfer: „Article 10 ter: Transfer of Technology The following paragraphs shall be added to the Protocol as Article 10 ter: 1. The Parties undertake to facilitate access to environmentally safe alternative substances and technology for Parties that are developing countries and co-operate with them to make expeditious use of such alternatives. 2. [...]".

458 Vgl. Dokument UNEP/OzL.Pro.WG.IV/7.Rev.2 u. nachfolgende Dokumente Rev.3 – Rev.5.

kel 10A im Grundsatz alle irgendmöglich durchführbaren Maßnahmen ergriffen werden müssen.[459]

Insbesondere kann allein eine aus Artikel 10A zu folgernde Notwendigkeit zur Änderung nationaler Gesetzgebung keineswegs schon zur Annahme einer „Undurchführbarkeit" verleiten. Was also etwa den Fall einer patentgeschützten Technologie anbelangt, so muss davon ausgegangen werden, dass keine Maßnahme bis hin zur Möglichkeit der Erteilung einer Zwangslizenz ausgeschlossen werden kann.

(2) *Merkmal der „gerechten Bedingungen".* Weiter stellt sich die Frage nach der Auslegung des Begriffs der „gerechten Bedingungen" in Artikel 10A. In den u.a. maßgeblichen englischen Wortlaut wird von „fair" gesprochen, im französischen von „équitable" und im spanischen von „justo". Da es sich beim Technologietransfer um einen Vorgang bilateralen Charakters handelt, wird man unter „gerechten Bedingungen" oder „angemessenen Bedingungen" solche zu verstehen haben, die weder einseitig zu Lasten der einen, noch zu Lasten der anderen Seite gehen. Dies schließt einen Interpretationsansatz aus, der aus dem engen Zusammenhang mit den Worten „möglichst günstigen Bedingungen" schliessen würde, dass es um eine Beurteilung der Gerechtigkeit allein aus Sicht des Entwicklungslandes gehen muss, da die „günstigen Bedingungen" auf die Sicht des Technologieaspiranten abstellen.

Der Versuch einer abstrakten Bestimmung, was „faire" Bedingungen für beide Seiten im Bereich eines Technologietransfers ausmachen, stößt freilich auf Schwierigkeiten. Der enge Zusammenhang zu „möglichst günstigen Bedingungen" legt nahe, dass der Begriff der „fairen" Bedingungen nicht allein die Frage der Höhe der Gegenleistung für einen Technologietransfer betrifft. Vielmehr wird man davon ausgehen können, dass es darum geht, dass die jeweilige Technologietransfermaßnahmen bei einer Gesamtbetrachtung im Einzelfall in einem „fairen" Lichte erscheint. Als Orientierungspunkt der Auslegung erscheint es nicht undenkbar, frühere Versuche heranzuziehen, „unfaire" Praktiken im Bereich des Technologietransfers zu unterbinden. Zu denken ist hier

459 A.A. *K. R. Hope*, Int E Aff., Bd. 8 (1996), S. 32, 36. *Hope* geht davon aus, aus Artikel 10A lasse sich lediglich eine Pflicht „to facilitate" ableiten. Diese Interpretation ist mit dem Wortlaut kaum in Einklang zu bringen.

an den Verhaltenskodex zum Technologietransfer[460] und an den von der Generalversammlung verabschiedeten Verhaltenskodex über „Restriktive Geschäftspraktiken" aus dem Jahre 1980.[461] Dabei ging es wesentlich um die Einhaltung bestimmter wettbewerbsrechtlicher Standards. Denkbar erscheint auch ein Rückgriff auf die von der OECD verabschiedeten Richtlinien für Multinationale Unternehmen, die bestimmte Empfehlungen für das Verhalten multinationaler Unternehmen beinhalten.[462] So könnte gesagt werden, dass jedenfalls ein Verstoß gegen Bestimmungen dieser Verhaltenskodizes im Zusammenhang mit einem Transfer relevanter Technologien ein Indiz für die Nichteinhaltung der „gerechten Bedingungen" darstellen würde.

(3) *Merkmal der „möglichst günstigen Bedingungen".* Auch die Konkretisierung des Merkmals der „möglichst günstigen Bedingungen" muss im Einzelfall für jede Transaktion erfolgen und kann nicht abstrakt definiert werden. Es kann jedoch angenommen werden, dass die Frage sich in erster Linie auf die finanzielle Gegenleistung eines Technologietransfers bezieht. Insoweit wird man von dem Vorliegen „möglichst günstiger Bedingungen" jedenfalls dann ausgehen können, wenn die Kosten auf einem Preisspektrums der noch angemessenen Preise am unteren Ende angesiedelt sind.

Abschließend bleibt noch die Frage nach dem Objekt des Transfers. In Artikel 10A ist die Rede von den „besten verfügbaren umweltverträglichen Ersatzprodukten und damit zusammenhängenden Technologien". Das Merkmal der „besten" Technologien zielt erkennbar darauf ab, dass keine veralteten Technologien transferiert werden. Hinsichtlich des Merkmals der Verfügbarkeit fällt zunächst auf, dass auch hier eine Textabweichung in den gleichermaßen verbindlichen Sprachen vorliegt. Einerseits findet sich im englischen Wortlaut „best *available* environmentally safe substitutes and related technologies" und vergleichbar im spanischen Text „los mejores productos sustitutivos y tecnologías conexas *disponibles*". Andererseits fehlt im französischen Text der Hinweis

460 Dazu bereits oben zweites Kapitel, B.IV.1.

461 Res. 35/63 v. 5.12.1980 („Restrictive business practices"). Dazu *M. Herdegen*, Internationales Wirtschaftsrecht, § 3, Rn. 44.

462 Dazu *M. Klinkenberg*, ZVglRWiss, Bd. 101 (2002), S. 421 ff.

auf die Verfügbarkeit gänzlich; dort ist lediglich von „meilleurs produits de remplacement“ die Rede. Nach der Auslegungsregel des Wiener Übereinkommens über das Recht der Verträge soll im Falle einer solchen Textdivergenz jener Wortlaut entscheidend sein, der im Hinblick auf Sinn und Zweck des Vertrags die Wortlaute am besten miteinander in Einklang bringt. Zur Lösung dieses Auslegungsproblems erscheint es hilfreich, zunächst zu überlegen, welche Bedeutung „Verfügbarkeit“ im hiesigen Kontext haben könnte. Erstens könnte der Begriff der Verfügbarkeit die Transferpflicht tatbestandlich begrenzen, indem sich die Pflicht lediglich auf jene Technologien bezieht, die den Adressaten verfügbar sind. Eine enge Auslegung könnte dann dahin führen, dass alle patentrechtlich geschützten Technologien von der Transferpflicht ausgenommen sind. Diese Auslegung widerspräche aber dem systematischen Zusammenhang und dem Sinn und Zweck der Regelung, da es gerade um den Transfer neuester technologischer Entwicklungen geht, die typischerweise patentrechtlichem Schutz unterliegen. Zweitens könnte die Verfügbarkeit sich auf die generelle Frage des Vorhandenseins dieser Technologien beziehen; dies würde jedoch eine Selbstverständlichkeit darstellen. Insoweit wäre der Zusatz letztlich inhaltsleer. Drittens könnte die Verfügbarkeit insoweit klarstellende Funktion haben, als Vertragsparteien einzig zu Maßnahmen im Hinblick auf Technologien in ihrem Hoheitsbereich verpflichtet sein sollen. Diese letzte Auslegungsvariante scheint plausibel, da sie den Tatbestand in sinnvoller Weise begrenzt. Auch entschärft sie im Ergebnis das Problem der Textdivergenz; der französische Text wäre dann, trotz Fehlens des Begriffes der Verfügbarkeit, zulässigerweise auch in diesem Sinne zu interpretieren.

Insgesamt lässt sich Artikel 10A somit dahingehend auslegen, dass jede einzelne Vertragspartei, unabhängig von ihrem finanziellen Beitrag zum Multilateralen Fonds des Montrealer Protokolls, die Rechtspflicht hat, Maßnahmen dahingehend zu ergreifen, dass relevante Technologien, die in ihrem Hoheitsbereich verfügbar sind, mindestens gegen einen niedrigen Preis und unter Bedingungen, die mit Kernbestimmungen internationaler wettbewerbsrechtlicher Vereinbarungen im Einklang stehen, an Entwicklungsländer transferiert werden. Auch *B. Kellersmann* interpretiert diese Bestimmung, nach zutreffendem Hinweis auf die Schwierigkeit der Konkretisierung, in der Weise, dass von den Industriestaaten eine „ernsthafte Einwirkung auf den privaten Sektor mit dem Ziel der

Weitergabe von Technologie" verlangt sei, diese aber nicht „unmittelbar zum Transfer selbst verpflichtet" seien.[463] Auch dieses Interpretationergebnis überzeugt im Wesentlichen; nach dem oben Gesagten obliegt den Vertragsparteien lediglich die Ergreifung von Maßnahmen mit dem entsprechenden Ergebnis. Allerdings muss betont werden, dass nach dem Wortlaut das Transferergebnis entscheidend ist. Somit sind die Vertragsparteien verpflichtet, in einer Weise „ernsthaft" auf den Privatsektor einzuwirken, dass das Ergebnis erreicht wird. Diese Einwirkung wird gegebenenfalls auch die Zuhilfenahme von Zwangslizenzen nicht ausschließen. Letztlich läßt Artikel 10A es offen, ob der Transfererfolg durch geeignete Anreize auf dem Privatsektor oder durch staatsseitigen Transfer bewirkt wird; wie der Technologietransfer im Einzelnen abzulaufen hat, wird nicht festgelegt. Jedenfalls steht nach der Auslegung fest, dass eine Vertragspartei ihre Pflicht nach Artikel 10A nicht allein mit dem Hinweis auf die Leistung finanzieller Beiträge im Rahmen von Artikel 10 erfüllen kann.

bb) Konditionalität gem. Artikel 5 Absatz 5

Weiter wurde durch die Londoner Beschlüsse Artikel 5 neu gefasst. Er enthält Bestimmungen über die „besondere Lage der Entwicklungsländer". Hier ist insbesondere Absatz 5 von Bedeutung. Er lautet:

> Die Entwicklung der Fähigkeit der in Absatz 1 bezeichneten Vertragsparteien zur Erfüllung ihrer Verpflichtungen, die in den Artikeln 2A bis 2E bezeichneten Regelungsmaßnahmen einzuhalten, und die Umsetzung dieser Maßnahmen durch diese Vertragsparteien sind abhängig von der wirksamen Durchführung der in Artikel 10 vorgesehenen finanziellen Zusammenarbeit und der in Artikel 10A vorgesehenen Weitergabe von Technologie.

Demnach wird festgelegt, dass die Verpflichtung zur Erfüllung der den Entwicklungsländern obliegenden Regelungsmaßnahmen vollständig von der Erfüllung der Technologietransferbestimmungen – und der finanziellen Verpflichtungen gem. Artikel 10 – durch die Industriestaaten abhängt. Hierbei geht es nicht um die Statuierung eines echten Gegenseitigkeitsverhältnisses der Verpflichtungen von Entwicklungsländern und Industriestaaten, sondern vielmehr um das Recht der Entwicklungsländer, die Erfüllung ihrer Verpflichtungen aussetzen zu können, soweit und

463 *B. Kellersmann*, Die gemeinsame, aber differenzierte Verantwortlichkeit, S. 124.

solange die Industriestaaten es unterlassen, ihrerseits einen wirksamen Technologietransfer zu bewirken.[464] Diese Form der Konditionalität gehörte bei den Londoner Verhandlungen zu den Hauptanliegen der Entwicklungsländerseite. Vor dem Hintergrund der auf die Entwicklungsländer zukommenden Pflichten wollten diese sicherstellen, dass sie den Industriestaaten im Falle der Nichterfüllung ihrer Pflichten unter Umständen entgegenhalten können, dass die Industriestaaten in nicht wirksamer Form Erfüllungshilfe geleistet haben. Eine solche Verknüpfung war bereits in allen Vorstadien des Textes enthalten.[465]

cc) Änderungen der Präambel

Schließlich wurde auch die Präambel angepasst. Danach erhielten der 7. und 9. Präambelsatz eine neue Fassung:

> in der Erkenntnis, dass besondere Vorkehrungen zur Deckung des Bedarfs der Entwicklungsländer notwendig sind, einschließlich der Bereitstellung zusätzlicher finanzieller Mittel und des Zugangs zu einschlägigen Technologien, wobei zu berücksichtigen ist, dass sich der Umfang der erforderlichen Mittel vorhersehen lässt und dass die Mittel die internationalen Möglichkeiten zur Behandlung des wissenschaftlich belegten Problems des Ozonabbaus und seiner schädlichen Auswirkungen erheblich verändern können, [...]
>
> angesichts der Bedeutung der Förderung der internationalen Zusammenarbeit bei der Erforschung, Entwicklung und Weitergabe alternativer Technologien im Zusammenhang mit der Regelung und Verminderung der Emissionen von Stoffen, die zu einem Abbau der Ozonschicht führen, wobei die Bedürfnisse der Entwicklungsländer besonders zu berücksichtigen sind;

Diese neuen Präambelsätze spiegeln die oben bereits angesprochene Interessenlage der Entwicklungsländer deutlich wider. Einerseits zeigt sich die Besorgnis, von technologischen Fortschritten abgeschnitten zu werden, andererseits das Interesse, in die internationalen Bemühungen zur raschen Verbreitung der einschlägigen Ersatztechnologien einbezogen zu werden.

464 So auch *B. Kellersmann*, Die gemeinsame, aber differenzierte Verantwortlichkeit, S. 125 ff. m.w.N.; s. auch *A. Boyle*, Comment, S. 138; *J. Patlis*, Cornell ILJ, Bd. 25 (1992), S. 181 (196).

465 Vgl. die Dokumente UNEP/OzL/Pro.WG.IV/7/Rev.1–5.

b) Zwischenbewertung

Die Tatsache, dass es der Entwicklungsländerseite gelungen ist, die Formulierung des Artikels 10A durchzusetzen, zeigt außerordentlich eindrucksvoll, wie stark die Verhandlungsmacht der großen Entwicklungsländer (insbes. der VR China und Indien) im Kontext des Schutzes der Ozonschicht war. Eine vergleichbare Formulierung, die den Entwicklungsländern einen so weit gehenden Rechtsanspruch auf Maßnahmen zum Transfer von Technologien gibt, konnte bis dahin in keiner anderen völkerrechtlichen Übereinkunft erzielt werden. Der Verabschiedung des Artikels 10A kommt damit insoweit Präzedenzwirkung zu, als er die erste rechtsverbindliche Zusage der Industriestaaten darstellt, Entwicklungsländern einen Anspruch auf technologische Unterstützung zu gewährleisten; er kann daher auch als entscheidender Durchbruch für das Anliegen einer gerechteren Lastenverteilung im Bereich der globalen Umweltschutzanstrengungen gewertet werden.

c) Gründung des multilateralen Finanzierungsmechanismus (Artikel 10)

Auf der Londoner Konferenz konnte man sich zudem auf die Errichtung eines multilateralen Finanzierungsmechanismus zugunsten der Entwicklungsländer in einem neuen Artikel 10 einigen; dieser steht mit den Verhandlungen über den Technologietransfer in engem Zusammenhang.[466] Diese Neuregelung konnte, wie auch die Regelungen des Artikels 10A, erst auf den massiven Druck der großen Entwicklungsländer auf der Londoner Konferenz beschlossen werden.[467] Das Ziel dieses Mechanismus besteht nach Artikel 10 Absatz 1 darin, „finanzielle und technische

466 S. zunächst Entscheidung II/8 „Financial Mechanism" zur Gründung eines *Interim Financial Mechanism* „for the purposes of providing financial and technical cooperation, including the transfer of technologies, to Parties operating under paragraph 1 of Article 5 of the Montreal Protocol to enable their compliance with the control measures [...]", s. Dokument UNEP/OzL/Pro.2/3 v. 29.6.1990. Vgl. zum Ganzen *R. Benedick*, Ozone Diplomacy, insbes. S. 183 ff.; *F. Biermann*, Financing Environmental Policies in the South; *J. A. Bove*, Env Lawyer, Bd. 9 (2003), S. 399 ff.; *B. Kellersmann*, Die gemeinsame, aber differenzierte Verantwortlichkeit, S. 107 ff.; *J. Patlis*, Cornell ILJ, Bd. 25 (1992), S. 181 ff.; *S. Schuppert*, Neue Steuerungsinstrumente, S. 131; *A. Wood*, Int E Aff., Bd. 5 (1993), S. 335 ff.

467 *R. Benedick*, Ozone Diplomacy, S. 183 ff.

Zusammenarbeit einschließlich der Weitergabe von Technologien" an Entwicklungsländer zu gewährleisten, womit die Relevanz für den Technologietransfer unmittelbar erkennbar wird. Jene „vereinbarten Mehrkosten" *(agreed incremental costs)*, die den Entwicklungsländern durch die Einhaltung der neuen Verpflichtungen gem. der Artikel 2A bis 2E entstehen würden, sollten aus einem durch Beiträge der Industriestaaten gespeisten Finanzfonds gedeckt werden. Dies stellte die Bedingung der Entwicklungsländer für die Akzeptanz eigener Verpflichtungen dar.

aa) Begriff der „vereinbarten Mehrkosten"

Den zentralen Formelkompromiss des Systems des Finanzierungsmechanismus stellt der Begriff der „vereinbarten Mehrkosten" dar. Während die Entwicklungsländer in den Verhandlungen auf die Zusicherung beharrten, dass die gesamten Mehrkosten, die ihnen durch die Verpflichtungen des Montrealer Protokolls entstehen würden, aus dem Fonds finanziert würden, sperrten sich die Industriestaaten gegen eine derart offene Formulierung. Insbesondere die Vereinigten Staaten bestanden auf der Klarheit und Vorhersehbarkeit der finanziellen Leistungen.[468] Gleichwohl sicherte die grundsätzliche Finanzierungsbereitschaft der Industriestaaten den Erfolg der Londoner Konferenz. Der im Ergebnis gewählte Begriff der „vereinbarten Mehrkosten" spiegelt daher beide Positionen wider.

Wegen der Vagheit dieses Begriffes eignete man sich weiter darauf, auf der Tagung der Vertragsparteien eine „als Anhaltspunkt dienende Liste der Kategorien von Mehrkosten" *(indicative list)* zu beschließen (vgl. Artikel 10 Absatz 1 Satz 3). Nach der Entscheidung II/3, Anlage IV. werden hiervon in erster Linie Kosten für die Umstellung von kontrollierten Substanzen auf Ersatzsubstanzen erfasst, d.h. Lizenzgebühren, Kosten für den Umbau von Anlagen, für die Umschulung von Personal und für die umweltverträgliche Entsorgung von Stoffen, die zu einem Abbau der Ozonschicht führen.[469] Die nicht abschließend aufgeführten Kategorien von Mehrkosten beziehen sich damit ganz wesentlich auf den Transfer von Technologien zum Schutz der Ozonschicht, womit die enge Verknüpfung der Einrichtung des Finanzmechanismus mit der

468 Vgl. Statement of the US Delegation Regarding the Financial Mechanism, dazu auch *R. Benedick*, Ozone Diplomacy, S. 183 f.

469 Dokument UNEP/OzL/Pro.2/3, Annex IV.

Verpflichtung zum Technologietransfer nochmals deutlich wird. Aus der „indicative list" kann entnommen werden, dass das Hauptfinanzierungsanliegen des multilateralen Fonds im Bereich Technologietransfer liegt.

Die Vereinigten Staaten erkannten bereits frühzeitig auf der Konferenz die potenzielle Präzedenzwirkung dieses Zugeständnisses an die Entwicklungsländer und setzten deshalb in Absatz 10 eine Formulierung durch, wonach der vorgesehene Finanzierungsmechanismus „künftige Regelungen, die möglicherweise im Hinblick auf andere Umweltfragen entwickelt werden", unberührt lässt. Damit ist freilich aus völkerrechtlicher Sicht eine Selbstverständlichkeit ausgedrückt; im politischen Kontext sollte ihr aber eine Signalwirkung zukommen.[470]

bb) Finanzielle Ausstattung des Fonds

Zur Durchführung des Finanzierungsmechanismus wurde der multilaterale Fonds gegründet.[471] Hinsichtlich der Beitragszahlung durch die „nicht in Artikel 5 Absatz 1 bezeichneten Vertragsparteien" legt Artikel 10 Absatz 1 Satz 2 fest, dass die Beiträge „zusätzlich zu anderen finanziellen Zuwendungen" an die Entwicklungsländer geleistet werden müssten (Prinzip der „additionality"). Als Beitragsschlüssel wird der Schlüssel der Vereinten Nationen zugrundegelegt,[472] wobei die einzelnen Verpflichtungen in der Entscheidung II/3, Anlage IV. (Anhang III.) aufgeführt sind.[473]

Die Vertragsparteien beschlossen ebenfalls auf der Londoner Konferenz, bis zum In-Kraft-Treten der Änderungen unmittelbar einen vorläufigen multilateralen Fonds zu gründen (Interim Multilateral Fund). Dieser wurde gem. Entscheidung II/3, Anlage IV. (Anhang IV.) zunächst mit 160 Millionen USD ausgestattet mit Option zur Erhöhung auf weite-

470 So auch *H. Ott*, VRÜ 1991, S. 188, 198.

471 *P. Lawrence*, JEL, Bd. 4 (1992), S. 15, 19 ff.

472 Hierzu *W. Korroscheck* in: The Charter of the United Nations, Art. 17, Rn. 67 ff. Dieser Schlüssel lag im Interesse der Vereinigten Staaten, da somit ihr Beitrag bei 25% „gedeckelt" wurde. Ein Alternativvorschlag, den Verbrauch von ozonschädigenden Substanzen im Jahre 1986 zugrundezulegen, hätte für die Vereinigten Staaten einen Beitrag von etwa 30% bedeutet. Der Schlüssel wurde zunächst von der EG bekämpft, da so ein Gesamtanteil der EG von fast 35% herauskam, dazu *R. Benedick*, Ozone Diplomacy, S. 187.

473 Dazu auch *H. Ott*, VRÜ 1991, S. 188, 198 f. Der Schlüssel wurde anläßlich der vierzehnten Tagung der Vertragsparteien modifiziert.

re 80 Millionen USD im Falle des Beitritts weiterer Vertragsparteien, womit China und Indien ins Auge gefasst wurden.[474] Die endgültige Entscheidung zur Errichtung des Mechanismus fiel sodann durch Entscheidung IV/18 anlässlich der Tagung in Kopenhagen im Jahre 1992.[475]

Inwieweit die Beiträge hierzu tatsächlich dem Prinzip der Zusätzlichkeit entsprachen und nicht durch Umschichtungen von Mitteln für andere Projekte der Entwicklungszusammenarbeit bewirkt wurden, lässt sich nicht feststellen, da eine Festlegung der „anderen finanziellen Zuwendungen" nicht erfolgt ist.[476] Es muss daher davon ausgegangen werden, dass das Kriterium der Zusätzlichkeit in der Umsetzungspraxis mehr als eine politische Appellfunktion nicht erfüllen kann, da es an jeglichem Anhaltspunkt für die Verifikation fehlt. Gleichwohl kann aus Artikel 10 abgeleitet werden, dass die „nicht in Artikel 5 Absatz 1 bezeichneten Vertragsparteien" völkerrechtlich zur Beitragszahlung nach dem vereinbarten Schlüssel verpflichtet sind.[477] Zwar ergibt sich die Beitragspflicht nicht ausdrücklich aus dem Wortlaut, da in Absatz 6 Satz 1 lediglich festgestellt wird, *dass* der Fonds aus „Beiträgen der nicht in Artikel 5 Absatz 1 bezeichneten Vertragsparteien" gespeist wird. Jedoch spricht für eine Beitragspflicht die Gegenüberstellung mit Absatz 6 Satz 2, wonach „andere Vertragsparteien zur Beitragszahlung ermutigt werden". Hieraus kann gefolgert werden, dass an die „nicht in Artikel 5 Absatz 1 bezeichneten Vertragsparteien" eine darüber hinausgehende Erwartung gerichtet ist. Außerdem wurde bei den Verhandlungen auf die Einfügung des Wortes „voluntary" in Absatz 6 Satz 1 bei der Ausarbeitung des Paragrafen ausdrücklich verzichtet.[478]

474 *R. Benedick*, Ozone Diplomacy, S. 187.

475 Dazu sogleich unter 4.

476 Auch eine Orientierung an dem rechtlich nicht verbindlichen Ziel der VN, dass jeder Industriestaat 0,7% des Bruttosozialprodukts als Beitrag zur Entwicklungshilfe zahlen soll, führt hier nicht weiter, da die wenigsten Industriestaaten sich in der Praxis an dieser politischen Grösse orientieren. Zu den Schwierigkeiten der Definition auch GEF (Hrsg.), Study of GEF's Overall Performance, S. 5 f.

477 So auch *U. Beyerlin*, Umweltvölkerrecht, Rz. 517; *B. Kellersmann*, Die gemeinsame, aber differenzierte Verantwortlichkeit, S. 111; *R. Benedick*, Ozone Diplomacy, S. 187, nimmt eine „stillschweigende Verpflichtung" an.

478 Vgl. *R. Benedick*, Ozone Diplomacy, S. 187.

cc) *Operative Ausgestaltung des Fonds*

Auch die operative Ausgestaltung des Fonds war auf der Londoner Konferenz äußerst streitig. Im Ergebnis legt Artikel 10 Absatz 4 fest, dass die Bestimmung der allgemeinen Politik des Fonds den Vertragsparteien obliegt. Zum Zwecke der Erarbeitung der Handlungsgrundsätze und der Überwachung der Durchführung der Operationen des Fonds wurde weiter die Einrichtung eines Exekutivausschusses (Executive Committee) festgelegt.[479] Über die Besetzung des Exekutivausschusses wird durch Wahl entschieden, wobei eine ausgewogene Vertretung von Industriestaaten und Entwicklungsländern sichergestellt werden muss. Dieses Erfordernis wird durch die Entscheidung II/3, Anlage IV. (Anhang II., Nr. 2) konkretisiert, wonach der Exekutivausschuss aus je sieben Mitgliedern aus der Gruppe der Entwicklungsländer (Artikel 5-Staaten) und sieben Vertretern der Industriestaaten bestehen muss. Die Ausgewogenheit in der Besetzung des Gremiums wird noch durch die in Absatz 9 vorgesehenen Abstimmungsmodalitäten unterstrichen. Danach werden alle Beschlüsse der Vertragsparteien nach Artikel 10 nach Möglichkeit im Konsens verabschiedet. In den Fällen, in denen kein Konsens erzielt werden kann, entscheidet eine Zweidrittelmehrheit, wobei es zugleich eine einfache Mehrheit in beiden Gruppen geben muss. Dieses System gewährleistet, dass weder die Geber- noch die Nehmerländer überstimmt werden können. Diese Abstimmungsmodalitäten wurden zu Recht als beispiellos bezeichnet,[480] da etwa in den Bretton Woods-Organisationen den Geberländern stets das Letztentscheidungsrecht zusteht. Weiter sieht Absatz 5 Satz 2 die Beteiligung der Internationalen Bank für Wiederaufbau und Entwicklung (Weltbank), des VN-Umweltprogramms und des VN-Entwicklungsprogramms vor (sog. *Implementing Agencies*).[481] Hinsichtlich der Verwaltung des Fonds wurde beschlossen, ein eigenständiges Sekretariat in Montreal, Kanada, einzurichten.[482]

479 Dazu auch *H. Ott*, VRÜ 1991, S. 188, 199 f.

480 *B. Kellersmann*, Die gemeinsame, aber differenzierte Verantwortlichkeit, S. 118.

481 Später kam noch die VN Organisation für industrielle Entwicklung (UNIDO) hinzu, vgl. Dokument UNEP/OzL.Pro/ExCom/8/29 v. 21.10.1992, Annex IV.

482 Dies führte zu der Situation, dass das Sekretariat des Protokolls bei UNEP in Nairobi angesiedelt blieb, das Sekretariat des Fonds jedoch getrennt in Montreal gegründet wurde. *R. Benedick*, Ozone Diplomacy, S. 186, erklärt dies mit dem Wunsch der Parteien, einen 13% Verwaltungszuschlag bei einer Verwaltung durch UNEP zu vermeiden. Jedenfalls auf der sechsten Tagung der Vertragsparteien wur-

dd) Das Verhältnis zur Globalen Umweltfazilität

Was schließlich das Verhältnis zwischen dem Multilateralen Fonds des Montrealer Protokolls und der Gründung der Globalen Umweltfazilität (GEF)[483] angeht, fällt auf, dass die Gründung der GEF fast parallel zu den Verhandlungen über die Londoner Änderungen erfolgte.[484] Hieraus ergaben sich auch Fragen der Abgrenzung der jeweiligen Mandate. Anfänglich sollten Fragen des Schutzes der Ozonschicht nicht vom Mandat der GEF umfasst sein, jedoch entschieden sich die teilnehmenden Staaten der GEF im Dezember 1991, dass auch Maßnahmen zum Schutz der Ozonschicht mit einem thematischen Schwerpunktgebiet berücksichtigt werden sollten. Als Voraussetzung wurde aber festgelegt, dass der Empfängerstaat nicht nach dem Montrealer Fonds förderungswürdig ist und dass das Bruttosozialprodukt pro Kopf des Landes unter einem Wert von 4'000 USD im Jahr 1989 liegt. Diese Kriterien schränkten den Kreis der potenziell förderwürdigen Staaten stark ein. Im Ergebnis erfüllten einzig Staaten aus Mittel- und Osteuropa die Kriterien, womit allerdings eine wichtige Finanzierungslücke geschlossen wurde.[485]

d) Bewertung

Die Annahme der Londoner Änderungen, die Einfügung der Artikel 10 und 10A in das Montrealer Protokoll, müssen aus Sicht der Entwicklungsländer als Durchbruch gewertet werden. Allgemein handelt es sich um den ersten Fall eines Systems rechtlich garantierter technologisch-finanzieller Zusammenarbeit zum Zwecke des Schutzes eines globalen Gemeinschaftgutes.[486] Damit wurde der Weg zu einem effektiven Schutz der Ozonschicht auf globaler Ebene frei gemacht, denn erst die Vorschriften zum Technologietransfer und die Gründung des multilateralen

---

de auch der rechtliche Status des Sekretariats insoweit klargestellt, als dass es eigenständige Rechtspersönlichkeit besitzt (Entscheidung VI/16).

483 Dazu oben viertes Kapitel, H.

484 *B. Kellersmann*, Die gemeinsame, aber differenzierte Verantwortlichkeit, S. 109; *A. Wood*, Int E Aff., Bd. 5 (1993), S. 335, 343.

485 Es ging um Bulgarien, Polen, Russland, die Slowakei, die Ukraine, Ungarn, Usbekistan und Weißrussland.

486 So auch *R. Benedick*, Ozone Diplomacy, S. 188; auch *S. Carlson*, Texas ILJ, Bd. 29 (1994), S. 211, 229; *P. Cullet*, Differential Treatment, S. 103 („turning point in the development of differentiation in international environmental law").

Fonds haben dazu geführt, dass Entwicklungsländer, allen voran die VR China und Indien in kurzer Zeit nach dem Abschluss der Londoner Verhandlungen Vertragsparteien des Protokolls geworden sind.[487] *G. Handl* hat vor der Londoner Konferenz „unprecedented international redistribution of wealth" befürwortet, um die Kooperationsbereitschaft der Entwicklungsländer herbeizuführen.[488] Die Ergebnisse der Londoner Konferenz haben ihm im Ergebnis Recht gegeben, wenngleich die Erstaustattung des Fonds vergleichsweise bescheiden war.

4. Die Entscheidungen der Kopenhagener Tagung (1992)

Nachdem auf der zweiten Tagung der Vertragsparteien der Durchbruch im Bereich der Zusammenarbeit zwischen Industriestaaten und Entwicklungsländern geschaffen wurde, ging es auf den nachfolgenden Konferenzen in erster Linie um die weitere Verschärfung der Reduktionspflichten;[489] im Bereich des Technologietransfers und der finanziellen Zusammenarbeit verhandelte man die Umsetzung der Artikel 10 und 10A.[490] Das Protokoll erfuhr aber insoweit keine textlichen Änderungen mehr.

Im Hinblick auf die Umsetzung der Bestimmungen zum Finanzierungsmechanismus zog der Vorsitzende des Exekutivausschusses des

487 In der Folge der Londoner Anpassungen ratifizierten die verbleibenden entscheidenden Entwicklungsländer das Wiener Übereinkommen: Indien (18.3.1991), Indonesien (26.6.1992), Südkorea (27.2.1992), Pakistan (18.12.1992). *D. Caron*, AFDI, Bd. XXXVI (1990), S. 704, 711; *J. Drogula*, Georgetown IELR, Bd. 4 (1992), S. 257, 276; *V. Nanda*, Texas ILJ, Bd. 26 (1991), S. 497 (517); *M. Tolba*, Global Environmental Diplomacy, S. 82. Zur indischen Sicht *R. S. Pathak*, Indiana JGLS, Bd. 1 (1994), S. 325, 334 f.

488 *G. Handl*, EJIL, Bd. 1 (1990), S. 250, 256.

489 Hinsichtlich des Umfangs der geregelten Stoffe und der Reduktionszeitpläne wurde eine Reihe von Verschärfungen verabschiedet. Insbesondere ist hier die erstmalige Einbeziehung von teilhalogenierten Fluorchlorkohlenwasserstoffen, teilhalogenierten Fluorbromkohlenwasserstoffen und Methylbromid zu nennen.

490 Diese Themen standen bereits bei der dritten Tagung der Vertragsparteien in Kenia auf der Tagesordnung. In der Eröffnungsrede wies der damalige Britische Minister of State Hon. *D. Trippier* als vormaliger Konferenzpräsident auf die Notwendigkeit hin, im Kontext des Technologietransfers zwischen „‚hard technology', such as equipment and sophisticated operations and processes, and ‚soft technology', including publications, personnel exchanges, education and training" zu unterscheiden. Vgl. Dokument UNEP/OzL.Pro.3/11 v. 21.6.1991, Ziff. 5.

„Interim Multilateral Fund", *J. Mateos*, in seinen Jahresbericht über die Arbeit des Fonds eine positive Bilanz.[491] Insbesondere gestalte sich die Zusammenarbeit zwischen Industrie- und Entwicklungsländern reibungslos, alle Entscheidungen hätten im Konsens verabschiedet werden können. Wie *R. Benedick* berichtet, teilten keineswegs alle Vertragsparteien diese positive Einschätzung. Von Seiten der Empfänger wurden erhebliche Verzögerungen in den Beitragszahlungen kritisiert;[492] der Fonds hatte zunächst mit erheblichen verwaltungstechnischen Schwierigkeiten zu kämpfen.[493] Auch vor diesem Hintergrund zögerten europäische Geberländer, einer permanenten Institutionalisierung des Fonds zuzustimmen. Zudem war über die finanzielle Ausstattung des Fonds für die Dreijahresperiode 1994 bis 1996 zu entscheiden. Trotz der Atmosphäre zunehmender Nord-Süd-Konfrontation einigte man sich mit der Entscheidung IV/18 der Tagung der Vertragsparteien auf die Gründung des Finanzierungsmechanismus einschließlich des multilateralen Fonds.[494] Der Wortlaut der Entscheidung umgeht dabei die Frage der Dauerhaftigkeit der Einrichtung. Der Vorschlag, den multilateralen Fonds mit der GEF zusammenzuführen, wurde indes zurückgezogen.[495] Hinsichtlich der finanziellen Ausstattung konnte man sich zunächst lediglich für das Jahr 1993 auf einen Betrag von 113,34 Millionen USD einigen; die Entscheidung über die Wiederauffüllung des Fonds für die Jahre 1994 bis 1996 wurde auf die fünfte Tagung der Vertragsparteien verschoben.

491 Vgl. Dokumente UNEP/OzL.Pro.4/15 v. 25.11.1992 u. UNEP/OzL.Pro.4/8 v. 13.7.1992. Hinsichtlich der Durchführung der Finanzierungsaktivitäten hatte der Exekutivausschuss verschiedene Klarstellungen zu verabschieden. So musste etwa die Frage der Förderungsmöglichkeit im Falle von solchen Unternehmen in Entwicklungsländern geklärt werden, die vollständig oder zumindest teilweise im Eigentum von Industriestaaten stehen und ausschließlich für den Export produzierten. Weiter ging es um die Frage, wie im Falle von Miteigentum von Nicht-Mitgliedsstaaten vorzugehen ist, vgl. dazu die Entscheidungen in Dokument UNEP/OzL.Pro/ExCom/7/30 v. 27.6.1992, para. 88 u. para. 91.

492 Dokument UNEP/OzL.Pro.4/15 v. 25.11.1992, para. 41.

493 *R. Benedick*, Ozone Diplomacy, S. 209 f.; *A. Wood*, Int E Aff., Bd. 5 (1993), S. 335, 344 ff.

494 Dokument UNEP/OzL.Pro.4/15 v. 25.11.1992.

495 Dokument UNEP/OzL.Pro.4/15 v. 25.11.1992, para. 41. Als Zugeständnis wurde jedoch in der Entscheidung festgelegt, dass der Finanzierungsmechanismus bis 1995 einer erneuten Bewertung unterzogen werden solle.

5. Zusammenfassender Überblick über die weitere Praxis der Umsetzung der Artikel 10A und 10 des Protokolls

Nachdem die Grundstrukturen der technologischen und finanziellen Zusammenarbeit mit den Londoner Änderungen und den Entscheidungen von Kopenhagen festgelegt worden waren, stand in den nachfolgenden Jahren die praktische Umsetzung der Verpflichtungen zur Zusammenarbeit im Vordergrund. Dabei ging es neben Umsetzung der Technologietransferbestimmungen des Artikels 10A (dazu unter a.) in erster Linie um das Bemühen um einen reibungslosen Betrieb des multilateralen Fonds. Die nachfolgenden Verhandlungen wurden indes maßgeblich von dem Ringen um die dreijährlich wiederkehrende Frage der Wiederauffüllung des multilateralen Fonds gekennzeichnet, wobei die Wiederauffüllungsfrage auch in Beziehung zu der zunehmenden Inpflichtnahme der Entwicklungsländer im Hinblick auf eigene Reduktionsverpflichtungen zu sehen ist (dazu unter b. und c.).

a) Technologietransfer

Anlässlich der Tagungen der Vertragsparteien kritisierten die Entwicklungsländer bald die Umsetzung der Verpflichtung zu Maßnahmen im Bereich des Transfers von Technologien als ungenügend,[496] während Vertreter aus Industriestaaten mitunter Schwierigkeiten auf Empfängerseite andeuteten.[497] Der Vertreter Deutschlands auf der Konferenz in

496 So etwa auf der Dokument UNEP/OzL.Pro.6/7 v. 10.10.1994, para. 31 ff. („32. One of them said that there had been no palpable movement towards the provision of technology to Article 5 countries to produce CFC substitutes. Information dissemination and clearing-house functions were inadequate. That situation had to be changed, or the Protocol would be only partially implemented. Technology for the production of CFC substitutes, he continued, had to be made available at affordable rates and on acceptable terms.“). Diese Kritik spiegelte sich auch in einer entsprechenden gemeinsamen Erklärung von Argentinien, Brasilien, Chile, China, Kolumbien, Indien, Malaysien, Peru, den Phillippinen und Uruguay, vgl. Annex V. zum genannten Dokument („Urge: [...] (g) Article 2 countries to ensure the transfer of the best available and environmentally safe alternative technologies to Article 5 countries under fair and most favourable conditions; [...]“).

497 Dokument UNEP/OzL.Pro.6/7 v. 10.10.1994, para. 33 („Another representative said that his country would make a reality of the obligation to transfer technology it had entered into under the Montreal Protocol, in order to help, wherever possible, developing countries to comply with the regulatory provisions. However, such a

Nairobi, der im Herbst 1994 gleichzeitig als Vertreter der Europäischen Union auftrat, betonte die Notwendigkeit der Schaffung von geeigneten Institutionen, die den technologiebezogenen Informationsfluss beschleunigen könnten.[498]

Auf der siebten Tagung der Vertragsparteien in Wien wurde nochmals die Wichtigkeit sowohl der finanziellen Unterstützung als auch des Technologietransfers betont. Nach der Entscheidung VII/4 („Provision of financial support and technology transfer") wird darauf hingewiesen, dass die Entscheidung über neuerliche Kontrollmaßnahmen sich auch in zusätzlichen Finanzmitteln und Technologietransfer widerspiegeln müsse. Gleichzeitig wird die Konditionalität der Beteiligung der Entwicklungsländer gem. Artikel 5 Absatz 5 unterstrichen.[499] Außerdem stellte der Vorsitzende des Exekutivausschusses einen auf Anweisung der Open-ended Working Group (OEWG) erstellten vorläufigen Bericht über die Frage des Technologietransfers im Rahmen des multilateralen Fonds vor.[500] Darin wird betont, dass es sich bei dem Übergang von ozonschichtschädigenden zu ozonschichtschonenden Verbrauchs- und Produktionsgepflogenheiten um einen technologischen Wandel handele. Dieser Prozess schlösse unter anderem ein: die Klarstellung der Bedürfnisse der Technologieempfänger, die Aneignung von Patenten und Geschmacksmustern, die Anpassung vorhandener Technologien an die lokalen Gegebenheiten, die Auswahl und Beschaffung geeigneter Ausrüstungen und Materialien, die Ausbildung von Personal und die technische Unterstützung. Alle diese Aspekte würden im Rahmen der Kategorien der „zusätzlichen Kosten" berücksichtigt. Der Exekutivausschuss sei bemüht, Technologietransfer und Transfer von Know-How im Rahmen der zur Verfügung stehenden Ressourcen zu bewirken, gleichzeitig aber auch die individuelle Verantwortlichkeit der Parteien gem. Artikel 10A zu katalysieren.[501] Im Hinblick auf die zuerst genannte Tätigkeit habe der Ausschuss bereits zahlreiche Maßnahmen ergriffen.

---

transfer was not a one-way street from industrial to developing and threshold countries. Where necessary, technologies had to be jointly developed which were tailor-made to the problems to be tackled.").

498 Dokument UNEP/OzL.Pro.6/7 v. 10.10.1994, para. 35.

499 Vgl. Dokument UNEP/OzL.Pro.7/12 v. 27.12.1995.

500 Vgl. Dokument UNEP/OzL.Pro/WG.1/12/4 v. 18.9.1995; Bericht in UNEP/OzL.Pro.7/10 v. 24.11.1995.

501 Dokument UNEP/OzL.Pro.7/10 v. 24.11.1995, para. 11.

Insbesondere sei zu nennen die Klarstellung der technologischen Bedürfnisse (etwa durch die Veranstaltung von Workshops), enge Zusammenarbeit bei der Auswahl der geeigneten Technologien im Vorbereitungsstadium von Projekten und schließlich die Entwicklung und Durchführung von Projekten, die Technologietransfer beinhalten (Anschaffung geeigneter Geräte). Der Bericht führt weiter aus, dass keinerlei Hinweise auf bestehende Hindernisse beim Technologietransfer vorlägen.[502] Insbesondere dieses letzte Ergebnis wurde auf der Tagung der Vertragsparteien kritisch aufgenommen. Der Exekutivausschuss wurde aufgefordert, seine Arbeiten insoweit nochmals zu überprüfen und einen erneuten Bericht vorzulegen.[503] Die weiteren Diskussionen um die Erarbeitung eines endgültigen Berichts gestalteten sich jedoch als äußerst schwierig, da sich die Parteien nicht auf eine einheitliche Auslegung des Gutachtenauftrags verständigen konnten.[504] Hieran wird auch die Schwierigkeit der Frage des Technologietransfers deutlich, jedenfalls sofern sie von der Finanzierungsaktivität des multilateralen Fonds getrennt behandelt werden soll. Schließlich nahm die achte Tagung der Vertragsparteien in San José im November 1996 diesen Stand der Dinge zur Kenntnis und beschloss die Einrichtung einer „Informal Group on Technology Transfer".[505] Auf der neunten Tagung in Montreal im Jahre 1997 wurde lediglich die Tätigkeit der Gruppe wohlwollend zur Kenntnis genommen (Entscheidung IX/14).[506] Auch auf der zehnten Tagung im November

502 Dokument UNEP/OzL.Pro.7/10 v. 24.11.1995, para. 13.

503 Entscheidung VII/26 (technology transfer), Dokument UNEP/OzL.Pro.7/12 v. 27.12.1995, S. 39.

504 Vgl. die Berichte des Exekutivausschusses, die eine mehrfache Vertagung des Tagungsordnungspunktes belegen, s. Dokumente UNEP/OzL.Pro/ExCom/19/64, para. 65 ff.; UNEP/OzL.Pro/ExCom/20/72, para. 76; UNEP/OzL.Pro/ExCom/21/36, para. 53; UNEP/OzL.Pro/ExCom/22/79/Rev.1, para. 105.

505 Entscheidung VIII/7, Dokument UNEP/OzL.Pro.8/12 v. 19.12.1996, S. 28 („To set up an Informal Group consisting of four representatives of Parties not operating under Article 5 (1) (Australia, Italy, Netherlands, United States of America) and four representatives of Parties operating under Article 5 (1) (China, Colombia, Ghana, India) to assist the Executive Committee in identifying what steps can practically be taken to eliminate potential impediments to the transfer of ozone-friendly technologies to Parties operating under Article 5 under fair and most favourable conditions").

506 Vgl. Dokument UNEP/OzL.Pro.9/12 v. 25.9.1997.

1998 in Kairo lag kein Ergebnis der Gruppe vor.[507] Schließlich konnte der Vorsitzende des Exekutivausschusses auf der elften Tagung in Peking zwar die Fertigstellung des Berichts mitteilen.[508] Allerdings ist der Bericht, soweit ersichtlich, weder als Dokument zugänglich gemacht worden, noch wurde er von der Tagung der Vertragsparteien weiter diskutiert.

Auf den nachfolgenden Tagungen trat die Diskussion um die Umsetzung von Artikel 10A vollkommen in den Hintergrund. Zwar wurde die Notwendigkeit des Transfers von Technologien von den Delegationen, etwa im Zusammenhang mit den auf der elften Tagung beschlossenen Anpassungen des Montrealer Protokolls[509] regelmäßig angesprochen,[510] jedoch verschob sich die Diskussion erkennbar auf die Ausstattung und das Funktionieren des Finanzierungsmechanismus und dessen Aktivitäten im Bereich Technologietransfer. Damit ist die eigenständige Bedeutung der Verpflichtungen nach Artikel 10A zunehmend in den Schatten der Finanzierungstätigkeit des multilateralen Fonds geraten.

b) *Zur Tätigkeit des multilateralen Fonds*

Nach der Erstaustattung des vorläufigen multilateralen Fonds und der Gründung des multilateralen Fonds nach dem In-Kraft-Treten der Lon-

507 Vgl. Dokument UNEP/OzL.Pro/10/6 v. 13.11.1998, para. 11 („The informal group on technology transfer, established in accordance with decision VIII/7 of the Eighth Meeting of the Parties, continued to meet in conjunction with the meetings of the Executive Committee with a view to preparing advice on what steps could be taken to eliminate potential impediments to the transfer of ozone-friendly technologies. The group held extensive discussions to formulate a common position, as requested by the Eighth Meeting of the Parties, but to date no full agreement could be reached.“) u. sodann Entscheidung X/31 in Dokument UNEP/OzL.Pro.10/9 v. 3.12.1998, wonach die Arbeit und der Bericht des Exekutivausschusses belobigt wird.

508 Vgl. Anlage I zu Dokument UNEP/OzL.Pro/11/7 v. 27.11.1999, S. 12.

509 S. Dokument UNEP/OzL.Pro.11/10 v. 17.12.1999, para. 42.

510 Vgl. Dokument UNEP/OzL.Pro.12/9 v. 10.1.2001 („151. Several speakers said that while the mechanism of the Multilateral Fund was well evolved, transfer of ozone-friendly technology to developing countries was also essential in capacity-building efforts under the Montreal Protocol. [...]“); vgl. auch die Erklärung von Ouagadougou, wonach in ganz allgemeiner Weise eine „starke internationale Zusammenarbeit und nationale Aktivitäten im Bereich des Technologietransfers“ ermuntert wird. S. auch Dokument UNEP/OzL.Pro.15/9 v. 11.11.2003, para. 188.

doner Änderungen konnten sich die Vertragsparteien des Montrealer Protokolls auf der fünften Tagung der Vertragsparteien in Bangkok im Jahre 1993 auf das Volumen der Wiederauffüllung des multilateralen Fonds einigen, wonach für den Zeitraum von 1994 bis 1996 ein Betrag von 510 Millionen USD vorgesehen werden sollte.[511] Gleichzeitig stellten die Parteien hinsichtlich der anfänglichen Verwaltungschwierigkeiten des Fonds merkliche Verbesserungen fest.[512] Seit seinem Bestehen leidet der multilaterale Fonds unter dem Problem verspäteter Beitragszahlungen einzelner Geberländer. Hierbei gerieten in den ersten Jahren vor allem Frankreich, Großbritannien und die Vereinigten Staaten in die Kritik.[513] Die schleppenden Beitragszahlungen führte auch zu Engpässen bei der Projektfinanzierung und wachsendem Unmut auf Seiten der Gruppe der 77.[514] Diese Situation spiegelt etwa Entscheidung VI/16 wider, wonach alle Geberländer aufgefordert wurden, ihre fälligen Beiträge umgehend zu entrichten. Auf der sechsten Tagung der Vertragsparteien in Nairobi machten zudem die Delegationen von Argentinien, Brasilien, Chile, China, Kolumbien, Indien, Malaysien, Peru, den Philippinen und Uruguay ihren Unmut durch die Verabschiedung einer Erklärung deutlich, in der sie die Geberländer mit Nachdruck an die Vereinbarungen der Londoner Tagung erinnerten.[515]

511 Entscheidung V/9, Dokument UNEP/OzL.Pro.5/12 v. 19.11.1993 (einschließlich übertragener Mittel aus der vorherigen Periode).

512 Entscheidung V/7, para. 2, Dokument UNEP/OzL.Pro.5/12 v. 19.11.1993.

513 So etwa auf der sechste Tagung in Nairobi 1994, vgl. Dokument UNEP/OzL.Pro.6/7 v. 10.10.1994, para. 48 ff. und die Eröffnungsworte von *E. Dowdeswell*, para. 5. S. auch *W. Lang*, YIEL, Bd. 5 (1994), S. 161 f.

514 Vgl. Dokument UNEP/OzL.Pro.6/7 v. 10.10.1994, para. 51 ff.

515 Dokument UNEP/OzL.Pro.6/7 v. 10.10.1994, Anlage V: „The above Article 5 countries [...]
Calling upon the spirit of global partnership, with common but differentiated obligations among developed and developing countries, established at the Rio Conference, [...]
Concerned about the critical financial situation of the Multilateral Fund,
Concerned also about new restrictions on the access to the already scarce resources of the Fund to Article 5 countries based on policy considerations,
Fully aware of the fact that such tendency could have a very negative impact on article 5 countries' commitment to phase-out ODS, [...]
Urge:
(a) Article 2 Parties to fulfill their financial pledges to the Multilateral Fund for the Implementation of the Montreal Protocol, in order to assure adequate resources for

Anlässlich der achten Tagung der Vertragsparteien in San José im Jahre 1996 konnte man sich nach erneut schwierigen Verhandlungen auf Zusagen für eine Wiederauffüllung des Fonds für den Zeitraum von 1997 bis 1999 in Höhe von 466 Millionen USD einigen.[516] Auf der elften Tagung in Peking beschloss man eine Wiederauffüllung von 440 Millionen USD für die Zeit von 2000 bis 2002[517] und auf der vierzehnten Tagung der Vertragsparteien in Rom im Herbst 2002 einen Betrag von 474

Article 5 Parties to meet their obligations under the Protocol in the fastest feasible timeframe and the most environmentally safe manner;
(b) Parties to assess properly the need for a new replenishment of the Multilateral Fund in order to cover the financial and technological need of article 5 countries;
(c) Parties to reiterate that, for all sectors and sub-sectors for the phase-out projects in Article 5 countries are presented to the Multilateral Fund for financing, a period of up to four years should be considered during the calculation of incremental operation costs, on the basis of costs prevailing at the time of implementation of projects; this calculation should take place on a case-by-case basis according to the specific characteristics of the projects;
(d) Parties to consider the need to assure adequate financing from the Multilateral Fund for all projects that, according to the respective industrial strategies and specific social, environmental and economic characteristics of article 5 countries, aim at phasing out ODS;
(e) Parties to reiterate the need to assure that Article 5 countries engaged in the phasing out of ODS do not suffer loss of export revenues;
(f) Parties to confirm that companies that may export ODS-free products will be fully supported by the Multilateral Fund, taking into account, inter alia, the benefit of the exchange of technologically advanced products between Article 5 countries and the overall interest in the protection of the ozone layer;
(g) Article 2 countries to ensure the transfer of the best available and environmentally safe alternative technologies to Article 5 countries under fair and most favourable conditions;
(h) Parties to ensure that the alternative technologies financed by the Multilateral Fund for industrial reconversion are adequate and predictable and will not be subject to restrictions in the forthcoming years;
(i) Parties to consider collectively and in the most democratic manner the need to halt the tendency to selectivity and restrictiveness of the Multilateral Fund, for the sake of preserving the commitments of the Montreal Protocol and for the protection of the ozone layer."

516 S. Entscheidung VIII/4, Dokument UNEP/OzL.Pro.8/12 v. 19.12.1996. S. auch die vorbereitende Entscheidung VII/24, Dokument UNEP/OzL.Pro.7/12 v. 27.12.1995. Dazu *H.-M. Schally*, YIEL, Bd. 7 (1996), S. 128.

517 S. Entscheidung XI/7, Dokument UNEP/OzL.Pro.11/10 v. 17.12.1999.

Millionen USD für die Zeit von 2003 bis 2005.[518] Diese Wiederauffüllungspraxis spiegelt letztlich ein kontinuierliches Interesse der Staatengemeinschaft, an den in Montreal und London getroffenen Vereinbarungen festzuhalten, wider.

Mit Hilfe dieser finanziellen Ausstattung hat der multilaterale Fonds seit seiner Gründung 1991 ca. 4'600 Projekte und Maßnahmen in 134 Entwicklungsländern gefördert, darunter zahlreiche Unterstützungsmaßnahmen im Bereich nationaler Auslaufpläne *(phase-out plans)*, aber auch Projekte, in denen die konkrete Umstellung technischer Verfahren auf ozonschichtfreundliche Produkte gefördert wurden.[519] Was die regionale Verteilung der Fördermaßnahmen angeht, entfielen davon etwa 44% auf Staaten in Asien und dem Pazifikraum, 25% auf Lateinamerika und den karibischen Raum, 20% auf Afrika und etwa 5% auf Europa; mit weiteren 5% wurden globale Maßnahmen gefördert.[520]

c) Technologietransfer und die Nichteinhaltung von Verpflichtungen

Als Hauptursachen der Nichteinhaltung von Verpflichtungen im Kontext des Montrealer Protokolls gelten Mängel im Bereich der technischen oder finanziellen Ressourcen.[521] In dem Maße, in dem Artikel 5-Staaten seit 1999 neben Datenberichtsverpflichtungen auch Pflichten zu Kontrollmaßnahmen haben,[522] rückte insoweit die Notwendigkeit der techni-

518 S. Entscheidung XIV/39, Dokument UNEP/OzL.Pro.14/9 v. 5.12.2002. *H.-M. Schally*, YIEL, Bd. 13 (2002), S. 259.

519 Für die zahllosen Beispiele s. die Berichte des Exekutivausschusses. Beispiele konkreter Technologietransferprojekte auch bei der *Montreal Protocol Unit* (MPU) des VN Entwicklungsprogramms (<http://www.undp.org/seed/eap/montreal>) und in UNIDO (Hrsg.), Ozone Friendly Industrial Development, 2002, S. 19 f.

520 Vgl. die Zahlen in Dokument UNEP/OzL.Pro.16/10 v. 29.9.2004, S. 7.

521 *J. Werksman*, in: Improving Compliance with International Environmental Law, S. 97. Grundlegend dazu *A. Chayes / A. H. Chayes*, The New Sovereignty, S. 197 ff., 227. Zu Fragen der Nichteinhaltung von Verpflichtungen speziell im hier erörterten Kontext *J. Werksman*, ZaöRV, Bd. 36 (1996), S. 750; *O. Yoshida*, Colorado JIELP, Bd. 10 (1999), S. 95.

522 S. ausführlich dazu die Zusammenfassung der Kontrollmaßnahmen auf der Webseite des Sekretariats <http://www.unep.org/ozone/Treaties_and_Ratification/2Biii_1summary_controls_measures.asp>. Es bestehen u.a. folgende Artikel 5-Staaten-Verpflichtungen: Für bestimmte FCKW (Gruppe I nach der Anlage A des Protokolls) gilt eine Stabilisierungspflicht seit Juli 1999, die dann in Stufen – 2005 (50%), 2007 (85%) – zu einer vollständigen Reduktionspflicht bis 2010 ausgebaut

schen und finanziellen Unterstützung in den Vordergrund.[523] Der Zusammenhang zwischen der technischen und finanziellen Fähigkeit der Erfüllung von Verpflichtungen und der Nichteinhaltung von Verpfichtungen wird zudem durch die Konditionalitätsklausel des Artikels 5 akzentuiert.

Im Falle der Nichteinhaltung von Verpflichtungen sieht das auf der vierten Tagung der Vertragsparteien verabschiedete Verfahren über die Behandlung von Fällen der Nichteinhaltung von Verpflichtungen *(Non-Compliance Procedure)* vor, dass als Regelmaßnahme die Tagung der Vertragsparteien u.a. beschließen kann, dass eine Partei, die ihre Verpflichtungen nicht einhält, technische Hilfe, Technologietransfer und finanzielle Unterstützung erhalten soll.[524] Insoweit erhält der Technologietransfer auch in diesem Kontext von Umsetzungsdefiziten in Entwicklungsländern eine besondere Bedeutung.

Anlässlich der dreizehnten Tagung der Vertragsparteien im Jahre 2001 waren Verpflichtungen von Artikel 5-Parteien zum ersten Mal Gegenstand von Entscheidungen im Bereich der Nichteinhaltung von Verpflichtungen.[525] Verschiedene Parteien verlangten in ihren Stellungnahmen ausdrücklich nach einem beschleunigten Transfer der erforderlichen Technologien.[526] Im Bereich der Maßnahmen nach der *Non-Compliance Procedure* wurde regelmäßig u.a. ausgesprochen, dass das jeweilige

---

wird. Für Halone gilt eine Stabilisierungspflicht seit 2002, hälftige Reduzierung bis 2005 und vollständige Reduktionspflicht bis 2010. Für vollhalogenierte FCKW (Gruppe I nach der Anlage B) gilt eine stufenweise Reduktionspflicht – 2003 (20%), 2007 (85%) – bis zur vollständigen Eliminierung bis 2010. Für Tetrachlorkohlenstoff (Gruppe II der Anlage B) gilt eine Reduktion von 85% bis 2005 und vollständige Eliminierung bis 2010. Für 1,1,1-Trichlorethan (Gruppe III der Anlage B) gilt eine Stabilisierungspflicht seit 2003, 30% bis 2005, 70% bis 2010 und 100% bis 2015. Für H-FCKW der Anlage C: Gruppe I Stabilisierungspflicht bis 2016, stufenweise Reduktion bis 2040. Für Methylbromid gilt eine Stabilisierungspflicht seit 2002, 20% bis 2005 und vollständige Reduktion bis 2015.

523 S. auch *L. A. Duval*, Virginia ELJ, Bd. 18 (1999), S. 609 ff.

524 Entscheidung IV/5, Dokument UNEP/OzL.Pro.4/15 v. 25.11.1992, (Annex IV. u. Annex V.). Die einschlägigen Handlungsoptionen der Tagung der Vertragsparteien lauten u.a.: „Indicative list of measures that might be taken by a Meeting of the Parties in respect of non-compliance with the Protocol: A. Appropriate assistance, including assistance for the collection and reporting of data, technical assistance, technology transfer and financial assistance, information transfer and training."

525 *H.-M. Schally*, YIEL, Bd. 12 (2001), S. 211.

526 Vgl. Earth Negotiations Bulletin, Bd. 19 Nr. 17 v. 22.10.2001.

Entwicklungsland trotz Nichterfüllung von Verpflichtungen weiter internationale Unterstützung zur Durchführung der entsprechenden Regelungsmaßnahmen erhalten solle, was den Technologietransfer einschließt.[527]

IV. Ergebnis und Bewertung

Im Rahmen der Verhandlungen zu den völkerrechtlichen Übereinkommen zum Schutz der Ozonschicht ist es den Entwicklungsländern gelungen, von den Industriestaaten erhebliche Zugeständnisse im Bereich des Technologietransfers zu erwirken. Die schrittweise Verschärfung der Bestimmungen zum Technologietransfer hat schließlich zur Verabschiedung der Londoner Änderungen des Montrealer Protokolls geführt und können als Durchbruch gewertet werden. Die dort aufgenommen Bestimmungen zum Technologietransfer und zur Gründung des Multilateralen Fonds stellen die bis dahin weitest gehenden Transferpflichten der Industriestaaten dar.

Die Operationalisierung des Artikels 10A, der Kernbestimmung zum Technologietransfer, ist jedoch in der Umsetzungspraxis der Parteien auf Schwierigkeiten gestoßen, wie sich u.a. in den ergebnislosen Bemühungen der informellen Arbeitsgruppe zum Technologietransfer widerspiegelt. Es zeigt sich aber, dass die nicht unerheblichen Unterstützungsmaßnahmen im technologischen Bereich in der Praxis mit Erfolg über den Multilateralen Fonds, bzw. durch die Globale Umweltfazilität abgewickelt werden konnten. Wenngleich im Wortlaut des Protokolls angelegt, erscheint eine eigenständige Bedeutung der Technologietransfer-

527 Vgl. etwa den Bericht der Präsidentin des *Implementation Committees* und die Entscheidungen XIII/16 und XIII/21 bis XIII/25, Dokument UNEP/OzL.Pro.13/10 v. 26.10.2001. Die einschlägige Passage lautete etwa im Falle Argentiniens: „[...] 4. To closely monitor the progress of Argentina with regard to the phase-out of ozone-depleting substances. To the degree that Argentina is working towards and meeting the specific Protocol control measures, Argentina should continue to be treated in the same manner as a Party in good standing. In this regard, Argentina should continue to receive international assistance to enable it to meet these commitments in accordance with item A of the indicative list of measures that might be taken by a Meeting of the Parties in respect of non-compliance. [...]“.

verpflichtung neben den genannten Finanzierungsmechanismen nach der Umsetzungspraxis der Parteien kaum erkennbar.

Insoweit scheint hier insgesamt der Schluss zulässig, dass Technologietransfer im Rahmen des Montrealer Protokolls in umfangreichem Maße stattfindet, jedoch mit der Maßgabe, dass dieser durch Artikel 10 induziert ist und Artikel 10A damit eine eigenständige Bedeutung – wenngleich im Wortlaut des Protokolls anders angelegt – in der Praxis eingebüßt hat. Dies ist auch umso bemerkenswerter, als gezeigt wurde, dass der Wortlaut des Artikels 10A zunächst eine außergewöhnlich strenge Bindung nahelegt. Dieses Ergebnis erscheint gleichwohl hinnehmbar, solange die Arbeit des Multilateralen Fonds letztlich von der Praxis der Parteien als ausreichend akzeptiert wird.

Was die normativen Auswirkungen dieses Befundes aus der Staatenpraxis angeht, so wird man zwar nicht den Schluss ziehen können, dass sich die Parteien stillschweigend auf die Nichtanwendung des Artikels 10A geeinigt hätten (desuetudo). Man wird aber gleichwohl von einer Modifizierung des Zusammenspiels von Artikel 10 und Artikel 10A auszugehen haben, indem sich Vertragsparteien stillschweigend darauf geeinigt haben, dass die Umsetzung der Verpflichtung zum Technologietransfer durch die Finanzierungsaktivität des Fonds jedenfalls abgedeckt wird.

Vor diesem Hintergrund ergibt sich für die Regelungen des Montrealer Protokolls als ein wesentliches Ergebnis, dass Technologietransfer hier durch eine enge Verknüpfung mit einem Finanzierungsmechanismus bewirkt wird.[528] Die Technologien werden transferiert durch die internationale Bereitstellung von Finanzmitteln zu deren Übertragung im Rahmen bestimmter Projekte (subventionierter Technologietransfer). Damit fügen sich die Regelungen zum Technologietransfer im Hinblick auf den im zweiten Teil aufgezeigten wirtschaftsvölkerrechtlichen Hintergrund unproblematisch in den Rahmen bestehender marktwirtschaftlicher Strukturen ein. Insbesondere die Berücksichtigung gewerblicher Schutzrechte kann auf diese Weise sichergestellt werden.

Diese Regelungen der technologischen und finanziellen Zusammenarbeit müssen insoweit als großer Erfolg bewertet werden, da es der vom Standpunkt des Schutzes der Ozonschicht erforderlichen praktisch universellen Geltung der Übereinkommen den Weg bereitet hat. Wenn in

528 So wohl auch *A. Yusuf*, in: International Technology Transfer, S. 318.

Bezug auf das Wiener Übereinkommen und das Montrealer Protokoll einschließlich seiner verschiedenen Anpassungen von einem Meilenstein des Umweltrechts und einem herausragenden Beispiel erfolgreicher globaler Umweltkooperation gesprochen wird,[529] haben die Technologietransferbestimmungen hierzu einen entscheidenden Beitrag geleistet.[530]

C. Völkervertragsrecht zum Schutz vor Klimaänderungen

I. Überblick über den Stand völkerrechtlicher Übereinkommen

Auch der normative Rahmen des internationalen Klimaschutzes wird durch ein Rahmenübereinkommen und ein Protokoll bestimmt.[531] Der Rahmen besteht aus dem Übereinkommen vom 9. Mai 1992 der Vereinten Nationen über Klimaänderungen.[532] Das Protokoll von Kyoto vom 11. Dezember 1997 zum Rahmenübereinkommen der Vereinten Nationen über Klimaänderungen ist am 16. Februar 2005 in Kraft getreten.[533]

529 Vgl. die zahlreichen Bekundungen anlässlich der Tagungen der Vertragsparteien, zuletzt etwa Eröffnungsrede von *K. Töpfer* anlässlich der außerordentlichen Tagung der Vertragsparteien in Montreal im März 2004, Dokument UNEP/OzL.Pro.ExMP/1/3 v. 27.3.2004. S. aus dem Schrifttum *R. Benedick*, Ozone Diplomacy, S. 330 f.; *S. Maljean-Dubois*, AFDI, Bd. XLVIII (2002), S. 592, 595; *H. Ott*, VRÜ, Bd. 24 (1991), S. 188, 208.

530 So auch *L. Thoms*, Columbia JTL, Bd. 41 (2003), S. 795, 811 f.

531 Für die Hintergründe und Ursachen der Klimaveränderungen s. oben drittes Kapitel, B. I. 2. S. aus der umfangreichen Literatur zum völkerrechtlichen Klimaschutz insbesondere *D. Bodansky*, Yale JIL, Bd. 18 (1993), S. 451 ff. S. auch *E. Barratt-Brown / S. Hajost / J. Sterne*, Colorado JIELP, Bd. 4 (1993), S. 103 ff.; *L. Boisson de Chazournes*, in: Enforcing Environmental Standards, S. 285 ff.; R. Churchill / D. Freestone (Hrsg.), International Law and Global Climate Change; *R. Dolzer*, in: FS Bernhardt, S. 957 ff.; *D. M. Goldberg*, Georgetown IELR, Bd. 5 (1993), S. 239 ff.; *W. Lang*, ArchVR, Bd. 31 (1993), S. 13 ff.; I. Mintzer / J. A. Leonard (Hrsg.), Negotiating Climate Change; *P. Sands*, RECIEL, Bd. 1 (1992), S. 270 ff.; *S. Schuppert*, Neue Steuerungsinstrumente, S. 173 ff.

532 Das Übereinkommen ist am 21.3.1994 in Kraft getreten (DE-BGBl. 1993 II., S. 1783; SR 0.814.01; Ö-BGBl. 414/1994.

533 Das Protokoll ist am 16.2.2005 in Kraft getreten (DE-BGBl. 2002 II., S. 966; SR 0.814.011; Ö-BGBl. III. 89/2005).

Auch bei den Verhandlungen zum Klimaschutz spielte die Frage des Technologietransfers eine herausragende Rolle; allen Verhandlungsparteien stand insoweit auch das Montrealer Protokoll in der Londoner Fassung vor Augen.

Zum besseren Verständnis der technologischen Aspekte der Klimaschutzbemühungen soll zunächst ein kurzer Hinweis auf die technologische Problematik gegeben werden.

II. Technologische Aspekte des Klimaschutzes

Die als Ursache der Klimaänderungen geltenden diversen Treibhausgase[534] entstehen bei einer Vielzahl verschiedenster technischer Prozesse. Bedenkt man, dass das wichtigste Treibhausgas Kohlendioxid (CO_2) unvermeidliches Produkt jeglicher Verbrennungsvorgänge ist, wird die technologische Herausforderung des Klimaschutzes bereits sehr deutlich. Kohlendioxid entsteht bei der Energieerzeugung und Umwandlung in den Haushalten, im Verkehr und bei industriellen Prozessen. In diesem Bereich müssen Reduktionsstrategien daher einerseits auf die Vermeidung von emissionsverursachenden Vorgängen abzielen,[535] zum anderen – da Verbrennungsprozesse teilweise unumgänglich sind – geht es darum, durch technische Verfahren Effizienzsteigerungen zu erreichen. Im Bereich des Treibhausgases Methan, welches vor allem bei der Abfallwirtschaft, der landwirtschaftlichen Tierhaltung und der Förderung und Aufbereitung von fossilen Brennstoffen entsteht, liegen technische Reduktionspotenziale in der Senkung der Deponiegasemissionen, der verstärkten Nutzung des im Steinkohlebergbau anfallenden Grubengases, in der Verbesserung von Rohrnetzen zur Erdgasverteilung und in der besseren Nutzung des bei der Wirtschaftsdüngerlagerung in der Tierhaltung anfallenden Methans. Das Treibhausgas Distickstoffoxid (N_2O) entsteht zum einen bei industriellen Produktionsprozessen,[536] zum anderen in der

534 Dazu oben, drittes Kapitel, B. I. 2.

535 Zu denken ist etwa an den Bereich der Verkehrspolitik. Hier kann etwa eine entsprechende Raumplanung emissionsreduzierend wirken. *R. Dolzer*, Verkehrswesen, S. 75 ff.

536 Hier geht es vor allem um die chemisch synthetische Herstellung von Adipinsäure. Bei dieser Produktion können geeignete technische Anlagen zur thermischen Zersetzung von N_2O die Emissionen stark reduzieren.

Landwirtschaft. Insgesamt resultiert etwa die Hälfte der treibhauswirksamen Gase aus der Nutzung fossiler Energieträger. Auch allfällige Maßnahmen im Bereich der Anpassung an Klimaänderungen (Kühlanlagen, Küstenschutz, u.ä.) sind im Kern technischer Natur.

Bereits dieser kursorische Überblick zeigt, dass die Klimapolitik ohne weiteres als eine primär technologische Herausforderung verstanden werden kann. Zugleich wird die Notwendigkeit eines im Vergleich zum Schutz der Ozonschicht viel umfassenderen völkerrechtlichen Regelungsansatzes deutlich; damit ist die klimapolitische bzw. technologische Herausforderung um ein vielfaches größer als im Fall der relativ begrenzten Anwendungsgebiete der ozonschädigenen Stoffe.

III. Technologietransfer nach dem Rahmenübereinkommen vom 9. Mai 1992 der Vereinten Nationen über Klimaänderungen

1. Zur Entstehungsgeschichte des Übereinkommens

Noch bevor die Ausarbeitung eines Übereinkommens zum Klimaschutz beschlossen wurde, stand im Februar 1989 die Forderung nach Unterstützung der Entwicklungsländer zum globalen Klimaschutz bereits auf der Tagesordnung der „New Delhi Conference on Global Warming and Climate Change".[537] Die Notwendigkeit universeller Partizipation bei Anstrengungen zum Klimaschutz, die entwicklungspolitische Dimension allfälliger Emissonsbegrenzungen und damit die wichtige Rolle der Entwicklungsländer wurden frühzeitig erkannt.

Im Dezember 1989 beschloss die 44. Generalversammlung der Vereinten Nationen, dass die Verabschiedung eines Rahmenübereinkommens und zugehöriger Protokolle zum Klimaschutz höchste Dringlichkeit habe und erste Vorbereitungen eines entsprechenden Verhandlungsprozesses nachdrücklich unterstützt werden müssten.[538] In dieser Resolution, in der zum ersten Mal die Notwendigkeit eines völkerrechtlichen

537 Dazu *P. Slinn*, in: International Law and Global Climate Change, S. 75, 77. Vgl. auch *P. Usher*, SIULJ, Bd. 14 (1989), S. 257.

538 Res. 44/207 v. 22.12.1989.

Übereinkommens zum Klimaschutz hervorgehoben wird,[539] wird bereits die Frage des Technologietransfers aufgeworfen. Dort heißt es:

> 15. Decides that the concept of assured access for developing countries to environmentally sound technologies and assured transfer of those technologies to developing countries on favourable terms and the relation of that concept to intellectual property rights should be explored in the context of the elaboration of a framework convention on climate, with a view to developing effective responses to the needs of developing countries in this area; [...]

Mit Resolution 45/212 beschloss die Generalversammlung im darauf folgenden Jahr die Einrichtung des *Intergovernmental Negotiating Committee for a Framework Convention on Climate Change* (INC).[540] Auf die oben genannten Grundsätze in Bezug auf den Zugang von Entwicklungsländern zu umweltverträglichen Technologien wird in der Resolution Bezug genommen. Insoweit stand bereits frühzeitig die Notwendigkeit von Unterstützungsmaßnahmen für Entwicklungsländer und damit eine Differenzierung von Rechtspflichten ähnlich den Übereinkünften im Bereich des Schutzes der Ozonschicht im Grundsatz außer Streit: Technologietransfer würde fester Bestandteil eines zukünftigen Übereinkommens sein.[541] Der relative Erfolg der Entwicklungsländer bei den Verhandlungen zum Montrealer Protokoll spielte auch insoweit eine Rolle, als dass – anders als bei der Aushandlung des Wiener Übereinkommens – bei den Verhandlungen des Klimarahmenübereinkommens diese Länder von Anfang an stark vertreten waren. Bei der Einsetzung des INC hatte die Generalversammlung zudem einen speziellen Hilfs-

539 Freilich beschäftigte sich bereits die 43. Generalversammlung mit dem Thema; hier stand allerdings noch die Notwendigkeit weiterer wissenschaftlicher Forschung im Vordergrund. S. Res. 43/53 v. 6.12.1988. Gleichzeitig wurde das Weltklima zu einer gemeinsamen Sorge der Menschheit erklärt („1. Recognizes that climate change is a common concern of mankind, since climate is an essential condition which sustains life on earth; [...]“). Der Resolution vorausgegangen waren zahlreiche internationale Konferenzen, welche sich in erster Linie mit dem wissenschaftlichen Hintergrund der Klimaänderungen beschäftigten.

540 Res. 45/212 v. 21.12.1990.

541 Vgl. *J. Barrett*, in: International Law and Global Climate Change, S. 183, 187, 196; *D. Bodansky*, Yale JIL, Bd. 18 (1993), S. 451, 523; *J. Drogula*, Georgetown IELR, Bd. 4 (1992), S. 257, 295; *S. Tromans*, JEL, Bd. 4 (1992), S. 189, 191.

fonds zur finanziellen Unterstützung der Teilnahme der Entwicklungsländer eingerichtet.[542]

In seiner ersten Sitzung bestimmte der Verhandlungsausschuss zunächst die Aufteilung der Arbeit in zwei Arbeitsgruppen. Dabei waren sowohl Working Group I *(Commitments)* als auch Working Group II *(Mechanisms)* mit Fragen des Technologietransfers befasst.[543] Bei den Diskussionen in den Arbeitsgruppen kristallisierte sich bald heraus, dass einerseits zwar Konsens herrschte über den Grundsatz, dass der Transfer umweltverträglicher Technologien zentral für die Umsetzung von Klimaschutzanstrengungen sein würde.[544] Andererseits blieben Fragen bezüglich der Umsetzung der Transfers streitig. So betonte die Seite der Entwicklungsländer, dass der Transfer unter Vorzugsbedingungen und nichtkommerzieller Basis erfolgen müsse, während Industriestaaten wiederum auf die Rolle des Privatsektors und bestehende gewerbliche Schutzrechte hinwiesen.[545] Nach insgesamt fünf Sitzungen konnte jedoch

542 Vgl. Res. 45/212 v. 21.12.1990, Ziff. 10.

543 S. Dokument A/AC.237/6 v. 8.3.1991 Annex II. Das Mandat der WG I umfasste „to facilitate the transfer of technology on a ‚fair and most favorable' basis". WG II befasste sich u.a. mit „transfer of financial resources and technology". Dass diese Überschneidung in der Mandatierung problematisch sein könnte, wurde damals bereits erkannt. Nach der Entscheidung 1/1 wurde betont, dass das INC trotz zweier Arbeitsgruppen „should deal with all items in an integrated manner". Gleichwohl fehlte es während des Verhandlungsprozesses an einer Koordinierung beider Arbeitsgruppen, vgl. *D. Bodansky*, Yale JIL, Bd. 18 (1993), S. 451, 482 f. Dazu auch *D. M. Goldberg*, Georgetown IELR, Bd. 5 (1993), S. 239, 249.

544 S. etwa die Sitzungen des INC im Juni 1991 in Genf: „The Working Group discussed the question of transfer of technology in the general framework of North-South development partnership and regional and subregional cooperation. It was generally considered that the transfer of appropriate and environmentally-sound technology to developing countries was vital if there were to be able to contribute to the reduction of greenhouse gases.", Dokument A/AC.237/9 v. 19.8.1991 (Ziff. 56), S. 14.

545 S. Dokument A/AC.237/9 v. 19.8.1991 (Ziff. 57), S. 15: „Some delegations stressed that technology should be transferred to developing countries, on concessional, preferential and non-commercial terms, in view of the additional financial burden on those countries which would arise from commercial transfers. Some other delegations pointed out that most technologies were developed in the private sector, protected by intellectual property rights and, consequently, transferred in general on commercial terms. Yet others considered that even in these conditions, governments could facilitate the transfer of technology on a fair and most favourable basis, without necessarily promoting its free transfer."

am 9. Mai 1992 ein endgültiger Entwurf des Rahmenübereinkommens verabschiedet werden, der sodann auf der Rio-Konferenz bereits von 155 Staaten unterzeichnet wurde.

2. *Grundstruktur der Technologietransferverpflichtungen*

Das Klimarahmenübereinkommen greift an zahlreichen Stellen die Frage des Technologietransfers auf. Diese mitunter unübersichtliche Vielzahl an Erwähnungen der Problematik spiegelt einerseits die Wichtigkeit des Themas im Zusammenhang des Klimaschutzes wider, andererseits erschwert sie den Zugang zu den konkret den Parteien obliegenden Rechtspflichten. Zunächst können die Bestimmungen aber strukturell in zwei Richtungen differenziert werden.

a) *Differenzierung nach dem Ziel der Maßnahmen*

Das Klimarahmenübereinkommen sieht als „Endziel“ eine Stabilisierung der Treibhausgaskonzentrationen in der Atmosphäre auf einem Niveau vor, das eine „gefährliche anthropogene Störung des Klimasystems“ verhindert (Artikel 2). Im Vordergrund stehen daher Verpflichtungen mit dem Ziel der Begrenzung von schädlichen Treibhausgasemissionen *(mitigation)*. Daneben enthält das Übereinkommen Verpflichtungen mit dem Ziel der Unterstützung von Entwicklungsländern bei der Ergreifung von Maßnahmen zur Anpassung an allfällige Klimaänderungen *(adaptation)*.[546] Während das primäre Ziel demnach die präventive Verhinderung schädlicher Klimafolgen ist, wird gleichwohl bereits die Notwendigkeit von Anpassungsmaßnahmen berücksichtigt. Hieraus ergibt sich auch eine entsprechende Differenzierung der Bestimmungen zum Technologietransfer: Technologietransfer soll zum einen dem Reduktions- bzw. Stabilisierungsziel, zum anderen der Anpassung dienen.

546 Unter Anpassung wird nach einer für das Sekretariat des Klimarahmenübereinkommens erstellten Studie verstanden: „[...] any action taken to adjust to changing climatic conditions. It may refer to both natural and socio-economic systems.“, vgl. Technical Paper – Technological Issues: Adaptation Technologies, Dokument FCCC/TP/1997/3 v. 9.10.1997.

b) Differenzierung nach den Adressaten der Verpflichtungen

Auch hinsichtlich der Adressaten der Verpflichtungen zum Technologietransfer finden sich Differenzierungen.[547] Während einige der Verpflichtungen allen Vertragsparteien gemeinsam obliegen (etwa Artikel 4 Absatz 1), treffen andere Verpflichtungen lediglich bestimmte Gruppen von Vertragsparteien (etwa Artikel 4 Absatz 2, 3, 4 und 5). Die Gruppen von Vertragsparteien werden nach den Anlagen zum Übereinkommen definiert. Die Unterscheidung erfolgt wesentlich nach Anlage I-Parteien, Anlage II-Parteien oder „Nicht-Anlage I-Parteien".[548] Schließlich ergibt sich zusätzlich aus Artikel 4 Absatz 8 eine Sonderstellung für bestimmte Staatengruppen.[549]

c) Bedeutung der allgemeinen Grundsätze gem. Artikel 3 KRÜ

Bei der nachfolgenden Auslegung und Anwendung der Bestimmungen zum Technologietransfer ist weiter systematisch die umfangreiche Grundsatzbestimmung des Artikels 3 KRÜ *(principles)* zu beachteten, die für die Durchführung des Übereinkommens allgemein-interpretationsleitende Grundsätze enthält, die auch auch auf Protokolle des Übereinkommens anzuwenden sind. Danch sollen etwa u.a. entwickelte Länder „bei der Bekämpfung der Klimaänderungen und ihrer nachteiligen Auswirkungen die Führung übernehmen". Diese Bestimmung wurde im zwischenstaatlichen Verhandlungsausschuss kontrovers diskutiert. So sah etwa die U.S.-amerikanische Delegation in der Festlegung der allgemeinen Grundsätze in einem eigenen Artikel des operativen Teils des Übereinkommens eine unwillkommene Vermengung mit dem Inhalt der Präambel.[550] Gerade weil diese Grundsätze jedoch im Ergebnis in einem eigenen Artikel aufgenommen worden sind, wird man ihnen im Ver-

547 S. dazu auch *B. Kellersmann*, Die gemeinsame, aber differenzierte Verantwortlichkeit, S. 148 ff., s. auch *N. Michels*, Umweltschutz und Entwicklungspolitik, S. 163 ff.

548 Hierbei kann im Wesentlichen festgestellt werden, dass es sich bei den Anlage II-Staaten um OECD Mitglieder unter Ausschluss der Transitionsländer Mittel- und Osteuropas handelt und bei der Anlage I um OECD Mitglieder unter Einschluss der Transitionsländer Mittel- und Osteuropas.

549 Dazu unten 3 a) bb).

550 Vgl. *D. Bodansky*, Yale JIL, Bd. 18 (1993), S. 451, 501; *R. Dolzer*, in: FS Bernhardt, S. 957, 959.

gleich zu den Präambelbestimmungen größeres Gewicht beizumessen haben.

3. Transfer von Technologien zur Reduktion von Emissionen

a) Gemeinsame Verpflichtungen gem. Artikel 4 KRÜ

Die zentrale Vorschrift über die Verpflichtungen der Vertragsparteien enthält der umfangreiche Artikel 4 *(commitments)*.[551] Hierbei soll zunächst auf die gemeinsamen Verpflichtungen eingegangen werden, danach auf die „differenzierten" Verpflichtungen.

aa) Artikel 4 Absatz 1 lit. c) KRÜ

Die gemeinsamen Verpflichtungen des Artikels 4 Absatz 1 („alle Vertragsparteien [...]") betreffen in erster Linie die Berichtspflichten, die nach Artikel 12 zu erfüllen sind. Daneben enthält der Absatz weiche Bestimmungen über die Erarbeitung von Klimaschutzprogrammen sowie Politiken und Maßnahmen.

Hinsichtlich des Technologietransfers haben alle Vertragsparteien nach Absatz 1 lit. c) außerdem eine Förderverpflichtung und eine Zusammenarbeitsverpflichtung bei der „Entwicklung, Anwendung und Verbreitung – einschließlich der Weitergabe – von Technologien, Methoden und Verfahren zur Bekämpfung, Verringerung oder Verhinderung anthropogener Emissionen" in allen Bereichen, wobei Energie, Verkehr, Industrie, Land- und Forstwirtschaft und Abfallwirtschaft besonders erwähnt werden. Diese allgemeinen Pflichten stehen jedoch nach dem „chapeau" der Vorschrift zudem unter dem Vorbehalt der Berücksichtigung der „gemeinsamen, aber unterschiedlichen Verantwortlichkeiten und ihrer speziellen nationalen und regionalen Entwicklungsprioritäten, Ziele und Gegebenheiten".

Im Ergebnis enthält dieser Absatz damit lediglich eine sehr allgemein gehaltene und nicht weiter konkretisierte Pflicht zur Förderung des Technologietransfers und zur Zusammenarbeit, aus der konkrete Transferpflichten nicht abgeleitet werden können.

551 Vollständiger Abdruck des Artikels in Anhang 6.

bb) Artikel 4 Absatz 8 KRÜ

Mit Artikel 4 Absatz 8 werden alle Vertragsparteien zu einer „eingehenden“ Prüfung von Maßnahmen verpflichtet *(give full consideration; étudient les mesures)*, die zugunsten der sodann nachfolgend aufgeführten besonderen Staatengruppen zu ergreifen sein könnten, um ihren speziellen Anliegen und Bedürfnissen im Zusammenhang mit nachteiligen Auswirkungen der Klimaänderungen zu entsprechen.[552] Zu der bei dieser Prüfung in Betracht zu ziehenden Maßnahmen wird ausdrücklich auch die Weitergabe von Technologien gezählt. Da es sich aber lediglich um eine Prüfverpflichtung handelt, die weiterer Konkretisierung bedarf, kann eine Verpflichtung zum Technologietransfer hieraus nicht abgeleitet werden.

D. Bodansky geht so weit, den rechtlichen Gehalt dieser Verpflichtung generell in Frage zu stellen.[553] Dabei ist es wohl zutreffend, dass der Hintergrund der Bestimmung des Artikels 4 Absatzes 8 in dem politischen Interesse einer gesonderten Erwähnung der jeweiligen Staatengruppe im Rahmen des Artikels 4 liegt. Gleichwohl wird eine, wenngleich begrenzte und inhaltlich nicht konturierte, Rechtspflicht zur Prüfung von Maßnahmen kaum bestritten werden können.

cc) Artikel 4 Absatz 9 KRÜ

Eine dem soeben erläuterten Artikel 4 Absatz 8 ähnliche Vorschrift enthält Absatz 9. Hier wird eine Pflicht aller Vertragsparteien statuiert, beim Technologietransfer den „speziellen Bedürfnissen und der besonderen Lage der am wenigsten entwickelten Länder „voll Rechnung zu tragen“ *(take full account; tiennent pleinement compte)*. Eine Konkretisierung dieser Berücksichtigungspflicht findet sich nicht. Es erscheint

552 Hier werden etwa kleine Inselländer, Länder mit tiefliegenden Küstengebieten, Länder mit Trocken- und Halbtrockengebieten, Waldgebieten und Gebieten, die von Waldschäden betroffen sind, u.a. genannt, aber auch „Länder, deren Wirtschaft in hohem Maß entweder von Einkünften, die durch die Gewinnung, Verarbeitung und Ausfuhr fossiler Brennstoffe und verwandter energieintensiver Produkte erzielt werden, oder vom Verbrauch solcher Brennstoffe und Produkte abhängt“.

553 *D. Bodansky*, Yale JIL, Bd. 18 (1993), S. 451, 531 („The legal effect of this provision is questionable, and it may well have been included for purely political purposes so that particular categories of countries could receive explicit recognition in the Convention. [...]“).

gleichwohl naheliegend, dieser Vorschrift insoweit eine Bedeutung beizumessen, dass mögliche Maßnahmen zum Technologietransfer sich nicht allein auf diejenigen Schwellenländer beziehen dürfen, deren Emissionsentwicklung inbesonderem Maße besorgniserregend ist, sondern auch Maßnahmen zugunsten der am wenigsten entwickelten Länder berücksichtigen müssen. Insoweit hat Absatz 9 eine allgemeine Bedeutung für die Gesamtheit der Technologietransferverpflichtungen nach dem Klimarahmenübereinkommen; eine eigenständige Pflicht zum Transfer begründet der Absatz nicht.

b) Differenzierte Verpflichtungen gem. Artikel 4 Absatz 5 KRÜ

Die Zentralnorm des Technologietransfers nach dem Klimarahmenübereinkommen findet sich indes in Artikel 4 Absatz 5. Dabei überrascht es nicht, dass sich hier bereits der Adressatenkreis auf die Industriestaaten beschränkt; es handelt sich damit um eine „differenzierte“, keine gemeinsame Rechtspflicht. Der Absatz, der einer Handlungspflicht auch das zu erreichende Ziel der Handlungen absteckt, sei zunächst in seinem vollen Wortlaut wiedergegeben:

> Die Vertragsparteien, die entwickelte Länder sind, und die anderen in Anlage II aufgeführten Vertragsparteien ergreifen alle nur möglichen Maßnahmen, um die Weitergabe von umweltverträglichen Technologien und Know-how an andere Vertragsparteien, insbesondere solche, die Entwicklungsländer sind, oder den Zugang dazu, soweit dies angebracht ist, zu fördern, zu erleichtern und zu finanzieren, um es ihnen zu ermöglichen, die Bestimmungen des Übereinkommens durchzuführen. Dabei unterstützen die Vertragsparteien, die entwickelte Länder sind, die Entwicklung und Stärkung der im Land vorhandenen Fähigkeiten und Technologien der Vertragsparteien, die Entwicklungsländer sind. Andere Vertragsparteien und Organisationen, die dazu in der Lage sind, können auch zur Erleichterung der Weitergabe solcher Technologien beitragen.[554]

554 Der englische Text lautet: „The developed country Parties and other developed Parties included in Annex II shall take all practicable steps to promote, facilitate and finance, as appropriate, the transfer of, or access to, environmentally sound technologies and know-how to other Parties, particularly developing country Parties, to enable them to implement the provisions of the Convention. In this process, the developed country Parties shall support the development and enhancement of endogenous capacities and technologies of developing country Parties. Other Parties and organizations in a position to do so may also assist in facilitating the transfer of such technologies.“

aa) Zweck und Grenze der Verpflichtung

Artikel 4 Absatz 5 enthält damit eine spezifische Zweckbestimmung des Technologietransfers. Zweck des Transfers ist danach die Durchführung der Bestimmungen des Übereinkommens zu ermöglichen. Hieraus kann gefolgert werden, dass von der Handlungspflicht bereits nur solche Maßnahmen erfasst werden, die der Durchführung der Bestimmungen des Rahmenübereinkommens durch die Entwicklungsländer dienen. Damit stellt die Anbindung an die Ermöglichung der Durchführung der Bestimmungen des Übereinkommens zugleich eine tatbestandliche Begrenzung dar. Eine Technologietransferpflicht besteht nur, soweit es sich um die Umsetzung von Konventionsverpflichtungen der Entwicklungsländer handelt, mithin jenen des Artikels 4 Absatz 1. Damit wird ein Blick auf die den Entwicklungsländern konkret obliegenden Rechtspflichten erforderlich. Es fällt dabei auf, dass solche Rechtspflichten sehr begrenzt sind.

Zunächst sind hier die Berichtspflichten nach Artikel 4 Absatz 1 lit. a) i.V.m. Artikel 12 Absatz 1 zu nennen. Danach sind alle Vertragsparteien verpflichtet, nationale Verzeichnisse über Treibhausgase und weitere Informationen zu übermitteln. Zur Erfüllung dieser Rechtspflicht sieht Artikel 4 Absatz 3 Satz 1 bereits ausdrücklich die Übernahme der „vereinbarten vollen Mehrkosten" der Entwicklungsländer vor. Im Grundsatz schließt diese spezielle Regelung freilich nicht zwingend die parallele Anwendung der Technologietransferpflicht nach Absatz 5 aus, beide können kumulativ nebeneinander bestehen. Entscheidend scheint hier vielmehr zu sein, dass es bei der Erfüllung der Berichtspflichten weniger um die Beschaffung bestimmter Technologien geht, als vielmehr um die Finanzierung einer aufwendigen Sammlung und Zusammenstellung von Datenmaterial.

Weiter kommt die Pflicht zur Förderung wissenschaftlicher, technologischer, technischer, sozio-ökonomischer und sonstiger Forschungsarbeiten gem. Artikel 4 Absatz 1 lit. g) i.V.m. Artikel 5 in Betracht. Auch hier enthält Artikel 5 lit. c) eine spezielle Regelung für Entwicklungsländer: Diese sollen unterstützt werden, damit sie bei den Forschungsbemühungen mitwirken können. Allerdings geht es auch bei der Umsetzung dieser Bestimmung nicht in erster Linie um die Notwendigkeit des Transfers von bestimmten Technologien, sondern vielmehr um die Finanzierung von Forschungsarbeiten.

Im Falle des Artikels 4 Absatz 1 lit. i) i.V.m. Artikel 6 gilt wiederum eine Besonderheit. Hiernach soll die klimarelevante Bildung, Ausbildung und öffentliche Bewusstseinsbildung unterstützt werden. Auch hier gilt zwar, dass im Vordergrund nicht der Technologietransfer, sondern die finanzielle Unterstützung steht. Zudem enthält Artikel 6 lit. a) lediglich die Pflicht der Vertragsparteien, „im Rahmen ihrer Möglichkeiten" *(within their respective capacities; selon leurs capacités respectives)* zu handeln. Hiermit wird die Umsetzungspflicht bereits auf den Rahmen der jeweils eigenen Möglichkeiten reduziert und somit ein möglicher Anspruch auf finanzielle oder technologische Erfüllungshilfe ausgeschlossen.

Schließlich kommen die übrigen allgemeinen Pflichten gem. Artikel 4 Absatz 1 in Betracht, mithin jene nach den Buchstaben b), c), d), e) und f). Diesen Verpflichtungen ist jedoch gemeinsam, dass sie einen hohen Grad von Unbestimmtheit aufweisen. Überwiegend handelt es sich lediglich um Pflichten zur Förderung eines Ziels oder der Zusammenarbeit. Sofern nach diesen Vorschriften jedoch eine Umsetzungspflicht der Entwicklungsländer begründet werden kann, könnte eine entsprechende Technologietransferpflicht angenommen werden.

Wenn sich demnach aus dieser Gesamtschau der den Entwicklungsländern obliegenden Umsetzungspflichten nach dem Klimarahmenübereinkommen ergibt, dass diese Pflichten sehr begrenzt sind, kann gleichwohl nicht gefolgert werden, dass Artikel 4 Absatz 5 im Ergebnis kaum einen Anwendungsbereich hätte. Vielmehr muss hier der Rahmencharakter des Übereinkommens beachtet werden. Schon bei Verabschiedung des Übereinkommens war deutlich, dass das Übereinkommen durch die Verabschiedung von Änderungen oder Protokollen weiterentwickelt werden würde. Insbesondere eine Konkretisierung der Stabilisierungs- und Reduktionsziele war auf diesem Wege vorgezeichnet.[555] Damit liegt die Bedeutung des Artikels 4 Absatz 5 primär in der zukünftigen Weiterentwicklung der Klimaschutzpflichten im Rahmen des Übereinkommens. Sobald Entwicklungsländer in diesem Bereich eigene Verpflichtungen übernehmen, kann auf die korrespondierende Technologietransferverpflichtung aus Artikel 4 Absatz 5 verwiesen werden.

555 Vgl. etwa *D. Goldberg*, Georgetown IELR, Bd. 5 (1993), S. 239, 274; *W. Lang*, ArchVR, Bd. 31 (1993), S. 13, 19 f.; *P. Sands*, RECIEL, Bd. 1 (1992), S. 270, 276.

Diese Interpretation wird systematisch von der Konditionalitätklausel des Artikels 4 Absatz 7 gestützt. Hiernach hängt der Umfang der wirksamen Erfüllung der Verpflichtungen der Entwicklungsländer nach dem Übereinkommen von der Erfüllung der Verpflichtungen „betreffend finanzielle Mittel und die Weitergabe von Technologie“ durch die entwickelten Länder ab.

Mit diesem Mechanismus der prinzipiellen Abhängigkeit substanzieller Verpflichtungen der Entwicklungsländer vom Transfer entsprechender Technologien durch die entwickelten Länder konnte einer Hauptforderung der Entwicklungsländer entsprochen werden. Es ging darum, zu verhindern, dass durch den Beitritt zum Klimrahmenübereinkommen Umsetzungspflichten auf die Entwicklungsländer zukommen würden, die diese nicht aus eigener Kraft würden erfüllen können bzw. die diese von ihren eigenen Entwicklungsprioritäten ablenken würden.[556] Der letzte Gedanke wird deutlich durch Artikel 4 Absatz 8 a.E. des Übereinkommens unterstrichen, wonach „voll zu berücksichtigen ist, dass die wirtschaftliche und soziale Entwicklung sowie die Beseitigung der Armut für die Entwicklungsländer erste und dringlichste Anliegen sind“. Auch wenn Artikel 4 Absatz 5 implizit davon ausgeht, dass Entwicklungsländer ihre Verpflichtungen ohne technologische und finanzielle Unterstützung bei gleichzeitiger Berücksichtigung anderer Entwicklungsprioritäten nicht selbstständig erfüllen können, wird man die Vorschrift freilich auch im Umkehrschluss so verstehen müssen, dass für den Fall, dass ein Entwicklungsland dies doch kann, eine Verpflichtung zum Technologietransfer ausscheidet.

Diese Auslegung des Artikels 4 Absatz 5 im Sinne einer dynamischen, letztlich im Kern zukunftsgerichteten Interpretation, wirft die Frage auf, inwieweit die freiwillige Übernahme von Maßnahmen zum Klimaschutz im Rahmen dieser Vorschrift eine Technologietransferverpflichtung auslösen kann. Nach dem Wortlaut ist die Technologietransferverpflichtung auf die Umsetzung der Bestimmungen des Übereinkommens begrenzt die sich an die Entwicklungsländer richten. Freilich bedeutet dies aber nicht, dass Industriestaaten nicht bereits nach den übrigen, oben bereits erwähnten Bestimmungen des Übereinkommens zum Technologietransfer angehalten wären. Insoweit schließt die Begrenzung der Rechtspflicht nach Absatz 5 auf den Zweck der Erfüllung

556 Vgl. dazu *D. Bodansky*, Yale JIL, Bd. 18 (1993), S. 451, 479.

von Entwicklungsländerverpflichtungen keinesfalls die Möglichkeit des Technologietransfers aus.

bb) In Betracht kommende „mögliche Maßnahmen“

Soweit demnach eine Verpflichtung der Entwicklungsländer bejaht werden kann, „ergreifen (die Industriestaaten) alle nur möglichen Maßnahmen *(all practicable steps; toutes les mesures possibles)*, um die Weitergabe von umweltverträglichen Technologien und Know-how an andere Vertragsparteien, insbesondere solche, die Entwicklungsländer sind, oder den Zugang dazu, soweit dies angebracht ist, zu fördern, zu erleichtern und zu finanzieren“. Die Unbestimmtheit dieser Handlungspflicht erinnert an Artikel 10A des Montrealer Protokolls in der Londoner Fassung *(every practicable step)*.[557] Auch hier stellt sich damit das Problem der mangelnden Konkretisierung der zu ergreifenden Maßnahmen und der Bedingungen des Technologietransfers.[558] Allerdings ist auf wichtige Abweichungen in der Formulierung hinzuweisen.

Ausgangspunkt der Überlegungen soll hier zunächst sein, dass Maßnahmen ergriffen werden müssen zur „Förderung, Erleichterung und Finanzierung, soweit dies angebracht ist“. Anders als beim Montrealer Protokoll müssen also nicht alle durchführbaren Schritte für die Sicherstellung des Technologietransfers, sondern lediglich alle möglichen Maßnahmen zur „Förderung, Erleichterung und Finanzierung“ des Technologietransfers ergriffen werden. Damit ist die Formulierung im Vergleich erkennbar weniger dezidiert. Dabei ist zudem zu berücksichtigen, dass durch die Qualifikation des „as appropriate“ aus der zunächst kumulativen Aufzählung („und“) im Ergebnis eine alternative Aufzählung wird. Dies bewirkt, dass sich die Pflicht etwa – da gegebenenfalls „angebracht“ – auf die Förderung, Erleichterung *oder* die Finanzierung beschränken kann.

Wenn den technologietransferverpflichteten Vertragsparteien somit etwa die Option der Finanzierung des Technologietransfers eröffnet wird, kann festgestellt werden, dass damit implizit ein schlichter (Zwangs-)transfer von Technologie ohne finanzielle Entschädigung unter gegebenen Umständen ausgeschlossen wird. Der Weg der Finanzierung von Technologietransfer ist damit geebnet, was zugleich eine enge

557 Dazu oben B. III. 3 a) aa).
558 *D. Bodansky*, Yale JIL, Bd. 18 (1993), S. 451, 530.

Verschränkung der Pflicht zum Technologietransfer mit der Pflicht zur finanziellen Unterstützung nach Artikel 4 Absatz 3 andeutet.[559]

Zur Durchführung dieser Umsetzungsoptionen mit dem Ziel des Technologietransfers sollen „alle nur möglichen Maßnahmen" *(all practicable steps; toutes mesures possibles)* ergriffen werden. Der englische und französische Wortlaut ist insoweit mit jenem des Montrealer Protokolls identisch, während sich im spanischen Wortlaut sich allerdings ein, wenngleich im Ergebnis unbedeutender Unterschied ergibt.[560] Es stellt sich demnach auch hier die Frage, welche Maßnahmen „möglich" bzw. „durchführbar" sind und wo die Grenze jener Maßnahmen zu ziehen ist, die als nicht mehr „möglich" erscheinen.

Zunächst ergeben sich Grenzen jedenfalls dort, wo die oben genannten Zielvorgaben und Umsetzungsoptionen überschritten werden. Ferner kann angenommen werden, dass in dem Fall, in dem eine Maßnahme zwar „möglich" bzw. „durchführbar", aber nicht „angebracht" ist, keine Verpflichtung zu ihrer Ergreifung besteht. Hierbei erscheint die „Angebrachtheit" gegenüber der „Durchführbarkeit" als der engere Begriff. Es mag Maßnahmen geben, die zwar „möglich", aber nicht „angebracht" sind. Umgekehrt erscheint die Feststellung möglich, dass es Maßnahmen geben kann, die „angebracht" sind, und damit in jedem Fall auch „möglich". Somit bestätigt sich der Begriff der „Angebrachtheit" als weiterer Kernpunkt zur Interpretation der Pflichtenstellung der Industriestaaten gem. Artikel 4 Absatz 5. Damit wird die Auslegung des Artikels jedoch nicht einfacher, da gerade der Begriff der Angebrachtheit äußerst unbestimmt bleibt.

Es stellt sich die Frage, wie festzustellen ist, ob eine Maßnahme „angebracht" i.S.v. Artikel 4 Absatz 5 ist. Hier mag es aus Sicht der an einer Technologietransfermaßnahme beteiligten Parteien jeweils unterschiedliche Auffassungen geben.[561] Nach dem Wortlaut ergibt sich kein Hinweis darauf, aus welcher Perspektive die „Angebrachtheit" einer Maßnahme primär zu beurteilen wäre. Im Grundsatz wird es nicht genügen, eine rein subjektive Betrachtung beider Parteien zu Grunde zu legen. Demzufolge wäre nicht allein davon auszugehen, dass es aus Sicht bei-

559 Dazu sogleich unten.

560 Der spanische Text lautet im Klimarahmenübereinkommen: „todas las medidas *posibles*"; im Montrealer Protokoll: „todas las medidas *factibles*".

561 So auch *A. Timmermann*, VRÜ, Bd. 32 (1999), S. 314, 323 f.

der Beteiligten „angebracht" sein muss und es damit zugleich jedenfalls auch auf die Sicht der Technologielieferanten ankommen muss.[562] Ein solcher Interpretationszugriff müsste vielmehr eine textliche Grundlage finden, etwa „as each Party deems appropriate". Ein solcher Anknüpfungspunkt liegt indes nicht vor. Vorzugswürdig erscheint daher vielmehr eine objektivierende Betrachtung, die nach Treu und Glauben (Artikel 26 WVK) die „Angebrachtheit" beurteilt. Darüber hinaus erscheint letztlich eine abstrakte Definition an dieser Stelle nicht möglich. Eine Bestimmung der „Angebrachtheit" wird einzig in Bezug auf eine konkrete Maßnahme im Falle eines konkreten Technologietransferbedürfnisses bestimmt werden können. Freilich wird sich jedenfalls als eine äußerste Grenze auch hier die Verletzung anderer völkerrechtlicher Verpflichtungen einer Vertragspartei erweisen.

Vor dem Hintergrund der Schwierigkeiten bei der Konkretisierung dieses Rechtsbegriffes kann aber wiederum darauf hingewiesen werden, dass es sich bei der Vorschrift des Artikels 4 Absatz 5 um eine Bestimmung handelt, die ihre volle Bedeutung erst mit der Zuweisung weiterer Rechtspflichten an die Entwicklungsländer erhält. Bei der zukünftigen Auslegung und Anwendung durch die Vertragsparteien wird es daher auch darauf ankommen, was die Gesamtheit der Vertragsparteien abhängig von Art und Umfang zukünftiger Rechtspflichten der Entwicklungsländer als „angebracht" beurteilen.

Der Wortlaut des Artikels 4 Absatz 5 lässt jedoch noch weitere Interpretationsbemerkungen zu. So stellt sich die Frage nach der alternativen Nennung des Technologie- und Know-How-Transfers auf der einen und des Zugangs zu Technologien auf der anderen Seite. Die Abgrenzung zwischen beiden Konzepten erscheint problematisch. Die Erleichterung des Zugangs zu einer Technologie wird man bereits als eine Maßnahme des Technologietransfers betrachten können; insoweit stellt jeder Technologietransfer zugleich eine Erleichterung des Zugangs dar. Die gleichzeitige Nennung kann hier aber als eine Konkretisierung der Technologietransferverpflichtung dahingehend gedeutet werden, dass jedenfalls die Schaffung einer Zugangsmöglichkeit zu einer Technologie im Sinne des Artikels genügend wäre.

Schließlich enthält Artikel 4 Absatz 5 Satz 2 einen Hinweis auf einen wichtigen Aspekt der vorgesehenen technologischen Zusammenarbeit.

562 So aber *A. Timmermann*, VRÜ, Bd. 32 (1999), S. 314, 324.

Danach ist bei der Umsetzung der Technologietransferverpflichtung die „Entwicklung und Stärkung der im Land vorhandenen Fähigkeiten und Technologien" zu unterstützen.[563] Diese Verpflichtung hat ihren Hintergrund darin, dass von Seiten der Entwicklungsländer befürchtet wurde, mit Technologien konfrontiert zu werden, die weder an die örtlichen Bedingungen angepasst sind, noch im Einklang mit den jeweiligen nationalen Entwicklungsprioritäten stehen. In der Umsetzung wird diese Bestimmung aufgrund ihrer vagen Formulierung allerdings Schwierigkeiten aufwerfen. So wird man davon ausgehen können, dass der Transfer von Technologien regelmäßig jedenfalls auch die im Land vorhandenen Fähigkeiten und Technologien stärkt. Eine Optimierung der Effekte verlangt Artikel 4 Absatz 5 Satz 2 demgegenüber nicht. Im Ergebnis wird diese Pflicht daher über eine gewisse Appellfunktion kaum hinausgehen.

Artikel 4 Absatz 5 enthält neben den genannten Eckpunkten keine weiteren Festlegungen dahingehend, wie der Technologietransfer im Einzelnen ablaufen soll, welche konkreten Maßnahmen ergriffen werden müssen[564] und gegen wen die Forderung nach Technologietransfer letztlich zu richten ist.[565] Insoweit kann festgestellt werden, dass die Kernverpflichtung zum Technologietransfer insgesamt in ihrem Anwendungsbereich beschränkt ist und in ihrer Umsetzungsperspektive überaus vage bleibt.[566] Der so geschaffene Umsetzungsspielraum bietet freilich zugleich den Vorteil, dass allfällige Maßnahmen zum Technologietransfer auf die Besonderheiten der Bedingungen des Ziellandes wie auch des zu transferierenden Wissens abgestimmt werden können.

563 Der englische Text lautet: „[...] shall support the development and enhancement of endogenous capacities and technologies of developing country Parties".

564 Der Textvorschlag, dass der Transfer „on concessional, preferential and most favorable terms" stattfinden müsse, konnte von der Seite der Entwicklungsländer nicht durchgesetzt werden. Vgl. den Textentwurf in Dokument A/AC/237/18 (Part I) v. 10.3.1992, S. 37.

565 Nach dem Wortlaut richtet sich die Verpflichtung an „*die* Vertragsparteien, die entwickelte Länder sind". Offen bleibt, ob damit das Kollektiv dieser Vertragsparteien oder jede einzelne für sich verpflichtet werden soll.

566 So auch *A. Timmermann*, VRÜ, Bd. 32 (1999), S. 314, 323 f.

3. Transfer von Technologien für Anpassungsmaßnahmen

Im Hinblick auf den Technologietransfer für die Durchführung von Anpassungsmaßnahmen an Klimaänderungen findet sich eine ausdrückliche Erwähnung in der vagen Formulierung des Artikels 4 Absatz 8.[567] Demgegenüber enthält Artikel 4 Absatz 4 eine Verpflichtung der Anlage II-Parteien, welche primär auf die Kostentragung von Anpassungmaßnahmen in Entwicklungsländern gerichtet ist. Freilich ist der Begriff der Anpassungsmaßnahmen in dem Übereinkommen nicht definiert. Es fällt nicht schwer, hierunter auch solche Maßnahmen zu zählen, die mit einem Transfer von Technologien verbunden sind. Im Vordergrund steht aber dennoch die Finanzierung, nicht der Technologietransfer.

Hinsichtlich der Finanzierungsbestimmung des Artikels 4 Absatz 4 ergibt sich, dass in Abweichung der Formulierung des Absatzes 3,[568] hier nicht die Rede ist von „vereinbarten" Kosten für Anpassungsmaßnahmen. Hieraus hat *Philippe Sands* die Feststellung abgeleitet, dass die Industriestaaten mit dieser Vorschrift implizit ihre Verantwortlichkeit für die Folgen des Klimawandels anerkannt haben und diese Vorschrift den Industriestaaten deshalb noch teuer zu stehen kommen würde.[569] Er sieht in der Gegenüberstellung mit der Finanzierungsverpflichtung des Absatzes 3 hier offenbar die weiter reichendere Verpflichtung.

Dieser Auffassung wird man nicht ohne weiteres folgen können. Es muss vielmehr beachtet werden, dass die Handlungspflicht auch bei Artikel 4 Absatz 4 keineswegs die Übernahme der Kosten ist, sondern lediglich die „Unterstützung" bei der Kostentragung. Die Gegenüberstellung mit Absatz 3 ergibt daher, dass dort immerhin eine Verpflichtung zur Bereitsstellung finanzieller Mittel enthalten ist, während es in Absatz 4 lediglich um die nicht näher umschriebene Unterstützung geht. Im Ergebnis ist daher aus Sicht der Entwicklungsländer mit dem Auslassen der Qualifikation der „vereinbarten" Kosten nicht viel gewonnen.

Insgesamt ergibt sich daher für den Technologietransfer für Anpassungsmaßnahmen, dass er den Industriestaaten auch im Vergleich zu den Vorschriften zum Technologietransfer für Reduktionsmaßnahmen nur geringe Verpflichtungen auferlegt. Dieses Ergebnis kann vor dem Hintergrund der Verhandlungsinteressen der entwickelten Länder nicht über-

567 Dazu oben, 2. a) bb).

568 Dazu sogleich unter 4.

569 *P. Sands*, RECIEL, Bd. 1 (1992), S. 270, 275.

raschen. *D. Bodansky* hat zu Recht darauf hingewiesen, dass die Bereitschaft der Industriestaaten, Maßnahmen zur Reduktion von Treibhausgasemissionen in Entwicklungsländern zu unterstützen aufgrund der ersichtlichen globalen Vorteile größer war, als die Bereitschaft, Entwicklungsländern bei der Bewältigung der individuellen Anpassung an den Klimawandel zu helfen.[570] Allerdings kann dieses Ergebnis insoweit relativiert werden, als auch für Anpassungsmaßnahmen im Grundsatz der Rückgriff auf die Bestimmungen der Artikel 4 Absatz 1, 5 und 8 nicht ausgeschlossen erscheint.

4. *Bereitstellung finanzieller Mittel gem. Artikel 4 Absatz 3 KRÜ*

Neben der Technologietransferverpflichtung des Artikels 4 Absatz 5 sieht Artikel 4 Absatz 3 die Zurverfügungstellung finanzieller Mittel durch die Industriestaaten vor.[571] Hierbei wird die Bereitstellung von finanziellen Mitteln für die Weitergabe von Technologien in Satz 2 ausdrücklich betont. Außerdem enthält der Absatz verschiedene Zweckbestimmungen der aufzubringenden finanziellen Mittel.

a) *Finanzielle Mittel zur Erfüllung der Berichtspflichten*

Artikel 4 Absatz 3 Satz 1 sieht zunächst die Bereitstellung „neuer und zusätzlicher" finanzieller Mittel zur Erfüllung der Berichtspflichten (Artikel 12 Absatz 1) vor. Diese Pflichten beziehen sich sowohl auf Zusammenstellung als auch auf die Übermittlung der einschlägigen Infor-

570 *D. Bodansky*, Yale JIL, Bd. 18 (1993), S. 451, 528.

571 Der Absatz lautet: „Die Vertragsparteien, die entwickelte Länder sind, und die anderen in Anlage II aufgeführten entwickelten Vertragsparteien stellen neue und zusätzliche finanzielle Mittel bereit, um die vereinbarten vollen Kosten zu tragen, die den Vertragsparteien, die Entwicklungsländer sind, bei der Erfüllung ihrer Verpflichtungen nach Artikel 12 Absatz 1 entstehen. Sie stellen auch solche finanzielle Mittel, einschließlich derjenigen für die Weitergabe von Technologie, bereit, soweit die Vertragsparteien, die Entwicklungsländer sind, sie benötigen, um die vereinbarten vollen Mehrkosten zu tragen, die bei der Durchführung der durch Absatz 1 erfassten Maßnahmen entstehen, die zwischen einer Vertragspartei, die Entwicklungsland ist, und der oder den in Artikel 11 genannten internationalen Einrichtungen nach Artikel 11 vereinbart werden. Bei der Erfüllung dieser Verpflichtung wird berücksichtigt, dass der Fluss der Finanzmittel angemessen und berechenbar sein muss und dass ein angemessener Lastenausgleich unter den Vertragsparteien, die entwickelte Länder sind, wichtig ist."

mationen.[572] Hiernach verpflichten sich die Industriestaaten, die „vereinbarten vollen Kosten" *(agreed full costs; totalité des coûts convenus)* zur Erfüllung der Berichtspflichten zu tragen.

aa) Neuheit und Zusätzlichkeit der Finanzmittel

Bei der Auslegung dieses Merkmals ist zunächst nicht eindeutig, was unter dem Begriff der Neuheit und Zusätzlichkeit der Finanzmittel zu verstehen ist. Nach dem Wortlaut wird man davon auszugehen haben, dass beide Begriffe eine Bezugsgröße voraussetzen, im Vergleich zu welcher die Finanzmittel als neu und zusätzlich charakterisiert werden können.[573] Demnach würden Finanzmittel verlangt, die relativ über dem bisher Geleisteten liegen. Es stellen sich hier vergleichbare Auslegungsschwierigkeiten wie bei Artikel 10 des Montrealer Protokolls in der Londoner Fassung.[574]

Unter „neu" könnte etwa zu verstehen sein, dass ein Erlass von Altschulden hierunter nicht zu fassen wäre, vielmehr müssen „frische" Gelder bereitgestellt werden. Besonders problematisch ist aber die Bestimmung des Begriffs der Zusätzlichkeit. Wie kann festgestellt werden, ob ein bestimmtes Volumen an Entwicklungshilfe nicht auch ohne die Verpflichtungen nach den Übereinkommen geleistet worden wäre? Die Bestimmung zielt zwar erkennbar darauf ab, dass Geberländer nicht ihre als allgemeine Entwicklungshilfe ohnehin geleisteten Zahlungen als Zahlungen nach dem Übereinkommen „umdeklarieren". Da es an einer rechtsverbindlichen Leitlinie der Höhe offizieller Entwicklungshilfe fehlt,[575] ist eine Verifikation nicht möglich.[576] Aufgrund dieser tatsächli-

572 *B. Kellersmann*, Die gemeinsame, aber differenzierte Verantwortlichkeit, S. 165.

573 So auch *N. Michels*, Umweltschutz und Entwicklungspolitik, S. 298; dazu auch *A. Jordan / J. Werksman*, in: Improving Compliance with International Environmental Law, S. 247, 249 f.

574 Dazu oben B. III. 3 c), s. auch die Problematik beim Übereinkommen zum Schutz der Artenvielfalt unten, D. I. 1 b).

575 S. oben Fn. 476. Zur Problematik auch *B. Kellersmann*, Die gemeinsame, aber differenzierte Verantwortlichkeit, S. 166 f.; *M. Moliner-Dubost*, R.G.D.I.P. 2004, S. 963, 982.

576 So auch *A. Jordan / J. Werksman*, in: Improving Compliance with International Environmental Law, S. 247, 250, 254. Im Rahmen ihrer nationalen Berichte behaupten Geberstaaten freilich regelmäßig die „Neuheit und Zusätzlichkeit" ihrer Beiträge, vgl. etwa österreichische „Second National Climate Report" v. 1997

chen Inoperabilität wird das Kriterium mehr als eine gewisse Appellfunktion nicht erfüllen können, so dass den Begriffen im Ergebnis weniger rechtliche, als programmatische Bedeutung beizumessen sein wird.

Neben der Auslegungsproblematik des Begriffspaares „neu und zusätzlich“ stellt sich die Frage, welche Kategorien finanzieller Mittel gemeint sind. So ist nicht deutlich, ob unter den finanziellen Mitteln einzig unmittelbar staatliche Mittel zu verstehen sind oder ob hier auch private Finanzierungsleistungen in Betracht kommen. Diese Frage ist in der Praxis aufgeworfen worden und daher nicht nur von theoretischem Interesse. Könnten Industriestaaten etwa bereits mit dem Hinweis auf ansteigende Direktinvestitionen aus dem jeweiligen Land in umweltfreundliche Industrieprojekte die Verpflichtung nach Artikel 4 Absatz 3 als erfüllt ansehen? Es erscheint in dieser Hinsicht wohl unproblematisch, finanzielle Mittel, die eine im öffentlichen Eigentum stehende juristische Person in Privatrechtsform – in Deutschland etwa wäre an die Gesellschaft für technische Zusammenarbeit [GTZ] GmbH zu denken – den Anforderungen der Bestimmung genügen zu lassen, da es sich dabei jedenfalls um staatlicherseits induzierte Finanzmittel handelt. Hier kann es nicht darauf ankommen, ob etwa die GTZ, ein Bundesministerium oder eine nachgeordnete Behörde die Durchführung eines Projektes veranlasst. Wenn es allerdings an einer staatlichen Induktion fehlt, sondern eine Investition durch ein privates Unternehmen eigenverantwortlich durchgeführt wird, wird man hierin keine Handlung im Sinne des Artikels 4 Absatz 3 sehen können.[577]

bb) Der Begriff der „vereinbarten vollen Kosten“

Weiter ist der Begriff der „vereinbarten vollen Kosten“ auszulegen. Hier muss davon ausgegangen werden, dass sich die Industriestaaten im Grundsatz verpflichtet haben, sämtliche Kosten, die den Entwicklungs-

---

(Hrsg. durch das damalige BMUJF), S. 121 f.; BMLFUW (Hrsg.), „Third National Climate Report“ v. November 2001, S. 118.

577 Ein Hinweis für diese Auslegung ergibt sich aus der Kostenaussage im Rahmen des Verfahrens zur Verabschiedung des Vertragsgesetzes zum Klimarahmenübereinkommen. Darin führt die Bundesregierung aus: „Durch das Rahmenübereinkommen werden Länder und Gemeinden nicht mit Kosten belastet, wohl jedoch der Bund, da die Umsetzung der Finanzverpflichtungen gegenüber Entwicklungsländern aus allgemeinen Bundeshaushaltsmitteln erfolgen soll“. S. BT-Drs. 12/4489 v. 5.3.1993.

ländern bei der Erfüllung ihrer Berichtspflichten entstehen, zu tragen.[578] Fraglich ist, welche Bedeutung dem Begriff der „vereinbarten“ Kosten beizumessen ist. Verschiedene Lesarten erscheinen denkbar. Ein Ansatz besteht darin, dass der Begriff so zu lesen ist, als seien „die nach diesem Übereinkommen vereinbarten“ Kosten gemeint. Damit wäre das Wort „vereinbart“ redundant, da die Vereinbarung ja gerade in der „vollen“ Kostenübernahme besteht.[579] Würde man den Begriff jedoch im Sinne der „noch zu vereinbarenden vollen Kosten“ lesen, würde sich vor dem Hintergrund der verbleibenden Unsicherheit, was unter „vollen“ Kosten letztlich zu verstehen ist, immerhin ein Sinn ergeben. Danach müsste erst noch festgelegt werden, in welchem Umfang Kosten durch die Industriestaaten übernommen werden sollen.[580]

Der letztere Ansatz stößt jedoch auf Bedenken. Hätten die Parteien eine solche Auslegung beabsichtigt, hätte eine Verdeutlichung des Wortlautes im Sinne von „to be agreed“ mehr als nahe gelegen, wie auch insbesondere der Vergleich der Formulierung mit dem nachfolgenden Absatz 3 Satz 2 belegt. Hierauf haben sich jedoch die Parteien gerade nicht verständigt. Die verwirrende Begriffswahl scheint tatsächlich nur mit der Verhandlungsgeschichte erklärbar zu sein. Danach haben die Verhandlungspartner auf Seiten der Industriestaaten auf den Begriff der „agreed costs“ bestanden und jene auf Seiten der Entwicklungsländer auf „full costs“. In den letzten Stunden der Verabschiedung des Übereinkommenstextes konnte man sich einzig mit dem Formelkompromiss einer Kombination beider Formulierungsvorschläge helfen.[581] Insofern muss hier vom Vorliegen eines dilatorischen Formelkompromisses ausgegangen werden, wonach tatsächlich keine Einigung vorliegt. Aus praktischer Sicht bedeutet dies, dass eine Einigung über den Umfang der „vollen

578 *B. Kellersmann*, Die gemeinsame, aber differenzierte Verantwortlichkeit, S. 166; so auch *N. Michels*, Umweltschutz und Entwicklungspolitik, S. 270.

579 So wohl *B. Kellersmann*, Die gemeinsame, aber differenzierte Verantwortlichkeit, S. 166; so wohl auch *A. Jordan / J. Werksman*, in: Improving Compliance with International Environmental Law, S. 247, 252 („seemingly contradictory term“).

580 So *N. Michels*, Umweltschutz und Entwicklungspolitik, S. 270.

581 Vgl. den mit Klammern versehenen letzten Entwurf vom März 1992: „[...] to meet the [full]/[agreed] incremental costs of developing country Parties [...]“, Dokument A/AC/237/18 (Part I) v. 10.3.1992, S. 37.

Kosten" nach dem Übereinkommen nicht erfolgt ist und erst nachfolgende Verhandlungen Klarheit schaffen können.[582]

b) *Mehrkosten zur Durchführung der Maßnahmen gem. Artikel 4 Absatz 1, nach Vereinbarung mit dem Finanzierungsmechanismus (Artikel 11)*

Nach Artikel 4 Absatz 3 Satz 2 sind die entwickelten Länder weiter verpflichtet, „auch solche finanziellen Mittel" zur Verfügung zu stellen, um Maßnahmen nach Artikel 4 Absatz 1 zu ergreifen. Hervorzuheben ist hier, dass die Bereitstellung von finanziellen Mitteln für den Technologietransfer dabei ausdrücklich in die Verpflichtung mit aufgenommen wird („einschließlich derjenigen für die Weitergabe von Technologie"), was den engen Zusammenhang zwischen Technologietransferpflicht und Finanzierungspflicht wiederum unterstreicht. Hinsichtlich der Art der Mittel fällt aber zum einen auf, dass im Gegensatz zu Satz 1 hier keine „neuen und zusätzlichen Mittel" verlangt werden, und zum anderen, dass lediglich die „vereinbarten vollen Mehrkosten" getragen werden. Der Begriff der Mehrkosten *(incremental costs; coûts supplémentaires)* ist bereits aus dem Wortlaut der Bestimmungen des Montrealer Protokolls bekannt. Er bereitet auch hier zusätzliche Auslegungsprobleme neben den oben bereits angesprochenen Fragen der „vereinbarten vollen" Kosten.[583]

Zur Bestimmung der Mehrkosten einer Maßnahme muss festgestellt werden, wie eine Entwicklung ohne eine ergriffene Maßnahmen abgelaufen wäre. Auch hier entsteht damit die Problematik der Bestimmung einer „baseline".[584] Zur Übernahme von Kosten, die auch ohne die Verpflichtungen nach dem Klimarahmenübereinkommen entstanden wären, sind die Industriestaaten gem. Artikel 4 Absatz 3 nicht verpflichtet.

Aus Sicht der verhandelnden Entwicklungsländer ist der Sinn und Zweck dieser Bezeichnung evident. Es ging darum ihr Interesse durchzusetzen, dass sie keine unmittelbare zusätzliche Kostenlast durch die

582 So im Ergebnis auch *R. Dolzer*, in: FS Bernhardt, S. 957, 967.

583 Dazu etwa *D. Ahuja*, The Incremental Cost; *A. Jordan / J. Werksman*, in: Improving Compliance with International Environmental Law, S. 247, 251 f.; *N. Michels*, Umweltschutz und Entwicklungspolitik, S. 266 ff.; *I. Mintzer*, Implementing the Framework Convention of Climate.

584 *D. Ahuja*, The Incremental Cost, S. 22.

Übernahme der Verpflichtungen aus dem Übereinkommen haben würden. Ihren ursprünglichen noch weiter gehenden Formulierungswunsch der „vollen Kosten" konnten die Entwicklungsländer jedoch gegen den Widerstand der Industriestaaten an dieser Stelle nicht durchsetzen.[585] Insoweit liegt hier gegenüber Absatz 3 Satz 1 eine deutliche Einschränkung vor.

Schließlich setzt die Zahlungsverpflichtung eine vorherige Einigung zwischen dem fraglichen Entwicklungsland und dem Finanzierungsmechanismus gem. Artikel 11, d.h. der Globalen Umweltfazilität, voraus. Diese potenziell weit gehende Finanzierungsverpflichtung für eine Vielzahl an möglichen Maßnahmen in Entwicklungsländern ist damit eine Pflicht zur vorherigen Verhandlung vorgeschaltet. Unabhängig von der Auslegung des Begriffes der „vereinbarten" Kosten ist hier die Notwendigkeit der vorherigen Einigung ausdrücklich festgelegt. Aus Satz 2 kann keine allgemeine Verpflichtung zur vollen Übernahme der Kosten jeglicher Klimaschutzmaßnahmen in Entwicklungsländern abgeleitet werden, womit insgesamt bei der Verpflichtung nach Satz 2 in Abgrenzung zu der Finanzierung der Berichtspflichten nach Satz 1 ein deutlicher Unterschied vorliegt.

c) Angemessenheit und Berechenbarkeit des Finanzflusses

Für beide in Artikel 4 Absatz 3 genannten Finanzierungszwecke gilt nach Absatz 3 Satz 3 weiter der Grundsatz der Angemessenheit und Berechenbarkeit des Finanzflusses *(adequacy and predictability; adéquats et prévisibles)*. Als verhandlungsgeschichtlicher Hintergrund dieser Formulierung wird der vergebliche Versuch der Entwicklungsländerseite genannt, feste Beitragssätze zur Sicherung finanzieller Transferleistungen festzulegen.[586] Bei der Auslegung verursacht auch diese Formulierung Schwierigkeiten. Zum einen ist der Begriff der Angemessenheit völlig unbestimmt und unbestimmbar, da die Frage, welche finanziellen Leistungen „angemessen" sind, einer objektiven Bestimmung kaum zugänglich sein dürfte. Der Begriff der Berechenbarkeit ist dagegen zumindest etwas einfacher konturierbar; danach könnte argumentiert werden, dass ein abruptes Abbrechen eines bestimmten Finanzierungsniveaus jedenfalls nicht ohne erkennbare objektivierbare Gründe zulässig

585 Vgl. *D. Bodansky*, Yale JIL, Bd. 18 (1993), S. 451, 525.
586 Vgl. *D. Bodansky*, Yale JIL, Bd. 18 (1993), S. 451, 525.

sein soll. Damit würde das Vertrauen eines Empfängerlandes auf die Kontinuität eines einmal eingerichteten Finanzierungsflusses geschützt, sofern nicht auf die Begrenztheit einer Zuwendung von vornherein hingewiesen worden ist. In ihrer Vagheit ist aber auch diese Bestimmung in der Praxis kaum verifizierbar und wird daher nicht über eine Appellfunktion hinausgehen können.

Was die Lastenverteilung unter den Geberländern angeht, sieht Absatz 3 Satz 3 a.E. vor, dass auch hier eine Ausgeglichenheit der Lasten berücksichtigt werden soll. Es fällt auf, dass eine vergleichbare Vorschrift für die Technologietransferbestimmung des Absatzes 5 fehlt. Freilich stellt sich aber auch hier zum einen das Problem, wann eine unangemessene Leistungsverteilung angenommen werden kann und welche Rechtsfolge gegebenenfalls vorgesehen ist. Die Tatsache, dass ein entwickeltes Land sich nur unterdurchschnittlich an den Finanzierungsbemühungen im Rahmen des Übereinkommens beteiligt, wird nicht ohne weiteres einen Rechtfertigungsgrund für die Verweigerung der Finanzierung durch die anderen Vertragsparteien darstellen können.

5. Konditionalität gem. Artikel 4 Absatz 7 KRÜ

Zur Sicherung der Forderung der Entwicklungsländer, keinesfalls zu Verpflichtungen nach dem Übereinkommen herangezogen zu werden ohne eine Gewährleistung des Transfers von Technologien oder finanzieller Mittel, sieht Artikel 4 Absatz 7 für die Gesamtverpflichtungen der Entwicklungsländer aus dem Übereinkommen eine Konditionalitätsklausel vor, wie sie aus dem Montrealer Protokoll (dort Art. 5 Abs. 5) bereits bekannt ist. Danach können Entwicklungsländer ihrerseits jegliche Erfüllung von Verpflichtungen verweigern, wenn nicht die Industriestaaten die Verpflichtungen „betreffend finanzieller Mittel und die Weitergabe von Technologie wirksam erfüllen“.[587]

6. Zur Rolle der Globalen Umweltfazilität (GEF)

Die Globale Umweltfazilität[588] wurde bereits im Vorfeld der Verabschiedung des Übereinkommens als vorläufiger Finanzmechanismus i.S.d. Artikels 11 bestimmt. Gleichwohl lässt das Klimarahmenübereinkom-

587 Zur Problematik dieser Klausel auch *R. Dolzer*, in: FS Jaenicke, S. 37, 43.
588 Dazu bereits oben, viertes Kapitel, Abschnitt H.

men die endgültige institutionelle Konkretisierung des Artikels 11 offen und begnügt sich in Artikel 21 Absatz 3 mit einer vorläufigen Betrauung der GEF mit den Aufgaben des Finanzierungsmechanismus.[589] Bis heute ist es bei der Zuweisung der Aufgaben des Finanzierungsmechanismus an die GEF geblieben. Dem Finanzmechanismus ist nach Artikel 4 Absatz 3 Satz 2 eine zentrale Rolle bei der Umsetzung dieser Bestimmung zugewiesen, dies gilt somit auch hinsichtlich des durch den Finanzierungsmechanismus zu bewirkenden Technologietransfers. Damit erhalten die von der Konferenz der Vertragsparteien gegenüber dem Finanzierungsmechanismus regelmäßig abgegebenen Anleitungen eine besondere Bedeutung für die Umsetzung der Technologietransferverpflichtungen.[590]

7. *Zur Bedeutung des Konzepts der „gemeinsamen Umsetzung"*

Im Kontext des Technologietransfers ist weiter auf das Konzept der „gemeinsamen Umsetzung" *(joint implementation)* hinzuweisen.[591] Normativer Ausgangspunkt dieses Konzepts ist Artikel 4 Absatz 2 lit. a) Satz 3, wonach Vertragsparteien Politiken und Maßnahmen „gemeinsam mit anderen Vertragsparteien durchführen" können.[592] Diese „gemeinsame Umsetzung" von Maßnahmen insbesondere zur Treibhausgasemissionsbegrenzung eröffnet einem Staat die Möglichkeit, Reduktionsmaßnahmen außerhalb seines eigenen Territoriums in Zusammenarbeit mit einem anderen Staat, beispielsweise einem Entwicklungsland, oder etwa innerhalb einer „Organisation der regionalen Wirtschaftsintegration" zu

589 S. zu diesem Kompromiss zwischen Entwicklungsländern und Industriestaaten *D. Bodansky*, Yale JIL, Bd. 18 (1993), S. 451, 538 ff.; *W. Lang*, ArchVR, Bd. 31 (1993), S. 13, 27. Zwischen der Vertragsstaatenkonferenz und der GEF wurde ein Memorandum of Understanding geschlossen, s. Dokument FCCC/CP/1996/9 v. 21.5.1996 u. Entscheidung 12/CP.2, Dokument FCCC/CP/1996/15/Add.1 v. 29.10.1996. S. auch *N. Matz*, MaxPlanck YUNL, Bd. 6 (2002), S. 473, 507 f.

590 S. zuletzt Entscheidung 8/CP.10, Dokument FCCC/CP/2004/10/Add.1 v. 19.4.2005.

591 Dazu etwa *D. Bodansky*, Yale JIL, Bd. 18 (1993), S. 451, 520 ff.; *S. Briceño / A. Chueca Sancho*, REDI, Bd. XLVII (1995), S. 101; *A. Hanafi*, Harvard ELR, Bd. 22 (1998), S. 441 ff.; *T. Heller*, Indiana JGLS, Bd. 3 (1996), S. 295 ff.; *Ch. Kreuter-Kirchhof*, Neue Kooperationsformen, S. 122 ff.; *S. Schuppert*, Neue Steuerungsinstrumente, S. 195 ff.; *F. Yamin*, in: Improving Compliance with International Environmental Law, S. 229 ff.

592 Der englische Text lautet: „[...] Parties may implement such policies and measures jointly with other Parties [...]". Dieses Konzept wird außerdem in lit. b) und d) berücksichtigt.

bewirken und damit im Ergebnis eine territoriale Flexibilisierung seiner Reduktionsanstrengungen. Die Hintergründe des Konzepts hat zuletzt *Kreuter-Kirchhof* umfassend analysiert,[593] daher erscheint es hier einzig angezeigt, in gebotener Kürze die spezifische Bedeutung dieser Flexibilisierungsüberlegung für den Technologietransfer aufzuzeigen.

Die klimapolitischen Überlegungen, die letztlich zur Einführung der „gemeinsamen Umsetzung" in der Klimarahmenkonvention geführt haben, sind im Kern einfach nachvollziehbar: Da es aus Sicht des Klimas gänzlich unerheblich ist, an welchem Ort der Erde eine allfällige Treibhausgasemissionsreduzierung erfolgt, ist es ökonomisch effizienter, sie dort zu bewirken, wo es am kostengünstigsten ist. Hintergrund ist somit der Versuch einer Optimierung des Mitteleinsatzes für den Klimaschutz.

Die Möglichkeit einer solchen Flexibilisierung der Reduktionsbemühungen der entwickelten Länder hat im Rahmen des Übereinkommens zu intensiven Auseinandersetzungen zwischen Befürwortern und Gegnern dieses Konzepts geführt. Während Befürworter der „gemeinsamen Umsetzung" den ökonomischen Nutzen betonen und auf positive Erfahrungen flexibler Ansätze bei der Luftreinhaltungspolitik in den Vereinigten Staaten verweisen,[594] befürchten Kritiker, dass die primär verantwortlichen entwickelten Länder damit notwendige Klimaschutzmaßnahmen in die Entwicklungsländer abdrängen könnten. Hier entstehe ein Spannungsverhältnis zu dem Grundsatz des Artikels 3 Absatz 1, wonach entwickelte Länder bei der Bekämpfung der Klimaänderungen „die Führung übernehmen".[595] Weiter wurde gegen den Ansatz angeführt, es sei moralisch nicht vertretbar, Klimaschutzmaßnahmen einzig in den Entwicklungsländern durchzuführen.[596] Schließlich darf nicht übersehen wer-

593 *Ch. Kreuter-Kirchhof*, Neue Kooperationsformen.

594 Dort ging es um ein Handelssystem für Schwefeldioxidemissionen. Vgl. etwa *B. Hansjürgens*, ZfU 1998, S. 1 ff.; *E. Rehbinder*, in: Environmental Law, the Economy, and Sustainable Development, S. 245 ff.; *H. R. Trüeb*, in: Biology, Culture and Environmental Law, S. 43 ff.

595 *T. Forsyth*, in: Positive Measures, S. 7. Auf diesen Aspekt haben in den Verhandlungen insbesondere auch die EG und ihre Mitgliedstaaten hingewiesen, s. etwa *Statement by United Kingdom on behalf of the European Community and its Member States* „Emissions Trading" im Rahmen der achten Sitzung der Hilfsorgane in Bonn im Juni 1998.

596 Dazu etwa *H. J. Schlösser*, ET, Bd. 46 (1996), S. 338.

den, dass verschiedene Probleme bei der praktischen Umsetzung des Konzepts verbleiben.[597]

Neben der möglich erscheinenden Kostensenkung von Klimaschutzmaßnahmen ist hier aber das mit dem Ansatz verbundene Potenzial zum Technologietransfer herauszustellen:[598] Investiert ein Industriestaat in emissionssenkende Technologien in einem Entwicklungsland, um damit seiner eigenen Emissionsbegrenzungs- und -reduzierungspflicht nachzukommen, wird dies in der Regel zu einem Transfer der jeweiligen Umwelttechnologie in das Entwicklungsland führen. Klimaschutzmaßnahmen, die im Rahmen der „gemeinsamen Umsetzung" durchgeführt werden, hätten damit regelmäßig etwa neben der eigentlichen Emissionsbegrenzung den weiteren Nutzen eines Beitrags zur Umsetzung der Technologietransferverpflichtung.

Vor dem Hintergrund der praktischen Umsetzungsschwierigkeiten konnte man sich im Rahmen des Übereinkommens zunächst aber lediglich darauf einigen, die Kriterien für die gemeinsame Umsetzung auf der ersten Tagung der Konferenz der Vertragsparteien festzulegen (Artikel 4 Absatz 2 lit. d).

8. Zwischenbewertung

In der Gesamtbetrachtung der Technologietransfer- und Finanzierungsbestimmungen des Klimarahmenübereinkommens fällt zunächst der Mangel an Übersichtlichkeit und System in der Konzeption der Vorschriften auf. Schon die Bestimmungen über den Technologietransfer sind an verschiedenen Stellen verstreut und ergeben dementsprechend ein uneinheitliches Gesamtbild. Die Ursache für diesen Befund muss einerseits in der verfehlten gleichzeitigen Zuweisung der Technologietransferfrage an beide Arbeitsgruppen des zwischenstaatlichen Verhandlungsausschusses gesucht werden, andererseits in dem Bestreben der Entwicklungsländer, ihr Technologietransferinteresse an jeder nur mög-

597 Dazu etwa *H. Kotsch*, Intereconomics 1997, S. 59 ff.

598 So auch *D. Anderson / D. Brack / M. Grubb*, Emissions Trading and the Control of Greenhouse Gases, S. 4 („The advantages of JI are [...] (2) that it offers a potential mechanism for stimulating large-scale ‚technology transfer' to developing countries that are not in a position to take on binding commitments."); *I. Mintzer / J. A. Leonard*, in: Negotiating Climate Change, S. 22; skeptisch dagegen *A. Timmermann*, VRÜ, Bd. 32 (1999), S. 314, 326.

lichen Stelle des Übereinkommens verankert zu sehen. Insoweit sind die verschiedenen Bestimmungen auch Ergebnis eines komplexen Verhandlungsprozesses, der zudem unter großem Zeitdruck zum Abschluss gebracht werden sollte.

Die weitere Analyse der Regelungen ergibt zunächst, dass Artikel 4 völkerrechtliche Verpflichtungen zur Finanzierung und zum Transfer von Technologien zum Zwecke der Begrenzung und Reduktion der Emission von Treibhausgasen, aber auch zur Anpassung an die nachteiligen Folgen einer allfälligen Klimaänderung enthält, wobei die Maßnahmen der Begrenzung und Reduktion von Treibhausgasen im Vordergrund stehen. Weiter enthält das Übereinkommen zwei miteinander verbundene Vorschriften, die einerseits eine Pflicht zur Finanzierung des Technologietransfers, andererseits eine Pflicht zum Transfer statuieren. Die Transferpflicht ist dabei auf Maßnahmen begrenzt, die „angebracht" sind.

Aus normativer Sicht nehmen sich die Bestimmungen zum Technologietransfer allerdings bescheiden aus. Insbesondere im Vergleich zu den Londoner Änderungen des Montrealer Protokolls ist es den Entwicklungsländern im Bereich des Klimarahmenübereinkommens lediglich gelungen, relativ unbestimmte Technologietransferbestimmungen durchzusetzen, was durch die Häufigkeit der Nennungen des Erfordernisses technologischer Zusammenarbeit nicht wett gemacht wird. Immerhin gelang es den Entwicklungsländern, eine strikte Konditionalitätklausel einzuführen und sich damit vor Verpflichtungen zu schützen, die nicht mit Maßnahmen der Erfüllungshilfe gepaart sind.

Was das Verhältnis beiden Erfüllungshilfeverpflichtungen gem. Artikel 4 Absatz 3 Satz 2 und Absatz 5 angeht, fällt deren enge wechselseitige Verknüpfung auf. Es wurde bereits darauf hingewiesen, dass sich in der finanziellen Verpflichtung gem. Artikel 4 Absatz 3 Satz 2 ein ausdrücklicher Hinweis auf den Technologietransfer als einen Einsatzzweck für die finanziellen Mittel findet. Ebenso ist die Finanzierung als eine Maßnahme in Artikel 4 Absatz 5 ausdrücklich genannt. Insoweit ist ein unmittelbarer Zusammenhang, ein Ineinandergreifen beider Vorschriften festzustellen: Einerseits schließt die Finanzierungspflicht den Technologietransfer ein, andererseits ist die Finanzierung eine mögliche Maßnahme zur Weitergabe von Technologien i.S.d. Absatzes 5. Hier liegt ein Unterschied zum Montrealer Protokoll im Hinblick auf den Wortlaut vor, allerdings nicht, was die Umsetzungpraxis der Parteien angeht. Freilich ginge es zu weit, die zentrale Technologietransferverpflichtung nach Artikel 4 Absatz 5 schon nach dem Wortlaut auf die Finanzierung zu reduzieren. Die Finanzierung des Technologietransfers ist *eine* nach dem Übereinkommen zulässige Erfüllung der Pflicht zur technologischen Zusammenarbeit. Es kann ebenso festgehalten werden, dass Absatz 5 neben der Finanzierung auch andere Verpflichtungen enthält, womit die Technologietransferverpflichtung gem. Artikel 4 Absatz 5 durchaus eine eigenständige Bedeutung behält. Entscheidend ist hier somit, dass die Technologietransferbestimmung die Art und Weise des Transfers offen lässt und nicht allein auf eine Finanzierung des Transfers festgelegt ist. Eine Ansicht, die davon ausginge, dass mit der Zurverfügungstellung finanzieller Mittel i.S.v. Absatz 3 zwangsläufig immer auch die Verpflichtungen des Absatzes 5 erfüllt wären, verkennt diesen Zusammenhang. Allerdings erscheint eine Argumentation denkbar, die eine Finanzierung von Technologietransfer gem. Artikel 4 Absatz 3 Satz 2 in den Vordergrund stellt und gleichzeitig argumentiert, dass dies gleichzeitig die i.S.d. Absatzes 5 „angebrachte Maßnahme" darstellt. Insoweit darf die Bedeutung des Artikels 4 Absatz 3 Satz 2 bei der Betrachtung der Technologietransferpflichten nicht ignoriert werden.[599]

Beide Vorschriften weisen außerdem einen dynamischen Charakter auf. Die Erfüllungshilfepflicht greift in erster Linie, soweit Entwicklungsländer eigene konventionsrechtliche Verpflichtungen zu erfüllen haben, wobei dies zudem von einer strikten Konditionalitätsklausel ergänzt wird.

Weiter werden zwei Wege des Technologietransfers durch das Übereinkommen vorgezeichnet, die beide im Grundsatz auf marktwirtschaftlicher Grundlage beruhen. Zum einen sieht Artikel 4 Absatz 3 Satz 2 die Finanzierung der Weitergabe von Technologien, mithin eine Subventionierung von Technologietransfer durch die Industriestaaten vor. Zum anderen kann Technologietransfer auf dem Wege der Flexibilisierung der Begrenzungs- und Reduktionsverpflichtungen der Industriestaaten durch eine „gemeinsame Umsetzung" *(joint implementation)* erfolgen. Ein dirigistisches Konzept, welches etwa einen Zwangstransfer von Technologien mit sich bringen würde, kann somit aus dem Übereinkommen nicht abgeleitet werden. Dies steht zudem im Einklang mit dem Grundsatz gem. Artikel 3 Absatz 5, wonach die Parteien zur Förderung

599 So aber *A. Timmermann*, VRÜ, Bd. 32 (1999), S. 314, 323.

eines tragfähigen und offenen internationalen Wirtschaftssystem zusammenarbeiten.

IV. Zur Durchführung der Technologietransferbestimmungen

1. Zu den Arbeiten des INC vor Inkrafttreten des Übereinkommens

Mit der Frage der Umsetzung der Bestimmungen zum Technologietransfer beschäftigten sich die Parteien unmittelbar nach der Verabschiedung des Klimarahmenübereinkommens. Eine auf Wunsch des zwischenstaatlichen Verhandlungsausschusses für ein Klimarahmenübereinkommen durch das vorläufige Sekretariat verfasste Studie versucht erste Ansätze möglicher Umsetzungoptionen aufzuzeigen.[600] Danach werden als Eckpunkte betont, dass Technologietransfer sowohl für Maßnahmen zur Emissionsbegrenzung als auch für Anpassungsmaßnahmen erforderlich ist. Weiter wird die Finanzierungsmöglichkeit betont und die potenzielle Rolle der gemeinsamen Umsetzung beim Technologietransfer.[601] Zwei Maßnahmenbereiche werden für die Umsetzung der Technologietransferbestimmungen hervorgehoben: Zum einen die Stärkung technologischer Fähigkeiten in Entwicklungsländern *(strengthening technological capabilities)*, zum anderen der Informationsaustausch *(information ex-*

600 Dokument A/AC.237/88 v. 18.1.1995; die *Note* erscheint interessanterweise unter dem Tagesordnungspunkt „Matters relating to arrangements for the Financial Mechanism". Grundlage für das Dokument waren Stellungnahmen der Verhandlungsparteien. Zur europäischen Position s. Dokument A/AC.237/Misc.41 v. 14.12.1994, S. 34 ff. Dabei wird als Kernvoraussetzung des Technologietransfers die Stärkung der technologischen Kompetenz in Entwicklungsländern hervorgehoben („Hence, concerning technology cooperation with developing countries, the European Union is of the view that there should be drawn at least **one clear conclusion**: the strengthening of the technological capacity of developing countries is a precondition for their capacity to absorb and develop the technologies necessary for the effective implementation of the Convention, especially the reduction of greenhouse gas emissions. In all those countries where the development process was slow in the past, the lack of technological capacity has been identified as a major factor." – Fettdruck im Original).

601 Dokument A/AC.237/88 v. 18.1.1995, S. 7 („Joint implementation may also play a significant role in promoting transfer of technology with the involvement of the private sector").

change).[602] In diesem Zusammenhang wird auf bereits bestehende Programme zur Informationsvermittlung hingewiesen.[603]

2. *Die Entscheidungen der ersten Konferenz der Vertragsstaaten („Berliner Mandat")*

Auf der ersten Vertragsstaatenkonferenz des am 21. März 1994 in Kraft getretenen Klimarahmenübereinkommens vom 28. März bis 7. April 1995 in Berlin stand die Frage des Technologietransfers im Hintergrund. Verhandelt wurde in erster Linie über die Frage der Emissionsminderungspflichten der Industrieländer. Im Ergebnis wurde mit dem Berliner Mandat ein Verhandlungsprozess begonnen, der vor allem das Ziel hatte, *„quantified emission limitation and reduction objectives"* festzulegen (sog. QELROs). Außerdem einigte man sich in diesem Zusammenhang darauf, keine neuen Verpflichtungen für Nicht-Anhang I Staaten einzuführen.[604]

Hinsichtlich des Konzepts der „gemeinsamen Umsetzung" wurde beschlossen, zunächst eine Pilotphase einzurichten (*activities implemented jointly*, AIJ), im Rahmen derer Industriestaaten Emissionsminderungen in Drittstaaten zunächst nicht anrechnen können.[605] Die GEF wurde als vorläufiger Finanzierungsmechanismus bestätigt.[606] Als anfängliche Anweisungen an den Finanzierungsmechanismus wurde betont, dass bei der Finanzierung der Weitergabe von Technologien berücksichtigt werden müsse, dass diese umweltverträglich und an die örtlichen Gegebenheiten

602 Dokument A/AC.237/88 v. 18.1.1995, S. 7 f.

603 Dokument A/AC.237/88 v. 18.1.1995, S. 8. Darunter GREENTIE, ein Programm der Internationalen Energie Agentur und der OECD (<http://www.greentie.org>).

604 Entscheidung 1/CP.1, Dokument FCCC/CP/1995/7/Add.1 v. 6.6.1995.

605 Entscheidung 5/CP.1, Dokument FCCC/CP/1995/7/Add.1 v. 6.6.1995. S. dazu *Ch. Kreuter-Kirchhof*, Neue Kooperationsformen, S. 126 ff. In der Pilotphase hat insbesondere die Weltbank verschiedene Projekte durchgeführt, die zum Transfer umweltfreundlicher Technologien geführt haben. Zu den Pilotprojekten gehörten etwa das Projekt „ILUMEX" in Mexiko (Verbreitung von Energiesparlampen) und ein Projekt zur Verbreitung von Solarenergieanlagen in Burkina Faso („Sustainable Energy Management").

606 Entscheidung 9/CP.1, Dokument FCCC/CP/1995/7/Add.1 v. 6.6.1995. Für einen ersten Bericht der Umsetzungsaktivitäten im Klimabereich Dokument FCCC/CP/1995/4 v. 16.3.1995.

angepasst sind.[607] Hinsichtlich der Umsetzung der Technologietransferverpflichtung des Artikels 4 Absatzes 5 im Rahmen des Finanzierungsmechanismus wurde lediglich entschieden, dass ein Diskussionsprozess geführt werden sollte.[608]

Im Übrigen wurde in Bezug auf den Technologietransfer das Sekretariat beauftragt, einen Bericht über die Fortschritte bei konkreten Maßnahmen der Anhang II-Staaten zu erstellen. Dabei wurde auch auf die in Kapitel 34 der Agenda 21 vorgeschlagenen Maßnahmen Bezug genommen.[609] Weiter wurde dem Sekretariat der Auftrag erteilt, relevante Informationen zu sammeln sowie ein Inventar und eine Bewertung umweltvertäglicher Technologien zu erarbeiten, unter Berücksichtigung von Informationen über die Bedingungen, unter denen der Technologietransfer stattfindet.[610]

Was die Aufgabenzuweisung an die beiden nach dem Übereinkommen vorgesehenen Hilfsorgane angeht, so wurden sowohl das Hilfsorgan für wissenschaftliche und technische Beratung (SBSTA) als auch das Hilfsorgan für die Durchführung des Übereinkommens (SBI) mit Fragen im Bereich Technologietransfer betraut, wobei SBSTA sich zunächst in grundlegender Weise mit Aspekten der technologischen Zusammenarbeit befassen sollte.[611]

Am Rande der Konferenz gründeten 22 Mitgliedstaaten der OECD und der Internationalen Energieagentur (IEA) die „Initiative Klimatechnologie“ (*Climate Technology Initiative*, CTI), die zunächst als ein Bündel von Maßnahmen zur Förderung des Technologietransfers im Rahmen des Übereinkommens entstanden ist und sich zwischenzeitlich als ein fester Bestandteil der Tätigkeit der IEA im Bereich des Rahmens internationaler Technologiekooperation (sog. Implementing Agreements)

607 Entscheidung 11/CP.1 („Initial guidance on policies, programme priorities and eligibility criteria to the operating entity or entities of the financial mechanism“), Dokument FCCC/CP/1995/7/Add.1 v. 6.6.1995.

608 Vgl. Entscheidung 11/CP.1, Nr. 2 b, Dokument FCCC/CP/1995/7/Add.1 v. 6.6.1995, S. 38.

609 Dazu oben viertes Kapitel, D. II.

610 Entscheidung 13/CP.1, Dokument FCCC/CP/1995/7/Add.1 v. 6.6.1995. Diese Entscheidung wurde durch das Hilfsorgan für wissenschaftliche und technische Unterstützung (SBSTA) auf seiner zweiten Sitzung bestärkt, vgl. Dokument FCCC/SBSTA/1996/8 v. 25.4.1996, S. 18 f.

611 Vgl. Entscheidung 6/CP.1, Dokument FCCC/CP/1995/7/Add.1 v. 6.6.1995 (dort Annex I, II).

etabliert hat.[612] Die Aktivitäten der CTI umfassen die Durchführung von Technologiebedürfniseinschätzungen, die Veranstaltung von Seminaren und Ausbildungskursen und zahlreiche weitere unterstützende Maßnahmen.

3. Die zweite Konferenz der Vertragsstaaten (Genf, 1996)

Die zweite Konferenz der Vertragsstaaten fand im Juli 1996 in Genf statt.[613] Das Sekretariat konnte dort einen Bericht über die Entwicklung und den Transfer von Technologien vorlegen.[614] Darin verwies das Sekretariat zwar auf verschiedene Umsetzungsaktivitäten, konkret konnte im Ergebnis aber lediglich vom Beginn der Erstellung eines Inventars in Form einer Datenbank über relevante Technologien berichtet werden.[615] Die Parteien, insbesondere die Entwickungsländer, zeigten sich unzufrieden mit diesem Bericht und besorgt wegen der zögerlichen Umsetzung der Entscheidungen der ersten Konferenz.[616] In der Entscheidung betreffend Technologietransfer wird demnach unter anderem der Ausbau von Technologieinformationszentren und -netzwerken gefordert. Weiter werden Anhang-II-Parteien aufgefordert, in ihren nationalen Berichten auch Informationen über ihre Umsetzung der Technologietransferverpflichtungen aufzuführen und ihre Anstrengungen zur Erfüllung der Verpflichtung gem. Artikel 4 Absatz 5 zu verstärken. Es müssten für den

612 Dazu etwa OECD/IEA (Hrsg.), Climate Technology Initiative – Inventory of Activities, 1996. S. auch die Webseite: <http://www.climatetech.net>.

613 Dazu auch die beiden Berichte von *M. Ehrmann*, NuR 1997, S. 229 ff. u. NVwZ 1997, S. 874 ff.

614 Vgl. Dokument FCCC/CP/1996/11 v. 25.6.1996 („Follow-up report on technological issues").

615 Das Sekretariat hatte alle Vertragsparteien und relevante Institutionen der VN aufgefordert, ihrerseits Informationen über Technologien an das Sekretariat zu übersenden. Die Reaktion war nicht sehr ergiebig, gleichwohl konnte damit begonnen werden, eine Datenbank mit Informationen über Technologien aufzubauen. Dies ist im Einzelnen dargestellt in den Dokumenten FCCC/SBSTA/1996/4 v. 2.2.1996, FCCC/SBSTA/1996/4/Add.1 u. FCCC/SBSTA/1996/4/Add.2 v. 31.5.1996.

616 Entscheidung 7/CP.2, Dokument FCCC/CP/1996/15/Add.1 v. 29.10.1996 („*Expressing concern* over the slow progress in the implementation of decision 13/CP.1, 1. *Reaffirms* the full text of decision 13/CP.1 on transfer of technology; [...]").

Technologietransfer förderliche Bedingungen und Anreize für den Privatsektor geschaffen werden.[617]

Schließlich wurde die Genfer Ministererklärung verabschiedet,[618] eine politische Absichtserklärung, in der vor allem die Wichtigkeit der Verhandlungen über die QELROs betont wird, aber auch über die Abhängigkeit von Maßnahmen in Entwicklungsländern von der Erfüllung der Verpflichtungen zum Technologietransfer.[619] Ein rechtsverbindliches Protokoll oder anderes Rechtsinstrument solle bis zur dritten Vertragsstaatenkonferenz verabschiedungsreif sein.

4. *Aktivitäten des Sekretariats im Bereich Technologietransfer*

In der Folgezeit bemühte sich das Klimasekretariat, den zahlreichen Arbeitsaufträgen der Vertragsstaatenkonferenz und der Hilfsorgane im Bereich der mit dem Technologietransfer zusammenhängenden Fragen gerecht zu werden.[620] Im Einzelnen sollte (a) eine *„Technology inventory database"* aufgebaut werden, es sollte (b) eine Übersicht über die Umsetzungsaktivitäten der Anhang-II-Parteien erstellt werden, es sollten (c) Informationen über *„Technology information centres"* gesammelt werden, es sollte (d) eine Übersicht über *„Technology and technology information needs"* zusammengestellt werden, (e) ein Bericht über Technologien zur Anpassung an Klimaänderungen sollte erstellt werden, (f) die *„Terms of transfer"* sollten analysiert werden, (g) neue Informationen über *„technologies and know-how in the research and development stage"* sollten bereitgestellt werden und schließlich sollte (h) ein Bericht über Technologietransfer durch den Privatsektor erstellt werden.

617 Entscheidung 7/CP.2, Dokument FCCC/CP/1996/15/Add.1 v. 29.10.1996.

618 Dokument FCCC/CP/1996/15/Add.1 v. 29.10.1996, Annex: The Geneva Ministerial Declaration, S. 71 ff.

619 Dokument FCCC/CP/1996/15/Add.1 v. 29.10.1996, S. 73 („10. Recognize that the continuing advancement of existing commitments by developing country Parties, in the context of their national priorities for sustainable development, requires determined and timely action, in particular by Annex II Parties. Access to financial resources and to environmentally-sound technologies consistent with Article 4.3, 4.4, 4.5 and 4.7 will be most critical; ...").

620 Vgl. insbesondere Dokument FCCC/SB/1997/1 v. 17.2.1997, sowie die nachfolgenden Dokumente FCCC/SB/1997/3 v 23.5.1997, FCCC/SB/1997/4 v. 25.7.1997 u. FCCC/SBSTA/1997/10 v. 30.9.1997.

a) Zur „Technology inventory database"

Bereits auf der Berliner Vertragsstaatenkonferenz war das Sekretariat mit der Sammlung von Informationen über vorhandene klimarelevante Technologien beauftragt worden. Das Sekretariat wandte sich darauf an die Vertragsstaaten mit der Bitte, entsprechende Informationen zusammenzustellen, und erarbeitete einen Überblick über bereits bei anderen internationalen Organisationen vorhandene Informationen. Diese Informationen sollten sodann in eine Datenbank eingearbeitet werden.[621] Dem Sekretariat wurden daraufhin zahlreiche bereits entwickelte Technologiedatenbanken zur Kenntnis gebracht, beispielhaft etwa eine *CO_2 Technology Data Bank* des österreichischen *International Institute for Applied Systems Analysis* (IIASA), die *Greenhouse Gas Assessment Methodology* (GGAM) der Weltbank oder das durch das Forschungszentrum Jülich entwickelte *Instrument for Reduction Strategies of Greenhouse Gases* (IKARUS) sowie zahlreiche Studien über technologische Stategien zum Klimaschutz. Aus diesen anfänglichen Aktivitäten entwickelte sich ab 2001 eine internetgestützte Datenbank über Technologien („TT:CLEAR").

b) Zu Umsetzungsaktivitäten der Anhang-II-Parteien

Die Entwicklungsländer drängten darauf, Nachweise über konkrete Umsetzungsmaßnahmen der Anhang-II-Parteien im Bereich des Technologietransfers zu erhalten. Nicht unberechtigte Kritik wurde etwa daran geübt, dass die ersten nationalen Klimaberichte oftmals keine oder nur beiläufige Hinweise auf Maßnahmen zum Technologietransfer erhielten.[622]

621 S. dazu die Dokumente FCCC/SBSTA/1996/4 u. Add.1 v. 2.2.1996 und FCCC/SBSTA/1996/4/Add.2 v. 31.5.1996.

622 Vgl. etwa der österreichische „National Climate Report" v. August 1994 (Hrsg. durch das damalige BMUJF); dort werden unter der Überschrift „Financial Assistance and Transfer of Technology" lediglich verschiedene finanzielle Beiträge Österreichs zur GEF, der IDA und Regionalen Entwicklungsbanken erwähnt. Hinweise auf spezifische Technologietransfermaßnahmen finden sich nicht (S. 80 f.). Dürftig insoweit auch BMU (Hrsg.), Erster Bericht der Regierung der Bundesrepublik Deutschland, S. 152 ff. Dort finden sich vor allem Ausführungen allgemeiner Art über Umweltprobleme in Entwicklungsländern. Anders dagegen der Bericht der Schweizerischen Eidgenossenschaft v. 1994, unter Punkt 5.3 („Transfert de technologie"). Dort wird immerhin auf Finanzierungsanstrengungen mit konkreter

Für die siebte Sitzung der SBSTA erstellte das Sekretariat daraufhin eine Übersicht über die ergriffenen Maßnahmen.[623] Darin wird deutlich, dass die überwiegende Zahl der Anhang-II-Parteien einen Schwerpunkt der Umsetzung in ihren finanziellen Beiträgen an den Finanzierungsmechanismus und bilateralen Projekten sehen, wobei oftmals nicht begründet wird, ob es sich bei den Beiträgen um „neue und zusätzliche" Mittel handelt. Über den Technologietransfer durch den Privatsektor wird praktisch nicht berichtet.

c) Zu „Technology information centres"

Weiter wandte sich das Sekretariat dem Bereich der Technologieinformationszentren und Netzwerken zu.[624] Danach seien zunächst internationale Technologieinformationszentren, nationale Technologieinformationszentren und nationale Technologiezentren und Netzwerke zu unterscheiden, wovon viele bereits existierten und für die Zwecke des Klimaschutzes nutzbar gemacht werden könnten.[625] Die bestehenden Zentren könnten allerdings durch bessere Koordinierung und weitere Vernetzung verbessert werden.[626]

d) Zu „Technology and technology information needs"

Hinsichtlich der Identifizierung der tatsächlichen technologischen Bedürfnisse der Empfängerstaaten wurde ein Institut der Universität Amsterdam (IVAM Environmental Research) damit beauftragt, eine Über-

---

Technologietransferabsicht hingewiesen und es werden „Principes de la politique suisse de transfert de technologie" formuliert. Dazu auch die Entscheidung 9/CP.2, Dokument FCCC/CP/1996/15/Add.1 v. 29.10.1996.

623 Dokument FCCC/SBSTA/1997/13 v. 24.9.1997.

624 S. auch den Bericht über ein diesbezügliches Expertentreffen in Bonn in Dokument FCCC/SB/1997/4 v. 25.7.1997.

625 Vgl. Dokument FCCC/SBSTA/1997/10 v. 30.9.1997, S. 8 ff. Auf internationaler Ebene wird auf die Arbeiten des Umweltprogramms der VN, der FAO, des Entwicklungsprogramms der VN, der Internationalen Energieagentur (IEA GREENTIE) verwiesen. Als nationale Beispiele von Anlage-II-Staaten wird das Japanische Informationszentrum für Wissenschaft und Technologie (JICST), die deutsche GTZ (ISAT) und das US National Renewable Energy Laboratory (NREL) genannt.

626 Dieser Ansatz wurde mit Nachdruck von der EG und ihren Mitgliedsstaaten unterstützt, vgl. Statement by Luxembourg on Behalf of the European Community and its Member States, SBSTA-7, Bonn, 20–29. October 1997.

sichtsstudie über „Preliminary technology and technology information needs" zu erarbeiten. Die endgültige IVAM-Studie konnte schließlich 1998 vorgelegt werden.[627] Darin wird deutlich, dass zahlreiche Entwicklungsländer mit der Formulierung ihrer technologischen Bedürfnisse überfordert waren, was auf ein erhebliches technologisches Informationsdefizit in den Entwicklungsländern hinweist. Zum Zeitpunkt der Untersuchung (von Oktober 1996 bis April 1998) begannen Entwicklungsländer erst mit schrittweisen nationalen Konsultationen über die nationalen Bedürfnisse im Bereich der Minderungsmaßnahmen und Anpassungsmaßnahmen. Deutlich formuliert wurde aber, dass die als am wichtigsten eingeschätzten Bedürfnisse im Bereich der Energieversorgung und im Transportsektor liegen. In diesem Zusammenhang sei die Bereitstellung von Finanzkapital unter Vorzugsbedingungen von entscheidener Bedeutung.

e) Zu Anpassungstechnologien

Als Beitrag zur Klärung des Begriffs der Anpassungstechnologien erstellte wiederum die Universität Amsterdam im Auftrag des Sekretariats eine Studie „Adaptation to Climate Change: Options and Technologies", die den Vertragsparteien im Oktober 1997 als „technical paper" vorgelegt wurde.[628]

Ausgangspunkt ist dabei ein weites Begriffsverständnis von Anpassungstechnologie, so dass sog. „harte" Technologien (z.B. Klimaanlagen, Bewässerungssysteme, aber auch Frühwarnsysteme) und „weiche" Technologien (z.B. Wissen über Produktionsmethoden, Planungstechniken) berücksichtigt werden. Betont wird, dass diese Technologien meist auch „non-climate benefits" oder „secondary benefits" besitzen (etwa Effizienzsteigerung in der Wasserverwendung, Maßnahmen zur Verbesserung der Gesundheitsfürsorge). Der Einsatz vieler Technologien könne daher als „no-regret"-Maßnahme angesehen werden. Zahlreiche Maß-

627 S. *R. van Berkel / E. Arkesteijn*, Transfer of Environmentally Sound Technologies and Practices under the Climate Change Convention. S. auch Dokument FCCC/SBSTA/1998/INF.5 v. 11.5.1998.

628 Dokument FCCC/TP/1997/3 v. 9.10.1997 (Autoren: *R. Klein / R. Tol*); eine Diskussion des Berichts findet sich in Dokument FCCC/SBSTA/1997/10 v. 30.9.1997, S. 3 ff.

nahmen (etwa städtische Baumpflanzungen zur Hitzebekämpfung) könnten zudem ohne größeren technischen Aufwand bewerkstelligt werden.

f) Zu den „Terms of Transfer"

Eine Studie zu den Bedingungen des Transfers konnte das Sekretariat im Juli 1997 vorlegen.[629] Darin werden die Entwicklungen internationaler Finanzflüsse zwischen Industrie- und Entwicklungsländern aufgezeigt. Insbesondere wird auf die in den neunziger Jahren vorherrschende Tendenz des Rückgangs öffentlicher Entwicklungshilfe bei gleichzeitiger starker Zunahme privater transnationaler Investitionen hingewiesen. Daneben werden die Unterschiede der Verteilung der Finanzströme zwischen den Staaten betont. Es werden die Bedingungen von Zuschüssen und Krediten multilateraler Finanzinstitutionen untersucht. Hinsichtlich der kommerziellen Bedingungen der Transfers umweltfreundlicher Technologien wird festgestellt, dass diese eng mit den allgemeinen Investitionsbedingungen im Zielland verknüpft sind, insbesondere mit der dort herrschenden makroökonomischen Stabilität. Diese wiederum werde von Faktoren wie einer niedrigen Inflationsrate, einer soliden Fiskalpolitik, Strukturmaßnahmen, Marktreformen und dem rechtlichen Umfeld beeinflusst. Der Bericht weist im Ergebnis dem Privatsektor eine Schlüsselrolle bei der Weitergabe von Technologien zu: Wenn die Bedingungen für ausländische Investitionen in den Zielländern attraktiv sind, nimmt auch der Technologietransfer zum Umweltschutz zu.

g) Zu „technologies and know-how in the research and development stage"

Trotz der bereits bestehenden Arbeitsbelastung, hat das Sekretariat sich bemüht, auch dem Auftrag der Parteien nachzukommen, das Hilfsorgan für wissenschaftliche und technische Beratung über neue Entwicklungen im Bereich der klimarelevanten Technologien auf dem Laufenden zu halten. Nenneswerte Ergebnisse waren hier allerdings zunächst nicht erkennbar.

629 Dokument FCCC/TP/1997/1 v. 25.7.1997 („Trends of Financial Flows and Terms and Conditions Employed by Multilateral Lending Institutions"). S. auch den Bericht über ein diesbezügliches Expertentreffen in Bonn in Dokument FCCC/SB/1997/4 v. 25.7.1997.

h) Zur Rolle des Privatsektors

Das Hilfsorgan für die Durchführung des Übereinkommens betonte in seinen Verhandlungen die Komplementarität der Rolle des öffentlichen und des Privatsektors beim Technologietransfer.[630] Es beauftragte daher auf seiner zweiten Sitzung im Jahr 1996 das Sekretariat mit einer Untersuchung der besonderen Rolle des Privatsektors auf diesem Feld. Die Studie sollte bis spätestens zur vierten Vertragsstaatenkonferenz vorliegen.

i) Zwischenbewertung

Die oben exemplarisch erläuterten verschiedenen Untersuchungsaufgaben des Sekretariats zeigen, dass die Vertragsparteien insgesamt Schwierigkeiten bei der Operationalisierung der Technologietransferbestimmungen des Übereinkommens hatten. Weder die konkreten technologischen Bedürfnisse der Entwicklungsländer noch die zur Verfügung stehenden Mechanismen zur Durchführung der geforderten Technologietransfers schienen geklärt. Zur besseren Klarstellung der Handlungspflichten der Parteien kam den Untersuchungen des Sekretariats insoweit eine wichtige Rolle zu. Allerdings standen bis zur dritten Vertragsstaatenkonferenz die Anstrengungen zur Aushandlung eines Protokolls mit verbindlichen Emissionsbegrenzungs- und -minderungszielen im Vordergrund und nahmen Aufmerksamkeit und Arbeitskraft des Sekretariats – und der Delegationen – wesentlich in Anspruch. Freilich spiegeln die mit der Technologietransferfrage zusammenhängenden Diskussionen gleichzeitig die weiterhin durchaus unterschiedlichen Ansatzpunkte der verschiedenen Vertragsparteien wider. Insbesondere war die Rolle des Privatsektors und damit die Frage privater Auslandsdirektinvestitionen kontrovers. Immerhin schien Einigkeit dahingehend zu herrschen, dass zur Verbesserung der Voraussetzungen des Technologietransfers in jedem Fall mannigfaltige Maßnahmen denkbar sind, die sich aber in erster Linie auf die Verbesserung des Zugangs zu Informationen über Technologien abzielen.

630 Vgl. Dokument FCCC/SBI/1996/9 v. 25.4.1996, S. 11 f.

Das Sekretariat schlug angesichts der Vielzahl der genannten Untersuchungsaufgaben auf Anregung der EG und ihrer Mitgliedsstaaten[631] vor, für die weitere Behandlung des Themas drei Schwerpunkte zu bilden: Erstens die Frage nach Informationen zu Technologien, zweitens die Frage der Vereinfachung des Zugangs zu Technologien und drittens die Untersuchung der Aktivitäten zum Technologietransfer, d.h. Rahmenbedingungen und die Rolle des Privatsektors.[632]

5. Die dritte Konferenz der Vertragsstaaten (Kioto, 1997)

Die Verhandlungen im Rahmen des Berliner Mandats, die in der dritten Vertragsstaatenkonferenz in Kioto im Dezember 1997 gipfelten, wurden als eine der komplexesten multilateralen Verhandlungen der neueren Geschichte beschrieben.[633] Sie waren insoweit erfolgreich, als nach schwierigen Verhandlungen im Ergebnis ein Protokoll angenommen wurde. Was dagegen die Frage des Technologietransfers angeht, so wurde diese in Kioto eher am Rande erörtert. Zwar fand im Rahmen der Konferenz am 9. Dezember 1997 immerhin ein runder Tisch mit hochrangigen Vertretern der Regierungen, Finanzinstitutionen und Unternehmen zu Fragen des Technologietransfers statt, ein über allgemeine Schlussfolgerungen hinausgehendes konkretes Ergebnis des runden Tisches ist aber nicht erkennbar.[634] In einer den Technologietransfer betref-

631 Vgl. Comments on technology and technology transfer submitted to the Secretariat by the European Community and its Member States in May 1997 (SBSTA-6 Agenda Item 7).

632 Dokument FCCC/SB/1997/4 v. 25.7.1997, S. 4.

633 *F. Yamin*, RECIEL, Bd. 7 (1998), S. 113 ff. Zu den Verhandlungen Dokument FCCC/TP/2000/2 v. 25.11.2000; s. auch *Ch. Bail*, EuZW 1998, S. 457 ff.; *C. Breidenich / D. Magraw / A. Rowley / J. Rubin*, AJIL, Bd. 92 (1998), S. 315 ff.; *M. Grubb / Ch. Vrolijk / D. Brack*, The Kyoto Protocol, S. 61 ff.; *H. Jacoby / R. Prinn / R. Schmalensee*, F Aff., Bd. 77 (1998), S. 54 ff.; *S. Oberthür / H. Ott*, The Kyoto Protocol, S. 43 ff.

634 Die Diskussionen waren in zwei Abschnitte aufgeteilt. Zunächst wurde unter de Moderation von *M. Strong* über die Frage diskutiert „How can we make a big jump in the diffusion of environmentally sound technologies to developing countries?". Als Ergebnis wurde u.a. festgehalten, dass der Privatsektor eine Schlüsselrolle habe, da dort die meisten neuen und fortschrittlichen Technologien verortet seien; insoweit bedürfe es eines „creative partnership between governments and the business sector that is both cost-effective and socially balanced". Multinationale Unternehmen sollten ihrer besonderen Verantwortung beim Transfer umweltver-

fenden Entscheidung der Konferenz werden bisherige Entscheidungen unterstrichen und sodann alle Vertragsstaaten dringend aufgefordert, „to create an enabling environment to help further stimulate private-sector investment in, and transfer of, environmentally sound technologies".[635] Damit wird hier die Technologietransferverpflichtung der Staaten in erster Linie mit der Stimulierung von Entscheidungen des Privatsektors in Zusammenhang gebracht. Die Aufgabe wird damit in erster Linie in der Schaffung eines förderlichen wirtschaftlichen Klimas gesehen. Zudem ist diese Entscheidung nicht nur an die Anlage-II-Staaten gerichtet, sondern schließt Technologietransferempfängerländer ein. Weiter wird erneut die Verbesserung der Berichterstattung hinsichtlich des Technologietransfers angemahnt, sowohl hinsichtlich der Bedürfnisse an Tech-

---

träglicher Technologien gerecht werden. Während die Vertreter der Industrie betonten, dass entscheidend sei, dass „governments [...] create an enabling regulatory framework for the transfer of technology and to introduce measures designed to release private sector capacities", betonten Regierungsvertreter aus Entwicklungsländern „the need to have access to technologies on a non-commercial basis and on favourable terms". Der zweite Diskussionsabschnitt beschäftigte sich mit der Frage „What are the barriers and opportunities related to the transfer of technology?". Hier wurde u.a. festgehalten: „1. Barriers to diffusion are not so great if the technology chosen for transfer is practical, easy to apply, and low-cost, and if it yields a wide range of applications. 2. Business members and some government members of the panel underlined the importance of joint implementation and emissons trading as a very effective means of technology transfer. [...]". S. Dokument FCCC/CP/1997/CRP.5 v. 10.12.1997.

635 Entscheidung 9/CP.3, Dokument FCCC/CP/1997/7/Add.1 v. 18.3.1998. Auf die Entscheidung konnte man sich auf der Tagung des Hilfsorgans für wissenschaftliche und technologische Beratung bereits auf seiner Sitzung im Oktober 1997 in Bonn einigen. Vgl. die (angenommenen) Draft Conclusions Proposed by the Chairman v. 28.10.1997 (@13.15). Die Entscheidung weicht in ihrer Betonung der Notwendigkeit einer Stimulierung des Privatsektors entscheidend von dem Entscheidungsvorschlag Tansanias (für die Gruppe der 77 u. China) ab, der sich mit der Arbeit des Sekretariats unzufrieden zeigt und eine zentrale Rolle des SBSTA bei der Identifizierung der Technologiebedürfnisse der Entwicklungsländer durch die Gründung von intergouvernamentalen Beratungsgremien vorschlägt und daneben dem SBI aufgetragen hätte, repräsentative Technologietransferprojekte in jeder Entwicklungslandregion durchzuführen, vgl. Dokument FCCC/SBSTA/1997/INF.5 v. 2.9.1997.

nologien als auch hinsichtlich der ergriffenen Maßnahmen zum Technologietransfer.[636]

6. *Die Technologietransferbestimmungen nach dem Kioto Protokoll*

Von den Entscheidungen der dritten Vertragsstaatenkonferenz sticht freilich die Entscheidung 1/CP.3 hervor, mit der am 11. Dezember 1997 das Kioto Protokoll (KP) angenommen wurde. Zwar enthält das Kioto-Protokoll auch Bestimmungen zum Technologietransfer. Vor allem aber wurde das Verhandlungsmandat von Berlin insoweit erfüllt, als sich die in Anlage B aufgeführten Vertragsparteien gem. Artikel 3 Absatz 1 verpflichten, ihre gesamten anthropogenen, in Anlage A aufgeführten Treibhausgasemissionen im Zeitraum 2008 bis 2012 entsprechend ihren niedergelegten Emissionsbegrenzungs- und -reduktionsverpflichtungen zu begrenzen bzw. zu reduzieren.[637] Diese Bestimmung stellt wohl das wichtigste Ergebnis des Kioto-Kompromisses dar. Daneben enthält das Kioto Protokoll aber auch verschiedene Bestimmungen, die für den Technologietransfer relevant sind. Hier ist zum einen Artikel 10 zu nennen (dazu unter a.), zum anderen die sog. flexiblen Mechanismen gem. den Artikeln 6, 12 und 17 (dazu unter b.).

a) *Artikel 10 lit. c) KP*

Mit Artikel 10 lit. c) werden im Grundsatz bereits bestehende Verpflichtungen aus dem Klimarahmenübereinkommen behandelt.[638] Dies ent-

636 Entscheidung 9/CP.3, Nr. 5 lit. b., Dokument FCCC/CP/1997/7/Add.1 v. 18.3.1998.

637 Hierzu *S. Oberthür / H. Ott*, The Kyoto Protocol, S. 115 ff.

638 Art. 10 lautet: „Alle Vertragsparteien werden unter Berücksichtigung ihrer gemeinsamen, aber unterschiedlichen Verantwortlichkeiten und ihrer speziellen nationalen und regionalen Entwicklungsprioritäten, Ziele und Gegebenheiten, ohne neue Verpflichtungen für die nicht in Anlage I aufgeführten Vertragsparteien einzuführen, wobei jedoch die bestehenden Verpflichtungen nach Artikel 4 Absatz 1 des Übereinkommens bekräftigt und die Erfüllung dieser Verpflichtungen weiter vorangetrieben werden, um eine nachhaltige Entwicklung unter Berücksichtigung des Artikels 4 Absätze 3, 5 und 7 des Übereinkommens zu erreichen, [...] c) bei der Förderung wirksamer Modalitäten für die Entwicklung, Anwendung und Verbreitung von die Klimaänderung betreffenden umweltverträglichen Technologien, Know-how, Methoden und Verfahren zusammenarbeiten und alle nur möglichen Maßnahmen ergreifen, um deren Weitergabe insbesondere an Entwicklungsländer

spricht dem Verhandlungsmandat von Berlin, in dem festgelegt wurde, dass die bestehenden Verpflichtungen gem. Artikel 4 Absatz 1 KRÜ im Rahmen des Verhandlungsprozesses bestätigt werden und ihre Durchführung unter Berücksichtigung der Artikel 4 Absätze 3, 5 und 7 KRÜ vorangetrieben werden sollen.[639]

Artikel 10 selbst beginnt mit einem präambelähnlichen Einleitungssatz, in dem das Prinzip der gemeinsamen, aber unterschiedlichen Verantwortlichkeiten bestätigt wird und der Ausgangspunkt des Verhandlungsmandats wörtlich wiederholt wird. Danach sollen auch insbesondere keine neuen Verpflichtungen für Nicht-Anlage-I Staaten des Rahmenübereinkommens vereinbart werden.[640] In Buchstabe c) wird sodann die Frage des Technologietransfers behandelt. Hierbei wird im Wesentlichen die Verpflichtung gem. Artikel 4 Absatz 5 KRÜ durch eine wortwörtliche Wiederholung bestätigt *(take all practicable steps to promote, facilitate and finance, as appropriate, the transfer of, or access to, environmentally sound technologies)*,[641] so dass sich insofern nach dem Kioto Protokoll kein entscheidender Unterschied zu den ohnehin bereits nach dem Klimarahmenübereinkommen bestehenden Verpflichtungen ergibt.

---

oder den Zugang dazu, soweit dies angebracht ist, zu fördern, zu erleichtern und zu finanzieren, wozu auch die Erarbeitung von Politiken und Programmen für die wirksame Weitergabe umweltverträglicher Technologien gehört, die öffentliches Eigentum oder der Öffentlichkeit frei zugänglich sind, sowie die Schaffung eines förderlichen Umfelds für die Privatwirtschaft, um die Weitergabe umweltverträglicher Technologien und den Zugang dazu zu fördern und zu verbessern; [...]".

639 Vgl. Entscheidung 1/CP.1, Abschnitt II, 2. lit. b: „The process will, inter alia: [...] (b) Not introduce any new commitments for Parties not included in Annex I, but reaffirm existing commitments in Article 4.1 and continue to advance the implementation of these commitments in order to achieve sustainable development, taking into account Article 4.3, 4.5 and 4.7; [...]", s. Dokument FCCC/CP/1995/7/Add.1 v. 6.6.1995.

640 Die Frage der Verpflichtungen der Entwicklungsländer gehörte zu den umstrittensten Fragen der Verhandlungen in Kioto, s. dazu *S. Oberthür / H. Ott*, The Kyoto Protocol, S. 226 ff.

641 Aus der Verhandlungsgeschichte ergibt sich, dass diese enge Anlehnung an den bereits vorhandenen Kompromisstext des Rahmenübereinkommens geeignet war, die auch in den Verhandlungen der AGBM vorhandenen Gegensätzen zwischen Industriestaaten und Entwicklungsländern zu glätten und so eine Einigung zu erzielen, vgl. Dokument FCCC/TP/2000/2 v. 25.11.2000, S. 70 ff.

Eine über die bestehenden Verpflichtungen hinausgehende Weiterentwicklung mag jedoch in der nachfolgenden partiellen Konkretisierung der Transfermaßnahmen gesehen werden. Danach wird ausdrücklich auch die Formulierung von „Politiken und Programmen" zum Technologietransfer im Falle von Technologien verlangt, die „die öffentliches Eigentum oder der Öffentlichkeit frei zugänglich sind". Die Nennung von „publicly owned technologies" einerseits und „technologies in the public domain" andererseits findet sich bereits in Kapitel 34 der Agenda 21;[642] eine Definition dieser Begriffe enthält das Kioto Protokoll indes nicht.

Zunächst stellt sich die Frage, was mit dem Begriff der „Technologien, die im öffentlichen Eigentum stehen" gemeint ist. Insbesondere stellt sich die Frage, ob hier auch solche Eigentumsverhältnisse erfasst werden, bei denen die öffentliche Hand etwa eine Anteilsmehrheit an einer Gesellschaft des Privatrechts besitzt. Diese Frage könnte angesichts zahlreicher Privatisierungsanstrengungen gerade im Bereich der Daseinsvorsorge (etwa Energieversorgung) besondere Bedeutung erlangen. Vor dem Hintergrund, dass auch die von einer solchen privaten Gesellschaft gehaltenen Technologien gegebenenfalls in den Genuss gewerblicher Schutzrechte kommen, spricht dafür, dass der Begriff tendenziell restriktiv ausgelegt werden sollte. So würden diese Fälle wohl nicht als Technologien „im öffentlichen Eigentum" angesehen werden können. Indes würden etwa Technologien, die bei Behörden vorhanden sind – hier wäre etwa beispielhaft an technisches Wissen im Verkehrsplanungsbereich zu denken – als „Technologien, die im öffentlichen Eigentum stehen" angesehen werden können.

Der Begriff der Technologien, die der Öffentlichkeit frei zugänglich sind, ist ebenfalls nicht eindeutig. Hierunter könnte man technisches Wissen verstehen, das in Büchern und Zeitschriften veröffentlicht worden ist und in öffentlichen Bibliotheken oder im Internet frei zugänglich ist.

Von den Parteien wird bezüglich dieser Technologien verlangt, „Politiken und Programme" zu erarbeiten, die den Transfer dieser „öffentlichen Technologien" bewirken. Diese allgemeine Formulierung belässt die konkrete Ausgestaltung des Transfers und dessen Umfang grundsätz-

642 S. Abschnitt 34.18 lit. a) der Agenda 21.

lich im Ermessen der jeweiligen Vertragspartei.[643] Eine Konkretisierung, welche Maßnahmen im Einzelfall verlangt werden, findet sich nicht. Wenn daher diese Weiterentwicklung im Ergebnis zwar kaum geeignet ist, konkrete Rechtspflichten zu begründen, so betont sie dennoch, dass ein pauschaler Verweis auf die Unmöglichkeit staatlicherseits induzierten Technologietransfers im Falle der genannten Technologien nicht zulässig sein kann und insoweit eine Differenzierung angebracht ist.

Weiter verlangt Artikel 10 lit. c) zum Zwecke des Technologietransfers die Schaffung eines „förderlichen Umfelds für die Privatwirtschaft". Auch dies stellt eine Neuerung gegenüber den Vorschriften des Rahmenübereinkommens dar. Die Einbeziehung einer Pflicht zur Schaffung eines solchen „förderlichen Umfelds" trifft dabei alle Vertragsparteien, wobei vor dem Hintergrund der Verhandlungen die Stoßrichtung dieser Bezugnahme in Richtung auf eine Verbesserung der Investitionsbedingungen in Entwicklungsländern deutlich ist. In dem der dritten Vertragsstaatenkonferenz vorliegenden Verhandlungstext vom November 1997 sollte es nach einem Vorschlag in Artikel 12 Absatz 1 des Entwurfs in diesem Sinne heißen:[644]

> (c) Promote effective modalities for removing barriers to the investment in and development, application and diffusion, including the transfer of, environmentally sound technologies, know-how, practices and processes pertinent to the mitigation of, and adaptation to, climate change, and consider policies and programmes for the effective transfer of environmentally sound technologies through [financial and fiscal] incentives to promote and enhance access to, and transfer of, currently available environmentally sound technologies;

Auf diesen Vorschlag, der die Beseitigung von Investitionshemmnissen in den Vordergrund rückte, konnte man sich nicht einigen, ebensowenig auf den Alternativvorschlag, wonach Buchstabe c) lauten sollte:[645]

> Take all practicable steps to promote, facilitate and finance, as appropriate, the transfer of, or access to, environmentally sound technologies, know-how, practices and processes pertinent to the mitigation of, and adaptation to, climate change, in particular to developing countries, including the formulation of policies and programmes for the effective transfer of environmentally sound technologies that are publicly owned or in the public domain, and encourage the private sector through

643 So auch *F. Yamin*, RECIEL, Bd. 7 (1998), S. 113, 123.
644 Dokument FCCC/CP/1997/2 v. 12.11.1997, S. 19.
645 Dokument FCCC/CP/1997/2 v. 12.11.1997, S. 19.

financial and fiscal incentives to promote and enhance access to, and transfer of, patent-protected environmentally sound technologies, in particular to developing countries;

Der Blick auf die Entstehungsgeschichte macht demnach deutlich, dass die gefundene Kompromissformulierung sich einerseits an dem bereits vorhandenen Text des Rahmenübereinkommens orientiert und andererseits aus beiden Alternativvorschlägen jeweils Aspekte zusammenführt. So findet sich – gewissermaßen zweigleisig – einerseits der Hinweis auf die „öffentlichen Technologien", andererseits auf die Bedingungen für die Privatwirtschaft.

In der Gesamtschau ergibt sich damit im Vergleich zu den im Rahmen des Klimarahmenübereinkommens bereits bestehenden Verpflichtungen insgesamt eine gewisse Konkretisierung der in Artikel 4 Absatz 5 KRÜ bereits enthaltenen Technologietransferverpflichtung.[646] Zum einen betrifft dies eine Klarstellung, was die Sonderbehandlung „öffentlicher Technologien" angeht, zum anderen die Anerkennung der besonderen Bedeutung der Rolle des Privatsektors. Letztlich sprechen beide Aspekte dafür, dass die Verhandlungsparteien des Kioto Protokolls – mehr als jene des Rahmenübereinkommens – sich der Problematik der patentgeschützten Technologien und der Rolle des Privatsektors bei Technologietransferprozessen bewusst waren und die Modalitäten der Konkretisierung der allgemeinen Transferpflicht insgesamt in Richtung auf die Schaffung eines marktwirtschaftlichen Anreizsystems hindeuten.[647]

b) Die Rolle der sog. flexiblen Mechanismen beim Technologietransfer

Ein entscheidendes Charakteristikum des Kioto Protokolls sind die darin jedenfalls in ihren Grundzügen angelegten sog. flexiblen Mechanismen. Hierbei handelt es sich um die „gemeinsame Umsetzung" *(joint implementation)* gem. Artikel 6, den Mechanismus für umweltvertägliche

646 So auch *D. French*, JEL, Bd. 10 (1998), S. 227, 238.

647 So auch *M. Grubb / Ch. Vrolijk / D. Brack*, The Kyoto Protocol, S. 139 f. („However, it does acknowledge that technology transfer today is increasingly integrated into policy debates about investment, and that the problems of managing investment for better development are the same as for increasing technology transfer."). Hierauf deuten auch die frühen Verhandlungstexte des Vorsitzenden der Verhandlungsgruppe über das Berliner Mandat hin, vgl. Dokument FCCC/AGBM/1997/7 v. 13.10.1997, S. 14 f.

Entwicklung *(Clean Development Mechanism)* gem. Artikel 12 und den Emissionshandel *(emission trading)* gem. Artikel 17. Gemeinsam ist diesen Instituten das Bemühen, ökonomische Instrumente im Umweltschutz nutzbar zu machen. Im Kern ist dieser Ansatz, wie oben erwähnt, bereits in dem Klimarahmenübereinkommen angelegt. Da die völkerrechtliche Analyse der flexiblen Mechanismen Gegenstand einer umfangreichen anderen Arbeit ist,[648] kann hier auf eine eingehende Untersuchung verzichtet werden. Es sollen lediglich überblicksartig die technologietransferrelevanten Aspekte aufgezeigt werden. Dabei ist zunächst zu betonen, dass das Protokoll einen ausdrücklichen Zusammenhang zwischen dem Technologietransfer und den flexiblen Mechanismen nicht herstellt. Gleichwohl wird den Mechanismen allseits ein entscheidendes Potenzial zum Technologietransfer bescheinigt.[649]

aa) Die „gemeinsame Umsetzung“

Im Falle der „gemeinsamen Umsetzung“[650] wird Staaten der Anlage I des Klimarahmenübereinkommens unter bestimmten Voraussetzungen erlaubt, jeweils projektbezogen Emissionsreduktionseinheiten (ERUs) zu übertragen. Demnach findet dieses Institut nur zwischen Industriestaaten Anwendung. Vor dem Hintergrund der nach Artikel 3 zu erreichenden Minderungsziele wird einem Staat damit die Möglichkeit eingeräumt, im Ausland erzielte Emissionsreduktionen auf sein nationales „Emissionsbudget“ anzurechnen. Der Vorteil des Staates, in dem die Emissionsreduktionen erfolgen, liegt darin, dass diese Reduktionen vielfach durch die Installation moderner Umwelttechnik erfolgen werden. Die Möglichkeit der „gemeinsamen Umsetzung“ besteht allerdings nur zwischen Staaten der Anlage I, was bedeutet, dass Entwicklungsländer von der Teilnahme an diesen Projekten im Grundsatz ausgeschlossen sind.

648 *Ch. Kreuter-Kirchhof*, Neue Kooperationsformen.

649 Vgl. nur die Aussagen von UNEP Exekutivdirektor *K. Töpfer* im Rahmen eines Interviews im Juni 1998: „Ich glaube, das war ein Durchbruch in Kioto, daß man auch neue ökonomische Instrumente beschlossen hat [...] Dies ist eine gewaltige Chance auch für die Entwicklungsländer, für einen Technologietransfer, für die Nutzung besserer Energietechniken und damit für eine Verminderung des Anstiegs von CO_2. Hier ist, glaube ich, Bahnbrechendes gemacht worden. [...]“, vgl. DLF Interview Informationen am Morgen v. 4.6.1998/06.50.

650 *Ch. Kreuter-Kirchhof*, Neue Kooperationsformen, S. 137 ff.; *S. Oberthür / H. Ott*, The Kyoto Protocol, S. 151 ff.

bb) Der „Mechanismus für umweltverträgliche Entwicklung“

Der mit dem Kioto Protokoll ins Leben gerufene sog. *„Clean Development Mechanism“* (CDM)[651] sieht – im Grundsatz wie bei der „gemeinsamen Umsetzung“ – die Durchführung von Klimaschutzprojekten außerhalb desjenigen Staates vor, dem die Emissionsreduzierung im Sinne seiner Minderungspflichten zugute kommt. Projekte, die im Rahmen des Mechanismus durchgeführt werden, können auch in Entwicklungsländern stattfinden. Nach dem Protokoll ist es „Zweck des Mechanismus für umweltverträgliche Entwicklung [...], die nicht in Anhang I aufgeführten Vertragsparteien dabei zu unterstützen, eine nachhaltige Entwicklung zu erreichen und zum Endziel des Übereinkommens beizutragen, und die in Anhang I aufgeführten Vertragsparteien dabei zu unterstützen, die Erfüllung ihrer quantifizierten Emissionsbegrenzungs- und -reduktionsverpflichtungen aus Artikel 3 zu erreichen.“[652] Dies geschieht durch ein im Einzelnen später konkret ausgeformtes institutionalisiertes Verfahren, welches sicherstellen soll, dass die im Rahmen des Mechanismus generierten „zertifizierten Emissionsreduktionen“ auch tatsächlich erfolgt sind.[653] Die Sorge um die Bonität solcher Emissionsreduktionen wird vor dem Hintergrund verständlich, dass Entwicklungsländer nach dem Stand des Kioto Protokolls keine eigenen Reduktionsverpflichtungen haben und daher Befürchtungen kollusiven Zusammenwirkens zwischen den Projektpartnern entgegengetreten werden musste.

Die besondere Relevanz für den Technologietransfer ergibt sich, wie bei der „gemeinsamen Umsetzung“, aus der Investition, die von einem Anlage I-Staat ausgehend in einem Entwicklungsland getätigt wird. Durch die damit generierbaren Emissionsreduktionen erhält der Investor einen spezifischen Anreiz, Umweltechnologien in Entwicklungsländern zum Einsatz zu bringen bzw. Kapital für Umwelttechnologien bereitzustellen. Dabei können sowohl die Vertragsparteien selbst, als auch sons-

651 *Ch. Kreuter-Kirchhof*, Neue Kooperationsformen, S. 209 ff.; s. auch *J. Werksman*, RECIEL, Bd. 7 (1998), S. 147 ff.; *R. Dolzer*, Verkehrswesen, Annex 4; J. Goldemberg (Hrsg.), Issues & Options – The Clean Development Mechanism; *M. Moliner-Dubost*, R.G.D.I.P. 2004, S. 963 ff.

652 Art. 12 Abs. 2 KP.

653 Im Einzelnen ist die Operationalisierbarkeit durch den Bonner Umsetzungsbeschluss herbeigeführt worden, dazu unten.

tige öffentliche oder private Rechtsträger an dem Mechanismus teilnehmen.[654]

Es ist bereits zu diesem frühen Zeitpunkt nach In-Kraft-Treten des Kioto Protokolls erkennbar, dass das Interesse von Investoren im Bereich des „Mechanismus für umweltverträgliche Entwicklung“ erheblich ist. Auch wenn derzeit lediglich neun Projekte registriert worden sind, lagen allein für die VR China bereits im Oktober 2004 über 1'000 Projektvorschläge für Klimaschutzmaßnahmen vor.[655]

Neben dieser marktwirtschaftlichen Anreizstruktur wurde im Zusammenhang mit dem „Mechanismus für umweltverträgliche Entwicklung“ später auch die Einrichtung eines sog. Anpassungsfonds vereinbart, der ausgehend von Artikel 12 Absatz 8 den Zweck hat, „die für die nachteiligen Auswirkungen der Klimaänderungen besonders anfälligen Vertragsparteien, die Entwicklungsländer sind, dabei zu unterstützen, die Anpassungskosten zu tragen“[656].

cc) Der Handel mit Emissionen

Den beiden projektbezogenen Mechanismen stellt das Kioto Protokoll die Möglichkeit des Handels mit Emissionen zur Seite (Artikel 17),[657] wobei das Protokoll selbst die Modalitäten des Emissionshandels nicht konkretisiert, sondern dies späteren Entscheidungen der Konferenz der Vertragsparteien überlässt. Es wird lediglich festgelegt, dass „die in Anhang B aufgeführten Vertragsparteien“ sich an dem Handel mit Emissionen beteiligen können, um ihre Verpflichtungen aus Artikel 3 zu erfüllen. Die Staaten des Anhangs B des Protokolls sind diejenigen, die

654 Nach Entscheidung 7/CP.7 wird im Hinblick auf die Operationalisierung des CDM in der Präambel ausdrücklich betont, dass Projektaktivitäten zu zusätzlichen Technologietransfers führen sollten ([...] „*Further emphasizing* that clean development mechanism project activities should lead to the transfer of environmentally safe and sound technology and know-how in addition to that required under Article 4, paragraph 5, of the Convention and Article 10 of the Kyoto Protocol, [...]“, s. Dokument FCCC/CP/2001/13/Add.2 v. 21.1.2002.

655 So die Exekutivsekretärin des Klimasekretariats *J. Waller-Hunter* im Rahmen eines Vortrags beim Zentrum für Europäische Integrationsforschung, Bonn am 26.10.2004.

656 Zu den im Rahmen des Bonner Umsetzungsbeschlusses außerdem vereinbarten Finanzierungshilfen s. unten.

657 Dazu *Ch. Kreuter-Kirchhof*, Neue Kooperationsformen, S. 406 ff.

Verpflichtungen nach Artikel 3 haben. Sie sind mit den Staaten der Anlage I des Übereinkommens weit gehend identisch. Ein solcher Handel ist ab dem ersten Verpflichtungszeitraum 2008–2012 vorgesehen.

Eine jedenfalls mittelbare Bedeutung für den Technologietransfer mag auch der Emissionshandel insoweit besitzen, als er die Möglichkeit eröffnet, mit den verschiedenen im Rahmen des Protokolls erwirtschafteten Emissionsrechten zu handeln und damit zu einer von einzelnen Projektmaßnahmen losgelösten Flexiblisierung führt. Allgemein wird erwartet, dass dies zu einer weiteren Senkung der Kosten für Klimaschutzmaßnahmen führt; mittelbar mag dies zu der zusätzlichen Attraktivität von Investitionen in Klimaschutzprojekte auch in Entwicklungsländern beitragen.

dd) Zwischenbewertung

Insgesamt besitzen damit jedenfalls diese neuen projektbezogenen Kooperationsformen und hier insbesondere der „Mechanismus für umweltverträgliche Entwicklung“ eine herausgehobene Bedeutung für den Technologietransfer.[658] Durch die Schaffung der Möglichkeit, handelbare Zertifikate durch Investitionen in Klimaschutzprojekte in Entwicklungsländern zu erwerben, wird ein marktwirtschaftlicher Anreiz zum Transfer von Umwelttechnologien gesetzt.[659]

Was die Behandlung des Technologietransfers im Rahmen der Klimaübereinkommen angeht, so spiegeln die Weiterentwicklung der Verpflichtung in Artikel 10 lit. c) und, mehr noch, die Einführung der flexiblen Mechanismen insgesamt eine deutliche Tendenz der Vertragsparteien wider, neue Wege zur Umsetzung der Technologietransfers zu beschrei-

658 Vgl. nur auch das Statement by United Kingdom on Behalf of the European Union and its Member States (Bonn, 2–12 June 1998), SBSTA 8 – Agenda item 7: „The EU expects the project-based flexible mechanisms established in the Kyoto Protocol to make a significant contribution to technology transfer [...]“. Ähnlich die Stellungnahme Chiles auf derselben Sitzung, vgl. Earth Negotiations Bulletin, Bd. 12, Nr. 80 v. 5.6.1998, S. 2. S. auch die Einschätzung von U.S. Under Secretary of State for Global Affairs *F. Loy*, FAZ, 10.6.1999.

659 In diesem Zusammenhang ist auch auf den im Jahr 1999 von der Weltbank gegründeten *„Prototype Carbon Fund“* hinzuweisen. Der Fonds betreibt aktiv Projekte im Rahmen der projektbasierten Mechanismen und vermittelt diese an die Teilnehmer des Fonds, die sowohl Staaten als auch private Unternehmen sein können; vgl. dazu <http://www.prototypecarbonfund.org>.

ten. Im Kern stellt dies den Versuch dar, dem Technologietransferziel durch die Setzung marktkonformer Investitionsanreize näher zu kommen.

7. Zusammenfassender Überblick über die weitere Behandlung der Technologietransferfrage durch die Parteien

a) Der Aktionsplan von Buenos Aires

Auf der ersten Vertragsstaatenkonferenz nach Verabschiedung des Kioto Protokolls im November 1998 in Buenos Aires waren die Vertragsparteien erkennbar bemüht, „political momentum" zum Klimaschutz aufrechtzuerhalten.[660] Zu diesem Zwecke wurde ein Aktionsplan (*Buenos Aires Plan of Action*, „BAPA") ausgearbeitet und von der Konferenz angenommen. Dabei ging es um die Konkretisierung verschiedener Bestimmungen des Kioto Protokolls, unter anderem was die flexiblen Mechanismen und die Frage der Nichteinhaltung von Verpflichtungen anging.[661] Im Hinblick auf den Technologietransfer wurde mit der umfangreichen Entscheidung 4/CP.4 insbesondere ein technologietransferbezogener Konsultationsprozess *(„consultative process")* eingeleitet.

Die Entscheidung 4/CP.4 enthält zunächst im operativen Teil unter anderem eine dringende Aufforderung an die Anlage-II-Vertragsparteien, über die im öffentlichen Eigentum stehenden umweltverträglichen Technologien zu berichten, während die Nicht-Anhang-I-Parteien aufgefordert werden, ihre prioritären technologischen Bedürfnisse zu unterbreiten. Außerdem sollten die Vertragsparteien über Modellprojekte im Bereich des Technologietransfers berichten.[662] Im Hinblick auf die Rolle des Privatsektors werden allgemein alle Vertragsparteien dazu aufgerufen, ein förderliches Umfeld für den Technologietransfer zu schaffen und Investitionen des Privatsektors in den Transfer umweltverträglicher Technologien zu stimulieren.[663]

660 Vgl. Entscheidung 2/CP.4 („*Determined* to [...] maintain political momentum" [...]).

661 Dokument FCCC/CP/1998/16/Add.1 v. 20.1.1999.

662 Dazu die Zusammenstellung der Berichte in Dokument FCCC/SBSTA/1999/MISC.5 v. 19.4.1999 u. FCCC/SBSTA/1999/MISC.5/Add.1 v. 27.4.1999.

663 Dokument FCCC/CP/1998/16/Add.1 v. 20.1.1999, S. 13 („*Urges* [...] (d) Both developed and developing country Parties to create an enabling environment, as re-

Die Entscheidung enthält sodann einen Anhang, in dem eine Vielzahl verschiedener Fragen aufgelistet werden, die die Umsetzung der Technologietransferbestimmungen betreffen.[664] Auf der Grundlage dieses Fragenkatalogs wurde der Vorsitzende des Hilfsorgans für wissenschaftliche und technische Beratung beauftragt, einen Konsultationsprozess zwischen den Parteien einzuleiten, um Empfehlungen für Maßnahmen zur Umsetzung der in den Fragen angeprochenen Probleme zu finden.[665] Der Fragenkatalog ist zur Illustration des Umfanges der im Rahmen des Konsultationsprozesses angesprochenen Fragen im Anhang 7 vollständig wiedergegeben.

b) Der Konsultativprozess

Im Rahmen des durch die Entscheidung 4/CP.4 begonnenen Konsultativprozesses wurden zunächst im Laufe des Jahres 1999 zwei regionale Arbeitstreffen organisiert. Im Juli 1999 wurde in Bratislava (Slowakei) über die Verbreitung umweltverträglicher Technologien in Osteuropa diskutiert, im August 1999 in Arusha (Tansania) über die spezifischen Technologietransferbedürfnisse afrikanischer Staaten.[666] Kaum überraschend zeigte sich, dass die spezifschen Technologietransferfragen jeweils anders behandelt wurden. Als Ergebnis des Arbeitstreffens in Bratislava konnte etwa festgehalten werden, dass die Frage des Technologietransfers letztlich ein Problem der Bereitstellung von ausrei-

---

ferred to in paragraph 2(e) of decision 6/3 of the Commission on Sustainable Development, to stimulate private sector investment in the transfer of environmentally sound technologies and know-how to developing countries and to promote the implementation of endogenous know-how; [...]"). Dieses Anliegen zeigt sich auch in der Präambel zur Entscheidung: „*Recognizing* that the private sector plays, in some countries, an important role in the development, transfer and finance of technologies, and that the creation of enabling environments at all levels provides a platform to support the development, use and transfer of environmentally sound technologies and know-how, [...]".

664 Die Verabschiedung eines solchen Arbeitsprogramms wurde bereits im Rahmen des Hilfsorgans für wissenschaftliche und technische Beratung vorbereitet, vgl. Dokument FCCC/CP/1998/6 v. 21.9.1998.

665 S. Dokument FCCC/CP/1998/16/Add.1 v. 20.1.1999, S. 15 f.

666 Vgl. dazu die Berichte in Dokument FCCC/SBSTA/1999/11 v. 4.10.1999, S. 8 ff. u. S. 20 f.

chendem Kapital, insbesondere im Energiesektor, sei.[667] Dagegen stellten sich in Afrika zahlreiche andere grundsätzlichere Probleme, zumal betont wurde, dass die Armutsbekämpfung gegenüber dem Klimaschutz prioritär sei.[668] Als Grundsatzproblem wurde herausgestellt, dass zahlreiche Staaten nicht einmal in der Lage seien, technologische Bedürfnisse zu formulieren, es fehlten vielfach technisches Grundverständnis und die entsprechenden personellen und institutionellen Voraussetzungen. Die allgemeine Situation der Unterentwicklung stelle ein Haupthindernis des Technologietransfers dar und bestätige zugleich das dringende Aufholbedürfnis dieser Staaten. Funktionierende marktwirtschaftliche Strukturen fehlten vielfach ebenso ein attraktives Investitionsklima.[669] Afrikanische Staaten benötigten daher technologische Hilfestellung auf breitester Basis bei der Identifizierung der Bedürfnisse, bei der Beseitigung der wirtschaftlichen und finanziellen, institutionellen und personellen Schwierigkeiten, was keineswegs allein durch den Privatsektor erfüllt werden könne.

Der Konsultationsprozess machte damit erneut deutlich, dass die Umsetzung der Technologietransferbestimmungen je nach Zielland mit sehr unterschiedlichen Schwierigkeiten konfrontiert ist. Aus Sicht der Parteien war es damit nicht gelungen, die Konsultationen bereits zur fünften Konferenz der Vertragsparteien mit befriedigendem Ergebnis abzu-

667 S. Dokument FCCC/SBSTA/1999/11 v. 4.10.1999, S. 21: „In Eastern Europe, the issue of technology transfer must be seen in the context of the need for finance and innovative financing arrangements for investment in energy projects. Energy efficiency is a well-internalized goal of government. [...]".

668 S. Dokument FCCC/SBSTA/1999/11 v. 4.10.1999, S. 8: „For many African countries, priorities such as food and water security, energy security, improving the quality of life and habitat, and sustainable economic growth and employment often take precedence over concerns about climate change."

669 S. Dokument FCCC/SBSTA/1999/11 v. 4.10.1999, S. 11: „[...] the business environment often discourages participation by the private sector, investors and other non-government stakeholders in many African countries. This business environment includes: non-transparent legal systems; relatively weak enforcement mechanisms for laws relating to investments and companies; long arbitration processes, unclear property rights; high legal fees; institutional inertia; the frequently monopolistic or oligopolistic structure of markets; inadequate macro-economic policies, lack of adequate communications capabilities; and a scarcity of suitable firms for subcontracting. [...]".

schließen. Die Bonner Konferenz der Vertragsparteien beschloss daher im November 1999, den Prozess zunächst im Folgejahr fortzuführen.[670]

c) *Der Sonderbericht des IPCC zum Technologietransfer*

Parallel zu den Diskussionen im Rahmen des Konsultativprozesses legte der Zwischenstaatliche Ausschuss für Klimaänderungen (IPCC) im Frühjahr 2000 einen Sonderbericht zu Fragen des Technologietransfers vor.[671] Darin werden allgemeine Analysen des Rahmens für klimabezogenen Technologietransfer, eine sektorenspezifische Untersuchung und Fallstudien zusammengefasst. An dieser Stelle kann und soll der umfangreiche Bericht nicht wiedergegeben werden; einige Ergebnisse sollen aber dennoch Erwähnung finden. So betont der Bericht die herausgehobene Bedeutung des Technologietransfers beim globalen Klimaschutz und hebt gleichzeitig hervor, dass es bei der Umsetzung keine schematischen Technologietransferlösungen geben kann.[672] Allgemein werden drei Ansatzpunkte zur Verbesserung des Technologietransfers unterschieden, erstens der Kapazitätsaufbau, ohne den die erforderliche technologische Infrastruktur nicht entstehen könne, zweitens ein förderliches Umfeld, bzw. geeignete Rahmenbedingungen im Zielland *(„enabling environment“)*[673] und drittens zielführende Mechanismen, d.h. Bereitstellung finanzieller Mittel – etwa durch bilaterale Entwicklungshilfe, die GEF oder multilaterale Entwicklungsbanken – und die flexiblen Mechanismen des Kioto Protokolls.

670 Entscheidung 9/CP.5, Dokument FCCC/CP/1999/6/Add.1 v. 17.1.2000.

671 IPCC (Hrsg.), Methodological and Technological Issues in Technology Transfer.

672 IPCC (Hrsg.), Methodological and Technological Issues, S. 4: „There is no pre-set answer to enhancing technology transfer. The identification, analysis and prioritization of barriers should be country based. It is important to tailor action to the specific barriers, interests and influences of different stakeholders in order to develop effective policy tools. [...]“.

673 IPCC (Hrsg.), Methodological and Technological Issues, S. 5: „Governments, through, *inter alia*, sound economic policy and regulatory frameworks, transparency and political stability, can create an enabling environment for private and public sector technology transfers. Although many ESTs are in common use and could be diffused through commercial channels, their spread is hampered by risks such as those arising from weak legal protection and inadequate regulation in developed countries, developing countries and countries with economies in transition. [...]“.

d) Ein „Framework for Meaningful and Effective Actions to Enhance the Implementation of Article 4.5 of the Convention“

Der Konsultativprozess sollte ursprünglich nach zwei weiteren regionalen Arbeitstreffen in Cebu auf den Philippinen im Januar 2000[674] und in San Salvador (El Salvador) im März 2000[675] zur sechsten Vertragsstaatenkonferenz in Den Haag im November 2000 abgeschlossen werden.[676] Auf der Haager Konferenz kam es jedoch zu unüberbrückbaren Gegensätzen zwischen den Vertragsparteien, so dass die Konferenz schließlich ausgesetzt wurde[677] und eine Fortsetzung der sechsten Vertragsstaatenkonferenz in Bonn für das Jahr 2001 vereinbart wurde. Zwar betrafen die Auseinandersetzungen nicht in erster Linie die Frage des Technologietransfers, sondern vielmehr die noch offenen Ausgestaltungsfragen im Bereich der verbindlichen Emissionsreduzierungs- und Begrenzungsverpflichtungen (insbesondere die Frage der CO_2-Senken, aber auch das System der Erfüllungskontrolle).[678] Dennoch führte die Vertagung auch dazu, dass im Bereich der Nachfolgeregelung für den Konsultativprozess keine Einigung zustande kam.

Über das weitere Vorgehen nach Abschluss des Konsultativprozesses wurde zunächst im Rahmen des Hilfsorgans für wissenschaftliche und technische Beratung verhandelt. Ziel war die Einigung auf einen „Rahmen für bedeutsame und effektive Maßnahmen zur verbesserten Umsetzung des Art. 4 Abs. 5 des Übereinkommens“. Ein erster Entwurf für einen solchen Rahmen konnte zwar bereits im Rahmen der dreizehnten Sitzung des Hilfsorgans in Lyon (Frankreich) vorgelegt werden;[679] allerdings gelang es weder dort, noch später auf der Konferenz in Den Haag einen endgültigen Entscheidungsentwurf auszuhandeln.[680]

674 Bericht in Dokument FCCC/SBSTA/2000/INF.2 v. 19.4.2000.

675 Bericht in Dokument FCCC/SBSTA/2000/INF.6 v. 24.5.2000.

676 Vgl. Dokument FCCC/SBSTA/2000/4 v. 24.5.2000.

677 Vgl. Entscheidung 1/CP.6, Dokument FCCC/CP/2000/5/Add.2 v. 4.4.2001.

678 Dazu *M. Grubb / F. Yamin*, Int Aff., Bd. 77 (2001), S. 261 ff.; s. auch *H. Ott*, YIEL, Bd. 11 (2000), S. 166, 170.

679 Dokument FCCC/SBSTA/2000/8 v. 7.8.2000.

680 Vgl. gemeinsamen Vorschlag Australiens, Kanadas, Japans, Neuseelands und den Vereinigten Staaten von Amerika (sog. JUSCANNZ-Gruppe) v. 14.11.2000 (Dokument FCCC/SBSTA/2000/MISC.12), sowie die Entwürfe in Dokumenten FCCC/CP/2000/CRP.15 v. 18.11.2000 u. FCCC/CP/2000/CRP.7 v. 25.11.2000.

Der Durchbruch wurde auch hier schließlich auf der Fortsetzungskonferenz der sechsten Vertragsstaatenkonferenz in Bonn im Juli 2001 erreicht.[681] Dort konnte man sich endlich auf eine Entscheidung einigen,[682] die formal gesehen von der siebten Vertragsstaatenkonferenz in Marrakesch als Entscheidung 4/CP.7 verabschiedet wurde[683] und den Rahmen „for meaningful and effective Actions to enhance the implementation of Article 4 paragraph 5 of the Convention“ vorgab, wobei dieser Rahmen in der Entscheidung als ein Teilergebnis des Konsultativprozesses und des Aktionsplans von Buenos Aires bezeichnet wird.

Im Kern werden dabei für die weitere Umsetzung der Verpflichtung des Artikels 5 Absatz 4 des Übereinkommens fünf Ansatzpunkte herausgestellt, die in der Anlage zum Beschluss im Einzelnen näher definiert werden, einschließlich erforderlicher Umsetzungsschritte (dazu sogleich). In institutioneller Hinsicht wird mit dem Ziel der verbesserten Umsetzung des Artikels 4 Absatz 5 des Übereinkommens eine Expertengruppe über Technologietransfer (*„Expert Group on Technology Transfer“*, EGTT) eingerichtet, die Empfehlungen für das Hilfsorgan für wissenschaftliche und technische Beratung vorlegen und sich im Zusammenhang mit den halbjährlichen Konferenzen der Hilfsorgane treffen soll. Für die Zusammensetzung der Expertengruppe wurde vorgesehen, dass von den insgesamt zwanzig Mitgliedern neun aus Entwicklungsländern (jeweils drei aus jeder Region der Nicht-Anhang-I-Staaten, d.h. Afrika, Asien und Pazifik, Lateinamerika und Karibik) kommen, ein Mitglied von einem kleinen Inselstaat, sieben Mitglieder von Anhang-I-Staaten und drei Mitglieder von internationalen Organisationen.[684] Mit dieser sehr konkreten Vorgabe hinsichtlich der Zusammensetzung konn-

681 Zur Bonner Klimakonferenz und dem dort erreichten politischen Kompromiss, dem „Bonn agreement on the implementation of the Buenos Aires Plan of Action“, *K. Sach / M. Reese*, ZUR 2002, S. 65 ff.; *F. Schafhausen*, ET, Bd. 51 (2001), S. 585 ff.; s. auch Umwelt, Nr. 9/2001, S. 588 ff. u. *K. Nowrot*, GYIL, Bd. 44 (2001), S. 396 ff.

682 S. Dokument FCCC/CP/2001/5/Add.1 v. 25.9.2001.

683 Dokument FCCC/CP/2001/13/Add.1 v. 21.1.2002.

684 Vgl. auch *A. Klemm*, Klimaschutz nach Marrakesch, S. 39 f.; *Á. Rodrigo Hernández*, REDI, Bd. LIII (2001), S. 331 ff. Zu der auf der Konferenz in Marrakesch festgelegten personellen Zusammensetzung, Dokument FCCC/SBSTA/2001/CRP.1 v. 6.11.2001.

te die Seite der Entwicklungsländer eine für sie vorteilhafte Zusammensetzung durchsetzen.[685]

Hinsichtlich des Fünf-Punkte-Rahmens wird zunächst allgemein festgestellt, dass ein erfolgreicher Ansatz zum Technologietransfer verlange, dass dieser ziellandbezogen und auf die nationale und sektorale Ebene angepasst sei; dies bedeute die Zusammenarbeit aller am Prozess Beteiligten.[686] Als fünf Kernpunkte werden sodann die nachfolgenden Aktivitäten aufgeführt.

aa) Technologische Bedürfniseinschätzungen („technology needs and needs assessment")

Unter technologischen Bedürfniseinschätzungen werden ziellandbezogene Maßnahmen verstanden, die im Rahmen eines Konsultativprozesses Hindernisse des Technologietransfers untersuchen und sektorenspezifische Lösungen entwickeln sollen.[687] Diese Prozesse sollen mit Unterstützung von entwickelten Ländern durchgeführt werden *(„[...] are urged to facilitate and support the needs assessment process").*

685 In Vorentwürfen der Haager Konferenz für „Technology Transfer Experts Groups" sollte eine „broad geographic representation" vorgesehen werden, bzw. für ein „Intergovernmental technical advisory panel" eine „equitable geographical representation", vgl. Dokumente FCCC/CP/2000/CRP.15 v. 18.11.2000 u. FCCC/CP/2000/CRP.7 v. 25.11.2000.

686 Vgl. den „Overall approach", wonach „The successful development and transfer of ESTs and know-how requires a country-driven, integrated approach, at a national and sectoral level. This should involve cooperation among various stakeholders (the private sector, governments, the donor community, bilateral and multilateral institutions, non-governmental organizations and academic and research institutions), including activities on technology needs assessments, technology information, enabling environments, capacity building and mechanisms for technology transfer", Dokument FCCC/CP/2001/13/Add.1 v. 21.1.2002, S. 24.

687 Vgl. der Definitionswortlaut: „Technology needs and needs assessments are a set of country-driven activities that identify and determine the mitigation and adaptation technology priorities of Parties other than developed country Parties, and other developed Parties not included in Annex II, particularly developing country Parties. They involve different stakeholders in a consultative process to identify the barriers to technology transfer and measures to address these barriers through sectoral analyses. These activities may address soft and hard technologies, such as mitigation and adaptation technologies, identify regulatory options and develop fiscal and financial incentives and capacity building.", Dokument FCCC/CP/2001/13/Add.1 v. 21.1.2002, S. 24.

bb) Technologische Informationen („technology information")

Der Informationsfluss zwischen den verschiedenen an Technologietransferprozessen beteiligten Akteuren soll verbessert werden. Dazu soll ein effizientes Informationssystem entwickelt werden, das nicht nur die technischen, sondern auch einschlägige Informationen über die wirtschaftlichen und umweltschutzbezogenen Aspekte der jeweiligen Technologien enthält sowie über die sich im Zusammenhang ergebenden regulatorischen Fragen. Zur Umsetzung dieses Aspektes soll das Sekretariat an bestehende Arbeiten anknüpfen[688] und eine internetgestützte Suchmaschine für geeignete Technologien aufbauen. Weiter sollen Lücken in vorhandenen Informationssystemen gefüllt werden und Überlegungen zur Einrichtung eines „Information Clearing House" einschließlich eines Netzwerkes von Technologieinformationszentren vorangetrieben werden.

cc) Schaffung eines förderlichen Umfelds („enabling environments")

Unter *„enabling environments"* werden eine Vielzahl verschiedener Regierungsmaßnahmen verstanden, die insgesamt ein dem Technologietransfer förderliches Umfeld bewirken.[689] Unter diesem Gesichtspunkt werden alle Vertragsparteien und – etwas überraschend – insbesondere entwickelte Länder aufgefordert, Hindernisse des Technologietransfers zu beseitigen. Hierzu werden Maßnahmen zur Stärkung der Umweltgesetzgebung, der Sicherstellung gerechter Handelsregeln, Steuervorteile, die Stärkung gewerblicher Schutzrechte und die Verbesserung des Zugangs zu staatlich geförderten Technologieprogrammen gezählt. Weiter werden alle Parteien etwa aufgefordert, positive Anreize für den Technologietransfer einzurichten und bilaterale und multilaterale Forschungsprogramme zu fördern.

688 Dazu bereits oben zur *„Technology inventory database"*, unter IV.4.

689 Vgl. die Definition: „The enabling environments component of the framework focuses on government actions, such as fair trade policies, removal of technical, legal and administrative barriers to technology transfer, sound economic policy, regulatory frameworks and transparency, all of which create an environment conducive to private and public sector technology transfer.", Dokument FCCC/CP/2001/13/Add.1 v. 21.1.2002, S. 26.

dd) Kapazitätsaufbau („capacity building“)

Bei der Forderung nach Kapazitätsaufbau geht es in allgemeiner Weise um die Verbesserung der wissenschaftlichen und technischen Fähigkeiten insbesondere in Entwicklungsländern, um diese in die Lage zu versetzen, umweltverträgliche Technologien selbstständig zu bewerten, anzupassen und weiterzuentwickeln. Betont wird hier, dass die spezifischen Bedürfnisse des jeweiligen Ziellandes und dessen nationale Entwicklungsstrategie Berücksichtigung finden müssen. Als Maßnahmen in diesem Bereich sind eine Vielzahl verschiedener regionaler, subregionaler oder nationaler Trainings- und Ausbildungsprogramme, Vorbildprojekte und ähnliches vorgesehen, für deren Durchführung die entwickelte Länder entsprechende Ressourcen zur Verfügung stellen sollen.[690]

ee) Technologietransfermechanismen („mechanisms for technology transfer“)

Die Frage von Mechanismen zum Technologietransfer war auf der Haager Konferenz noch außerordentlich umstritten, wobei die Bezeichnung „Mechanismen zum Technologietransfer“ insofern aus heutiger Sicht irreführend erscheint, als sie an die flexiblen Mechanismen des Kioto Protokolls erinnert. Als Bestandteil des „Rahmens für bedeutsame und effektive Maßnahmen“ geht es allerdings allgemeiner um die Gründung der Expertengruppe für Technologietransfer, die letztlich die Umsetzung des Rahmenprogramms begleiten soll. Die Bezeichung „Mechanismus“ rührt einerseits vom Bericht des Zwischenstaatlichen Ausschusses für Klimaänderungen, andererseits von früheren Entwürfen her, wonach – insbesondere auf chinesisches Betreiben – ein institutionalisierter sog. *Mechanism for Technology Transfer* (MTT) bzw. ein separater Finanzierungsmechanismus zum Technologietransfer vorgeschlagen worden war.[691]

690 Vgl. im Einzelnen Dokument FCCC/CP/2001/13/Add.1 v. 21.1.2002, S. 27 ff.

691 Vgl. Dokument FCCC/SBSTA/2000/MISC.4 v. 14.7.2000, S. 13; sowie Dokumente FCCC/CP/2000/CRP.15 v. 18.11.2000 u. FCCC/CP/2000/CRP.7 v. 25.11.2000.

ff) Zwischenbewertung

Der „Rahmen für bedeutsame und effektive Maßnahmen zur verbesserten Umsetzung des Art. 4 Abs. 5 des Übereinkommens“ stellt in vielerlei Hinsicht eine zutreffende Zusammenfassung überaus wichtiger Schritte zur Verbesserung des Transfers umweltverträglicher Technologien dar, wobei dabei auch die Erfahrungen der Vertragsparteien bei der Umsetzung der einschlägigen Bestimmungen des Rahmenübereinkommens berücksichtigt werden. Insgesamt besitzt der Aktionsrahmen auch den Charakter eines Dokumentes, das den Stand der Umsetzungsdiskussion seit 1992 festhält, und weist damit gleichzeitig in die Richtung einer Verstärkung der Umsetzungsbemühungen der Technologietransferbestimmungen. Freilich zeigt auch gerade dieser umfangreiche Maßnahmenkatalog wiederum, dass die Umsetzung des Technologietransfers sperrig bleibt und, wie auch der Sonderbericht des Zwischenstaatlichen Ausschusses für Klimaänderungen zutreffend betont, es keine „grand-design“-Lösungen geben kann, mit denen – gewissermaßen auf Knopfdruck – die notwendigen Technologien weitergegeben werden. Der Wunsch der Entwicklungsländer nach einer solchen effektiven Knopfdrucklösung ist in gewisser Weise in dem Titel des Aktionsrahmens erkennbar; ob die vereinbarten Maßnahmen im Ergebnis aber tatsächlich „meaningful and effective“ sein werden, kann freilich nur die Umsetzung in der zukünftigen Praxis der Vertragsparteien zeigen.

e) Verhältnis der Technologietransferbestimmungen zu den flexiblen Mechanismen

Betrachtet man den auf der Bonner Konferenz vereinbarten Aktionsrahmen, fällt insbesondere das Fehlen jeglicher Bezugnahme auf die projektbezogenen flexiblen Mechanismen des Kioto Protokolls auf. Dies überrascht auch vor dem Hintergrund des oben aufgezeigten besonderen Potenzials dieser Mechanismen. Frühere Vorschläge, insbesondere der JUSCANNZ-Gruppe, sahen eine potenzielle Rolle der Mechanismen explizit vor.[692] Gegen eine solche Hervorhebung wandten sich allerdings sowohl die Gruppe der 77 und China als auch die in der AOSIS-Gruppe

692 Vgl. Dokument FCCC/SBSTA/2000/MISC.12 v. 14.11.2000: „*Acknowledges* the potential of the CDM and JI to promote, facilitate, and finance the transfer of ESTs to enable Parties to meet the provisions of the Convention.“

zusammengeschlossenen kleinen Inselstaaten. Tatsächlich war die Frage des Verhältnisses zwischen den Vorschriften zum Technologietransfer und den flexiblen Mechanismen in den Verhandlungen im Rahmen des Übereinkommens zwischen den Parteien überaus streitig.[693] Während verschiedene Anhang-II-Staaten, wenn auch mit unterschiedlicher Nuancierung, die Rolle der projektbasierten Mechanismen für umweltverträgliche Entwicklung bei der Umsetzung des Technologietransfers hervorhoben (etwa die Europäische Union, Japan, Australien und Kanada,[694] aber auch die Vereinigten Staaten),[695] betonte die Gruppe der 77 und

693 Vgl. für die gegensätzlichen Auffassungen etwa den Bericht über die zwölfte Sitzung der Hilfsorgane in Bonn im Juni 2000, Earth Negotiations Bulletin, Bd. 12, Nr. 134 v. 14.6.2000.

694 Vgl. etwa die kanadische Stellungnahme in Dokument FCCC/SBSTA/2000/MISC.4 v. 14.7.2000, S. 4: „The transfer of environmentally-sound technologies (ESTs) to facilitate achievement of climate change related objectives is the goal. Since technology transfer activities under the Convention would be inextricably linked to such activities under the Protocol a distinction between them does not serve a purpose. For example a Clean Development Mechanism (CDM) or Joint Implementation (JI) project under the Protocol could well contain important technology transfer elements that supports broader technology transfer goals. What is crucial is that technology transfer take place and this requires the establishment of an appropriate enabling environment. Such an enabling environment will become even more effective when combined with added incentives for climate change mitigation projects. Thus Canada's submission takes a broad view of technology transfer, where both public and private sector actions, including CDM & JI projects from either sector, Official Development Assistance (ODA), and multilateral and bilateral assistance, contribute toward meeting the goals of, and commitments under, the UNFCCC and Kyoto Protocol."

695 Dokument FCCC/SBSTA/2000/MISC.4 v. 14.7.2000, S. 49. „The Kyoto mechanisms being elaborated under the Kyoto Protocol will create important incentives to enhance the transfer of ESTs and the implementation of Article 4.5. Many participants in the Consultative Process have noted the promise of the Clean Development Mechanism (CDM) to reduce greenhouse gas emissions and support sustainable development through enhanced technology transfer. Likewise, Joint Implementation (JI) will create incentives to transfer climate-friendly technology, and these positive linkages should be considered in the design of technology transfer actions. A framework to enhance implementation of Article 4.5 will need to embrace, utilize and promote the power of the CDM and JI to generate technology transfer."

China die strikte Trennung beider Institute;[696] ähnlich vertraten auch die Staaten der AOSIS-Gruppe eine klare Differenzierung.[697] Mit dem im Aktionsrahmen erreichten Ergebnis haben sich die Entwicklungsländer durchsetzen können.

In rechtlicher Hinsicht wird man freilich insoweit im Grundsatz anerkennen müssen, dass es sich nach dem Kioto Protokoll um zwei unterschiedliche Rechtspflichten handelt.[698] Gleichwohl wirft der oben bereits dargestellte überaus enge inhaltliche Zusammenhang beider Vorschriften die Frage auf, ob es nach dem Protokoll ausgeschlossen ist, von einer Doppelfunktionalität zahlreicher Maßnahmen im Rahmen der projektbezogenen Mechanismen auszugehen. Nach dem Wortlaut der Technologietransferbestimmung sowohl des Rahmenübereinkommens als auch des Protokolls erscheint dies keineswegs ausgeschlossen. Dort wird den verpflichteten Staaten eine Bandbreite verschiedener Maßnahmen mit dem Ziel des Technologietransfers aufgegeben. Eine Rechtsbehauptung dahingehend, dass etwa mit der Schaffung der Voraussetzungen einer umfangreichen Beteiligung an Projekten des Mechanismus für umweltverträgliche Entwicklung jedenfalls gleichzeitig *auch* ein substantieller Beitrag zur Umsetzung der Technologietransferverpflichtung geleistet wird, wird man daher wohl nicht als unzutreffend ansehen können. Hieran vermag auch das Fehlen jeglicher Bezugnahme im Aktionsrahmen nichts zu ändern.

f) Die Arbeit der Expertengruppe für Technologietransfer (EGTT)

Die mit der Entscheidung von Marrakesch gegründete Expertengruppe für Technologietransfer hat ihre Arbeit zunächst unter Vorsitz des Finnen *J. Uosukainen* im April 2002 aufgenommen, wobei das erste Ar-

696 Vgl. die chinesische Stellungnahme: „CDM shall not be seen as a mechanism to implement Article 4.5 of the Convention", Dokument FCCC/SBSTA/2000/MISC.4 v. 14.7.2000, S. 16.

697 „AOSIS encourages the implementation of the Kyoto Protocol and the Clean Development Mechanism. However, AOSIS does not accept the notion that the use of the CDM will be the primary tool in implementing Article 4.5 of the Convention. While the CDM may assist technology transfer in the future, article 4.5 is a Convention commitment that urgently requires implementation now.", s. Dokument FCCC/SBSTA/2000/MISC.4 v. 14.7.2000, S. 40.

698 Hierfür spricht auch die Präambelbestimmung der Entscheidung 17/CP.7 (oben Fn. 654).

beitsprogramm der Gruppe für die Zeit von 2002 – 2003 durch das Hilfsorgan für wissenschaftliche und technische Beratung auf seiner sechzehnten Tagung in Bonn im Juni 2002 angenommen wurde.[699] Darin wird eine Vielzahl von Aktivitäten in Bezug auf die oben genannten Ansatzpunkte des Aktionsrahmens vorgeschlagen.

Auf der nachfolgenden achten Konferenz der Vertragsstaaten in New Delhi (Indien) nahmen die Parteien bereits mit Befriedigung die „gute Arbeit" der Expertengruppe zur Kenntnis und ermunterten die Fortsetzung des Arbeitsprogramms.[700] Die Umsetzung des Arbeitsprogramms besteht seitdem im Wesentlichen in der Vorbereitung und Durchführung zahlreicher weiterer Arbeitstreffen auf verschiedensten Ebenen zu den jeweils unterschiedlichen Themenschwerpunkten des Aktionsrahmens. Beispielhaft sei hier genannt, dass die Expertengruppe bei der Ausarbeitung technischer Hintergrundpapiere mitgewirkt hat, darunter eines zum Thema der *„Enabling Environments for Technology Transfer"*[701] – in diesem Zusammenhang wurde auch ein Arbeitstreffen (Gent im April 2003) organisiert –,[702] sowie bei einem zweiten zum Thema *„Capacity-Building in the Development and Transfer of Technologies"*.[703] Weiter wurde für die neunte Konferenz der Vertragsstaaten im Dezember 2003 in Mailand (Italien) die Veranstaltung einer *„Senior-level round-table*

699 Vgl. FCCC/SBSTA/2002/6 v. 12.8.2002, S. 14, bzw. Anlage II (S. 36 ff.); s. auch den ersten EGTT Bericht in Dokument FCCC/SBSTA/2002/9 v. 14.8.2002.

700 Entscheidung 10/CP.8, Dokument FCCC/CP/2002/7/Add.1 v. 28.3.2003. Die Ministererklärung von Delhi enthält weitere Aufforderungen zur Verbesserung des Technologietransfers, hinzuweisen ist auf die Betonung verschiedener Sektoren, s. Buchstabe i): „Technology transfer should be strengthened, including through concrete projects and capacity-building in all relevant sectors such as energy, transport, industry, health, agriculture, biodiversity, forestry and waste management. Technological advances should be promoted through research and development, economic diversification and strengthening of relevant regional, national and local institutions for sustainable development; [...]" und Buchstabe k): „Actions are required to diversify energy supply by developing advanced, cleaner, more efficient, affordable and cost-effective energy technologies, including fossil fuel technologies and renewable energy technologies, hydro included, and their transfer to developing countries on concessional terms as mutually agreed; [...]".

701 S. Dokument FCCC/TP/2003/2 v. 4.6.2003 „Enabling Environments for Technology Transfer", erstellt von *M. Ranganathan* u. *E. Reynaers*.

702 S. den Bericht Workshop Ghent in Dokument FCCC/SBSTA/2003/INF.4 v. 26.5.2003.

703 Dokument FCCC/TP/2003/1 v. 26.11.2003.

discussion on enabling environments for technology transfer" mitinitiiert[704] und im September 2004 ein Arbeitstreffen zum Thema *„Innovative Options for Financing the Development and Transfer of Technologies"* in Montreal (Kanada) organisiert.

Diese vielfältigen Aktivitäten wurden auf der zehnten Konferenz der Vertragsparteien in Buenos Aires im Dezember 2004 wohlwollend zur Kenntnis genommen und die Arbeitsgruppe wurde aufgefordert, ihre Tätigkeit fortzusetzen.[705]

Versucht man eine vorläufige Einschätzung der Maßnahmen der Expertengruppe, wird man zunächst nicht umhin kommen, in erster Linie eine Flut von Sitzungen und Papieren zu konstatieren, was insoweit keinen Unterschied zu den bereits früher feststellbaren Umsetzungsmaßnahmen erkennbar macht. Allerdings handelt es sich beim Technologietransfer – und dies wird im Rahmen des Hilfsorgans für wissenschaftliche und technische Beratung wie auch der Expertengruppe selbst – stets betont um einen außerordentlich komplexen Prozess mit zahlreichen Beteiligten, nach Land und Sektor unterschiedlichsten Voraussetzungen, der „weiche" und „harte" Technologien und Kapazitätsaufbau beinhaltet. Daher wird man realistischerweise nicht umhinkommen, sich von einem „Konzept der Knopfdrucklösung" zu verabschieden. Insoweit kann nur der internationale Austausch von Wissen über Technologien selbst und über die Prozesse des Transfers eine wegweisende Lösung sein und diesen Weg beschreitet die Expertengruppe. Dabei darf andererseits nicht verkannt werden, dass die Notwendigkeit der Bereitstellung entsprechender finanzieller Ressourcen zum Technologietransfer weiterhin eine zentrale Rolle spielt; diese soll nun beleuchtet werden.

g) Zur Tätigkeit des Finanzierungsmechanismus

Die parallele Bedeutung der Bestimmungen über die Bereitstellung finanzieller Mittel zum Klimaschutz durch die entwickelten Länder wurde bereits oben dargestellt, gleichfalls die besondere Rolle, die hier die Globale Umweltfazilität als Finanzierungsmechanismus im Sinne des

704 Vgl. die Zusammenfassung der Diskussion in Dokument FCCC/SBSTA/2004/2 v. 5.4.2004.

705 Entscheidung 6/CP.10, Dokument FCCC/CP/2004/10/Add.1 v. 19.4.2005.

Artikels 11 des Übereinkommens neben bilateralen Projektfinanzierungen[706] spielt.

aa) Zur Globalen Umweltfazilität (GEF)

Die Globale Umweltfazilität[707] hat im Rahmen ihres Schwerpunktbereichs Klimaschutz bis heute vier „Operationsprogramme" verabschiedet, die die Vorgaben der Konferenz der Vertragsparteien umsetzen und die Fördertätigkeit bestimmen.

Das erste Programm *(Operational Program Number 5)* zielt auf die Beseitigung von Hindernissen bei der Energieeffizienz und Energieeinsparung ab.[708] Generell sollen dabei die Aktivitäten der GEF unter anderem berücksichtigen, dass Technologien transferiert werden, die umweltverträglich und an die örtlichen Gegebenheiten angepasst sind.[709] Das zweite Programm *(Operational Program Number 6)* beschäftigt sich in erster Linie mit der Verbreitung von regenerativen Energien (*rene-*

706 Im Rahmen ihrer Berichtspflichten stellen die Anlage I-Staaten regelmäßig auch bilaterale Finanzierungen von Technologietransfers vor, s. etwa BMLFUW (Hrsg.), Third National Climate Report v. November 2001, S. 124 ff.; BUWAL (Hrsg.), Third National Communication of Switzerland 2001, S. 59 ff.

707 Dazu oben viertes Kapitel, H.

708 Vgl. Operational Program Number 5 – Removal of Barriers to Energy Efficiency and Energy Conservation: „The objective of this Operational Program is to reduce the risk of climate change by reducing net greenhouse gas emissions from anthropogenic sources and by protecting and enhancing removal of such gases by sinks. This objective will be achieved by removing barriers to large-scale application, implementation, and dissemination of least-economic cost energy-efficient technologies (whether commercially established or recently developed); and by promoting more efficient energy use. There is high potential for energy efficiency measures in all stages of fuelcycles – production, transport, and use – and for energy conservation measures on both the supply side and the demand side."

709 Vgl. Operational Program Number 5: „[...] the GEF [...] should support agreed activities in Parties not included in Annex I to the Convention that: (a) are country driven and in conformity with, and supportive of, national development priorities; (b) are consistent with and supportive of internationally agreed programs of action for sustainable development; (c) transfer technology that is environmentally sound and adapted to suit local conditions; (d) are sustainable and lead to wider application; (e) are cost-effective; (f) strive to leverage other funds; and (g) mitigate climate change."

wable energy technologies, „RET").[710] Dabei liegt der Schwerpunkt der Tätigkeit bei der Beseitigung von Investitionshindernissen.[711] Beim dritten Programm *(Operational Program Number 7)*[712] geht es um die beschleunigte Markteinführung klimafreundlicher Technologien. Durch die gezielte Förderung bestimmter Technologien hofft man auf die Verbesserung der Wettbewerbsfähigkeit und damit auf eine Senkung der Kosten der Markteinführung insgesamt.[713] Schließlich wurde auch das klimarele-

710 Operational Program Number 6 – Promoting the Adoption of Renewable Energy by Removing Barriers and Reducing Implementation Costs.

711 Vgl. Operational Program Number 6: „6.4 The objectives of this Operational Program are to: (a) remove the barriers to the use of commercial or near-commercial RETs; and (b) reduce any additional implementation costs for RETs that result from a lack of practical experience, initial low volume markets, or from the dispersed nature of applications, such that economically profitable ‚winwin' transactions and activities increase the deployment of RETs.
6.5 Many applications of RETs already have become lower-cost options than fossilfuel alternatives, or would be if implementation costs could be lowered by technology transfer or sharing of practical experience and by market development. This means that these renewable energy options can be deployed profitably today in a wide-range of applications, particularly those in remote and rural areas where demand densities do not justify electrical grid extension.
6.6 To date, the adoption of these technologies in commercially viable applications has been slower than desirable from the perspective of mitigating climate change. It also has been considerably slower than might be expected based upon technology development and a prima facie evaluation of relative costs. This lag in the adoption of RETs is frequently attributed to the existence of barriers of many types – all of which can prevent seemingly profitable market transactions from taking place."

712 Vgl. Operational Program Number 7 – Reducing the Long-term Costs of Low Greenhouse Gas-emitting Energy Technologies.

713 „7.4 The stabilization of greenhouse gases (GHGs) at levels that will prevent serious anthropogenic interference with the climate system can be achieved only through dramatically increased utilization of the so-called ‚backstop' technologies, such as renewable energy technologies with low emissions of greenhouse gases. The GEF has been requested to promote these backstop technologies as a strategy to accelerate their reduction in costs and their increase in market share.
7.5 The objective of this Operational Program is to reduce greenhouse gas emissions from anthropogenic sources by increasing the market share of low greenhouse gas emitting technologies that have not yet become widespread least-cost alternatives in recipient countries for specified applications. The objective will be achieved by GEF's promotion of such technologies so that, through learning and economies of scale, the levelized energy costs will decline to commercially competitive levels.

vante Programm zur Föderung nachhaltigen Verkehrs verabschiedet *(Operational Program Number 11)*.[714] Danach fördert die GEF den langfristigen Wechsel hin zu einer Senkung der verkehrsbedingten Emissionen und zu einem nachhaltigen Verkehr.

In der Zeit seit der Gründung der GEF im Jahr 1991 bis 2004 konnten Beiträge von einer Gesamthöhe von 1,74 Milliarden US-Dollar für Projekte im Klimaschutzbereich eingesetzt werden, wobei zusätzlich über 9,29 Milliarden US-Doller als Kofinanzierungen aufgebracht werden konnten. Damit stellt das Fördervolumen im Klimabereich bislang etwa ein Drittel der Ausgaben der GEF dar.[715]

bb) Zu den neugegründeten „Bonner" Finanzierungsfonds

Neben der Forderung nach einer erhöhten Wiederauffüllung der Globalen Umweltfazilität wurden auf Betreiben der Entwicklungsländer auf der Bonner Konferenz der Vertragsparteien drei weitere Finanzierungsfonds geschaffen. Erstens wurde der „Sonderfonds Klimaänderungen" *(Special Climate Change Fund)* gegründet, „um Tätigkeiten, Programme und Maßnahmen im Zusammenhang mit Klimaänderungen zu finanzieren, die diejenigen ergänzen, die aus Mitteln des Schwerpunkts „Klimaänderungen" der Globalen Umweltfazilität und mit multilateralen und bilateralen Finanzmitteln finanziert werden". Dabei ist der Technologietransfer als Finanzierungsziel ausdrücklich genannt.[716] Der Sonderfonds

---

Programmatic benefits also can result from structured learning from projects implemented. [...]".

714 Operational Program Number 11 – Promoting Environmentally Sustainable Transport.

715 Vgl. zum Ganzen nun Program Study on Climate Change (Prepared by the GEF Office of Monitoring and Evaluation), Dokument GEF/ME/C.24/Inf.2 v. 4.11.2004.

716 Vgl. Entscheidung 7/CP.7, Dokument FCCC/CP/2001/13/Add.1 v. 21.1.2001. S. auch Entscheidung 5/CP.9, Dokument FCCC/CP/2003/6/Add.1 v. 22.4.2004 („1. *Decides* that: [...] Technology transfer and its associated capacity-building activities shall also be essential areas to receive funding from the Special Climate Change Fund; [...] 3. *Decides* further that resources from the Special Climate Change Fund shall be used to fund technology transfer activities, programmes and measures that are complementary to those currently funded by the Global Environment Facility taking into account national communications or any other relevant documents in accordance with decision 4/CP.7 and its annex containing the framework for meaningful and effective actions to enhance the implementation of Artic-

wurde nach der Entscheidung 7/CP.7 von der GEF eingerichtet und wird auch durch sie verwaltet. Zweitens wurde ein Fonds für die am wenigsten entwickelten Länder *(Least Developed Countries Fund)* gegründet, der ebenfalls durch die GEF verwaltet wird.[717] In unmittelbarem Zusammenhang zum Mechanismus für umweltverträgliche Entwicklung steht schließlich drittens die Einrichtung des „Anpassungsfonds des Protokolls von Kioto" *(Kyoto Protocol Adaptation Fund)*. Dieser Fonds wird ebenfalls durch die GEF verwaltet und durch den in Artikel 12 Absatz 8 des Protokolls vorgesehenen „Teil der Erlöse aus zertifizierten Projektmaßnahmen" *(share of proceeds)* gespeist. Die Mittel des Fonds werden dazu verwendet, konkrete Anpassungsmaßnahmen in Entwicklungsländern zu finanzieren.[718]

Im Rahmen der Bonner Konferenz hat zudem eine Gruppe von Industriestaaten eine politische Erklärung dahingehend abgegeben, gemeinsam ab 2005 jährlich € 450 Millionen zu leisten, wobei diese Mittel für den Schwerpunktbereich Klimaschutz der GEF, für den Sonderfonds Klimaänderungen, den Anpassungsfonds, für den Fonds für die am wenigsten entwickelten Länder oder auch für bilaterale oder multilaterale Finanzhilfe aufgebracht werden können. Dieser politischen Erklärung, der sich nur die Europäische Gemeinschaft und ihre Mitgliedstaaten sowie Kanada, Island, Neuseeland, Norwegen und die Schweiz anschließen konnten, kam für den Durchbruch der Bonner Konferenz zentrale Bedeutung zu; ohne diese Zusage wäre nach Einschätzung von Delegationsteilnehmern auch die Bonner Konferenz gescheitert, was nach der bereits gescheiterten Haager Konferenz eine tiefe Krise des gesamten Klimaschutzprozesses verursacht hätte.[719]

cc) Zwischenbewertung

Die umfangreiche Tätigkeit der Globalen Umweltfazilität bei der Finanzierung von klimarelevanten Technologietransfers ist damit neben den

---

le 4, paragraph 5, of the Convention, in the following priority areas: (a) Implementation of the results of technology needs assessments; (b) Technology information; (c) Capacity-building for technology transfer; (d) Enabling environments; [...]").

717 Entscheidung 7/CP.7, Dokument FCCC/CP/2001/13/Add.1 v. 21.1.2001. Zum Stand der Tätigkeit des Fonds, s. Dokument GEF/C.24/Inf.8/Rev.1 v. 15.11.2004.

718 Entscheidung 10/CP.7, Dokument FCCC/CP/2001/13/Add.1 v. 21.1.2001.

719 *F. Schafhausen*, ET 2001, S. 585, 586; s. auch Umwelt 9/2001, S. 594.

flexiblen Mechanismen und den Aktivitäten im Rahmen des Hilfsorgans für wissenschaftliche und technische Beratung von zentraler Bedeutung. Die Bedeutung der Bereitstellung von finanziellen Mitteln als ein Weg der Umsetzung des Artikels 4 Absatz 5 des Übereinkommens hat daher in der Praxis der Parteien eine herausgehobene Rolle, die durch die Gründung von drei weiteren Fonds als Ergänzung des bestehenden Finanzierungsmechanismus im Sinne des Artikels 11 zusätzlich akzentuiert wird.

h) Technologietransfer und die Nichteinhaltung von Verpflichtungen

Abschließend ist auch im Zusammenhang mit dem Klimarahmenübereinkommen und dem Kioto Protokoll die Bedeutung des Technologietransfers bei den Verfahren und Mechanismen zur Feststellung und Behandlung von Fällen der Nichteinhaltung der Protokollbestimmungen *(compliance)* herauszustellen.

Während das Klimarahmenübereinkommen lediglich ein allgemeines Konsultativverfahren für die Behandlung von Fragen der Durchführung der Übereinkommensverpflichtungen kennt (Artikel 13),[720] ist nach Artikel 18 des Kioto Protokolls die Ausarbeitung von „geeigneten und wirksamen Verfahren und Mechanismen zur Feststellung und Behandlung von Fällen der Nichteinhaltung der Bestimmungen des Protokolls" vorgesehen. Ein solches Verfahren wurde im Rahmen der Bonner Konferenz nach mühsamen Verhandlungen beschlossen;[721] dabei ist die Gründung eines zweigliedrigen Einhaltungsausschusses *(Compliance Committee)* vorgesehen, wobei eine Unterstützungsabteilung *(facilitative branch)* für Fragen der Beratung und Förderung der Einhaltung der Verpflichtungen zuständig sein soll und eine Durchsetzungsabteilung *(enforcement branch)* für die Überwachung der Einhaltung bestimmter Verpflichtungen der Anlage-I-Staaten, wozu der Technologietransfer allerdings nicht gehört.[722]

720 Dazu etwa *D. Bodansky*, Yale JIL, Bd. 18 (1993), S. 451, 547 f.

721 Entscheidung 24/CP.7, Dokument FCCC/CP/2001/13/Add.1 v. 21.1.2002. Dazu *A. Klemm*, Klimaschutz nach Marrakesch, S. 26 ff.; *S. Oberthür / S. Marr*, ZUR 2002, S. 81 ff.

722 Gegenstand des Verfahrens der Durchsetzungsabteilung sind die quantitativen Emissionsverpflichtungen (Artikel 3 Abs. 1), die Anforderungen an Methoden und Berichterstattung (Artikel 5 Abs. 1 u. 2, Artikel 7 Abs. 1 u. 4) und die Zulassungsvoraussetzungen zu den flexiblen Mechanismen nach den Artikeln 6, 12 u. 17.

Für die Frage des Transfers von Technologien ist insbesondere die Tätigkeit der Unterstützungsabteilung von Bedeutung. Vergleichbar mit der *Non-Compliance Procedure* des Montrealer Protokolls[723] kann die Unterstützungsabteilung unter anderem als Maßnahme zugunsten einer Vertragspartei beschließen, dass dieser Technologien zur Umsetzung des Kioto Protokolls transferiert werden.[724]

V. Ergebnis und Bewertung

Die Frage des Technologietransfers hat bei den Verhandlungen zum Klimarahmenübereinkommen auf Drängen der Entwicklungsländer eine überaus wichtige Rolle gespielt. Betrachtet man den Wortlaut des Übereinkommens als Ergebnis dieses Verhandlungsprozesses, bleibt das Klimaübereinkommen allerdings insbesondere im Vergleich zu dem in Artikel 10A des Montrealer Protokolls Erreichten zurück.[725] Gleichwohl enthält Artikel 4 Absatz 5 eine Rechtspflicht für die entwickelten Staaten, Maßnahmen zum Technologietransfer zu ergreifen, wobei den Staaten insoweit ein weiter Ermessensspielraum eingeräumt worden ist. Insbesondere wird durch die wechselseitige Verschränkung von Technologietransferpflicht und einem Finanzierungsmechanismus die Option des subventionierten Technologietransfers vorgezeichnet, der die Verpflichtung zum Technologietransfer potenziell hinter der Finanzierungspflicht zurücktreten lässt.

723 Oben, B. III. 5 c).

724 Vgl. Teil XIV der Anlage zur Entscheidung 24/CP.7: „The facilitative branch, taking into account the principle of common but differentiated responsibilities and respective capabilities, shall decide on the application of one or more of the following consequences: (a) Provision of advice and facilitation of assistance to individual Parties regarding the implementation of the Protocol; (b) Facilitation of financial and technical assistance to any Party concerned, including technology transfer and capacity building from sources other than those established under the Convention and the Protocol for the developing countries; (c) Facilitation of financial and technical assistance, including technology transfer and capacity building, taking into account Article 4, paragraphs 3, 4 and 5, of the Convention; and (d) Formulation of recommendations to the Party concerned, taking into account Article 4, paragraph 7, of the Convention."

725 So auch *F. Weiss*, EPIL, Bd. IV. (2000), S. 786.

Bei der Praxis der Umsetzung der Technologietransferbestimmungen des Übereinkommens durch die Parteien bestätigt sich diese Option der Finanzierung insoweit, als der Globalen Umweltfazilität als Finanzierungsmechanismus im Sinne des Übereinkommens eine zentrale Rolle bei der Umsetzung von Technologietransfers eingeräumt worden ist. Dabei zeigen sich nochmals Schwierigkeiten bei der Operationalisierung der Technologietransferbestimmung durch die Parteien im Übrigen. Immerhin ist im Bereich der Zurverfügungstellung von Informationen über vorhandene Technologien insbesondere durch den Aufbau internetgestützter Datenbanken ein Fortschritt zu verzeichnen.

Das Kioto Protokoll verstärkt die bereits im Klimarahmenübereinkommen angelegte Betonung auf flexible Ansätze bei der Umsetzung der Minderungsziele, die zugleich erhebliche Bedeutung für den Technologietransfer haben. Mit dem Mechanismus für umweltverträgliche Entwicklung (CDM) wird ein marktwirtschaftlicher Anreiz für private Investoren gesetzt, moderne Umwelttechologien in Entwicklungsländern zum Einsatz zu bringen.

Insgesamt ist somit auch im Bereich des Klimaschutzes ein partieller Wahrnehmungswandel der Technologietransferproblematik erkennbar. Ähnlich der Entwicklung im Bereich des Montrealer Protokolls ist die Primärobligation zum Technologietransfer in der Umsetzung im Wesentlichen ineffektiv gewesen. Die wesentliche Rolle bei der Durchführung von Technologietransfers wird dem Finanzmechanismus der Globalen Umweltfazilität zuerkannt. Daneben ist mit dem In-Kraft-Treten des Kioto Protokolls ein besonderes Marktanreizsystem in Form der „flexiblen Mechanismen“ als ein wesentlicher „Technologietransfermechanismus“ getreten.

Es zeigt sich damit, dass von einem zwingenden dirigistischen Technologietransfersystem keine Rede sein kann, sondern die in der Umsetzung des Übereinkommens zwei „Technologietransferhebel“ Anwendung finden, die jeweils auf marktwirtschaftlichen Grundsätzen beruhen. Hierbei zeichnet sich auch ein Zusammenspiel beider Transferwege insoweit ab, als der Finanzierungsmechanismus vor allem auch dort tätig wird, wo die Marktanreize trotz CDM für Investitionen nicht ausreichen. Ein Konflikt mit dem im zweiten Teil der Arbeit aufgezeigten wirtschaftsvölkerrechtlichen Hintergrund kann daher ausgeschlossen werden.

Zwar erscheint die Einschätzung von *I. Mintzer* und *J. A. Leonard* optimistisch, wonach die Regelungen des Klimarahmenübereinkommens sich darstellen als „powerful force for change in North-South relations that will reshape the business climate for international investment and trade“,[726] dennoch erscheint es zutreffend, dass im Rahmen des Übereinkommens wesentliche Anreize zum Technologietransfer durch Private gesetzt werden konnten und die ersten Erfahrungen mit dem CDM bestätigen dies.[727]

D. Kursorische Betrachtungen anderer völkerrechtlicher Übereinkommen zum Umweltschutz

Die oben beispielhaft dargestellten Technologietransferanstrengungen im Rahmen der Übereinkommen zum Ozon- und Klimaschutz zeigen neue sektorale Entwicklungen im Bereich völkerrechtlicher Technologietransferregeln. Es soll daher nachfolgend lediglich als eine Art Kontrollüberlegung ein kursorischer Blick auf weitere Übereinkommen zum Umweltschutz gelenkt werden und in den Zusammenhang zu den beschriebenen sektoralen Entwicklungen gesetzt werden.[728] Insbesondere soll untersucht

726 *I. Mintzer / J. A. Leonard*, in: Negotiating Climate Change, S. 21.

727 Die Exekutivsekretärin des Klimasekretariats *J. Waller-Hunter* geht in einem Vortrag auf der *Carbon Expo Conference* (Köln, 11.5.2005) davon aus, dass der CDM-Markt im Jahr 2012 bis zu 1,2 Milliarden t CO2-Equivalente ausmachen könnte.

728 Kein Umweltübereinkommen im engeren Sinne ist der Vertrag vom 17.12.1994 über die Energiecharta. Gleichwohl wird auch hier klimapolitisch relevanter Transfer von Energietechnologie vereinbart, vgl. Artikel 8 („1. Die Vertragsparteien kommen überein, den Zugang zu Energietechnologie und die Weitergabe dieser Technologie auf marktüblicher und nichtdiskriminierender Grundlage zu fördern, um den wirksamen Handel mit Primärenergieträgern und Energieerzeugnissen und Investitionen zu begünstigen und die Ziele der Charta nach Maßgabe ihrer Gesetze und sonstigen Rechtsvorschriften und des Schutzes des geistigen Eigentums zu verwirklichen. 2. Demgemäß, soweit es zur Durchführung des Absatzes 1 erforderlich ist, beseitigen die Vertragsparteien bestehende Hemmnisse und schaffen keine neuen Hemmnisse für die Weitergabe von Technologie auf dem Gebiet der Primärenergieträger und Energieerzeugnisse und verwandter Ausrüstungen und Dienst-

werden, ob sich diese Entwicklungen auch in den weiteren Übereinkommen zeigen.

I. Übereinkommen zum Schutz der Artenvielfalt

Auf der Rio-Konferenz wurde neben dem Klimarahmenübereinkommen das Übereinkommen über die Biologische Vielfalt verabschiedet.[729] Ziel des Übereinkommens ist nach seinem Artikel 1 die Erhaltung der biologischen Vielfalt, die nachhaltige Nutzung ihrer Elemente und eine „ausgewogene und gerechte" Aufteilung der Vorteile, die sich aus der Nutzung der genetischen Ressourcen ergibt.[730] Dabei bleibt das Überein-

---

leistungen, vorbehaltlich der Verpflichtungen wegen der Nichtverbreitung und sonstiger internationaler Verpflichtungen.").

729 Das Übereinkommen ist am 29.12.1993 in Kraft getreten (DE-BGBl. 1993 II., S. 1741; SR 0.451.43; Ö-BGBl. 213/1995). S. zum Übereinkommen allgemein M. Bowman / C. Redgwell (Hrsg.), International Law and the Conservation of Biological Diversity; *F. Burhenne-Guilmin / S. Casey-Lefkowitz*, YIEL, Bd. 3 (1992), S. 43 ff.; *L. Glowka / F. Burhenne-Guilmin / H. Synge*, A Guide to the Convention on Biological Diversity; N. Wolff / W. Köck (Hrsg.), 10 Jahre Übereinkommen über biologische Vielfalt.
Auf die ebenfalls im Rahmen der Rio-Konferenz verabschiedete rechtlich nicht verbindliche Wald-Grundsatzerklärung sei hingewiesen. Die Erklärung legt Grundsätze der Bewirtschaftung, Schutz und nachhaltiger Entwicklung der Wälder aller Klimazonen fest. Dabei wird auch festgeschrieben, dass Entwicklungsländer Finanzierungshilfen erhalten und ein verbesserter Zugang zu Technologien im Bereich der nachhaltigen Waldbewirtschaftung gewährt werden soll (vgl. Grundsatz 11: „In order to enable, in particular, developing countries to enhance their endogenous capacity and to better manage, conserve and develop their forest resources, the access to and transfer of environmentally sound technologies and corresponding know-how on favourable terms, including on concessional and preferential terms, as mutually agreed, in accordance with the relevant provisions of Agenda 21, should be promoted, facilitated and financed, as appropriate."). Auch im Rahmen des *Intergovernmental Panel on Forests* (IPF) und des nachfolgenden *International Forum on Forests* (IFF) wurden Fragen des Technologietransfers diskutiert (vgl. etwa die vierte IFF-Sitzung, Dokument E/CN.17/2000/14 v. 20.3.2000, S. 16 ff., *Transfer of environmentally sound technologies to support sustainable forest management*). Zum Schutz der Wälder im Völkerrecht *B. Schulte zu Sodingen*, Der völkerrechtliche Schutz der Wälder, S. 191 ff.

730 Andere biodiversitätsbezogene Übereinkommen erscheinen im hier weniger relevant. Keine Bestimmungen zum Technologietransfer enthalten insbesondere: das

kommen insgesamt außerordentlich vage und bietet daher wohl nicht mehr als einen Rahmen für Maßnahmen zur Erhaltung der biologischen Vielfalt.[731]

1. Überblick über die Technologietransferbestimmungen

Die Frage des Technologietransfers, die in den Verhandlungen wiederum äußerst umstritten war,[732] wird bereits in der allgemeinen Zielbestimmung des Artikels 1 angesprochen. Danach ist die Aufteilung der Vorteile, die sich aus der Nutzung genetischer Ressourcen ergeben *(fair and equitable sharing of the benefits)*, „insbesondere" durch „Weitergabe der einschlägigen Technologien" zu bewerkstelligen. Ergänzt wird dieser Aspekt der Zielbestimmung mit der Verpflichtung zur „Berücksichtigung aller Rechte [...] an diesen Technologien". Hiermit wird der in anderen Zusammenhängen bereits angesprochene Konflikt zwischen Technologietransferbedürfnis der Entwicklungsländer einerseits und dem Schutz des geistigen Eigentums an Technologien andererseits angedeutet. Neben der Technologietransferoption zum Vorteilsausgleich sieht

---

Übereinkommen vom 2. Februar 1971 über Feuchtgebiete, insbesondere als Lebensraum für Wasser- und Watvögel, von internationaler Bedeutung (Ramsar-Übereinkommen), das Übereinkommen vom 3. März 1973 über den internationalen Handel mit gefährdeten Arten freilebender Tiere und Pflanzen (Washingtoner Artenschutzübereinkommen) und das Übereinkommen vom 23. Juni 1979 zur Erhaltung der wandernden wildlebenden Tierarten (Bonner Übereinkommen).
Das Übereinkommen vom 23. November 1972 zum Schutz des Kultur- und Naturgutes der Welt sieht einen Finanzierungsfonds „für den Schutz des Kultur- und Naturgutes der Welt von außergewöhnlichem universellem Wert" vor (Artikel 15). Das durch das Übereinkommen eingerichtete Komitee für das Erbe der Welt kann auf Antrag technische Hilfsmaßnahmen zur Erhaltung von Kultur- und Naturgut ergreifen, vgl. Artikel 19 ff. Dazu *D. Navid*, ZaöRV, Bd. 56 (1996), S. 810, 811 ff.
Das Internationale Tropenholz-Übereinkommen von 1994 (AS 1998, 1206) sieht die Gründung des sog. „Bali-Partnerschaftsfonds" vor (Artikel 21), um den Mitglieder finanzielle Hilfen zur Entwicklung einer Strategie zur Durchsetzung der Ausfuhr von Tropenholz und Tropenholzerzeugnissen aus nachhaltig bewirtschafteten Beständen bis zum Jahr 2000 zur Verfügung zu stellen.

731 Vgl. *L. Kimball*, Vanderbilt JTL, Bd. 28 (1995), S. 763, 765; kritischer *A. Boyle*, in: International Law and the Conservation of Biological Diversity, S. 33, 49 („It will not be clear for some time whether the Convention provides a viable framework for real progress or is merely an exercise in political symbolism").

732 *F. McConnell*, The Biodiversity Convention, S. 73, 87.

Artikel 1 aber auch „angemessene Finanzierung“ vor. Auch hier findet sich damit der Dualismus von Technologietransfer und Finanzierung.

Als Kernbestimmung des Übereinkommens im Bereich des Technologietransfers ist einerseits vor allem der umfangreiche Artikel 16 in den Blick zu nehmen, der eine Technologietransferbestimmung zur Förderung der Ziele des Übereinkommens vorsieht, die in engem Zusammenhang mit Pflichten zur Bereitstellung finanzieller Ressourcen steht (dazu a. und b.).[733] Daneben zeigt sich eine besondere Rolle des Technologietransfers im Bereich der bilateralen Aushandlung sog. Zugangsabkommen zum gerechten Vorteilsausgleich (sog. *Access and Benefit-Sharing Agreements*) (dazu c.).

a) Technologietransfer zur Erreichung der Ziele des Abkommens

Nach Artikel 16 Absatz 1 verpflichtet sich zunächst „jede Vertragspartei“, den Zugang zu wesentlichen Technologien und deren Weitergabe „zu gewährleisten oder zu erleichtern“. Im Hinblick auf den Technologietransfer an Entwicklungsländer präzisiert Absatz 2 die Technologietransferverpflichtung dahingehend, dass dieser „unter ausgewogenen und möglichst günstigen Bedingungen, darunter im beiderseitigen Einvernehmen auch zu Konzessions- oder Vorzugsbedingungen, gewährt oder erleichtert werden muss, „erforderlichenfalls in Übereinstimmung mit dem in den Artikeln 20 und 21 festgelegten Finanzierungsmechanismus“. Im Kontext der Erfüllungshilfe für Entwicklungsländer zeigt sich demnach auch hier der Verweis auf einen Finanzierungsmechanismus.

Zum einen stellt sich bei der Auslegung der Bestimmung die Frage, welche Technologien als wesentlich *(relevant to the conservation and sustainable use of biological diversity; technologies nécessaires à la conservation et à l'utilisation durable de la diversité biologique)* im Sinne der Ziele des Übereinkommens einzustufen sind. Der in den Begriffsbestimmungen des Artikels 2 enthaltene Hinweis, dass der Begriff „Technologie“ auch die Biotechnologie einschließe, führt insoweit nicht weiter. Die Begrenzung der Technologietransferverpflichtung auf bestimmte, mit dem Zweck des Übereinkommens in Zusammenhang stehende Technologien ergibt sich jedoch gleichzeitig aus der Begrenzung des Transferzweckes. Was das Ziel der Erhaltung der Artenvielfalt an-

733 Artikel 16 ist in seinem vollständigen Wortlaut in Anhang 8 abgedruckt.

geht, werden damit jedenfalls Technologien im Bereich der In-situ-Erhaltung (Artikel 8) und der Ex-situ-Erhaltung (Artikel 9) in Betracht zu ziehen sein.[734] Letztlich erscheint der Blick auf die Ziele des Übereinkommens für eine positive Definition der zu transferierenden Technologien jedoch nur geringem Ertrag abzuwerfen; die Begrenzung ist wohl einzig geeignet, Technologien auszunehmen, die erkennbar in keinem Zusammenhang zu einem der Ziele des Übereinkommens stehen.

Weiter ist zu überlegen, was im Hinblick auf den Transfer zugunsten der Entwicklungsländer unter „ausgewogenen und möglichst günstigen Bedingungen" *(fair and most favourable terms; des conditions justes et les plus favorables)* zu verstehen ist. Aus dem anschließenden Wortlaut ergibt sich, dass „Konzessions- oder Vorzugsbedingungen" jedenfalls nicht als allgemeine Regel vorgesehen ist, sondern diese nur im Falle beiderseitigen Einvernehmens zu gewähren sind.[735] Vor diesem Hintergrund kann nicht davon ausgegangen werden, dass „ausgewogen" und „möglichst günstig" zu einer wesentlichen Besserstellung des Technologieempfängers führt. Zudem wird auch hier im Technologietransferkontext auf den Finanzierungsmechanismus verwiesen.

Was den Schutz des geistigen Eigentums angeht, präzisiert Absatz 2 ferner, dass in den Fällen, in denen die Technologie „Gegenstand von Patenten oder anderen Rechten des geistigen Eigentums ist", der Technologietransfer zu Bedingungen erfolgen muss, „die einen angemessenen und wirkungsvollen Schutz der Rechte des geistigen Eigentums anerkennen und mit ihm vereinbar sind". Damit ist eine Beeinträchtigung von geistigen Eigentumsrechten durch die Bestimmungen des Übereinkommens ausgeschlossen.[736]

734 So auch *J. Mugabe / N. Clark*, Technology Transfer, S. 19.

735 Einen ähnlichen Verweis auf „Konzessions- oder Vorzugsbedingungen" konnten die Entwicklungsländer im Klimarahmenübereinkommen nicht durchsetzen, vgl. oben Fn. 564. Da es sich aber nicht um eine generelle Pflicht handelt, vermag dieser Verweis keine substantielle Wirkung zu entfalten.

736 *F. Burhenne-Guilmin / S. Casey-Lefkowitz*, YIEL, Bd. 3 (1992), S. 43, 54. Die Weigerung der Vereinigten Staaten das Übereinkommen zu ratifizieren wird u.a. mit Hinweis auf diese Regelung und den zugehörigen Absatz 5 begründet, es wird eine Schwächung geistiger Eigentumsrechte befürchtet. Diese Befürchtung erscheint allerdings unbegründet. So auch *B. Kellersmann*, Die gemeinsame, aber differenzierte Verantwortlichkeit, S. 234 f. s. auch *I. Walden*, in: International Law and the Conservation of Biological Diversity, S. 171, 178. Die Schweiz erachtete insoweit die Abgabe der folgenden Erklärung für hilfreich: „Die Schweiz möchte

Hinzu kommt, dass die Technologietransferbestimmung generell die Gewährungleistung *(provide; sont assurés)* und die Erleichterung *(facilitate; facilités)* des Zugangs in ein Alternativverhältnis stellt. Den zum Technologietransfer aufgerufenen Staaten steht es demnach frei, die Erfüllung der Pflicht durch die Gewährung oder die Erleichterung des Zugangs zu erfüllen. Im Vergleich zu den Bestimmungen des Montrealer Protokolls und dem Klimarahmenübereinkommen fehlt in der Artenvielfaltskonvention auch die Verpflichtung auf die Ergreifung „aller nur möglichen Maßnahmen", sondern es wird lediglich in allgemeiner Form zur Weitergabe von Technologien aufgefordert. Im Kern handelt es sich damit um eine allgemeine Förderpflicht, die aus Sicht der Technologieaspiranten hinter den im Bereich des Schutzes der Ozonschicht und des Klimaschutzes erreichten Formulierungen zurückbleibt.

Weiter ist nach Absatz 4 jede Vertragspartei verpflichtet, „sofern angebracht", Gesetzgebungs-, Verwaltungs- oder politische Maßnahmen zu ergreifen, „um dafür zu sorgen, dass der private Sektor den Zugang zu der in Absatz 1 bezeichneten Technologie, ihre gemeinsame Entwicklung sowie ihre Weitergabe zum Nutzen sowohl der Regierungsinstitutionen als auch des privaten Sektors von Entwicklungsländern erleichtert".

Schließlich enthält Absatz 5 eine allgemeine Zusammenarbeitspflicht dahingehend, dass „Patente und sonstige Rechte des geistigen Eigentums [...] die Ziele des Übereinkommens unterstützen und ihnen nicht zuwi-

---

die Bedeutung bekräftigen, welche sie dem Technologietransfer und der Biotechnologie zur Sicherung der Erhaltung und der nachhaltigen Nutzung der biologischen Vielfalt beimisst. Die Achtung der Rechte des geistigen Eigentums stellt ein grundlegendes Element für die Durchführung von Massnahmen zur Weitergabe von Technologie und von Investitionsbeteiligungen (joint ventures) dar. Für die Schweiz erfolgt die Weitergabe von Technologie und der Zugang zur Biotechnologie, entsprechend der im Text des Übereinkommens über die biologische Vielfalt enthaltenen Definition, in Übereinstimmung mit Artikel 16 des Übereinkommens und unter Einhaltung der Grundsätze und Normen des Schutzes des geistigen Eigentums, insbesondere der multilateralen und bilateralen Vereinbarungen, die von den Vertragsparteien dieses Übereinkommens unterzeichnet oder ausgehandelt worden sind. Die Schweiz ermutigt den Einsatz des im Rahmen des Übereinkommens eingerichteten Finanzierungsmechanismus zur Förderung der freiwilligen Weitergabe von Rechten des geistigen Eigentums, welche schweizerischen Betreibern zustehen, insbesondere bei der Erteilung von Lizenzen durch die üblichen Handelsverfahren und -entscheidungen, bei gleichzeitiger Gewährleistung eines angemessenen und wirksamen Schutzes der Eigentumsrechte."

derlaufen". Diese Pflicht gilt allerdings „vorbehaltlich des innerstaatlichen Rechts und des Völkerrechts".

Die Umsetzung dieser außerordentlich vage formulierten Verpflichtungen ist, ähnlich etwa der Bestimmungen des Klimarahmenübereinkommens, in der Praxis auf erhebliche Schwierigkeiten gestoßen. Im Rahmen der durch das Übereinkommen geschaffenen Organe haben die Parteien versucht, die Verpflichtungen zu konkretisieren, was bis heute aber nur begrenzt gelungen ist. Die Umsetzungsschwierigkeiten haben sich deutlich auf einer von der norwegischen Regierung organisierten Konferenz im Juni 2003 in Trondheim gezeigt. Dort wurden ähnlich der Diskussionen im Klimarahmenübereinkommen als die drei Kernprobleme der Umsetzung die Frage der Technologiebedürfniseinschätzungen *(technology needs)*, des Kapazitätsaufbaus und der Schaffung eines förderlichen Umfelds *(enabling environment)* identifiziert.[737] Dieses Ergebnis war sodann Grundlage einer Entscheidung der siebten Vertragsstaatenkonferenz in Kuala Lumpur, wonach, wieder ähnlich dem Parallelprozess im Klimakontext, eine Expertengruppe über Technologietransfer einberufen und ein umfangreiches Arbeitsprogramm („to develop meaningful and effective action to enhance the implementation of Articles 16 to 19") beschlossen wurde. Schwerpunkte des Arbeitsprogrammes sind auch hier die Technologiebedürfniseinschätzungen, der Aufbau von Informationsytemen, „creating enabling environments" und der Kapazitätsaufbau.[738]

b) Bereitstellung finanzieller Mittel und die Rolle der GEF

Das Übereinkommen sieht eine Pflicht zur Bereitstellung finanzieller Mittel (Artikel 20) und die hiermit verknüpfte Einrichtung eines Finanzierungsmechanismus vor (Artikel 21). Nach Artikel 20 haben entwickelte Vertragsparteien eine Pflicht zur Bereitstellung „neuer und zusätzlicher Mittel" *(new and additional financial resources; des ressources*

737 Vgl. Bericht der Konferenz in Dokument UNEP/CBD/SBSTTA/9/INF/1 v. 19.9.2003. S. auch Dokument UNEP/CBD/COP/7/16 v. 24.11.2003 für einen Überblick über die Behandlung der Technologietransferfrage durch die Konventionsorgane.

738 Entscheidung VII/29 sowie ihr umfangreicher Anhang („Programme of Work on Technology Transfer and Technological and Scientific Cooperation"), Dokument UNEP/CBD/COP/7/21 v. 13.4.2004.

financières nouvelles et additionnelles), um es den Entwicklungsländern zu ermöglichen, die „vereinbarten vollen Mehrkosten" *(agreed full incremental costs; la totalité des surcoûts convenus)* zu tragen, „die ihnen aus der Durchführung von Maßnahmen zur Erfüllung von Verpflichtungen" aus dem Übereinkommen entstehen. Die Begriffe der „Neuheit" und „Zusätzlichkeit" der Mittel und der Begriff der „vereinbarten vollen Mehrkosten" stellen Formelkompromisse dar, die aus Artikel 4 Absatz 3 des Klimarahmenübereinkommens bekannt sind; auch im hiesigen Kontext stellen sich damit die oben aufgezeigten Probleme ihrer Konkretisierung.[739]

Die Rechtspflicht zur Leistung finanzieller Beiträge ergibt sich dabei auch aus der Gegenüberstellung mit Artikel 20 Absatz 2 Satz 2, wonach „andere Vertragsparteien" freiwillig „Verpflichtungen der Vertragsparteien, die entwickelte Länder sind, übernehmen" können. Systematisch wird man diese Bestimmung so auslegen müssen, dass damit die Möglichkeit eröffnet wird, entwickelte Länder von ihren Finanzierungspflichten zu entlasten.

Die Umsetzung der Finanzierungspflicht kann nach dem Übereinkommen wahlweise bilateral, regional oder multilateral ausgestaltet werden. In erster Linie ist jedoch vorgesehen, die Beiträge über den nach Artikel 21 eingerichteten Finanzierungsmechanismus abzuwickeln.[740]

Insgesamt gilt sowohl für die allgemeine Mittelbereitstellung als auch für den Finanzierungsmechanismus, dass diese „vorhersehbar und angemessen" *(predictability, adequacy)* sein und „rechtzeitig" *(timely flow)* eingehen (vgl. Artikel 20 Absatz 2 a.E. u. Artikel 21 Absatz 1 Satz 4) müssen. Für den Finanzierungsmechanismus wird festgelegt, dass die Bereitstellung finanzieller Mittel für Entwicklungsländer „in Form unentgeltlicher Zuschüsse oder zu Vorzugsbedingungen" erfolgen soll.

Bei den Verhandlungen war wiederum außerordentlich streitig, ob die Globale Umweltfazilität oder ein neu zu gründender Finanzierungsme-

739 Dazu oben B. III. 3 c) bzw. C. III. 4 a). Die Verhandlungen folgten insoweit auch den zuvor im Klimakontext erreichten Kompromissen, *S. Johnston*, in: International Law and the Conservation of Biological Diversity, S. 271, 285.

740 Dazu *S. Johnston*, in: International Law and the Conservation of Biological Diversity, S. 271, 272.

chanismus die Aufgaben nach Artikel 21 übernehmen sollte.[741] Im Ergebnis wurde im Übereinkommen ein Kompromiss erreicht, wonach zunächst die Globale Umweltfazilität interimistisch mit der Wahrnehmung dieser Aufgaben betraut wird (Artikel 39). Dieses Arrangement wurde von der Konferenz der Vertragsparteien später bestätigt.[742] Die GEF hat ihrerseits von Anbeginn ihrer Tätigkeit einen Schwerpunktbereich „Biodiversity" ausgewiesen und hat in dem Zeitraum von 1991 bis 2004 1,89 Milliarden US-Dollar an Zuschüssen für Projekte in diesem Bereich gegeben und zusätzlich 3,8 Milliarden US-Dollar an Kofinanzierungen aufbringen können.[743]

Wie bereits im Montrealer Protokoll und dem Klimarahmenübereinkommen haben die Entwicklungsländer eine Konditionalitätsklausel durchgesetzt, wonach der Umfang der Erfüllung der Verpflichtungen der Entwicklungsländer nach dem Übereinkommen davon abhängt, „inwieweit Vertragsparteien, die entwickelte Länder sind, ihre Verpflichtungen aus dem Übereinkommen betreffend finanzielle Mittel und die Weitergabe von Technologie wirksam erfüllen" (Artikel 20 Absatz 4).

Insgesamt zeigt sich damit auch im Kontext des Biodiversitätsübereinkommens eine überaus enge Verflechtung der Technologietransferbestimmung mit einer Finanzierungseinrichtung.[744]

c) *Technologietransfer als Leistung i.S. eines Austauschvertrages*

Eine Besonderheit des Übereinkommens über die Biologische Vielfalt liegt darin, dass nach Artikel 1 ein Konventionsziel auch darin besteht, einen Rahmen für einen Interessenausgleich zwischen Staaten im Bereich der Gewährung des Zugangs zu genetischen Ressourcen festzulegen. Dabei ist die Kernbestimmung Artikel 15, wonach „die Befugnis, den Zugang zu genetischen Ressourcen zu bestimmen, bei den Regierungen der einzelnen Staaten" liegt und dieser „zu einvernehmlich festgelegten Bedingungen" zu erfolgen hat. Die so vorgesehene in der Regel

741 *M. Chandler*, Colorado JIELP, Bd. 4 (1993), S. 141, 168 ff.; *L. Glowka / F. Burhenne-Guilmin / H. Synge*, A Guide to the Convention on Biological Diversity, S. 101. Zur GEF oben viertes Kapitel, H.

742 Vgl. Entscheidung I/2, Dokument UNEP/CBD/COP/1/17 v. 28.2.1995.

743 S. die Daten bei <http://www.gefweb.org>. Für einen Bericht der GEF über die einschlägigen Finanzierungsaktivitäten etwa Dokument UNEP/CBD/COP/7/9 v. 17.12.2003.

744 *J. Mugabe / N. Clark*, Technology Transfer, S. 17.

bilaterale Aushandlung von Zugangsvereinbarungen eröffnet den Parteien einen weiten Spielraum der in der einzelnen Zugangsvereinbarung Regelungen für Gegenleistungen zu treffen, wobei zu Recht darauf hingewiesen worden ist, dass ein solcher bilateraler vertraglicher Ansatz im Grundsatz freilich auch ohne das Übereinkommen möglich ist.[745] Für den Zugang zu den genetischen Ressourcen eines Landes können etwa finanzielle Gegenleistungen oder eine Gewinnbeteiligung bei einer späteren kommerziellen Nutzung vereinbart werden, ebenso ist freilich auch der Transfer von Technologie denkbar.[746] Dies soll zugleich einen ökonomischen Anreiz für die Bewahrung der biologischen Vielfalt in Entwicklungsländern darstellen.

Der Transfer von Technologie als Gegenleistung für den Zugang zu genetischen Ressourcen wird zudem auch durch Artikel 16 Absatz 3 nahe gelegt. Danach ist jede Vertragspartei verpflichtet, „sofern angebracht" insbesondere Entwicklungsländern, „wenn sie genetische Ressourcen zur Verfügung stellen, zu einvernehmlich festgelegten Bedingungen den Zugang zu Technologie oder die Weitergabe von

745 *M. Kindelán Bustelo*, REDI, Bd. XLVIII (1996), S. 409, 414 f. *Fischer* weist darauf hin, dass die Vereinbarung von Technologietransfer als Gegenleistung bei der Vergabe von Konzessionen zur Förderung von Erdöl bereits frühzeitig verbreitet war. Er nennt beispielhaft den Knox d'Arcy-Vertrag mit Persien von 1901 und das Aramco Abkommen (Saudi Arabien) von 1933 (Gründung einer Hochschule für Erdöl-Wissenschaften in Dharan), Diskussionsbeitrag, in: W. Kewenig (Hrsg.), Völkerrecht und internationale wirtschaftliche Zusammenarbeit, S. 137 f.

746 Vgl. *J. Kushan*, Vanderbilt JTL, Bd. 28 (1995), S. 755, 756; *R. Wolfrum*, in: Enforcing Environmental Standards, S. 373, 384. Der Gedanke eines Technologietransfers als Gegenleistung zum Zugang zu Ressourcen erinnert freilich im Grundsatz auch an die Vorschriften zum Tiefseebergbau nach dem SRÜ, die Regelungen unterscheiden sich aber dennoch in zentralen Punkten. Eine Parallele findet sich daneben in Artikel 62 Abs. 4 lit. j SRÜ, wonach Küstenstaaten berechtigt sind, als Gegenleistung für den Zugang zu den Fischbeständen der Ausschließlichen Wirtschaftszone Transfer von Fischereitechnologie zu verlangen. Dazu *P.-T. Stoll*, ZaöRV, Bd. 55 (1995), S. 391, 396. Zur Berücksichtigung des Technologietransfers bei Zugangsabkommen sieht die Entscheidung 391 der Comisión del Acuedo de Cartagena *(Régimen Común sobre Acceso a los Recursos Genéticos)* vor. Vgl. Artikel 9 und 17 lit. c („Las solicitudes y contratos de acceso y, de ser el caso, los contratos accesorios incluirán condiciones tales como: [...] el fortalecimiento de mecanismos de transferencia de conocimientos y tecnologías, incluidas las biotecnologías, que sean cultural, social y ambientalmente sanas y seguras") abgedr. In: Gaceta Oficial del Acuerdo de Cartagena, Bd. 6 (1996).

Technologie, die diese Ressourcen nutzt, einschließlich Technologie, die durch Patente und sonstige Rechte des geistigen Eigentums geschützt ist, zu gewähren". Dieser Verpflichtung enthält nach ihrem Wortlaut keineswegs eine Pflicht, bestimmte patentgeschützte Biotechnologie zu übertragen, sondern knüpft zum einen an das Einvernehmen bei der Aushandlung der Zugangsbedingungen im Einzelfall an. Zum anderen sollen die Rahmenbedingungen für einen solchen Technologietransfer geschaffen werden.[747] Die Verpflichtung wird zudem ergänzt durch einen Verweis darauf, dass „erforderlichenfalls" der Finanzierungsmechanismus zum Einsatz kommen soll, und einen Verweis, dass der Transfer „in Übereinstimmung mit dem Völkerrecht" stattfinden muss, was etwa auch die Vereinbarkeit mit den Übereinkommen zum Schutz des geistigen Eigentums (TRIPs) bedeutet.[748]

Die auf der sechsten Konferenz der Vertragsparteien im Jahre 2002 zur Umsetzung der Regeln über Zugang und Vorteilsausgleich verabschiedeten rechtlich unverbindlichen sog. *Bonn Guidelines on Access to Genetic Resources and Fair and Equitable Sharing of the Benefits Arising out of their Utilization* bestätigen insoweit den Wortlaut der Artikel 15 und 16, wonach Geber und Nutzer einer genetischen Ressource sich in gegenseitigem Einvernehmen auch über den Technologietransfer einigen sollen.[749]

Eine Analyse der Umsetzungspraxis im Bereich der Zugangsübereinkommen wird nun dadurch erschwert, dass zahlreiche Abkommen zwi-

747 So auch *L. Glowka / F. Burhenne-Guilmin / H. Synge*, A Guide to the Convention on Biological Diversity, S. 89 f.

748 Anders *T. M. Spranger*, der hier eine erhebliche Beeinträchtigung der Rechte des geistigen Eigentums sieht und einen Widerspruch zwischen dem Übereinkommen und dem TRIPS durch Anwendung der lex posterior-Regel lösen will, *T. M. Spranger*, ArchVR, Bd. 40 (2002), S. 64, 74.

749 Vgl. Entscheidung VI/24 (Dokument UNEP/CBD/COP/6/20), Ziff. 11, wonach Ziel der Richtlinien u.a. ist „To promote the adequate and effective transfer of appropriate technology to providing Parties, especially developing countries, in particular least developed countries and small island developing States among them, stakeholders and indigenous and local communities" und es gem. Ziff. 16 Verpflichtung der Nutzer genetischer Ressourcen sein soll: „Ensure the fair and equitable sharing of benefits, including technology transfer to providing countries, pursuant to Article 16 of the Convention arising from the commercialization or other use of genetic resources, in conformity with the mutually agreed terms they established with the indigenous and local communities or stakeholders involved".

schen den Vertragsparteien vertraulich behandelt werden und daher die Gegenleistung für den Zugang zu genetischen Ressourcen oftmals nicht bekannt ist.

Ein Abkommen zwischen einem costaricanischen Institut (*Asociación Instituto Nacional de Biodiversidad*, INBio) und dem US-amerikanischen Unternehmen Merck & Co. aus dem Jahre 1991 sieht neben verschiedenen Aspekten der wissenschaftlichen Zusammenarbeit auch konkret die Zurverfügungstellung von Laborausrüstungen und sonstigen Materialien vor, die dazu genutzt werden sollen, ein Foschungslaboratorium an der Universität von Costa Rica aufzubauen und darin costaricanischer Wissenschaftler auszubilden.[750] Inwieweit diese noch vor Verabschiedung des Übereinkommens verabschiedete Übereinkunft in der Praxis umfangreiche Nachahmung gefunden hat, kann wegen fehlender Daten nicht mit hinreichender Sicherheit festgestellt werden. Eine Umfrage unter den Vertragsparteien über Technologietransfer und technische Zusammenarbeit aus dem Jahre 2003 zeigte jedoch, dass dies bis dahin nicht der Fall gewesen ist.[751]

Im Grundsatz zeigt sich aber gleichwohl, dass mit der Möglichkeit der Aushandlung entsprechender Zugangsabkommen Anreize geschaffen

750 *V. Marroquín-Merino*, LPIB, Bd. 26 (1995), S. 303, 349, 365. Dazu auch *E. Asebey / J. Kempenaar*, Vanderbilt JTL, Bd. 28 (1995), S. 703, 725 ff.; *K. A. Goldman*, LPIB, Bd. 25 (1994), S. 695, 720. Ein Vertreter der Bayer AG betonte im Rahmen einer Konferenz zum Thema, dass der Umfang des Technologietransfers im Bereich des Merck-INBio Abkommens als bescheiden bewertet werden müsse, Diskussionsbeitrag *K. Naumann*, in: E. Römpczyk / A. Gettkant (Hrsg.) Nord-Süd-Biopolitik, S. 60 („... wir reden hier im Vergleich zu dem Budget, das Merck hat, über ‚peanuts'. Die Kosten für die Hardware für ein wissenschaftliches Labor sind mit einer halben Million Dollar mal gerade in bescheidener Weise aufzubringen. Also ein biochemisches Labor, mit dem INBio gut arbeiten kann, ist mit einer Millionen Mark nicht gewährleistet. Das ermöglicht nur eine bescheidene Ausrüstung. Es gilt festzuhalten, es sind eher Modelle, es ist noch kein echtes Geld, was da fließt").

751 Die Vertragsparteien waren nach Entscheidung VI/25 u.a. aufgefordert zu berichten, ob Beispiele von Vorteilsausgleichabkommen mit Technologietransferkomponenten bekannt sind. Danach konnten lediglich neun Staaten Angaben hierzu machen. Darunter berichtete Mexiko u.a. über ein vergleichbares Arrangement zwischen der *Universidad Nacional Autónoma de México* (UNAM) und der US-amerikanischen Firma (Diversa Corporation), die Schweiz konnte von der Zusammenarbeit der ETH Zürich mit INBio berichten. S. dazu den zusammenfassenden Bericht in Dokument UNEP/CBD/COP/7/INF/9 v. 20.12.2003.

werden können, Technologietransfer zu leisten, wenngleich der Umfang des Anreizsystems nicht überschätzt werden darf.[752] Weiter gehende Überlegungen zur Schaffung von handelbaren Zertifikaten nach dem Vorbild der flexiblen Mechanismen des Kioto Protokolls sind bisher ohne greifbare Umsetzungsperspektive geblieben.[753]

2. *Ergebnis und Bewertung*

Insgesamt zeigt sich demnach, dass auch die Regelungen zum Technologietransfer nach dem Übereinkommen über die Biologische Vielfalt sich im Kern an marktwirtschaftlichen Strukturen orientieren, die insbesondere auch das Interesse an gewerblichen Schutzrechten wahren. Das Übereinkommen sieht keine zwingende Technologietransferverpflichtung vor, sondern appelliert an die Parteien, den Technologietransfer zu fördern.[754] Im Übrigen wird dem Finanzierungsmechanismus eine zentrale Rolle zugewiesen. Was die bilateralen Vertragsbeziehungen über den Zugang zu genetischen Ressourcen angeht, so haben es dort die jeweiligen Vertragparteien in der Hand, im Rahmen der Artikel 15 und 16 Technologietransfers als Gegenleistung im Sinne eines Austauschvertrags zu vereinbaren.[755] Auch diese Bestimmung enthält damit im Kern marktwirtschaftliche Ansätze zum Technologietransfer und bestätigt damit letztlich die oben gewonnene Einschätzung der besonderen sektoralen Völkerrechtsentwicklung auf diesem Gebiet.

752 In ersten euphorischen Kommentaren zum Übereinkommen klang eine ähnliche Überschätzung der Gewinnmöglichkeiten mit wie im Kontext der Tiefseemanganknollen in den achtziger Jahren. Für die Förderung von Anreizsystemen nach dem Vorbild des Merck-INBio-Abkommens auch Enquete-Kommission des 14. Deutschen Bundestages „Globalisierung der Weltwirtschaft – Herausforderungen und Antworten", BT-Drs. 14/9200 v. 12.6.2002, S. 355.

753 Dazu *M. Kulessa / M. Ringel*, ZfU 2003, S. 263 ff.

754 So auch *R. Wolfrum*, in: Enforcing Environmental Standards, S. 373, 387.

755 *V. Marroquín-Merino*, LPIB, Bd. 26 (1995), S. 303, 349 („This and other wildlife utilization agreements – concluded in a free market context – illustrate the benefits that developing countries can derive from using their biological resources, without resorting to compulsory international measures.").

II. Völkervertragsrecht zur Bekämpfung der Wüstenbildung

Am 17. Juni 1994 wurde in Paris das Übereinkommen der Vereinten Nationen zur Bekämpfung der Wüstenbildung in den von Dürre und/oder Wüstenbildung schwer betroffenen Ländern, insbesondere in Afrika (*United Nations Convention to Combat Desertification in those Countries Experiencing Serious Drought and/or Desertification Particularly in Africa*, UNCCD) verabschiedet.[756] Ziel des Übereinkommens ist nach seinem Artikel 2 „die Bekämpfung der Wüstenbildung in von Dürre und/oder Wüstenbildung schwer betroffenen Ländern, insbesondere in Afrika“. Damit soll zur Erreichung einer nachhaltigen Entwicklung in den betroffenen Gebieten beigetragen werden. Neben allgemeinen Verpflichtungen bestimmen vier regionalbezogene Anhänge die Verpflichtungen der Vertragsparteien. Die Kernverpflichtung der betroffenen Staaten besteht in der Aufstellung nationaler und regionaler Aktionspläne zum Schutz vor Verwüstung.

Bei den Verhandlungen des Übereinkommens sahen sich die Parteien auch mit dem Problem konfrontiert, dass die facettenreiche Problematik der Wüstenbildung sich nicht in erster Linie durch den Einsatz bestimmter moderner Umwelttechnologien lösen lässt. Als entscheidend wurden primär einzelne konkrete Bodenschutzmaßnahmen der Bevölkerung auf lokaler Ebene angesehen („bottom-up“).[757] Eine Lösung der Problematik mittels eines durch nationale gesetzgeberische oder reglementarische Instrumente zu verwirklichenden großflächigen Technologieeinsatzes („top-down“) verspreche dagegen keinen Erfolg.

756 In Kraft getreten am 26.12.1996 (DE-BGBl. 1997 II., S. 1471; SR 0.451.1; Ö-BGBl. 213/1995). Die Forderung nach einem Übereinkommen zur Wüstenbekämpfung wurde in Kapitel 12 der Agenda 21 niedergelegt und dementsprechend begannen die Verhandlungen im Nachgang zur Rio-Konferenz, s. den Beschluss zur Einsetzung des *Intergovernmental Negotiating Committee* Dokument A/RES/47/188 v. 12.3.1993. Das Übereinkommen wurde auch als Gegenleistung der Industriestaaten für die Unterstützung afrikanischer Staaten im Klimakontext interpretiert. Zum Übereinkommen *W. C. Burns*, Michigan JIL, Bd. 16 (1995), S. 831 ff.; *A. Jamal*, RECIEL, Bd. 6 (1997), S. 1 ff.; *E. Kürzinger / H. P. Schipulle*, E + Z, Bd. 37 (1996), S. 1 ff.

757 S. zu den möglichen Maßnahmen etwa in der Sahelzone WBGU (Hrsg.), Welt im Wandel – Die Gefährdung der Böden, S. 189 ff., 213 ff. Zum Ganzen *K. Danish*, Indiana JGLS, Bd. 3 (1995), S. 133 ff.

1. Überblick über die Technologietransferbestimmungen

Auch vor dem Hintergrund dieser besonderen Notwendigkeiten bei der Bekämpfung der Wüstenbildung lag der Schwerpunkt der Überlegungen nicht bei dem Technologietransfer im engeren Sinne, sondern bei der Frage des Kapazitätsaufbaus und der Finanzierung. Dies spiegelt sich deutlich in den einschlägigen Bestimmungen des Übereinkommens.

Zunächst sieht Artikel 6 als Teil der „Verpflichtungen der Vertragsparteien, die entwickelte Länder sind“, im Schwerpunkt vor, dass den Entwicklungsländern finanzielle Mittel zur Bekämpfung der Wüstenbildung und zur Milderung von Dürrefolgen bereitgestellt werden.[758] Daneben wird eine allgemeine Pflicht zur Förderung und Erleichterung des Zugangs „zu geeigneten Technologien, Kenntnissen und Know-how“ statuiert.

Im Hinblick auf „Weitergabe, Erwerb, Anpassung und Entwicklung von Technologien“ ist ferner Artikel 18 Absatz 1 zu beachten.[759] Dort wird zunächst eine technologietransferbezogene Förderpflicht wiederholt, diese wird aber in unmittelbaren Zusammenhang zu der Verpflichtung zur Finanzierung „und/oder“ zur Finanzierungserleichterung gesetzt. Diese Pflichtenstellung der Vertragsparteien gilt nach Maßgabe der im Einzelfall bestehenden Vereinbarung *(as mutually agreed; ainsi qu'elles en sont convenues d'un commun accord)* und nur „in Übereinstimmung mit den jeweiligen innerstaatlichen Rechtsvorschriften“. Neben der Weitergabe von „umweltverträglicher, wirtschaftlich durchführbarer und sozialverträglicher Technologie“ wird hier auch die Förderung des Erwerbs, der Anpassung und der Entwicklung von Technologien, „die für die Bekämpfung der Wüstenbildung und/oder die Milderung von

758 Artikel 6 lautet diesbezüglich: „[...] b) erhebliche finanzielle Mittel und andere Formen der Unterstützung bereitzustellen, um den Vertragsparteien, die betroffene Entwicklungsländer sind, insbesondere in Afrika, dabei behilflich zu sein, ihre langfristigen Pläne und Strategien zur Bekämpfung der Wüstenbildung und zur Milderung von Dürrefolgen gezielt zu entwickeln und wirksam durchzuführen; c) die Aufbringung neuer, zusätzlicher Finanzierungsmittel nach Artikel 20 Absatz 2 Buchstabe b zu fördern; d) die Aufbringung von Finanzierungsmitteln aus dem privaten Sektor und anderen nichtstaatlichen Quellen zu fördern; [...]“.

759 S. Abdruck im Anhang 9, dazu *B. Kellersmann*, Die gemeinsame, aber differenzierte Verantwortlichkeit, S. 272 ff. Absatz 2 betrifft die Frage der Behandlung „traditioneller und örtlicher Technologien, Kenntnisse, Know-how und Verfahrensweisen“.

Dürrefolgen von Bedeutung sind", verlangt. Die so geartete Zusammenarbeit der Vertragsparteien soll „auf zwei- beziehungsweise mehrseitiger Grundlage" erfolgen, „wobei die Fachkenntnisse zwischenstaatlicher und nicht staatlicher Organisationen in vollem Umfang genutzt werden". Weiter wird die Zusammenarbeit erstens in dem Sinne konkretisiert, dass „in vollem Umfang bestehende einschlägige nationale, subregionale, regionale und internationale Informationssysteme und -börsen" genutzt werden. Damit wird die Bedeutung bestehender Technologieinformationszentren betont. Zweitens findet sich ein Formelkompromiss über die Pflicht, den Zugang zu einschlägigen Technologien zu erleichtern: Die Erleichterung des Zugangs soll einerseits „zu günstigen Bedingungen, einschließlich Konzessions- und Vorzugsbedingungen" erfolgen, andererseits „in gegenseitigem Einvernehmen und unter Berücksichtigung der Notwendigkeit, Rechte des geistigen Eigentums zu schützen". Was die Technologien selbst angeht, so wird die Notwendigkeit des Transfers angepasster Technologien betont. Diese sollen sich „für eine praktische Anwendung im Hinblick auf besondere Bedürfnisse örtlicher Bevölkerungsgruppen am besten eignen". Dabei soll „den sozialen, kulturellen, wirtschaftlichen und ökologischen Auswirkungen dieser Technologien besondere Aufmerksamkeit" gewidmet werden. Weiter wird nochmals die finanzielle Unterstützung im Bereich der technologischen Zusammenarbeit hervorgehoben (Absatz 1 lit. c). Zudem wird festgelegt, dass die technologische Zusammenarbeit auch in Bereichen erfolgen soll, die alternative Möglichkeiten der Existenzsicherung *(alternative livelihoods; de nouveaux moyens d'existence)* fördern, und gegebenenfalls auch in Form von Gemeinschaftsunternehmen.

Schließlich wird ausdrücklich die Bedeutung des Marktes für den Technologietransfer berücksichtigt. Danach werden geeignete Maßnahmen getroffen, „um binnenwirtschaftliche Bedingungen und Anreize steuerpolitischer oder sonstiger Art zu schaffen, die der Entwicklung, der Weitergabe, dem Erwerb und der Anpassung geeigneter Technologien, Kenntnisse, Know-how und Verfahrensweisen förderlich sind, darunter Maßnahmen zur Gewährleistung eines angemessenen und wirksamen Schutzes von Rechten des geistigen Eigentums" (Absatz 1 lit. e).

Was die regionalbezogenen Anlagen angeht, die nach Artikel 29 Absatz 1 „Bestandteil des Übereinkommens" sind, so wird dort die Technologietransferproblematik nochmals aufgegriffen. In der besonders wichtigen Anlage bezüglich Afrika wird etwa unter den „Zusagen und

Verpflichtungen der Vertragsparteien, die entwickelte Länder sind", nochmals festgelegt, dass diese die betroffenen afrikanischen Ländern unterstützen, „indem sie in gegenseitigem Einvernehmen und im Einklang mit ihrer nationalen Politik sowie unter Berücksichtigung der Tatsache, dass sie die Beseitigung der Armut zu einer entscheidenden Strategie gemacht haben, unter anderem den Zugang zu finanziellen und/oder anderen Mitteln gewähren und/oder erleichtern sowie die Weitergabe und Anpassung von geeigneter Technologie und Know-how im Bereich der Umwelt sowie den Zugang dazu fördern, finanzieren und/oder ihre Finanzierung erleichtern" (Artikel 5 Absatz 1 lit. a). Ähnlich wird dann auch in Artikel 17 des Anhangs nochmals der Technologietransfer aufgegriffen und eine Vorzugsbehandlung afrikanischer Entwicklungsländer gegenüber anderen Entwicklungsländern festgelegt. Danach ist „denjenigen Vertragsparteien, die afrikanische Länder sind, Vorrang einzuräumen" bei der Durchführung des Artikels 18 des Übereinkommens. Mit diesen afrikanischen Vertragsparteien sollen außerdem – „falls erforderlich" – „neue Formen der Partnerschaft und Zusammenarbeit" entwickelt werden, „um den Aufbau von Kapazitäten in den Bereichen wissenschaftliche Forschung und Entwicklung sowie Sammlung und Verbreitung von Informationen zu stärken mit dem Ziel, sie in die Lage zu versetzen, ihre Strategien zur Bekämpfung der Wüstenbildung und zur Milderung von Dürrefolgen durchzuführen".

Neben dem allgemeinen Ansinnen der Verstärkung der technologischen Zusammenarbeit werden in den regionalen Anlagen auch spezifische Anforderungen an die Ausarbeitung der Aktionsprogramme festgelegt.[760] Dabei werden die Verbindungen zu anderen Übereinkommen zum Umweltschutz, wie dem Artenvielfaltsübereinkommen und dem Klimarahmenübereinkommen, besonders deutlich. Beispielhaft für einen technologiebezogenen Zusammenhang ist etwa im Hinblick auf umweltverträgliche Energietechnologien Artikel 8 Absatz 3 lit. b) der Anlage über Afrika. Danach werden Maßnahmen gefordert zur „Gewährleistung der Erschließung und wirksamen Nutzung verschiedener Energiequellen, Förderung alternativer Energiequellen, insbesondere der Sonnenenergie, der Windenergie und des Biogases, sowie gezielte Vorkehrungen für die Weitergabe, den Erwerb und die Anpassung einschlägiger Technologie

760 Vgl. insoweit auch Artikel 5 der Anlage über die regionale Durchführung in Lateinamerika und der Karibik.

mit dem Ziel, den Druck auf gefährdete natürliche Ressourcen zu verringern".

2. *Zur Rolle der Globalen Umweltfazilität*

Die Frage der Finanzierung von Maßnahmen zur Desertifikationsbekämpfung steht nach dem Übereinkommen gegenüber dem Technologietransfer jedoch erkennbar im Vordergrund. Nach Artikel 20 Absatz 1 ist die Finanzierung von „entscheidenden Bedeutung" *(central importance; importance fondamentale)* zur Erreichung der Ziele des Übereinkommens. Die Aushandlung und Umsetzung der Bestimmungen der Artikel 20 und 21, wonach die Vertragsparteien sich „nach besten Kräften" bemühen, dass „angemessenen finanzielle Mittel" zur Verfügung stehen *(shall make every effort to ensure that adequate financial resources are available; les Parties ne ménagent aucun effort)*, gehörten und gehören zu den strittigsten Punkten des Übereinkommens.

Artikel 21 sieht die Förderung der Einrichtung von Finanzierungsmechanismen vor. Die Geberländer waren lange Zeit zurückhaltend was die Finanzierungstätigkeit der Globalen Umweltfazilität (GEF) im Kontext des Übereinkommens angeht.[761] Bedenken ergaben sich daraus, dass die GEF nach ihrem Instrument einzig Mittel zur Förderung globaler Umweltbelange einsetzen soll. Die Problematik der Desertifikation wurde allerdings nicht durchweg als Umweltproblem mit überwiegend globaler Dimension betrachtet, sondern – ähnlich dem Meeresumweltschutz – eher als eine Thematik mit regionalen Auswirkungen, von der die Industrieländer – anders als etwa beim Abbau der Ozonschicht – nicht unmittelbar selbst betroffen sind. Demgegenüber verlangten die Entwicklungsländer, dass auch jene Umweltprobleme einer internationalen Lösung zugeführt werden sollten, von denen vor allem die Entwicklungsländer betroffen sind.[762]

761 Dazu bereits auch *F. Bloch*, YIEL, Bd. 9 (1998), S. 555; *F. Bloch*, YIEL, Bd. 10 (1999), S. 677.

762 Vgl. auch Absatz 4 der Präambel des Übereinkommens („in der Erkenntnis, dass Wüstenbildung und Dürre Probleme von weltweitem Ausmaß darstellen, da sie alle Regionen der Welt betreffen, und dass zur Bekämpfung der Wüstenbildung und/oder zur Milderung von Dürrefolgen ein gemeinsames Vorgehen der Völkergemeinschaft erforderlich ist"). Während der Konferenz von Rio waren die Entwicklungsländer auch davon ausgegangen, dass die Industriestaaten im Gegenzug

Nachdem zunächst der Internationale Fonds für Landwirtschaftliche Entwicklung (IFAD) Finanzierungsaufgaben im Kontext des Übereinkommens übernommen hatte (sog. *Global Mechanism* als Finanzierungsvermittlungsmechanismus – Artikel 21 Absatz 4), wurde aber schließlich durch Entscheidung der sechsten Konferenz der Vertragsparteien[763] bzw. der zweiten Versammlung der GEF[764] die GEF zum Finanzierungsmechanismus des Übereinkommens berufen. Bei der GEF wurde ein eigener Schwerpunktbereich „Landdegradation" mit dem Ziel eingerichtet, Projekte im Rahmen des Wüstenbekämpfungsübereinkommens durchzuführen.[765] Für den Schwerpunktbereich hat die GEF in der Zeit von 2002 bis 2004 über 72 Millionen US-Dollar für Projekte bereitgestellt. Daneben sind 155 Millionen US-Dollar als Kofinanzierung hinzugekommen.

3. Ergebnis und Bewertung

Betrachtet man das Wüstenbekämpfungsübereinkommen aus dem Blickwinkel des Technologietransfers, so wird auch hier deutlich, dass die Vertragsparteien nicht den Aufbau eines dirigistischen Technologietransferapparates vereinbart haben, sondern die Aufbringung finanzieller Mittel zum Transfer und zur Entwicklung von Technologien sowie zum Kapazitätsaufbau ganz in den Vordergrund stellen. Eine bindende Technologietransferverpflichtung liegt nicht vor. Der Grund hierfür liegt nicht allein in der Weigerung der Geberländer, einem solchen Apparat zuzustimmen, und insoweit auch dem ungenügenden Druckpotenzial der Entwicklungsländer in diesem Kontext, sondern auch darin, dass die Lösung des Desertifikationsproblems sich technologischen „grand-design-Lösungen verschließt.

---

für die Unterstützung der Entwicklungsländer im Klimabereich später multilateralen Maßnahmen gegen die Wüstenausbreitung zustimmen würden.

763 Entscheidung 6/COP.6, Dokument ICCD/COP(6)/11/Add.1 v. 7.11.2003.

764 S. *Beijing Declaration of the Second GEF Assembly* v. 18.10.2002.

765 Dazu *F. Bloch*, YIEL, Bd. 11 (2000), S. 633; *F. Bloch*, YIEL, Bd. 13 (2002), S. 722. Das Ziel des *Operational Program on Sustainable Land Management (OP Number 15)* wird folgendermaßen charakterisiert: „The objective of the Operational Program on Sustainable Land Management is to mitigate the causes and negative impacts of land degradation on the structure and functional integrity of ecosystems through sustainable land management practices as a contribution to improving people's livelihoods and economic well-being".

Überschattet wird diese Schwerpunktsetzung auf die Aufbringung zusätzlicher finanzieller Mittel durch die Zögerlichkeit der Geberstaaten, sich zu substanziellen Zahlungsleistungen durchzuringen; dies wird in der späten Rolle der Globalen Umweltfazilität und durch die dort für den Schwerpunkt Landdegradation begrenzten Mittel deutlich. Hier zeigt sich, dass die Bereitschaft zu Transferleistungen dann größer ist, wenn sich die Geberländer einen eigenen Vorteil versprechen.

III. Völkervertragsrecht zum Schutz der Meere vor Verschmutzung

Die Frage des Technologietransfers spielte, wie oben bereits aufgezeigt,[766] in den Verhandlungen zum Abschluss des am 16. November 1994 in Kraft getretenen Seerechtsübereinkommens der Vereinten Nationen vom 10. Dezember 1982 (SRÜ)[767] eine erhebliche Rolle. Neben der Frage des Technologietransfers im Kontext eines Meeresbodenregimes enthält das Übereinkommen auch Technologietransferbestimmungen im Hinblick auf den Meeresumweltschutz.[768] Der Teil XII. des Seerechtsübereinkommens kann im Hinblick auf den völkerrechtlichen Meeresumweltschutz als „Herzstück“ bezeichnet werden,[769] da er die erste umfassende globale Übereinkunft zum Meeresumweltschutz enthält.[770] Danach ergibt sich die grundsätzliche Pflicht der Staaten zum Meeresumweltschutz ebenso unmissverständlich wie lapidar aus Artikel 192 SRÜ, wonach Staaten verpflichtet sind, „die Meeresumwelt zu schützen und zu bewahren“. In Artikel 193 SRÜ wird diese Pflicht unmittelbar in Zusammenhang gesetzt zu dem „souveränen Recht“ jedes

766 Vgl. dazu schon oben im zweiten Kapitel unter B. IV.

767 S. DE-BGBl. 1994 II, S. 1798; Ö-BGBl. Nr. 885/1995.

768 Das Übereinkommen enthält auch allgemeine Bestimmungen zur „Entwicklung und Weitergabe von Meerestechnologie“ in Teil XIV. Im Bereich der Umweltschutztechnologie treten diese aber als allgemeine Normen zurück.

769 *W. Graf Vitzthum*, in: Völkerrecht, 5. Abschnitt, Rn. 144.

770 Auch die Agenda 21 nimmt auf das Seerechtsübereinkommen in Kapitel 17 ausdrücklich Bezug („bildet die internationale Handlungsgrundlage für den Schutz und die nachhaltige Entwicklung der Meeres- und Küstenumwelt und ihrer Ressourcen“). Zum Meeresumweltschutz allgemein *U. Beyerlin*, ZaöRV, Bd. 55 (1995), S. 544 ff.; *J. Charney*, Int Lawyer, Bd. 28 (1994), S. 879 ff.; *A. Kiss*, ZaöRV, Bd. 38 (1978), S. 902 ff.; *M. McConnell / E. Gold*, CaseWestern RJIL, Bd. 23 (1991), S. 83 ff.

Staates, die eigenen natürlichen Ressourcen im Rahmen seiner Umweltpolitik auszubeuten, wie es bereits wortgleich aus Prinzip 21 der Stockholmer Erklärung bekannt ist. Artikel 194 Absatz 1 SRÜ konkretisiert die allgemeine Pflicht, danach sollen alle notwendigen Maßnahmen ergriffen werden, um die Verschmutzung der Meeresumwelt „zu verhüten, zu verringern und zu überwachen".[771] Diese noch immer sehr allgemeine Verpflichtung wird allerdings unter den Vorbehalt der Möglichkeiten gestellt. Außerdem können Maßnahmen nur im Rahmen der ihnen „zur Verfügung stehenden Mittel" verlangt werden.[772] Es handelt sich dabei um eine Qualifikation zugunsten jener Staaten, die aus Gründen ihrer wirtschaftlichen oder technischen Unterentwicklung nicht in der Lage sind, die Umweltschutzverpflichtungen zu erfüllen.[773] Diese Relativierung der Pflichten des Artikels 194 SRÜ stellt im Kern bereits das später so formulierte Prinzip der gemeinsamen, aber differenzierten Verantwortlichkeit dar.[774] Insgesamt muss somit festgehalten werden, dass die Rechtspflichten zum Meeresumweltschutz des SRÜ lediglich einen allgemeinen Rahmen vorgeben, der einerseits durch regionale Zusammenarbeit,[775] andererseits durch spezifische weitere Übereinkommen[776] auszubauen ist.

771 Der englische Text lautet: „1. States shall take, individually or jointly as appropriate, all measures consistant with this Convention that are necessary to prevent, reduce and control pollution of the marine environment from any source, using for this purpose the best practicable means at their disposal and in accordance with their capabilities [...]".

772 Diese Klausel wurde bei den Verhandlungen im 3. Ausschuss der Konferenz von den Entwicklungsländern durchgesetzt, die die Befürchtung hatten, ansonsten zu Maßnahmen verpflichtet werden zu können, die ihre Möglichkeiten übersteigen könnten. Vgl. M. Nordquist (Hrsg.), United Nations Convention on the Law of the Sea 1982.

773 Vgl. *J. Charney*, Int Lawyer, Bd. 28 (1994), S. 879, 886.

774 So auch *B. Kellersmann*, Die gemeinsame, aber differenzierte Verantwortlichkeit, S. 68 f. Freilich enthält auch schon Artikel II des Übereinkommens über die Verhütung der Meeresverschmutzung durch das Versenken von Abfällen und anderen Stoffen vom 29.12.1972 eine vergleichbare Formulierung, wonach Staaten „im Rahmen ihrer jeweiligen wissenschaftlichen, technischen und wirtschaftlichen Möglichkeiten" geeignete Maßnahmen zu treffen haben.

775 Vgl. zum regionalen Meeresumweltschutz *P. Birnie / A. Boyle*, International Law and the Environment, S. 308 ff.; *M. Dejeant-Pons*, AFDI, Bd. XXXIII (1987), S. 689 ff.; *W. Graf Vitzthum*, in: La protection régionale de l'environnement marin, S. 11 ff.

1. Überblick über die Technologietransferbestimmungen

Im Bereich des Meeresumweltschutzes enthält Abschnitt 3 des Teils XII. Technologietransferbestimmungen (Artikel 202 und 203).[777] Danach sind die Staaten einerseits verpflichtet, zum Zwecke des Meeresumweltschutzes „unmittelbar oder im Rahmen der zuständigen internationalen Organisationen" Hilfsprogramme auch im technischen Bereich zu fördern. Darunter werden im Einzelnen als mögliche Maßnahmen etwa aufgeführt die Ausbildung von wissenschaftlichem und technischem Personal, die Belieferung der Entwicklungsländer mit erforderlichen Ausrüstungen und Einrichtungen und die Verbesserung ihrer Fähigkeit zur Herstellung solcher Ausrüstungen. Eine Sonderbehandlung der Entwicklungsländer ist ferner in Artikel 203 vorgesehen. Danach erhalten Entwicklungsländer beim Meeresumweltschutz auch „eine vorrangige Behandlung durch internationale Organisationen bei der Zuweisung entsprechender finanzieller Mittel und technischer Hilfe". Diese Präferenzregel für Entwicklungsländer geht auf einen Vorschlag Kenias zurück, der in den Verhandlungen des zuständigen Ausschusses zwar umformuliert wurde, aber in der Substanz erhalten blieb.[778]

Die Technologietransferbestimmungen im Bereich des Meeresumweltschutzes beschränken sich damit auf eine allgemeine Förderpflicht zugunsten der Entwicklungsländer. Damit wird zwar anerkannt, dass Entwicklungsländer bei der Bewältigung der Umweltprobleme Unterstützung benötigen, konkrete verpflichtende Maßnahmen sind aber nicht vorgesehen.

Die Gründe für diese im Vergleich zu den neueren Übereinkommen im Umweltschutzbereich auffällig schwachen Formulierungen sind einmal darin zu sehen, dass die Technologietransferfrage im Zusammenhang des Meeresumweltschutzes bei den Verhandlungen der dritten Seerechtskonferenz, insbesondere im Vergleich zu den heftigen Auseinandersetzungen im Bereich der Regelungen zum Tiefseebergbau, eher im Hintergrund stand. Insoweit war das Bewusstsein entwicklungs-

---

776 Vgl. insbesondere das Übereinkommen über die Verhütung der Meeresverschmutzung durch das Versenken von Abfällen und anderen Stoffen *(London Dumping Convention)*, aber auch die verschiedenen Übereinkommen mit zugehörigen Protokollen im Bereich der Bekämpfung der Ölverschmutzung.

777 Die Vorschriften sind in Anhang 10 abgedruckt.

778 M. Nordquist (Hrsg.), (Fn. 772), Ziff. 203.1, 203.5 (a).

politischer Aspekte des globalen Umweltschutzes in den siebziger Jahren vergleichsweise noch unterentwickelt.[779] Die Zurückhaltung der Entwicklungsländer bei der Aushandlung der Artikel 202 und 203 wird man auch vor diesem Hintergrund verstehen können. Es kann davon ausgegangen werden, dass diese Verhandlungen in den neunziger Jahren eine akzentuiertere Technologietransferbestimmung hervorgebracht hätten. Dies zeigt auch ein Blick auf die in diesem Zusammenhang bedeutsamen Abschnitte der Agenda 21. In Ziffer 17.2. hat man sich im Zusammenhang des Meeresumweltschutzes auf eine Formulierung geeinigt, wonach „die Durchführung der nachstehend aufgeführten Tätigkeiten in den Entwicklungsländern [...] entsprechend den jeweiligen technologischen und finanziellen Möglichkeiten und Prioritäten dieser Länder“ erfolgt und „letzten Endes von der Weitergabe von Technologien und von den dafür benötigten und diesen Ländern zur Verfügung gestellten Mitteln“ abhängt.[780] Hier sind Anklänge an jene Formulierungen des Klimarahmenübereinkommens und der Biodiversitätskonvention deutlich erkennbar.

Neben diesem Grund scheint aber auch als zweiter Aspekt eine Rolle zu spielen, dass der Meeresumweltschutz nach der Rahmenkonzeption des Seerechtsübereinkommens in den Regionalmeerübereinkommen ausgeformt werden sollte. Danach kann die relative Schwäche der Formulierung der Technologietransferbestimmungen auch so verstanden werden, dass die Staaten hier im Kern kein globales Gemeinschaftsinteresse berührt sahen, sondern letztlich eine Problematik des regionalen Meeresumweltschutzes. Dieser Erklärungsansatz rechtfertigt einen kurzen Blick auf die einschlägigen Bestimmungen der Regionalmeerabkommen.

2. *Bestimmungen der Regionalmeerabkommen*

Der regionale Ansatz zum Meeresumweltschutz ist bislang mit unterschiedlichem Erfolg betrieben worden. Derzeit sind etwa 20 Regional-

779 Vgl. *K. Ramakrishna*, Millenium, Bd. 19 (1990), S. 429, 432 ff.

780 Vgl. auch Ziff. 17.23 „Die Staaten stimmen darin überein, daß über geeignete internationale Mechanismen zusätzliche Finanzmittel bereitgestellt und bessere Zugangsmöglichkeiten zu sauberen Technologien und entsprechenden Forschungsergebnissen geschaffen werden müssen, um den Entwicklungsländern zu helfen, dieser Verpflichtung nachzukommen.“

meerabkommen verabschiedet worden,[781] wobei alle Übereinkommen eine Bestimmung zur Förderung der technischen Zusammenarbeit enthalten.[782] Charakteristisch für eine solche allgemeine Bestimmung erscheint etwa Artikel XII. des Übereinkommens von Jeddah zum Schutz des Roten Meeres und des Golfs von Aden vom 14. Februar 1982. Dort heißt es:

> The Contracting Parties shall co-operate, directly or through competent regional or international organizations, in the development of programmes of technical and other assistance, in fields relating to the marine environment and its conservation [...][783]

Die Allgemeinheit dieser Zusammenarbeitspflicht hat ihren Grund auch darin, dass die in den jeweiligen Regionalmeerabkommen zusammengeschlossenen Staaten in der Regel von einem in etwa vergleichbaren technologischen Entwicklungsstand gekennzeichnet sind. Damit entfallen jene technologischen Entwicklungsunterschiede, die eine Technologietransferverpflichtung nahelegen. Eine Besonderheit stellt allerdings insoweit das Übereinkommen von Barcelona zum Schutz des Mittelmeers in seiner neuen Fassung vom Juli 1995[784] (Barcelona Übereinkommen) dar. Im Hinblick auf die technologische Zusammenarbeit der sehr unterschiedlichen Anrainerstaaten regelt Artikel 13 Absatz 2 nunmehr:

781 *P. Birnie / A. Boyle*, International Law and the Environment, S. 356.

782 S. etwa Art. XII *Kuwait Regional Convention for Co-operation on the Protection of the Marine Environment from Pollution* v. 24.4.1978; Art. 14 *Convention for Co-operation in the Protection and Development of the Marine and Coastal Environment of the West and Central African Region* v. 23.3.1981; Art. 10 *Convention for the Protection of the Marine Environment and Coastal Area of the South-East Pacific* v. 20.11.1981, dazu auch Art. X des Protokoll v. 22.7.1983; Art. 13 Abs. 3 *Convention for the Protection and Development of the Marine Environment of the Wider Caribbean Region* v. 24.3.1983; Art. 14 Abs. 3 *Convention for the Protection, Management and Development of the Marine and Coastal Environment of the Eastern African Region* v. 21.6.1985; Art. 17, 18 *Convention for the Protection of the Natural Resources and Environment of the South Pacific Region* v. 24.11.1986.

783 *Regional Convention for the Conservation of the Red Sea and of the Gulf of Aden Environment* v. 14.2.1982, in Kraft seit 20.8.1985, abgedr. in: W. Burhenne (Hrsg.), International Environmental Law, Nr. 982:13.

784 ABl. EG Nr. L 322 v. 14.12.1999, S. 32 ff. Das ursprüngliche Übereinkommen zum Schutz des Mittelmeers vor Verschmutzung vom 16.2.1976 enthielt in seinem Artikel 11 eine allgemeine Formulierung, wie sie sich in den anderen Regionalmeerabkommen findet.

> The Contracting Parties undertake to promote the research on, access to and transfer of environmentally sound technology, including clean production technologies, and to cooperate in the formulation, establishment and implementation of clean production processes.

Damit wurde für ein Regionalmeerabkommen erstmalig eine Verpflichtung der Vertragsparteien eingeführt, nicht nur allgemein technologische Zusammenarbeit zu fördern, sondern konkreter den Transfer umweltverträglicher Technologien.

3. Zur Rolle der Globalen Umweltfazilität

Bei der Gründung der Globalen Umweltfazilität (GEF) wurde ein Förderschwerpunkt im Bereich „Internationale Gewässer" vorgesehen. Eine unmittelbare Verknüpfung mit einem Umweltübereinkommen, wie etwa in den Bereichen Klima und Artenvielfalt, existiert hier allerdings nicht. Dieses Schwerpunktgebiet in einem Bereich, der überwiegend von regionalen Umweltschutzansätzen gekennzeichnet ist, steht mit dem Grundsatz der GEF, einzig der Finanzierung *globaler* Umweltvorteile zu dienen, in einem Spannungsverhältnis.[785] Gleichwohl haben die Teilnehmerstaaten der GEF die Tätigkeit im Gewässerschutz gebilligt. Ausdrücklich ist danach Ziel der geförderten Projekte, „to realize the objectives of a mosaic of regional and international water agreements".[786] In der Zeit seit der Gründung der GEF bis 2004 umfasste die Förderung von Projekten einen Betrag von etwa 767 Millionen US-Dollar, was durch weitere 2,11 Milliarden US-Dollar an zusätzlicher Kofinanzierung ergänzt wurde. Im Rahmen des Schwerpunktbereichs bestimmen drei „Operationsprogramme" die Fördertätigkeit, wobei diese in erster Linie auf den Kapazitätsaufbau im Bereich der Lösung spezifischer wasserbezogener Umweltprobleme dienen, daneben aber auch regelmäßig auf die Verbreitung moderner Umwelttechnologie abzielen.[787]

785 Diese Problematik hebt auch der unabhängige Evaluationsberichts über die Tätigkeit der GEF in ihrer „Pilotphase" hervor, s. The World Bank (Hrsg.), Global Environment Facility – Independent Evaluation of the Pilot Phase, 1994, S. 66.

786 Zur Bedeutung der Bestimmungen des Seerechtsübereinkommens und der Agenda 21 für die Arbeit der GEF, s. *R. Dolzer*, Implications of Agenda 21.

787 Operational Program Number 8 – Waterbody-based Operational Program; Operational Program Number 9 – Integrated Land and Water Multiple Focal Area Opera-

Mit diesem Schwerpunktbereich nimmt die GEF daher heute trotz organisatorischer Unabhängigkeit eine nicht unwesentliche Rolle bei der Umsetzung der allgemeinen Bestimmungen zur technologischen Zusammenarbeit des Seerechtsübereinkommens, der Regionalmeerabkommen[788] als auch der speziellen Meeresumweltschutzabkommen (etwa MARPOL 73/78)[789] ein.

4. *Ergebnis und Bewertung*

Die Technologietransferverpflichtungen im Kontext des Meeresumweltschutzes sind damit insgesamt vergleichsweise schwach ausgestaltet. Das Seerechtsübereinkommen und die regionalen Meeresumweltschutzabkommen enthalten lediglich allgemeine Aufforderungen zu verbesserter technologischer Zusammenarbeit. Gleichwohl berücksichtigt die Globale Umweltfazilität im Rahmen ihrer Fördertätigkeit auch den Meeresumweltschutz als einen, wenn auch vergleichsweise unbedeutenden Förderschwerpunkt.

IV. *Völkervertragsrecht zur Erhaltung und Bewirtschaftung von gebietsübergreifenden und weitwandernden Fischbeständen*

Auch im Bereich des Schutzes und der nachhaltigen Bewirtschaftung von Fischbeständen sehen internationale Übereinkommen Vorschriften zum Technologietransfer vor. Zwar dienen diese Übereinkommen nicht primär dem Ziel des Umweltschutzes, sondern in erster Linie einer nachhaltigeren Bewirtschaftung von Fischbeständen, dennoch soll auf die in diesem Kontext entstandenen Bestimmungen hingewiesen werden.

---

tional Proram; Operational Program Number 10 – Contaminant-Based Operational Program.

788 S. etwa beispielhaft das UNDP-Projekt *„Prevention and Management of Marine Pollution in the East Asian Seas“*, angenommen im Juli 1993, durchgeführt von der Internationalen Schifffahrtsorganisation (IMO), wonach Politiken und Pläne zur Kontrolle der Meeresverschmutzung unterstützt wurden, insbesondere um Kapazitäten zur Umsetzung einschlägiger Übereinkommen zu verbessern.

789 S. etwa beispielhaft das Weltbank-Projekt *„Ship Waste Disposal“* in der Volksrepublik China, angenommen im Mai 1991, wonach u.a. in sechs Häfen Schiffsmüllbeseitigungsstellen eingerichtet wurden.

Zur Umsetzung der einschlägigen Bestimmungen des Seerechtsübereinkommens der Vereinten Nationen wurde das Übereinkommen über die Erhaltung und Bewirtschaftung von gebietsübergreifenden Fischbeständen und weit wandernden Fischbeständen vom 4. August 1995 verabschiedet.[790] Artikel 25 Absatz 2 sieht dort vor, dass die Staaten mit Entwicklungsländern zusammenarbeiten, worunter auch die Weitergabe von Technologien zu verstehen ist.[791]

Daneben ist im Kontext des internationalen Fischereirechts auf Artikel 5.2 des rechtlich unverbindlichen Verhaltenskodex für verantwortungsvolle Fischerei der Ernährungs- und Landwirtschaftsorganisation der Vereinten Nationen (FAO) hinzuweisen; der Technologietransfer zugunsten der Entwicklungsländer findet auch hier ausdrückliche Erwähnung.[792]

790 EG ABl L 189/14 v. 3.7.1998. Das Übereinkommen ist am 11.12.2001 in Kraft getreten. Dazu etwa *P. Davies / C. Redgwell*, BYIL, Bd. 67 (1996), S. 199 ff.

791 Absatz 2 lautet: „Die Zusammenarbeit mit Entwicklungsstaaten zu den in diesem Artikel genannten Zwecken umfasst finanzielle Hilfe, Hilfe bei der Erschließung des Arbeitskräftepotentials, technische Hilfe, Weitergabe von Technologie, einschließlich Vereinbarungen über gemeinschaftliche Unternehmungen, sowie Beratungs- und Konsultationsdienste." Die GEF hat im Rahmen des Schwerpunktbereichs „Internationale Gewässer" vereinzelt auch fischereirelevante Fördermaßnahmen ergriffen. Beispiel UNEP/FAO-Projekt *„Reduction of Environmental Impact from Tropical Shrimp Trawling through Introduction of By-catch Technologies and Change of Management"*, angenommen im November 2000.

792 Der Artikel lautet: „5.2. Um die Zielsetzungen dieses Kodex zu erreichen und seine wirksame Umsetzung zu fördern, sollen die Länder, die betreffenden internationalen Regierungs- und Nichtregierungsorganisationen und die Finanzinstitute den besonderen Gegebenheiten und Bedürfnissen der Entwicklungsländer, insbesondere der am wenigsten entwickelten Länder und der kleinen Inselstaaten, die Entwicklungsländer sind, voll Rechnung tragen. Die Staaten, die betreffenden Regierungs- und Nichtregierungsorganisationen sowie Finanzinstitute sollen sich dafür einsetzen, daß Maßnahmen ergriffen werden, die den Bedürfnissen der Entwicklungsländer gerecht werden, und zwar insbesondere im Bereich der finanziellen und technischen Hilfe, des Technologietransfers, der Ausbildung und der wissenschaftlichen Zusammenarbeit sowie bei der Entwicklung ihrer eigenen Fischerei und ihrer Beteiligung an der Hochseefischerei, einschließlich des Zugangs zu diesen Fischereien." Vgl auch Ziff. 8 der *Reykjavik Declaration on Responsible Fisheries in the Marine Ecosystem* v. Oktober 2001: „We resolve to improve the enabling environment by encouraging technology transfer contributing to sustainable management where appropriate, introducing sound regulatory frameworks, examining and where necessary removing trade distortions, and promoting transparency".

Ein Gegenseitigkeitsmechanismus, der im Kern mit den im Rahmen des Artenvielfaltsübereinkommens auszuhandelnden Zugangsabkommen vergleichbar ist, ergibt sich auch aus den Bestimmungen, die den Rahmen für den Zugang zu Fischereiressourcen im Bereich der Ausschließlichen Wirtschaftszone von Küstenstaaten die Entwicklungsländer regeln. Nach Artikel 62 Absatz 4 des Seerechtsübereinkommens kann der Küstenstaat etwa die Erteilung einer Fischereigenehmigung von einer „angemessenen Gegenleistung im Bereich der Finanzierung, Ausrüstung und technischen Entwicklung der Fischereiwirtschaft" abhängig machen oder verlangen, dass „die Erfordernisse für die Ausbildung von Personal und die Weitergabe von Fischereitechnologie" Berücksichtigung finden.

Diese Bestimmungen finden zunehmenden Widerhall in den Bestimmungen bilateraler Fischereiabkommen. Hinzuweisen ist hier auch auf die Neuausrichtung der bilateralen Fischereiabkommen zwischen der Europäischen Gemeinschaft und verschiedenen Entwicklungsländern. Nach den Vorschlägen der Europäischen Kommission sollen diese mehr als bisher an den Zielen der Nachhaltigkeit orientiert sein. Den Entwicklungsländern soll im Rahmen der neuerdings so genannten Fischereipartnerschaftsabkommen unter anderem durch den Transfer von Technologien geholfen werden, die den Schutz und die Überwachung der Fischbestände unter ihrer jeweiligen Jurisdiktion erleichtern.[793]

V. Völkervertragsrecht zur Kontrolle grenzüberschreitender Transporte gefährlicher Abfälle und deren Entsorgung

Das Basler Übereinkommen vom 22. März 1989 über die Kontrolle der grenzüberschreitenden Verbringung gefährlicher Abfälle und ihrer Entsorgung[794] wurde in der Folge zahlreicher sog. Giftmüllskandale unter

793 Vgl. Grünbuch über die Zukunft der Gemeinsamen Fischereipolitik v. 20.3.2001, KOM(2001) 135 endg., S. 19 f. u. Mitteilung der Kommission über einen integrierten Rahmen für partnerschaftliche Fischereiabkommen mit Drittländern v. 23.12.2002, KOM(2002) 637 endg. Vgl. auch *M. Henkelmann*, Seerechtliche Aspekte, S. 78 auch mit allgemeinen Nachweisen zur Zusammenarbeit zwischen EG und AKP-Staaten. Zum Technologietransfer im Bereich der Fischereiausrüstungen auch *V. Kaczynski*, ODILA, Bd. 20 (1989), S. 623 ff.

794 In Kraft getreten am 5.5.1992 (DE-BGBl. 1994 II., S. 2704; SR 0.814.05; Ö-BGBl. Nr. 229/1993).

anderem mit dem Ziel verabschiedet, der wachsenden Bedrohung, welche die zunehmende Erzeugung und Vielfalt gefährlicher Abfälle und anderer Abfälle und deren grenzüberschreitende Verbringung für die menschliche Gesundheit und die Umwelt darstellen, zu entgegnen.[795] Hintergrund der Aushandlung des Übereinkommens war hier auch insbesondere das Problem, dass die Kosten für die Entsorgung giftiger Abfälle in den Industriestaaten zugenommen hatten und sich ein internationaler Handel mit solchen Abfällen in der Absicht entwickelte, strengen Entsorgungsauflagen dadurch zu entgehen, dass man die Abfälle in Entwicklungsländer brachte und dort ohne die notwendigen Vorkehrungen zum Umweltschutz entsorgte. Der Handel hatte damit auch eine Ursache in einem Umweltschutzgefälle zwischen armen und reichen Staaten,[796] das insbesondere auch ein Technologiegefälle darstellte. In den Zielländern fehlte in der Regel das technische Know-How für die sachgerechte Behandlung der giftigen Abfälle. Der Lösungsansatz des Übereinkommens besteht im Kern in der Einführung eines Verfahrens, welches einen Transport gefährlicher Abfälle ohne vorherige Zustimmung des Importstaates unterbindet.[797]

795 Dazu umfassend *K. Kummer*, International Management of Hazardous Wastes; vgl. auch *B. Desai*, Indian JIL, Bd. 37 (1997), S. 43 ff.; *A. Kiss*, Texas ILJ, Bd. 26 (1991), S. 521 ff.; *J. Ovink*, Dickinson JIL, Bd. 13 (1995), S. 281 ff.

796 Vgl. zu diesem Aspekt *H. Marbury*, Vanderbilt JTL, Bd. 28 (1995), S. 251 ff.

797 Das im Rahmen der Organisation der Afrikanischen Einheit (OAU) ausgehandelte Übereinkommen von Bamako v. 30.1.1991 *(Bamako Convention on the Ban of the Import into Africa and the Control of Transboundary Movement and Management of Hazardous Wastes Within Africa)* sieht ein vollständiges Verbot des Exports von Giftmüll nach Afrika vor. Eine Technologietransferverpflichtung findet sich dort nicht. Vgl. aber das Übereinkommen von Waigani v. 16.9.1995 *(Convention to Ban the Importation into Forum Island Countries of Hazardous and Radioactive Wastes and to Control the Transboundary Movement and Management of Hazardous Wastes within the South Pacific Region)*, wonach Artikel 10 Abs. 1 Zusammenarbeitspflichten im Bereich der Abfallentsorgung vorsieht, darunter auch eine mit dem Ziel des Technologietransfers („[...] (d) Cooperate, subject to their national laws and policies, actively in the transfer of technology and management systems related to the environmentally sound management of hazardous wastes. They shall also cooperate in developing the technical capacity and infrastructure of Parties, especially those which may need and request technical assistance in this field"). Nach Absatz 3 soll das Sekretariat des Übereinkommens den Technologietransfer ermuntern („The Secretariat shall encourage Other Parties and other concerned developed countries to take all practicable steps to promote, facilitate and finance, as

1. Bestimmungen zum Technologietransfer

Das Übereinkommen sieht in Artikel 10 eine Pflicht der Vertragsparteien zur Zusammenarbeit vor, die u.a. den Austausch von Informationen über die umweltgerechte Behandlung gefährlicher Abfälle und die Zusammenarbeit bei der Entwicklung neuer Abfallentsorgungstechnologien und bei der Verbesserung vorhandener Technologien umfasst. Nach Artikel 10 Absatz 2 lit d) arbeiten die Parteien auch „aktiv bei der Weitergabe von Technologie und Behandlungssystemen in bezug auf die umweltgerechte Behandlung gefährlicher Abfälle und anderer Abfälle" zusammen. Letzteres gilt allerdings nur „vorbehaltlich ihrer innerstaatlichen Gesetze, sonstigen Vorschriften und Leitvorstellungen". Nach Absatz 3 soll den Entwicklungsländern bei der Durchführung dieser Zusammenarbeit durch „geeignete Mittel" geholfen werden.

Neben dieser sehr allgemeinen Zusammenarbeitsverpflichtung im technologischen Bereich bestimmt Artikel 14 Absatz 1, dass „entsprechend den besonderen Bedürfnissen verschiedener Regionen und Subregionen regionale oder subregionale Zentren für Ausbildung und für die Weitergabe von Technologie in bezug auf die Behandlung gefährlicher Abfälle und anderer Abfälle und der möglichst weitgehenden Vermeidung ihrer Erzeugung errichtet werden sollen". Damit ist als konkretere Maßnahme der Aufbau von Technologietransferzentren ausdrücklich vorgesehen. Im Übrigen bleiben die Technologietransferbestimmungen so vage, dass *Ved Nanda* beizupflichten ist, dass der Technologietransfer im Rahmen des Übereinkommens von Basel letztlich allein auf freiwilliger Basis stattfindet.[798] Gleiches gilt für die Frage der Finanzierung. Ein eigener Finanzierungsmechanismus ist nicht vorgesehen, vielmehr betont Artikel 14 Absatz 1 Satz 2 ausdrücklich die Freiwilligkeit allfälliger Finanzierung.

Die nachfolgende Praxis der Vertragsparteien im Rahmen des Übereinkommens konzentrierte sich dementsprechend im Bereich von Maß-

---

appropriate, the transfer of, or access to, environmentally sound technologies and know-how to Pacific Island Developing Parties, to enable them to implement the provisions of this Convention.").

798 *V. Nanda*, Texas ILJ, Bd. 26 (1991), S. 497, 510 („Under the Convention, technology transfer, including the necessary monitoring facilities, is purely voluntary and financed on a voluntary basis."). So auch *A. Raychaudhari / U. Hoffmann*, in: Achieving Objectives of Multilateral Environmental Agreements, S. 140 f.

nahmen zum Technologietransfer ganz auf die Umsetzung der Bestimmung über die Gründung von regionalen oder subregionalen Ausbildungs- und Technologietransferzentren.[799]

2. *Ergebnis und Bewertung*

Im Bereich des Basler Übereinkommens sind die Bestimmungen zum Technologietransfer demnach sehr schwach ausgestaltet. Ein Grund für diesen Befund ist darin zu sehen, dass das Übereinkommen den Schwerpunkt nicht in der Verbreitung von Abfallbehandlungstechnologie, sondern in der Kontrolle des grenzüberschreitenden Handels mit giftigen Abfällen sieht, d.h. letztlich der Versuch unternommen wird, giftige Abfälle gar nicht erst in jene Länder gelangen zu lassen, die nicht über geeignete Behandlungstechnologien verfügen. Nach dem Übereinkommen sollen gefährliche Abfälle nach Möglichkeit im Land ihrer Entstehung entsorgt werden.[800] Somit ist das Ziel des Übereinkommens nicht primär darauf ausgerichtet, Entwicklungsländern zu helfen, eine eigene umweltverträgliche Entsorgungsinfrastruktur aufzubauen. Die insofern vereinbarten technischen Zusammenarbeitspflichten bleiben daher hinter den in anderen Umweltschutzübereinkommen erreichten zurück. Auch ein Gegenseitigkeitsmechanismus, der – ähnlich den Modellen des Seerechts- oder des Artenvielfaltsübereinkommens – in einer Weise denkbar wäre, dass der Export gefährlicher Abfälle unter der Bedingung des Technologietransfers zugelassen würde, hat sich im Rahmen des Übereinkommens nicht herausgebildet.

799 Vgl. Entscheidung I/13, Dokument UNEP/CHW.1/24 v. 5.12.1992; Entscheidung II/18, Dokument UNEP/CHW.2/30 v. 25.3.1994; Entscheidung III/19, Dokument UNEP/CHW.3/35 v. 28.11.1995, wonach Zentren in den verschiedenen Weltregionen gegründet wurden; sowie zuletzt Entscheidung VII/9, Dokument UNEP/CHW.7/33 v. 25.1.2005.

800 S. etwa aus der Präambel: „überzeugt, dass gefährliche Abfälle und andere Abfälle in dem Staat entsorgt werden sollen, in dem sie erzeugt wurden, soweit dies mit einer umweltgerechten und wirksamen Behandlung vereinbar ist".

VI. Völkervertragsrecht zur Kontrolle gefährlicher Chemikalien

Das Stockholmer Übereinkommen vom 22. Mai 2001 über persistente organische Schadstoffe (POP-Konvention)[801] zielt auf die Kontrolle bestimmter giftiger chemischer Substanzen ab mit dem Ziel, „die menschliche Gesundheit und die Umwelt vor persistenten organischen Schadstoffen zu schützen“ (Artikel 1). Das Übereinkommen legt Kontrollmechanismen fest, welche die Produktion und die Verwendung, den Import und den Export, die Emissionen sowie die Entsorgung einer Reihe solcher Substanzen[802] weltweit regeln.

1. Überblick über die Technologietransferbestimmungen

Das Übereinkommen enthält in seinem Artikel 12 eine umfangreiche Bestimmung über die Zusammenarbeit der Parteien zum Technologietransfer. Nach Absatz 2 und 3 wird dort zugunsten der Entwicklungsländer eine Zusammenarbeitspflicht mit dem Ziel festgelegt, „rechtzeitige und geeignete technische Hilfe zu leisten“ und die Entwicklungsländer „zu unterstützen, ihre Fähigkeit zur Erfüllung ihrer Verpflichtungen aus diesem Übereinkommen zu entwickeln und zu stärken“. Diese Hilfe schließt „soweit angemessen und einvernehmlich vereinbart“ technische Hilfe beim Kapazitätsaufbau zur Erfüllung der Verpflichtungen aus diesem Übereinkommen ein. Weitere „Leitlinien“ oder „Regelungen zum Zweck der Bereitstellung technischer Hilfe und der Förderung des Technologietransfers“ können von den Vertragsparteien festgelegt werden, wobei dabei ausdrücklich die Einrichtung „regionaler und subregionaler Zentren für den Kapazitätsaufbau und den Technologietransfer“ erwähnt wird. Diese Bestimmung knüpft an die nach dem Basel Übereinkommen vereinbarten Technologietransferzentren an. In diesem Zusammenhang wird außerdem in allgemeiner Weise auf die Berücksichtigung der speziellen Bedürfnisse und der besonderen Lage der am wenigsten entwi-

801 In Kraft getreten am 17.5.2004 (DE-BGBl. 2002 II., S. 803; SR 0.814.03; Ö-BGBl. III. 158/2004). Zum Übereinkommen allgemein s. etwa *P. Lallas*, AJIL, Bd. 95 (2001), S. 692 ff.

802 Bei den zwölf persistenten organischen Schadstoffen, welche zurzeit in den Geltungsbereich der Konvention fallen, handelt es sich um acht Pestizide (darunter DDT), zwei Industriechemikalien und zwei Gruppen von unerwünschten Verbrennungs- und Nebenprodukten (polychlorierte Dibenzodioxine und -furane).

ckelten Länder und der kleinen Inselstaaten, die Entwicklungsländer sind, hingewiesen.

Die Rechtspflicht der Vertragsparteien umfasst danach im Kontext des Chemikalienschutzes einzig eine Pflicht zur Zusammenarbeit bei technischer Hilfestellung. Die Einrichtung von regionalen oder subregionalen Technologietransferzentren wird allerdings ausdrücklich als Ziel dieser Zusammenarbeit genannt. Keine Aufnahme in das Übereinkommen haben die strengeren Formulierungen („alle durchführbaren Schritte") aus dem Montrealer Protokoll und dem Klimarahmenübereinkommen gefunden.

Eine Konditionalitätsklausel, wonach der Umfang der Erfüllung der Bestimmungen des Übereinkommens durch die Entwicklungsländer von der wirksamen Erfüllung der Verpflichtungen der entwickelten Länder „betreffend finanzielle Mittel, technische Hilfe und Technologietransfer" abhängt, enthält Artikel 13 Absatz 4.

Was die ersten Umsetzungsschritte der Technologietransferbestimmung in der Praxis angeht, so sind diese auch von dem Bemühen gekennzeichnet, nach Möglichkeit Synergien im Bereich der Technologietransferzentren mit den bestehenden Einrichtungen nach dem Basler Übereinkommen zu nutzen.[803] Daneben wurden Leitlinien über technische Hilfestellung ausgearbeitet.[804]

2. *Zur Rolle der Globalen Umweltfazilität*

Auch das Stockholmer Übereinkommen sieht einen Finanzierungsmechanismus zugunsten Entwicklungsländer und Schwellenländern vor (Artikel 13). In diesem zentralen Artikel der Konvention finden sich Formulierungen, die bereits wortgleich aus anderen Übereinkommen bekannt sind.[805] So wird von den entwickelten Ländern, die Vertragsparteien sind, verlangt, dass sie „neue und zusätzliche finanzielle Mittel" *(new and additional financial resources; des ressources financières nouvelles et additionnelles)* bereitstellen, um es den Entwicklungs- und Schwellenländern zu ermöglichen, die „vereinbarten vollen Mehrkosten zu tragen" *(agreed full incremental costs of implementing measures; la totalité des surcoûts convenus)*, welche ihnen aus der Erfüllung der Ver-

803 Vgl. Dokument UNEP/POPS/COP.1/30 v. 27.1.2005.

804 Vgl. Dokument UNEP/POPS/COP.1/16 v. 9.2.2005.

805 Vgl. Artikel 4 Abs. 5 KRÜ; Artikel 20 Abs. 2 Artenvielfaltsübereinkommen.

pflichtungen der Konvention erwachsen. Diese Mittel müssen „angemessen und vorhersehbar“ sein, rechtzeitig zur Verfügung stehen und auf dem Prinzip der Lastenteilung der den Beitrag leistenden Vertragsparteien basieren.

Im Hinblick auf die Finanzierungsmechanismen schließt das Übereinkommen andere, z.B. bilaterale Unterstützung zwar nicht aus, fordert aber doch, dass sich die Konferenz der Vertragsparteien auf einen spezifischen Mechanismus einigt und diesen auch kontrolliert. Dabei wird die Konferenz auf ihrer ersten Tagung Leitlinien für diesen Mechanismus beschließen und sich auf einen oder mehrere Rechtsträger einigen, den oder die sie mit der Durchführung des Finanzierungsmechanismus betraut. Bis zum erwähnten Beschluss der Konferenz der Vertragsparteien wird die Globale Umweltfazilität interimistisch mit der Erfüllung der Aufgaben des Finanzierungsmechanismus betraut (Artikel 14).[806] Die GEF hat ihrerseits bereits einen Schwerpunktbereich „Persistente organische Schadstoffe“ beschlossen und damit begonnen Projekte im Zusammenhang mit dem Stockholmer Übereinkommen durchzuführen.[807]

3. *Ergebnis und Bewertung*

Das Stockholmer Übereinkommen folgt damit einerseits hinsichtlich der Bestimmungen zum Technologietransfer den Bestimmungen des Basler Übereinkommens, andererseits wird ausdrücklich ein Finanzierungsmechanismus ähnlich der Übereinkommen in den Bereichen Ozon, Klima und Biodiversität festgelegt. Es bestätigt damit gleichzeitig eine Akzentverschiebung weg von der Technologietransferrhetorik des Zwangs im Sinne einer Neuen Weltwirtschaftsordnung hin zum Aufbau von Technologietransferzentren mit dem Ziel der Informationsverbreitung sowie

806 Der Einigung auf die GEF als Finanzierungsmechanismus gingen sehr kontroverse Diskussionen voran. Vgl. Dokument UNEP/POPS/INC.3/4 v. 17.9.1999, S. 17 („Many representatives felt that a new and separate financial mechanism, in the form of a multilateral fund, similar to that of the Montreal Protocol, should be established to assist developing countries and countries with economies in transition to implement the provisions of the instrument. Many others, noting that the overheads of a proliferation of multilateral funds were high, believed that it would be better to strengthen and more fully utilize existing mechanisms.“).

807 Vgl. Dokument GEF/C.22/Inf.4 v. 28.10.2003 (*Operational Program on Persistent Organic Pollutants [DRAFT]* Operational Program Number 14). Dazu auch *F. Bloch*, YIEL, Bd. 14 (2003), S. 678.

zur Finanzierung von Technologietransfer. Der Schutz geistigen Eigentums ist dabei vollständig gewährleistet.

VII. Zwischenergebnis

Der Überblick über weitere völkerrechtliche Regelungen im Bereich des Umweltschutzes bestätigt damit insgesamt einen Trend hin zu marktkonformen Mechanismen der Umsetzung von Umwelttechnologietransfers. Insbesondere finden sich keine Anhaltspunkte von Bestimmungen, die auf einen Zwangstransfer von Technologien hindeuten.

Als Gemeinsamkeit dieser Übereinkommen ist insoweit auch die durchgängige Verpflichtung zur Bereitstellung finanzieller Ressourcen, teilweise im Rahmen eines multilateralen Finanzierungsmechanismus, zu sehen und damit die enge Verknüpfung von Technologietransfer und Finanzierung.

Strukturelle Unterschiede und Besonderheiten sind im Einzelfall – jenseits der Besonderheiten der verschiedenen Wortlaute[808] – aber durchaus erkennbar. So ergibt sich als Besonderheit ein besonderer Anreiz für Technologietransfers jeweils im Bereich des Übereinkommens zum Schutz der Artenvielfalt und im Bereich des Schutzes von Fischereibeständen daraus, dass Technologieempfängerstaaten in Form einer Gegenleistung für den Zugang zu Technologien, ihrerseits den Zugang zu natürlichen Ressourcen, die sich unter ihrer Hoheitsgewalt befinden, eröffnen können. Dieser Struktur liegt ein Austauschverhältnis zu Grunde, das im Kern marktkonform ausgestaltet ist.

Schließlich stellt das Basler Übereinkommen insoweit einen Sonderfall dar, als hier ein abweichender Grundansatz verfolgt wird der nicht auf die umwelttechnologische „Aufrüstung" der Entwicklungsländer abzielt.

808 Dazu sogleich.

E. Gemeinsamkeiten und Unterschiede der untersuchten Bestimmungen

Wendet man sich nunmehr weiter der Frage nach Gemeinsamkeiten und Unterschieden der in der völkervertraglichen Praxis verwendeten Wortlaute zu, stellt sich die Frage, inwieweit die Herausbildung eines Standards umweltvölkerrechtlicher Technologietransferbestimmungen nachweisbar ist.

I. Differenzierte Pflichten

Hinsichtlich des Kreises der Normadressaten ist insoweit zunächst festzustellen, dass Technologietransferbestimmungen erwartungsgemäß durchgängig zwischen Industriestaaten und Entwicklungsländern differenzierte Rechtspflichten sind. Soweit in einem Übereinkommen eine klare Differenzierung der Vertragsparteien nach Staatengruppen vorgenommen wurde, spiegelt sich dies bereits unmittelbar im Adressatenkreis der Transferverpflichtung wider (vgl. Artikel 4 Absatz 5 KRÜ: „Die Vertragsparteien, die entwickelte Länder sind, und die anderen in Anlage II aufgeführten entwickelten Vertragsparteien ...“). Soweit jedoch eine klare Differenzierung nach Staatengruppen ausgeblieben ist, erfolgt die Differenzierung nicht ausdrücklich hinsichtlich des Adressatenkreises, sondern mittelbar durch die in der Norm vorgegebene Handlungspflicht selbst (Artikel 10A MP – „Technologien [...] an die in Artikel 5 Absatz 1 bezeichneten Vertragsparteien weitergegeben werden“) oder durch Klauseln, die etwa vorgeben, dass eine Handlung „in bezug auf Entwicklungsländer“ oder „zum Nutzen [...] von Entwicklungsländern“ erfolgt (Artikel 16 Absatz 2, bzw. 4 CBD) erfolgen soll. Eine ganz ähnliche Regelung sehen auch Artikel 12 Absatz 2 und 3 POP-Konvention vor, wonach von „Vertragsparteien, die entwickelte Länder sind“ gesprochen wird, bzw. alle Parteien aufgefordert sind, zusammenzuarbeiten, „um für Vertragsparteien, die Entwicklungsländer sind [...] rechtzeitige und geeignete technische Hilfe zu leisten [...]“.

Diese Differenzierung der Rechtspflichten zum Technologietransfer erfolgt demzufolge in der Formulierungspraxis entweder durch die Differenzierung auf der Geberseite (Adressaten der Verpflichtung) oder auf der Empfängerseite (Begünstigte der Verpflichtung).

II. Bezeichnung des Transferobjektes

Weiter ist den Bestimmungen der im Hinblick auf das Transferobjekt hohe Abstraktionsgrad gemeinsam. Es wird in allen Übereinkommen darauf verzichtet, die zu transferierenden Technologien zu konkretisieren. Allgemein wird von „umweltverträglichen Technologien" (Artikel 4 Absatz 5 KRÜ; Artikel 13 Absatz 2 Barcelona Übereinkommen 1995), „umweltverträglichen alternativen Technologien" (Artikel 5 Absatz 2 MP 1987) oder von nur von „Technologien" (Artikel 16 CBD; Artikel 18 UNCCD) gesprochen, ohne dass auf eine bestimmte Technologie Bezug genommen wird. In allgemeiner Weise ist es freilich möglich, die zu transferierende Technologie durch Auslegung insoweit einzugrenzen, als es sich um für das Übereinkommen relevante Technologie handeln muss. Diese Eingrenzung behebt jedoch nicht die mangelnde Konkretisierung der zu transferierenden Technologie. Die Gründe für diese Unterlassung liegen auf der Hand. Die verschiedenen Bedürfnisse der Empfängerländer und die Vielfalt der Technologien, die zudem einem stetigen Wandel unterliegen, erschweren die Festlegung auf bestimmte Technologien im Rahmen eines multilateralen Umweltschutzübereinkommens. Gleichwohl erschiene eine Konkretisierung, etwa im Rahmen eines Protokolls, im Grundsatz nicht ausgeschlossen und würde die Umsetzungskontrolle der Bestimmungen erleichtern. Die Aufgabe der Konkretisierung der zu transferierenden Technologien übernehmen im Rahmen der Übereinkommen teilweise die technischen Beratungsorgane der Konferenzen der Vertragsparteien.

III. Bestimmung der Transferbedingungen

Die untersuchten Technologietransferbestimmungen weisen schließlich einen hohen Abstraktionsgrad auch insoweit auf, als sie Konkretisierungen der Transferbedingungen enthalten.

Hier wird – wenn überhaupt – von „gerechten und möglichst günstigen Bedingungen" gesprochen (Artikel 10A MP 1990) oder von „ausgewogenen und möglichst günstigen Bedingungen, darunter in beiderseitigen Einvernehmen auch zu Konzessions- oder Vorzugsbedingungen" (Artikel 16 Absatz 2 CBD). Ein solcher Verweis fehlt etwa in Artikel 4 KRÜ, er ist jedoch im Kontext des Finanzierungsmechanismus in Artikel 11 KRÜ aufgenommen, wonach die Bereitstellung finanzieller Mittel „in Form unentgeltlicher Zuschüsse oder zu Vorzugsbedingungen" festgelegt wird.

Eine Konkretisierung, worin diese „gerechten", „ausgewogenen" oder „Vorzugsbedingungen" im Einzelfall bestehen, unterbleibt in allen Übereinkommen und ist damit der weiteren Umsetzungspraxis der Parteien überlassen. Das Fehlen einer Konkretisierung dieser Bedingungen erschwert indes eine mögliche Umsetzungskontrolle erheblich. Die Möglichkeit, die Einhaltung dieser Bedingungen durch ein unabhängiges Schiedsgericht feststellen zu lassen, wie es in Artikel 5 Absatz 4 der Anlage III. SRÜ für den Technologietransfer im Kontext des Tiefseebergbaus vorgesehen war,[809] ist in keinem der genannten Übereinkommen vorgesehen worden.

IV. Variationen hinsichtlich der „Verpflichtungsintensität"

Unterschiede zwischen den Bestimmungen sind jedoch im Hinblick der Formulierung der „Verpflichtungsintensität" deutlich erkennbar. Mit dem Begriff der „Verpflichtungsintensität" soll die Schärfe der Formulierungen der einzelnen Handlungspflichten zum Technologietransfer gemeint sein.

Die Formulierungen legen auf den ersten Blick jeweils eine strenge Bindung der Vertragsparteien nahe, da im Englischen anstelle des „should" regelmäßig das verbindliche „shall" (Artikel 10A MP 1990; Artikel 4 Absatz 5 KRÜ; Artikel 16 Absatz 2 CBD; Artikel 12 POP-Konvention), bzw. das gleichfalls verbindliche „undertake" (Artikel 16 Absatz 1 CBD; Artikel 18 Absatz 1 UNCCD) Verwendung findet. Die strenge Verbindlichkeit dieser Formulierungen wird jedoch durch verschiedene Zusätze in unterschiedlichem Maße relativiert, so dass sich insoweit letztlich kein einheitliches Bild ergibt.

809 Dazu oben im zweiten Kapitel unter B.IV.1.

Hierbei erfolgt die Relativierung in zweierlei Hinsicht. Zum einen werden die Handlungen zu denen die Parteien verpflichtet sind, d.h. die Handlungsanweisung unterschiedlich stark auf einen Technologietransfererfolg ausgerichtet, zum anderen enthalten die verschiedenen Formulierungen in unterschiedlichem Umfang zusätzliche Relativierungen.

1. Gegenstand der Handlungsanweisung

Die Unterschiedlichkeit der Handlungsanweisungen lässt sich deutlich anhand der Verschärfungen des Montrealer Protokolls nachweisen. Während die Fassung aus dem Jahr 1987 noch eine Verpflichtung zur „Zugangserleichterung" und „Unterstützung" enthält,[810] wird diese Bestimmung mit den Londoner Änderungen in Artikel 10A zu einer Verpflichtung verschärft, „die Weitergabe sicherzustellen". Eine Formulierung vergleichbarer Verpflichtungsintensität hin zum Transfererfolg findet sich in keinem anderen Übereinkommen. In Artikel 4 Absatz 5 KRÜ findet sich die Verpflichtung zur Förderung, Erleichterung und Finanzierung (ähnlich Artikel 18 Absatz 1 UNCCD). Weiter wird den Parteien teilweise die Wahl zwischen unterschiedlichen Handlungen eröffnet, womit letztlich immer die schwächste Handlung für die Erfüllung der Technologietransferpflicht genügt. Artikel 16 CBD ist insoweit beispielhaft. Hier wird die Wahl zwischen der strengeren „Gewährleistung" der Weitergabe von Technologien und der „Erleichterung" der Weitergabe von Technologien eröffnet. Dies hat zur Folge, dass die Parteien gerade nicht auf die Gewährleistung des Technologietransfers verpflichtet werden, sondern bereits mit Erleichterungsmaßnahmen der Verpflichtung Genüge tun.

Die insoweit schwächsten Formulierungen weisen freilich jene Übereinkommen auf, bei denen lediglich eine Verpflichtung zur Zusammenarbeit besteht (etwa Artikel 12 Absatz 2 POP-Konvention oder die verschiedenen Regionalmeerabkommen).

2. Relativierende Zusätze

Die Verpflichtungsintensität wird außerdem durch die Verwendung verschiedener relativierender Zusätze abgesenkt. Die Formulierung des Artikels 10A des Montrealer Protokolls ist auch hier im Vergleich zu den

810 Dazu oben fünftes Kapitel, B.III.2a).

anderen untersuchten Bestimmungen durch eine besonders starke Transferverpflichtung gekennzeichnet. Die einzige Relativierung besteht in der Formulierung dass „durchführbare“ Schritte ergriffen werden müssen. Dagegen enthalten alle übrigen Übereinkommen in unterschiedlicher Weise Qualifizierungen.

So werden etwa in Artikel 4 Absatz 5 KRÜ die Transfermaßnahmen einem „as appropriate“ („soweit dies angebracht ist“) unterstellt. Ähnlich wird in Artikel 16 Absatz 2 CBD die Finanzierungspflicht durch den Zusatz „where necessary” („erforderlichenfalls“) ergänzt. Auch diese Klauseln schwächen die Transferverpflichtung in erheblichem Maße, da auch sie letztlich eine Wahlmöglichkeit der transferverpflichteten Partei eröffnen.

Vielfach wird auch auf „einvernehmliche Vereinbarung“ der Technologietransfers hingewiesen („as mutually agreed“; s. Artikel 18 Absatz 1 UNCCD; Artikel 12 Absatz 3 POP-Konvention). Dieser Hinweis auf die im Einzelfall zu treffende gegenseitige Vereinbarung erscheint insoweit angemessen, als jede Technologietransfervereinbarung eine gegenseitige Zustimmung voraussetzt. Zugleich eröffnet dieser Zusatz aber auch die Möglichkeit, dass die Transferbedingungen im Einzelfall auch aus Sicht des Entwicklungslandes zulässigerweise sehr unterschiedlich gestaltet werden können und führt damit auch ein Element der Unverbindlichkeit ein.

3. Unterschiede der Verpflichtungsintensität als Folge differenzierter Wahrnehmung globaler Umweltbelange

Diese Skala unterschiedlicher Verpflichtungsintensität, die von Artikel 10A des Montrealer Protokolls auf der einen Seite bis hin zu den vagen Formulierungen etwa der Regionalmeerabkommen reicht, entspricht der unterschiedlichen Bereitschaft der Technologiegeberstaaten, rechtlich bindende Transferverpflichtungen zu übernehmen.

Ein Element das diese Unterschiede erklärt liegt in der Tatsache, dass das globale Umweltinteresse an den jeweiligen Schutzgütern durch die Staaten unterschiedlich wahrgenommen wird. Wird die effektive Beteiligung der Entwicklungsländer als eigenes Interesse der Industriestaaten verstanden, wie etwa im Bereich des Schutzes der Ozonschicht, ist eine höhere Verpflichtungsintensität nachweisbar. Aus demselben Grund finden sich etwa in dem Übereinkommen zur Wüstenbekämpfung und in den Regionalmeerabkommen letztlich nur vergleichsweise schwache Aufforderungen zur technischen Zusammenarbeit. Die Geberländer versprechen sich hier von der Beteiligung der Entwicklungsländer keine wesentlichen eigenen umweltpolitischen Vorteile und waren daher in weit geringerem Umfang zu substanziellen Transferzusagen bereit.

V. Fazit: Elemente einer Standardformulierung umweltvölkerrechtlicher Technologietransfers

Die vergleichende Betrachtung der in der multilateralen Vertragspraxis verwendeten Technologietransferbestimmungen ergibt damit insgesamt ein hohes Maß an Gleichförmigkeit. Im Hinblick auf die Differenzierungen bei den Normadressaten und die Bezeichnungen von Transferobjekt und Transferbedingungen sind überwiegend gleichförmige Elemente und große Ähnlichkeiten erkennbar. Gleichwohl kann daraus nicht generell abgeleitet werden, dass sich in der Praxis eine Art Standardformulierung herausgebildet hat. Im Hinblick auf den wesentlichen Aspekt der Verpflichtungsintensität verbleiben je nach Regelungsgegenstand des Übereinkommens erhebliche Unterschiede in den Wortlauten der Bestimmungen.

F. Technologietransfer im Kontext umweltpolitisch motivierter extraterritorialer Anwendung nationalen Rechts

Im Kontext der Regelungen der Welthandelsordnung erlangt der Transfer von Technologien zum Umweltschutz Bedeutung auch im Zusammenhang mit der völkerrechtlichen Zulässigkeit umweltpolitisch motivierter Ausdehnungen nationalen Rechts. Das Spannungsverhältnis zwischen „Handel und Umwelt“ ist insbesondere im Hinblick auf die Regeln des GATT 1994 im Schrifttum bereits ausgiebig erörtert worden;[811] Aussagen der WTO Streitschlichtungsgremien im Hinblick auf den Technologietransfer müssen jedoch kurz hervorgehoben werden.

I. Der Fall United States – Import Prohibition of Certain Shrimp and Shrimp Products

Im Fall *United States – Import Prohibition of Certain Shrimp and Shrimp Products*[812] machten Indien, Malaysia, Pakistan und Thailand geltend, eine US-amerikanische Maßnahme zum Schutz von Meeresschildkröten stelle einen Verstoß gegen Bestimmungen des GATT 1994 dar. Im Einzelnen ging es um den Gebrauch von bestimmten Schleppnetzen zum Garnelenfang. Studien hatten gezeigt, dass eine große Anzahl von geschützten Meeresschildkröten in diesen Netzen verendeten. Im Rahmen eines Programmes zur Minderung der Mortalität von Meeresschildkröten wurden sog. *Turtle Excluder Devices* (TEDs) entwickelt, die es den Meeresschildkröten ermöglichten den Netzen zu entkommen. Der Gebrauch von TEDs wurde für US-amerikanische Fangschiffe in bestimmten Meereszonen verpflichtend. Später wurde der Import von Garnelen, die ohne die Verwendung vergleichbarer technischer Einrichtungen zum Schutz von Meeresschildkröten gefangen wurden, nach einer Übergangsfrist vollständig untersagt (Public Law 101-162, section 609). Die Beschwerdeführer machten einen Verstoß gegen Artikel XI Absatz 1, Artikel I Absatz 1 und Artikel XIII Absatz 1 des GATT 1994 geltend, der nicht nach Artikel XX gerechtfertigt werden könne.

Im Rahmen der Verhandlungen vor der Sondergruppe aus unabhängigen Experten *(Panel)* machten die Vereinigten Staaten u.a. geltend, dass sie sich bemüht hätten, die entsprechende TED-Technologie an Regierungen und Industrien insbesondere in Entwicklungsländern wei-

811 Vgl. nur *R. Dolzer / T. Buß*, in: Protecting Our Environment, S. 327 ff.; *B. Kluttig*, Welthandelsrecht und Umweltschutz; *H. R. Trüeb*, Umweltrecht in der WTO; jeweils m.w.N.

812 IELR, Bd. II, S. 234 ff. Zum Fall s. *A. Appleton*, Shrimp/Turtle: Untangling the Nets, JIEL, Bd. 2 (1999), S. 477 ff.; *D. Kaczka*, RECIEL, Bd. 6 (1997), S. 171 ff.; *P. Mavroidis*, JWT, Bd. 34 (1), S. 73 ff. und die Beiträge in: YIEL, Bd. 9 (1998).

terzugeben.[813] Die beschwerdeführenden Staaten bestritten ausreichende Bemühungen der Vereinigten Staaten.[814]

Im Hinblick auf die Frage, ob die Maßnahme nach dem *chapeau* des Artikels XX „ein Mittel zur willkürlichen oder ungerechtfertigten Diskriminierung zwischen den Ländern, bei denen die gleichen Verhältnisse vorliegen", ergab der Bericht des *Panel*, dass die Maßnahmen nicht gerechtfertigt werden könnten. Trotz einiger Kritikpunkte sah der später angerufene ständige Berufungsausschuss *(Appellate Body)* in seinem Bericht vom 12. Oktober 1998 ebenfalls keine Rechtfertigungsmöglichkeit nach dem chapeau des Artikels XX.[815]

Für das vorliegende Thema von Bedeutung war die Rolle, die sowohl *Panel*, als auch *Appellate Body* dem Transfer von TED-Technologie beigemessen haben. Danach hatten die Vereinigten Staaten nach Auffassung der Schiedsrichter einerseits keine ausreichenden Anstrengungen unternommen, auf bilateraler oder multilateraler Basis zu einer Einigung über die Anwendung von technischen Schutzmaßnahmen für Meeresschildkröten zu kommen, andererseits hatten sie auch die betroffenen Staaten nur in sehr unterschiedlicher Weise durch Technologietransfer unterstützt. Hierin wurde eine ungerechtfertigte Diskriminierung erblickt.[816]

813 *United States – Import Prohibition of Certain Shrimp and Shrimp Products*, Report of the Panel (Dokument WT/DS58/R v. 15.5.1998), Ziff. 3.107 („The United States considered that one reason why TEDs use had become so widespread was that the United States Government had undertaken extraordinary efforts to transfer TEDs technology to governments and industries in other countries, particularly in developing countries. [...]").

814 Vgl. Dokument WT/DS58/R v. 15.5.1998, Ziff. 3.108 ff. („India submitted that prior to the introduction of its import restriction, the United States had not made any effort to transfer TED technology to the Government of India or, to India's knowledge, to any industries in India."; „Malaysia responded that there had been no transfer of TED technology to its Government or to industries in Malaysia."; „Pakistan responded that it was unaware of any efforts made by the United States, either before or after the imposition of the embargo, to transfer TEDs technology to Pakistan.").

815 Dokument WT/DS58/AB/R v. 12.10.1998 (AB-1998-4).

816 Dokument WT/DS58/AB/R v. 12.10.1998 („175. Differing treatment of different countries desiring certification is also observable in the differences in the levels of effort made by the United States in transferring the required TED technology to specific countries. Far greater efforts to transfer that technology successfully were made to certain exporting countries – basically the fourteen wider Caribbean/

Auch in den von Malaysia angestrengten weiteren Verfahren, in denen es darum ging, ob die Vereinigten Staaten die Empfehlungen des Streitschlichtungsmechanismus ordnungsgemäß umgesetzt haben, wurde die Frage des ausreichenden Technologietransfers aufgeworfen, insoweit aber zugunsten der Vereinigten Staaten entschieden.[817]

II. Zwischenergebnis

Für die Rechtfertigung einer extraterritorial wirkenden Maßnahme zulasten von Entwicklungsländern nach Artikel XX GATT 1994 kann damit der Frage der Technologietransferbemühungen in der Abwägungentscheidung erhebliche Bedeutung zukommen. Die Gremien des Streitschlichtungsmechanismus untersuchen, ob ein Staat sich vor Einführung einer unilateralen Maßnahme, etwa einer an technische Standards anknüpfenden Importbeschränkung, in genügendem Maße bemüht hat, die zur Einhaltung der verlangten Standards notwendigen Technologien an Entwicklungsländern zu transferieren. Technologietransfer kann damit nach den Bestimmungen des WTO-Rechts zu einer Voraussetzung für die zulässige Ergreifung nationaler Umweltschutzmaßnahmen mit extraterritorialer Wirkung werden.

---

western Atlantic countries cited earlier – than to other exporting countries, including the appellees. The level of these efforts is probably related to the length of the ‚phase-in' periods granted – the longer the ‚phase-in' period, the higher the possible level of efforts at technology transfer. Because compliance with the requirements of certification realistically assumes successful TED technology transfer, low or merely nominal efforts at achieving that transfer will, in all probability, result in fewer countries being able to satisfy the certification requirements under Section 609, within the very limited ‚phase-in' periods allowed them. 176. When the foregoing differences in the means of application of Section 609 to various shrimp exporting countries are considered in their cumulative effect, we find, and so hold, that those differences in treatment constitute "unjustifiable discrimination" between exporting countries desiring certification in order to gain access to the United States shrimp market within the meaning of the chapeau of Article XX." (Fußnote ausgelassen).

817 Dokument WT/DS58/RW v. 15.6.2001 (§ 5.117). Insoweit nicht beanstandet in *Report of the Appellate Body* (AB-2001-4), Dokument WT/DS58/AB/RW v. 22.10.2001.

Sechstes Kapitel

Zusammenfassung, Schlussfolgerungen und Ausblick

A. Zusammenfassung und Schlussfolgerungen

Die Untersuchung des Themas Technologietransfer zum internationalen Umweltschutz hat ergeben, dass sektorspezifisch im Bereich der Bemühungen zum Schutz globaler Umweltgüter zahlreiche Bestimmungen zum Technologietransfer zwischen Industriestaaten und Entwicklungsländern heute einen festen Bestandteil der geltenden Völkerrechtsordnung darstellen. Während es im Zuge der Diskussionen um eine „Neue Weltwirtschaftsordnung“ nicht gelungen ist, eine Einigung über verbindliche Völkerrechtsvorschriften zum Technologietransfer zu erzielen, liegt insoweit eine Weiterentwicklung des Völkerrechts der Kooperation vor.

Diese sektorspezifischen Bestimmungen zur Weitergabe von Umwelttechnologien lassen sich aus umweltpolitischer Perspektive durch die Zuspitzung globaler Umweltprobleme bei gleichzeitigen Bemühungen einer aufholenden Entwicklung der Entwicklungsländer erklären. Aus diesem Dilemma hat sich ein weltweiter Konsens dahingehend entwickelt, dass Entwicklungsländer ihren Entwicklungsprozess mit Rücksicht auf globale Umweltschutzbelange verfolgen sollen. Der schlichten Nachführung des Entwicklungspfades der Industriestaaten wird die Forderung nach einer „nachhaltigen Entwicklung“ entgegengesetzt. Bei der Bewältigung des aufgezeigten Dilemmas der aufholenden Entwicklung spielt der rasche Transfer notwendiger Umwelttechnologie eine Schlüsselrolle und stellt eine Voraussetzung für einen effektiven globalen Umweltschutz dar.

Gleichzeitig finden Technologietransfers als komplexe Lernprozesse vor dem Hintergrund international verschärfter Regelungen zum Schutz geistigen Eigentums im Rahmen des WTO-Rechts und bilateraler Verträge zum Investitionsschutz statt. Zahlreiche neue Umwelttechnologien befinden sich in den Händen privater Unternehmen und die Vorstellung eines zwangsweisen Transfers liegt daher nach der gegenwärtigen wirtschaftsvölkerrechtlichen Rahmenordnung fern.

Während also über die Notwendigkeit des Technologietransfers zum globalen Umweltschutz Einigkeit besteht, stellt sich die Umsetzung dieses Postulats in der Praxis als schwierig dar. Zahlreiche Entwicklungsländer haben in der Tradition von Forderungen der „Neuen Weltwirtschaftsordnung" die rasche kostenlose Übertragung von Umwelttechnologie gefordert, auch als Vorbedingung für ihren Beitritt zu globalen Umweltübereinkommen. Ihre insofern gestärkte Verhandlungsposition hat sich im Rahmen der umweltpolitischen Verhandlungen der Vereinten Nationen und in den verschiedenen Übereinkommen zum globalen Umweltschutz deutlich niedergeschlagen.

Was die Verhandlungen im Rahmen der Vereinten Nationen angeht, zeigt sich dass die Frage des Umwelttechnologietransfers schon im Rahmen der Stockholmer Konferenz des Jahres 1972 diskutiert wurde und bis heute – zuletzt etwa im Rahmen des Umweltgipfels von Johannesburg – weiter Gegenstand der Verhandlungen ist. Wenngleich diese Diskussionsprozesse in normativer Hinsicht ohne greifbare Ergebnisse geblieben sind, zeigen sie doch eine Weiterentwicklung der Diskussion und leisten einen Beitrag zur Klarstellung der verschiedenen Facetten der Technologietransferfrage. Dabei sind etwa in den Verhandlungen im Rahmen der Kommission für nachhaltige Entwicklung Verschiebungen der Diskussionsschwerpunkte und insgesamt auch ein zunehmendes Bewußtsein der tatsächlichen Komplexität technologischer Lernprozesse erkennbar.

Völkerrechtsregeln zum Transfer von Umwelttechnologien

In völkerrechtlicher Hinsicht sind jedoch einzig die verbindlichen Bestimmungen der einschlägigen Übereinkommen zum Umweltschutz von Bedeutung. Dabei werden die völkervertraglichen Bestimmungen zum Schutz der Ozonschicht und jene zum Schutz des Weltklimas näher untersucht.

Für das Völkerrecht zum Schutz der Ozonschicht ist das technologietransferbezogene Regelungsgeflecht von vier Aspekten gekennzeichnet. Erstens wurde eine allgemeine Bestimmung zum Technologietransfer verabschiedet, die die Industriestaaten mit Nachdruck zur Ergreifung

„aller durchführbarer Schritte" zur Sicherstellung des raschen Technologietransfers auffordert (Artikel 10A des Montrealer Protokolls). Wenngleich diese Formulierungen eine bis dahin nicht erreichte völkerrechtliche Bindung der Industriestaaten festlegen, zeigt die genauere Analyse jedoch, dass die Bestimmung in ihrer konkreten Umsetzungsperspektive gleichwohl vage bleibt. Zweitens ist die Gründung einer Finanzierungsinstitution vereinbart worden, die finanzielle Mittel zum Technologietransfer bereitstellt und für die Industriestaaten eine Pflicht zur Beitragszahlung beinhaltet. Drittens ist das Regelungsmuster von einer Konditionalitätsklausel gekennzeichnet, wonach Entwicklungsländer nur insoweit zu eigenen Umweltschutzanstrengungen verpflichtet sind, als die Industriestaaten zuvor ihre Verpflichtungen im Bereich der Bereitstellung von Technologien und Finanzmitteln erfüllt haben. Viertens ist im Rahmen des Verfahrens über die Nichteinhaltung von Verpflichtungen der Technologietransfer zur Erfüllungshilfe ausdrücklich vorgesehen.

Bei der Verabschiedung dieser Bestimmungen, die in der Geschichte der völkerrechtlichen Regelungsversuche auf dem Gebiet des Technologietransfer präzedenzlos sind, spiegelt sich das erhebliche Druckpotenzial der Seite der Technologieaspiranten wider soweit es sich um globale Umweltbelange handelt. Im Bereich der nachfolgenden Praxis der Umsetzung dieser Bestimmungen zeigt sich jedoch, dass die Operationalisierung der allgemeinen Technologietransferbestimmung auf erhebliche Schwierigkeiten stößt. Eine Auslegung der Bestimmung als bindende Technologietransferverpflichtung im Sinne eines Zwangstransfers läßt sich jedenfalls nicht durchsetzen. Vielmehr ist in der Umsetzungspraxis eine Verschiebung des Schwerpunktes hin zum Finanzierungsmechanismus unabweisbar. Die Parteien stellen damit im Ergebnis den durch den Finanzierungsmechanismus subventionierten Technologietransfer in den Vordergrund. Damit wählen die Parteien im Kern einen marktkonformen Weg des Technologietransfers, der insbesondere Rechte an geistigem Eigentum an den Umwelttechnologien vollständig wahrt. Insoweit wird auch ein Konflikt mit anderen Völkerrechtsbestimmungen aus dem Bereich der WTO oder bilateraler Investitionsschutzverträge von vornherein vermieden.

Ein vergleichbares Bild ergibt die Untersuchung des Völkerrechts im Bereich des Schutzes des Klimas, wobei Abweichungen im Einzelfall aufgrund der Unterschiedlichkeit der Regelungsmaterie durchaus erkennbar sind. Auch das Klimarahmenübereinkommen enthält mit Artikel 4 Absatz 5 eine Zentralnorm zum Technologietransfer. Diese ist im Vergleich zum Montrealer Protokoll allerdings schwächer formuliert, statuiert aber gleichwohl eine Verpflichtung der Industriestaaten zur Ergreifung von „allen nur möglichen Maßnahmen“ zur Weitergabe von Technologien. Die Verpflichtungen zum Technologietransfer betreffen im Klimabereich sowohl Technologien zur Minderung von Emissionen als auch Technologien zur Anpassung an entstehende Klimaänderungen. Das Klimarahmenübereinkommen sieht parallel ebenfalls die Gründung einer Finanzierungsinstitution vor, wobei mit dieser Aufgabe nach den Beschlüssen der Vertragsparteien die Globale Umweltfazilität betraut ist. Das Übereinkommen enthält ebenfalls eine Konditionalitätsklausel und im Rahmen des später vereinbarten Mechanismus über die Nichteinhaltung von Verpflichtungen zeigt sich ebenfalls eine spezifische Rolle des Technologietransfers in Fällen der Nichteinhaltung durch Entwicklungsländer.

Bei der Umsetzung des Artikels 4 Absatz 5 stoßen die Vertragsparteien auf vergleichbare Probleme wie im Falle des Montrealer Protokolls. Auch hier ist eine Akzentverschiebung hin zur Finanzierung des Technologietransfers deutlich. In diesen Umsetzungszusammenhang ist auch die Finanzierung von Maßnahmen zur Verbesserung des Informationsflusses über vorhandene Technologien (Aufbau von Datenbanken bzw. Technologieinformationszentren) zu stellen. Neben diesen subventionierten Technologietransfermaßnahmen ergibt sich im Klimakontext jedoch mit dem Instrument der „gemeinsamen Umsetzung“, das mit den flexiblen Mechanismen des Kioto-Protokolls wesentlich ausgebaut und verfeinert wurde, ein zusätzliches marktkonformes Anreizsystem zum Technologietransfer an Entwicklungsländer. Beide Ansatzpunkte zur Verbesserung des Technologietransfers im Kontext des Klimaschutzes stehen damit im Einklang mit anderen Bestimmungen des Wirtschaftsvölkerrechts und gewährleisten die vollständige Wahrung der geistigen Eigentumsrechte an Umwelttechnologien.

Regelungsmodell des Technologietransfers zum internationalen Umweltschutz

Insgesamt zeigt sich, dass im Bereich der Übereinkommen zum globalen Umweltschutz wesentliche Gemeinsamkeiten in den Regelungsmustern, bis hin zu den Formulierungen, aber auch im Einzelfall in der Sachmaterie begründete Besonderheiten in den völkerrechtlichen Regelungsansätzen erkennbar sind. Der kursorische Vergleich mit anderen Übereinkommen zum Umweltschutz bestätigt diese Gemeinsamkeiten. Sofern es sich um globale Umweltschutzinteressen handelt, finden sich auch dort neben einer allgemeinen Zentralbestimmung zum Technologietransfer eine Verbindung zu einem Finanzierungsmechanismus, der der Subventionierung von Technologietransfer dient und eine Konditionalitätsklausel. Soweit die Besonderheiten der Regelungsmaterie dies zulassen, finden sich auch andere marktkonforme Anreizstrukturen zum Technologietransfer (Zugangsübereinkommen im Biodiversitäts- und Fischereikontext).

Gemeinsamkeiten sind ferner insoweit erkennbar, als Maßnahmen zum Technologietransfer nicht nur konkrete Übertragungen bestimmter Technologie *(hardware)* verstanden werden, sondern ein breites Verständnis des Technologietransfers Platz greift, welches Technologietransfer als komplexen Lernprozess begreift, der etwa auch zunächst die Schaffung der erforderlichen technischen Kapazitäten auf der Empfängerseite voraussetzt. Insoweit schadet auch nicht die begriffliche Verwischung von Technologietransfer mit anderen Begriffen der technischen Zusammenarbeit und des Kapazitätsaufbaus. In gewisser Weise entspricht diese begriffliche Unschärfe den tatsächlichen Verhältnissen dieser vielschichtigen Lernprozesse.

Die so skizzierte Umsetzungspraxis deckt sich im Wesentlichen mit den Erkenntnissen der Diskussionsprozesse im Rahmen der Vereinten Nationen. Auch dort wird für die Umsetzung des Technologietransfers zum Umweltschutz die Finanzierung und die Verbesserung des Informationsflusses und die Schaffung verbesserter Marktbedingungen („enabling environments") als wesentliche Umsetzungsstrategie anerkannt.

Die Feststellung der Gemeinsamkeiten wird nicht dadurch in Frage gestellt, dass verschiedene Übereinkommen zum Umweltschutz wesentlich schwächer formulierte Technologietransferbestimmungen beinhalten. Dies ist damit zu erklären, dass dort jeweils auf Seiten der Industriestaaten kein globales Umweltinteresse, sondern regionale Umweltinteressen als wesentlich erachtet wurden und daher die Bereitschaft der Geberländer zu Zugeständnissen entsprechend geringer war. Insoweit können holzschnittartig zwei Kategorien internationaler Umweltübereinkommen ausgemacht werden, jene der Übereinkommen zum Schutz genuin-globaler Umweltgüter (Ozon, Klima und Biodiversität) und jene zum internationalen Schutz regionalen Umweltgüter oder anderer Umweltschutzinteressen (Wüstenbekämpfung, Meeresumweltschutz, bzw. Abfall und gefährliche Chemikalien). Mit der hieraus resultierenden verhandlungsfaktischen Situation lässt sich erklären, dass zwar alle Übereinkommen Bestimmungen zum Technologietransfer beinhalten, diese aber unterschiedliche strenge Formulierungen aufweisen.

Eine neue globale Umweltpartnerschaft?

Die Frage, ob vor diesem Hintergrund im Umwelttechnologietransferkontext von einer „New Global Environmental Order"[818] oder einer „New International Ecological Order"[819] mit den deutlichen Anklängen an die gescheiterte „Neue Internationale Weltwirtschaftsordnung" gesprochen werden kann, sei insoweit dahingestellt. Zum einen ist der Begriffsinhalt solcher Schlagworte ohnehin dunkel, zum anderen wird mit der Untersuchung der Technologietransferbestimmungen deutlich, dass es sich jedenfalls weniger um die Einläutung einer neuen Ära globaler Kooperation im Sinne uneigennütziger Solidarität zwischen Industrie- und Entwicklungsländern handelt, als vielmehr auch hier um das Ergebnis der von den jeweiligen Interessen geleiteten Verhandlungen.[820] Die Industriestaaten waren nur bereit, Zugeständnisse im Bereich des Technologie- und Finanztransfers zu machen, soweit es um das wohl verstandene Eigeninteresse am Schutz globaler Umweltgüter geht und die Verpflichtung auch der Entwicklungsländer zu Beiträgen mit diesem Ziel. Vor diesem Hintergrund bestätigt sich das Völkerrecht letztlich auch in diesem Bereich als eine Gegenseitigkeitsordnung. Die Entwicklungsländer waren nur unter der Bedingung der Zusagen zum Technologie- und

818 So *P. Slinn*, in: International Law and Global Climate Change, S. 75, 90.
819 So *B. Desai*, BCW, Bd. IX (3), 1997, S. 545.
820 Vgl. *W. Friedmann*, RdC, Bd. 127 (1969-II), S. 183 f.

Finanztransfer bereit, ihre nationalen Entwicklungsinteressen im Hinblick auf globalen Umweltschutz zu modifizieren.[821] Es kann damit nicht überraschen, dass internationale Verhandlungsprozesse bei bestehenden Disparitäten der Staatenwelt vor diesem Hintergrund „gemeinsame, aber differenzierte Verpflichtungen" hervorbringen. Die untersuchten Bestimmungen zum Technologietransfer gehören insoweit zum Kernbestand solcher umweltvölkerrechtlicher Pflichtendifferenzierung und formen damit den Inhalt des Begriffs der „Gemeinsamen, aber unterschiedliche Verantwortlichkeiten" mit aus.

Im Jahre 1987 bemerkte *W. Graf Vitzthum* über den Technologietransfer, dass der „Süden" das, „was er im Großen (Nord-Süd-Dialog etc.) nicht erreichen kann, zunächst auf einzelnen Sektoren zu realisieren" suche, wobei er Fortschritte im Bereich von „Agenden, bei denen es um international akzeptierte Gemeinwohlbelange geht" am ehesten für möglich hält.[822] Die beschriebenen sektoralen Technologietransferbestimmungen zum globalen Umweltschutz – einem internationalem Gemeinwohlbelang par excellence – bestätigen diese Einschätzung. Hier ist ein sektorales Regime für den Technologietransfer in seinen Grundzügen erkennbar, wobei sich die wirtschaftspolitischen Rahmenbedingungen insoweit fundamental geändert haben, als „der Süden" Bestrebungen der sektoralen Verwirklichung einer „Neuen Weltwirtschaftsordnung" aufgegeben hat und akzeptiert, dass die Verpflichtungen zu Maßnahmen zum Umwelttechnologietransfer heute im Sinne von marktkonformen Transfers umwelttechnologischen Wissens umgesetzt werden.

Die genannten marktkonformen Anreizsysteme zum Transfer von Umwelttechnologie lassen sich dabei in zwei wesentliche Richtungen identifizieren. Erstens spielen Finanzierungsinstrumente eine zentrale Rolle. Dabei ist die Entwicklung von Finanzierungsmechanismen im Rahmen der jeweiligen Übereinkommen besonders markant, wobei auch die bilaterale Finanzhilfe nicht zu vernachlässigen ist. Die Bereitsstellung finanzieller Ressourcen ist dabei nicht auf den Transfer bestimmter Technologietransfer beschränkt, sondern betrifft regelmäßig einen breiteren Ansatz technologischer Zusammenarbeit, der auch den Kapazitäts-

821 Dieser Aspekt könnte auch unter dem Gesichtspunkt der „equity" diskutiert werden. So IPCC (Hrsg.), Climate Change 1995 – Economic and Social Dimensions, S. 118 („Countries are unlikely to participate fully unless the perceive the arrangements to be equitable.").

822 *W. Graf Vitzthum*, ORDO, Bd. 38 (1987), S. 233, 235, 262.

aufbau und jegliche Weitergabe von relevanten Informationen – etwa auch durch die Förderung des Aufbaus von Technologieinformationszentren – beinhaltet. Es ergibt sich daher, dass sich die Bestimmungen des Technologietransfers jedenfalls in der Praxis der Umsetzung der Übereinkommen von jenen zur finanziellen Zusammenarbeit nicht trennen lassen. Eine zentrale Rolle bei der Umsetzung auch der Technologietransferbestimmungen der Übereinkommen ist daher der Globalen Umweltfazilität zugewiesen, bzw. dem Multilateralen Fonds des Montrealer Protokolls.

Zweitens haben sich im Rahmen der Übereinkommen verschiedene innovative Ansätze herausgebildet, denen gemein ist, dass sie marktwirtschaftliche Anreize für den Transfer von Umwelttechnologien durch private Investoren schaffen. Im Bereich des Klimaschutzes sind dies die Mechanismen zur Flexibilisierung der Emissionsreduktionspflichten und im Bereich des Artenschutzes die Betonung der Gegenleistungspflicht für die Inanspruchnahme bestimmter Umweltressourcen.

Die Parallelität dieser beiden Ansätze ist vor dem Hintergrund zu begrüßen, dass Marktmechanismen der zweiten Kategorie im Hinblick auf Technologietransfer in solche weltwirtschaftlich marginalisierten Staaten scheitern, in denen es aufgrund fehlender Grundstrukturen für Investitionen von der Privatwirtschaft gemieden werden. Hier stehen insoweit Finanzierungsmaßnahmen im Vordergrund. Die Schlüsselrolle, die insoweit den Finanzmechanismen zukommt, akzentuiert die Tatsache, dass es sich bei der Ausstattung der verschiedenen Finanzierungsfonds und der regelmäßigen Wiederauffüllung im Grundsatz nicht um freiwillige Leistungen, sondern um die Erfüllung von Rechtspflichten aus den jeweiligen Übereinkommen handelt.

Einordnung in bestehende wirtschaftsvölkerrechtliche Rahmenbedingungen

Mit den Völkerrechtsregeln der Weltwirtschaftsordnung hat dieses Regelungsmuster des Technologietransfers daher auch keine erkennbaren Kompatibilitätsprobleme. Wegen der Verfolgung marktkonformer Umsetzungsstrategien auch im Umwelttechnologiebereich haben sich in der Praxis bislang keine Spannungen ergeben. Die untersuchten Bestimmungen zum Technologietransfer führen insbesondere auch nicht zu einer

Schwächung des geistigen Eigentums an Umwelttechnologien.[823] Vorhandene Ausnahmeklauseln etwa im Rahmen des TRIPs-Übereinkommens haben aus diesem Grund auch bislang keine Bedeutung erlangt. Aus der Spruchpraxis der WTO Streitschlichtungsorgane ergeben sich vielmehr Anzeichen eines zweckdienlichen Ineinandergreifens von Vorschriften des Welthandelsrechts und der Bestimmungen zum Technologietransfer, wenn Technologietransfer zu einer Rechtmäßigkeitsvoraussetzung im Zusammenhang mit der Zulässigkeit extraterritorialen Umweltschutzmaßnahmen ernannt wird. Damit findet Technologietransfer zum internationalen Umweltschutz als „nicht-ökonomisches Anliegen einer eigentlichen Weltwirtschaftsverfassung“ *(Thomas Cottier)* entsprechende Berücksichtigung.

Völkergewohnheitsrecht?

Schließlich soll die Frage aufgeworfen werden, ob allgemeine völkergewohnheitsrechtliche Pflichten zum Technologietransfer im Bereich des Umweltschutzes nachweisbar sind. Dabei muss betont werden, dass Völkergewohnheitsrecht hier in traditioneller Hinsicht[824] verstanden wird, als bestehend aus wiederholter, gefestigter oder regelmäßiger einheitlicher Staatenübung und – subjektiv – aus der Überzeugung, zu diesem Verhalten völkerrechtlich verpflichtet zu sein (opinio iuris).[825]

Zwar liegt eine sich verfestigende Praxis der technologischen Zusammenarbeit im Bereich des Umweltschutzes zwischen Industriestaaten und Entwicklungsländern durchaus vor, diese wird aber erkennbar nicht von einer Überzeugung getragen, in allgemeiner Weise rechtlich zu dieser Kooperation verpflichtet zu sein. Eine rechtliche Verpflichtung ergibt sich insoweit einzig aus den spezifischen Übereinkommen zum Umweltschutz.[826]

823 So auch *D. Alexander*, RECIEL, Bd. 2 (1993), S. 113, 117.
824 Zu neueren Ansätzen etwa *A. E. Roberts*, AJIL, Bd. 95 (2001), S. 757 ff. m.w.N.
825 *W. Graf Vitzthum*, in: Völkerrecht, 1. Abschnitt, Rz. 131.
826 So auch *H. Beck*, Die Differenzierung von Rechtspflichten, S. 189; *F. Weiss*, EPIL, Bd. IV. (2000), S. 788.

B. Ausblick

Die beschriebenen marktkonformen Ansätze internationaler umweltbezogener Technologietransferregelungen sind insoweit positiv zu bewerten, als es über die Jahre gelungen ist, an die Stelle konfrontativer Diskussionen zwischen Industrieländern und Entwicklungsländern über zwangsweisen Technologietransfer im Sinne einer „Neuen Weltwirtschaftsordnung“, eine ertragreichere Diskussion über kooperative Formen der technologischen Zusammenarbeit treten zu lassen. Damit ist erstens insgesamt ein Konsens hinsichtlich der Notwendigkeit des Technologietransfers zum Umweltschutz erreicht worden. Zweitens ist Übereinstimmung hinsichtlich der im Vordergrund stehenen Regelungsansätze erkennbar und zwar insbesondere auch hinsichtlich der Erkenntnis der transfer- und innovationshemmenden Auswirkungen von Zwangsmechanismen.

Angesichts des Dilemmas der aufholenden Entwicklung im Hinblick auf die bestehenden und prognostizierten Umweltprobleme erscheint aber dennoch zweifelhaft, ob die gegenwärtigen Anstrengungen dem enormen Technologietransferbedarf im Umweltbereich angemessen sind. Insoweit ist als die zentrale Forderung nicht nur eine Erhöhung der für den globalen Umweltschutz zur Verfügung stehenden Finanzierungsmittel anzusehen, sondern auch die Verbesserung der Rahmenbedingungen für den Technologietransfer in den Empfängerländern. Der Forderung nach „Good Governance“ als einer Voraussetzung eines „ernstgenommenen Rechts auf Entwicklung“[827] kommt damit auch im Kontext des Technologietransfers zum globalen Umweltschutz wesentliche Bedeutung zu. Die erforderlichen Umwelttechnologien werden weder ohne Finanzhilfen noch ohne „good environmental governance“-Strukturen in den Zielländern in genügendem Umfang zum Einsatz gebracht werden können. Hiermit ist gleichzeitig angedeutet, dass es im Bereich des Technologietransfers auch im Umweltbereich „Knopfdruck- oder grand-design-Lösungen“ – auch bei der Umsetzung der untersuchten Völkerrechtsnormen – nicht geben kann, sondern der technologische Wandel auch insoweit ein komplexer Lernprozess ist, der durch zahllose Einzelmaßnahmen des technologischen Kapazitätsaufbaus nur mit lan-

827 *R. Dolzer*, in: Völkerrecht, Rz. 41.

gem Atem voran gebracht werden kann. Dies ist ein Ergebnis, was freilich nicht nur im Hinblick auf den Technologietransfer in Entwicklungsländer zutrifft.

Anhänge

Anhang 1 – Auszug aus „Programme for the Further Implementation of Agenda 21“, A/S-19/2 v. 19.9.1997

Transfer of environmentally sound technologies

88. The availability of scientific and technological information and access to and transfer of environmentally sound technologies are essential requirements for sustainable development. There is an urgent need for developing countries to acquire greater access to environmentally sound technologies if they are to meet the obligations agreed at the United Nations Conference on Environment and Development and in the relevant international conventions. The ability of developing countries to participate in, benefit from and contribute to rapid advances in science and technology can significantly influence their development. This calls for the urgent fulfilment of all the Conference commitments concerning concrete measures for the transfer of environmentally sound technologies to developing countries. The international community should promote, facilitate and finance, as appropriate, access to and transfer of environmentally sound technologies and the corresponding know-how, in particular to developing countries, on favourable terms, including concessional and preferential terms, as mutually agreed, taking into account the need to protect intellectual property rights as well as the special needs of developing countries for the implementation of Agenda 21. Current forms of cooperation involving the public and private sectors of developing and developed countries should be built upon and expanded. In this context, it is important to identify barriers and restrictions to the transfer of publicly and privately owned environmentally sound technologies, with a view to reducing such constraints while creating specific incentives, fiscal and otherwise, for the transfer of such technologies. Progress in the fulfilment of all the provisions contained in chapter 34 of Agenda 21 should be reviewed regularly as part of the multi-year work programme of the Commission on Sustainable Development.

89. Technology transfer and the development of the human and institutional capacity to adapt, absorb and disseminate technologies, as well as to generate technical knowledge and innovations, are part of the same process and must be given equal importance. Governments have an important role to play in providing, inter alia, research and development institutions with incentives to promote and contribute to the development of institutional and human capacities.

90. Much of the most advanced environmentally sound technology is developed and held by the private sector. The creation of an enabling environment, on the part of both developed and developing countries, including supportive economic and fiscal measures, as

well as a practical system of environmental regulations and compliance mechanisms, can help to stimulate private sector investment in and transfer of environmentally sound technology to developing countries.

New ways of financial intermediation for the financing of environmentally sound technologies, such as „green credit lines“, should be examined. Further efforts should be made by Governments and international development institutions to facilitate the transfer of privately owned technology on concessional terms, as mutually agreed, to developing countries, especially the least developed countries.

91. A proportion of technology is held or owned by Governments and public institutions or results from publicly funded research and development activities. The Government's control and influence over the technological knowledge produced in publicly funded research and development institutions open up the potential for the generation of publicly owned technologies that could be made accessible to developing countries, and could be an important means for Governments to catalyse private sector technology transfer. Proposals for the further study of the options with respect to those technologies and publicly funded research and development activities are to be welcomed.

92. Governments should create a legal and policy framework that is conducive to technology-related private sector investments and long-term sustainable development objectives. Governments and international development institutions should continue to play a key role in establishing public-private partnerships, within and between developed and developing countries and countries with economies in transition. Such partnerships are essential for linking the advantages of the private sector – access to finance and technology, managerial efficiency, entrepreneurial experience and engineering expertise – with the capacity of Governments to create a policy environment that is conducive to technology-related private sector investments and long-term sustainable development objectives.

93. The creation of centres for the transfer of technology at various levels, including the regional level, could greatly contribute to achieving the objective of transfer of environmentally sound technologies to developing countries. For this purpose, existing United Nations bodies, including, as appropriate, the Commission on Science and Technology for Development, the United Nations Conference on Trade and Development, the United Nations Industrial Development Organization, the United Nations Environment Programme and the regional commissions, should cooperate and mechanisms be used, such as technical cooperation among developing countries and economic cooperation among developing countries.

94. Governments and international development institutions can also play an important role in bringing together companies from developed and developing countries and countries with economies in transition so that they can create sustainable and mutually beneficial business linkages. Incentives should be provided to stimulate the building of joint ventures between small and medium-sized enterprises of developed and developing countries and countries with economies in transition, and cleaner production programmes in public and private companies should be supported.

95. Governments of developing countries should take appropriate measures to strengthen South-South cooperation for technology transfer and capacity-building. Such measures

could include the networking of existing national information systems and sources on environmentally sound technologies, and the networking of national cleaner production centres, as well as the establishment of sector-specific regional centres for technology transfer and capacity-building. Interested donor countries and international organizations should further assist developing countries in those efforts through, inter alia, supporting trilateral arrangements and contributing to the United Nations Voluntary Trust Fund for South-South Cooperation.

96. Attention must also be given to technology needs assessment as a tool for Governments in identifying a portfolio for technology transfer projects and capacity-building activities to be undertaken to facilitate and accelerate the development, adoption and dissemination of environmentally sound technologies in particular sectors of the national economy. It is also important for Governments to promote the integration of environmental technology assessment with technology needs assessment as an important tool for evaluating environmentally sound technologies and the organizational, managerial and human resource systems related to the proper use of those technologies.

97. There is a need to further explore and enhance the potential of global electronic information and telecommunication networks. This would enable countries to choose among the available technological options that are most appropriate to their needs. In this respect, the international community should assist developing countries in enhancing their capacities.

Anhang 2 – Commission on Sustainable Development, Decision 6/3

Transfer of environmentally sound technology, capacity-building, education and public awareness and science for sustainable development

1. The Commission on Sustainable Development:

(a) Takes note of the report of the Secretary-General and related background documents dealing with the transfer of environmentally sound technology, capacity-building, education and public awareness, and science for sustainable development;

(b) Recognizes that the transfer of environmentally sound technology, capacity-building, education and public awareness, and science for sustainable development are critical elements of a national enabling environment necessary to achieve sustainable development, which includes economic and social development and environmental protection;

(c) Reaffirms the importance it attaches to the two overarching themes, eradication of poverty and sustainable consumption and production patterns, for the programme of work of the Commission, adopted at the nineteenth special session of the General Assembly;

(d) Recalls that the Rio Declaration on Environment and Development and the General Assembly, at its nineteenth special session, recognized that poverty eradication is essential for sustainable development; reaffirms the urgent need for the timely and full implementation of all the relevant commitments, agreements and targets already agreed upon since the United Nations Conference on Environment and Development by the international community, including the United Nations system and international financial institutions; and, in this context, notes the efforts to achieve the above targets as well as the target to reduce by one half by 2015 the proportion of people in extreme poverty;

(e) Reaffirms that renewed commitment and political will for mobilizing national and international financial sources of public funds, including official development assistance, and encouraging private investment in all these areas is urgently required, particularly for developing countries, if they are to meet their needs for the transfer of environmentally sound technology, capacity-building, education development and public awareness and scientific capabilities;

(f) Encourages the greater use of public and market-based policy instruments and incentives to promote better management of human and natural resources and the development of national capacities to more effectively develop, adapt, integrate and use new technologies;

(g) Welcomes the trend demonstrated in each of the areas towards greater public participation and decentralization, including broader civil society consultations, citizen empowerment and increasing public/private partnership and networks, resulting in more demand-driven efforts at capacity-building, education and public awareness, science development and transfer of environmentally sound technology;

(h) Recognizes the special needs, skills and experience of girls and women, youth, indigenous people and local communities, as well as vulnerable and marginalized groups, in all areas of capacity-building, education and training, science and the use of environmentally sound technology and stresses the need to ensure their equal access to educational and capacity-building opportunities and greater involvement in decision-making at all levels;

(i) Encourages Governments that have not already done so to elaborate appropriate policies and plans related to the transfer of environmentally sound technology, capacity-building, education and public awareness and science for sustainable development and ensure that they are fully integrated into national sustainable development strategies and programmes of regional and subregional cooperation.

A. Transfer of environmentally sound technology

2. The Commission on Sustainable Development:

(a) Recalls that Agenda 21 and the Rio Declaration provide a fundamental framework for actions on matters related to the transfer of environmentally sound technologies, cooperation and capacity-building;

(b) Welcomes the initiatives of the Governments of the Republic of Korea and the United Kingdom of Great Britain and Northern Ireland to organize inter-sessional meetings on issues relevant to technology transfer, cooperation and capacity-building;

(c) Recognizes that the objectives of sustainable development require continuous technological innovation and the widespread adoption, transfer and diffusion of environmentally sound technologies, including know-how and organizational and managerial procedures, as well as equipment, and that the development of human and institutional capacities to adapt, absorb and upgrade technologies, as well as to generate technological knowledge, is essential for technology transfer, management and diffusion;

(d) Notes that public-private partnerships offer a means of increasing access to, and transfer of, environmentally sound technologies;

(e) Recognizes that the creation of enabling environments at all levels provides a platform to support the development and use of environmentally sound technologies, and in this regard:

(i) The design of legal and policy frameworks that are conducive to long-term sustainable development objectives is a key element of this environment;

(ii) Governments should try to facilitate the transfer of environmentally sound technologies by creating a policy environment that is conducive to technology-related private sector investments and long-term sustainable development objectives;

(f) Encourages Governments and industry to work together to build capacity in the developing countries for using and maintaining environmentally sound technologies, taking into account that:

(i) Financing programmes for small and medium-sized enterprises, including microcredit initiatives, are very important;

(ii) Education and training must also be key priorities in national efforts to develop operating and maintenance skills in the use of environmentally sound technologies;

(g) Calls for the urgent fulfilment of all the commitments of the United Nations Conference on Environment and Development concerning concrete measures for the transfer of environmentally sound technologies to developing countries. The international community should promote, facilitate and finance, as appropriate, access to and transfer of environmentally sound technologies and the corresponding know-how, in particular to developing countries, on favourable terms, including concessional and preferential terms, as mutually agreed, taking into account the need to protect intellectual property rights as well as the special needs of developing countries for the implementation of Agenda 21;

(h) Emphasizes that technology cooperation between and among economic actors of developed and developing countries and countries with economies in transition remains a key element in achieving sustainable development objectives. Efforts at enhancing technology cooperation should recognize the critical role of business and industry in technology development, transfer and diffusion, while recognizing the responsibility of Governments to develop policy, legal and institutional frameworks, consistent with sustainable development, in order to promote technology development, transfer and cooperation.

3. The Commission, therefore, decides to include in its future work consideration of policies to promote sustainable production patterns, and, in this context, to consider the concept of eco-efficiency and examples of its application in developed and developing countries, and the transfer of environmentally sound technologies for these purposes. Policy measures should, in particular, focus on the following areas:

(a) National technology strategies and international technology cooperation. In defining policy measures in this area, it is important to identify the potential actors, including Governments, business and industry, research and development institutions and technology intermediaries, and to examine their respective roles, specific interests, capacities and priorities. It is also important to identify barriers and restrictions to the transfer of environmentally sound technologies, in particular to developing countries, and to seek to reduce such constraints, while creating incentives for such transfer, taking into consideration the promotion of cleaner production;

(b) Technology integration, economic competitiveness and environmental management at the enterprise level, including international technology cooperation, at the enterprise level. In defining policy measures in this area, a thorough understanding of the factors that influence companies' environmental and economic performance is needed, including their adoption of best practices in environmental management and the use of environmentally sound technologies in production processes;.

(c) In the context of technology transfer and adaptation, it is important that environmentally sound technologies be transferred to developing countries, with support, including, as appropriate, financial support, from developed countries and relevant international institutions, in cooperation with the private sector. In this regard, the experience of the United Nations Industrial Development Organization, the United Nations Environment Programme and other relevant bodies of the United Nations system in establishing cleaner production centres can help facilitate this process.

4. The Commission:

(a) Invites Governments with the assistance of relevant United Nations bodies such as the United Nations Conference on Trade and Development, the United Nations Environment Programme, the United Nations Industrial Development Organization and the Department of Economic and Social Affairs of the United Nations Secretariat, and in consultation with development assistance agencies, to undertake work on the development of voluntary guidelines on technology partnerships involving economic actors of developed and developing countries and countries with economies in transition, in the context of creating and maintaining an enabling environment for the purpose of maximizing the complementary roles of the public and private sectors in the transfer of environmentally sound technologies. Based on experience and emerging opportunities, such guidelines could assist Governments:

(i) In developing policy approaches and implementation strategies for technology cooperation and partnership initiatives;

(ii) In adopting incentives and economic instruments to provide a favourable legal and policy environment for private sector companies from developed countries to participate in technology partnership initiatives with developing countries,supported through an enabling international environment that facilitates access to, and transfer of, environmentally sound technologies and corresponding know-how;

(iii) In applying mechanisms and tools for the assessment of the effectiveness of the transfer of environmentally sound technologies and of technology partnership initiatives with regard to their contribution to achieving economic, social and environmental goals and targets;

(b) Urges Governments, the private sector and research and development institutions of developed countries to identify barriers and restrictions to the transfer of environmentally sound technologies and provide opportunities for technology cooperation, including in research and development, and partnership initiatives involving economic actors from developing countries, particularly African countries and the least developed countries, taking into account conditions and needs of these countries for the transfer of environmentally sound technologies and related capacity-building activities aimed at creating an enabling environment; and welcomes studies in this area;

(c) Encourages Governments of developing countries and countries with economies in transition, with the support of the United Nations system, to develop national strategies for technology innovation, commercialization and diffusion, with a focus on economic or industrial sectors that are particularly important with respect to economic growth, natural resources consumption, efficiency in the use of energy and natural resources in consumption and production patterns and pollution control, taking fully into account the need to create an enabling environment for private sector activities. Regional expert group meetings, jointly organized by Governments and United Nations bodies, including the Department of Economic and Social Affairs of the United Nations Secretariat, the United Nations Conference on Trade and Development, the United Nations Industrial Development Organization, the United Nations Environment Programme and the United Nations Development Programme, can be a useful mechanism to develop guidelines or manuals to assist Governments, upon request, in developing national technology strategies and initiating various forms of partnerships for the implementation of these strategies. The guidance document on national needs assessment for the improved utilization of environmentally sound technologies, adopted by the Commission in 1996, may be useful in developing such guidelines or manuals;

(d) Requests the United Nations Industrial Development Organization and the United Nations Environment Programme, in cooperation with the Department of Economic and Social Affairs, to consider undertaking a study on the effectiveness of incentives to encourage industry to adopt cleaner production technologies. The study should evaluate existing practices and experiences of countries and organizations. The results of the evaluation could be useful to Governments in developing national technology strategies and in ensuring that these strategies are fully integrated into national sustainable development strategies and programmes;

(e) Calls on all Governments, with the support of international organizations and financial institutions, to assist small and medium-sized enterprises, including through funding of feasibility studies on market opportunities and commercial viability of environmentally sound technologies, use of economic instruments, including fiscal incentives, export promotion programmes, trade initiatives, including economically sound technologies-related issues, and assistance in the development of business plans;

(f) Invites interested Governments of developed and developing countries and countries with economies in transition to undertake, in particular in the context of promoting regional cooperation and implementing international environmental conventions and agreements, in cooperation with the Department of Economic and Social Affairs, the United Nations Conference on Trade and Development, the United Nations Industrial Development Organization, the United Nations Environment Programme and other relevant international bodies, a pilot project on opportunities for sector-specific applications of the recommendations on transfer and commercialization of publicly funded environmentally sound technologies made by the International Expert Meeting on the Role of Publicly Funded Research and Publicly Owned Technologies in the Transfer and Diffusion of Environmentally Sound Technologies, hosted by the Government of the Republic of Korea. The results of this project could be presented to the Commission in 2002. Issues to be considered might include:

(i) Reviewing national legal, institutional, development cooperation and other relevant policies, with a view to removing obstacles to, and providing research and development institutions and the private sector with incentives for, the transfer and commercialization of publicly funded and publicly owned environmentally sound technologies, in particular to developing countries and, as appropriate, countries with economies in transition;

(ii) Assessing existing as well as new technology transfer mechanisms, for example bilateral and multilateral memoranda of understanding and environmentally sound technology pooling or banks, with regard to their potential and use for the transfer and commercialization of publicly funded and publicly owned environmentally sound technologies to developing countries and, as appropriate, countries with economies in transition;

(iii) Considering the creation of additional centres for the transfer of environmentally sound technologies at various levels, including the regional level, which could greatly contribute to achieving the objectives of the transfer of environmentally sound technologies to developing countries;

(iv) Examining various policy approaches to commercialize non-patented or uncommercialized technologies that result from publicly funded research activities, including through the promotion of strategic alliances between research and development institutions, development cooperation agencies, enterprises, technology centres and other intermediaries, and to facilitate access to these technologies by developing countries.

Anhang 3 – Auszug aus dem Johannesburg Plan of Implementation (2002)

105. Promote, facilitate and finance, as appropriate, access to and the development, transfer and diffusion of environmentally sound technologies and corresponding know-how, in particular to developing countries and countries with economies in transition on favourable terms, including on concessional and preferential terms, as mutually agreed, as set out in chapter 34 of Agenda 21, including through urgent actions at all levels to:

(a) Provide information more effectively;

(b) Enhance existing national institutional capacity in developing countries to improve access to and the development, transfer and diffusion of environmentally sound technologies and corresponding know-how;

(c) Facilitate country-driven technology needs assessments;

(d) Establish legal and regulatory frameworks in both supplier and recipient countries that expedite the transfer of environmentally sound technologies in a cost effective manner by both public and private sectors and support their implementation;

(e) Promote the access and transfer of technology related to early warning systems and to mitigation programmes to developing countries affected by natural disasters.

106. Improve the transfer of technologies to developing countries, in particular at the bilateral and regional levels, including through urgent actions at all levels to:

(a) Improve interaction and collaboration, stakeholder relationships and networks between and among universities, research institutions, government agencies and the private sector;

(b) Develop and strengthen networking of related institutional support structures, such as technology and productivity centres, research, training and development institutions, and national and regional cleaner production centres;

(c) Create partnerships conducive to investment and technology transfer, development and diffusion, to assist developing countries, as well as countries with economies in transition, in sharing best practices and promoting programmes of assistance, and encourage collaboration between corporations and research institutes to enhance industrial efficiency, agricultural productivity, environmental management and competitiveness;

(d) Provide assistance to developing countries, as well as countries with economies in transition, in accessing environmentally sound technologies that are publicly owned or in the public domain, as well as available knowledge in the public domain on science and technology, and in accessing the know-how and expertise required in order for them to make independent use of this knowledge in pursuing their development goals;

(e) Support existing mechanisms and, where appropriate, establish new mechanisms for the development, transfer and diffusion of environmentally sound technologies to developing countries and economies in transition.

Anhang 4 – Montrealer Protokoll vom 16. September 1987 über Stoffe, die zu einem Abbau der Ozonschicht führen, Artikel 4 Absätze 2 und 3 in der Fassung vom 16.9.1987

2. The Parties undertake to facilitate access to environmentally sound safe alternative substances and technology for Parties that are developing countries and assist them to make expeditious use of such alternatives.

3. The Parties undertake to facilitate bilaterally or multilaterally the provision of subsidies, aid, credits, guarantees or insurance programmes to Parties that are developing countries for the use of alternative technology and for substitute products.

Anhang 5 – Resolution on the Exchange of Technical Information

The Conference,

Having adopted the Montreal Protocol on Substances that Deplete the Ozone Layer,

Realizing the importance of reducing as quickly as possible the emissions of these substances,

Recognizing the need for an early exchange of information on technologies and strategies to achieve this,

1. Requests the Executive Director of the United Nations Environment Programme (UNEP), pending the first meeting of the Parties, to make appropriate arrangements to facilitate the exchange of information on technology referred to in Article 9 and 10 of the Protocol;

2. Appeals to interested States and regional economic integration organizations to sponsor, at the earliest opportunity, in co-operation with UNEP, a workshop with the aim of:

(a) Exchange information on technologies and administrative strategies for reducing emissions of the substances listed in Annex A to the Protocol and for developing alternatives, taking into account paragraph 2 of Annex II to the Vienna Convention for the Protection of the Ozone Layer; and

(b) Identifying areas in which further research and technical development are required,

3. Urges all interested parties to participate in and contribute to such a workshop and to make expeditious use of the information so gained in order to reduce the emissions of those substances and to develop alternatives.

Anhang 6 – Rahmenübereinkommen vom 9. Mai 1992 der Vereinten Nationen über Klimaänderungen, Artikel 4

1. Alle Vertragsparteien werden unter Berücksichtigung ihrer gemeinsamen, aber unterschiedlichen Verantwortlichkeiten und ihrer speziellen nationalen und regionalen Entwicklungsprioritäten, Ziele und Gegebenheiten

a) nach Artikel 12 nationale Verzeichnisse erstellen, in regelmässigen Abständen aktualisieren, veröffentlichen und der Konferenz der Vertragsparteien zur Verfügung stellen, in denen die anthropogenen Emissionen aller nicht durch das Montrealer Protokoll geregelten Treibhausgase aus Quellen und der Abbau solcher Gase durch Senken aufgeführt sind, wobei von der Konferenz der Vertragsparteien zu vereinbarende, vergleichbare Methoden anzuwenden sind;

b) nationale und gegebenenfalls regionale Programme erarbeiten, umsetzen, veröffentlichen und regelmässig aktualisieren, in denen Maßnahmen zur Abschwächung der Klimaänderungen durch die Bekämpfung anthropogener Emissionen aller nicht durch das Montrealer Protokoll geregelten Treibhausgase aus Quellen und den Abbau solcher Gase durch Senken sowie Maßnahmen zur Erleichterung einer angemessenen Anpassung an die Klimaänderungen vorgesehen sind;

c) die Entwicklung, Anwendung und Verbreitung – einschließlich der Weitergabe – von Technologien, Methoden und Verfahren zur Bekämpfung, Verringerung oder Verhinderung anthropogener Emissionen von nicht durch das Montrealer Protokoll geregelten Treibhausgasen in allen wichtigen Bereichen, einschließlich Energie, Verkehr, Industrie, Landwirtschaft, Forstwirtschaft und Abfallwirtschaft, fördern und dabei zusammenarbeiten;

d) die nachhaltige Bewirtschaftung fördern sowie die Erhaltung und gegebenenfalls Verbesserung von Senken und Speichern aller nicht durch das Montrealer Protokoll geregelten Treibhausgase, darunter Biomasse, Wälder und Meere sowie andere Ökosysteme auf dem Land, an der Küste und im Meer, fördern und dabei zusammenarbeiten;

e) bei der Vorbereitung auf die Anpassung an die Auswirkungen der Klima-änderungen zusammenarbeiten; angemessene integrierte Pläne für die Bewirtschaftung von Küstengebieten, für Wasservorräte und die Landwirtschaft sowie für den Schutz und die Wiederherstellung von Gebieten, die von Dürre und Wüstenbildung – vor allem in Afrika – sowie von Überschwemmungen betroffen sind, entwickeln und ausarbeiten;

f) in ihre einschlägigen Politiken und Maßnahmen in den Bereichen Soziales, Wirtschaft und Umwelt soweit wie möglich Überlegungen zu Klimaänderungen einbeziehen und geeignete Methoden, beispielsweise auf nationaler Ebene erarbeitete und festgelegte Verträglichkeitsprüfungen, anwenden, um die nachteiligen Auswirkungen der Vorhaben oder Maßnahmen, die sie zur Abschwächung der Klimaänderungen oder zur Anpassung daran durchführen, auf Wirtschaft, Volksgesundheit und Umweltqualität so gering wie möglich zu halten;

g) wissenschaftliche, technologische, technische, sozio-ökonomische und sonstige Forschungsarbeiten sowie die systematische Beobachtung und die Entwicklung von Datenarchiven, die sich mit dem Klimasystem befassen und dazu bestimmt sind, das Verständnis zu fördern und die verbleibenden Unsicherheiten in bezug auf Ursachen, Wirkungen, Ausmass und zeitlichen Ablauf der Klimaänderungen sowie die wirtschaftlichen und sozialen Folgen verschiedener Bewältigungsstrategien zu verringern oder auszuschliessen, fördern und dabei zusammenarbeiten;

h) den umfassenden, ungehinderten und umgehenden Austausch einschlägiger wissenschaftlicher, technologischer, technischer, sozio-ökonomischer und rechtlicher Informationen über das Klimasystem und die Klimaänderungen sowie über die wirtschaftlichen und sozialen Folgen verschiedener Bewältigungsstrategien fördern und dabei zusammenarbeiten;

i) Bildung, Ausbildung und öffentliches Bewusstsein auf dem Gebiet der Klimaänderungen fördern und dabei zusammenarbeiten sowie zu möglichst breiter Beteiligung an diesem Prozess, auch von nichtstaatlichen Organisationen, ermutigen;

j) nach Artikel 12 der Konferenz der Vertragsparteien Informationen über die Durchführung des Übereinkommens zuleiten,

2. Die Vertragsparteien, die entwickelte Länder sind, und die anderen in Anlage I aufgeführten Vertragsparteien übernehmen folgende spezifischen Verpflichtungen:

a) Jede dieser Vertragsparteien beschliesst nationale Politiken und ergreift entsprechende Maßnahmen zur Abschwächung der Klimaänderungen, indem sie ihre anthropogenen Emissionen von Treibhausgasen begrenzt und ihre Treibhausgassenken und -speicher schützt und erweitert. Diese Politiken und Maßnahmen werden zeigen, dass die entwickelten Länder bei der Änderung der längerfristigen Trends bei anthropogenen Emissionen in Übereinstimmung mit dem Ziel des Übereinkommens die Führung übernehmen, und zwar in der Erkenntnis, dass eine Rückkehr zu einem früheren Niveau anthropogener Emissionen von Kohlendioxid und anderen nicht durch das Montrealer Protokoll geregelten Treibhausgasen bis zum Ende dieses Jahrzehnts zu einer solchen Änderung beitragen würde; sie berücksichtigen die unterschiedlichen Ausgangspositionen und Ansätze sowie die unterschiedlichen Wirtschaftsstrukturen und Ressourcen dieser Vertragsparteien und tragen der Notwendigkeit, ein starkes und nachhaltiges Wirtschaftswachstum aufrechtzuerhalten, den verfügbaren Technologien und anderen Einzelumständen sowie der Tatsache Rechnung, dass jede dieser Vertragsparteien zu dem weltweiten Bemühen um die Verwirklichung des Zieles gerechte und angemessene Beiträge leisten muss. Diese Vertragsparteien können solche Politiken und Maßnahmen gemeinsam mit anderen Vertragsparteien durchführen und können andere Vertragsparteien dabei unterstützen, zur Verwirklichung des Zieles des Übereinkommens und insbesondere dieses Buchstabens beizutragen;

b) um Fortschritte in dieser Richtung zu fördern, übermittelt jede dieser Vertragsparteien innerhalb von sechs Monaten nach Inkrafttreten des Übereinkommens für diese Vertragspartei und danach in regelmässigen Abständen gemäss Artikel 12 ausführliche Angaben über ihre unter Buchstabe a vorgesehenen Politiken und Maßnahmen sowie über ihre sich daraus ergebenden voraussichtlichen anthropogenen Emissionen von nicht durch das Montrealer Protokoll geregelten Treibhausgasen aus Quellen und den Abbau solcher Gase durch Senken für den unter Buchstabe a genannten Zeitraum mit dem Ziel, einzeln oder gemeinsam die anthropogenen Emissionen von Kohlendioxid und anderen nicht durch das Montrealer Protokoll geregelten Treibhausgasen auf das Niveau von 1990 zurückzuführen. Diese Angaben werden von der Konferenz der Vertragsparteien auf ihrer ersten Tagung und danach in regelmässigen Abständen gemäss Artikel 7 überprüft werden;

c) bei der Berechnung der Emissionen von Treibhausgasen aus Quellen und des Abbaus solcher Gase durch Senken für die Zwecke des Buchstabens b) sollen die besten verfügbaren wissenschaftlichen Kenntnisse auch über die tatsächliche Kapazität von Senken und die jeweiligen Beiträge solcher Gase zu Klimaänderungen berücksichtigt werden. Die Konferenz der Vertragsparteien erörtert und vereinbart auf ihrer ersten Tagung die Methoden für diese Berechnung und überprüft sie danach in regelmässigen Abständen;

d) die Konferenz der Vertragsparteien überprüft auf ihrer ersten Tagung, ob die Buchstaben a und b angemessen sind. Eine solche Überprüfung erfolgt unter Berücksichtigung der besten verfügbaren wissenschaftlichen Informationen und Beurteilungen betreffend Klimaänderungen und deren Auswirkungen sowie unter Berücksichtigung einschlägiger technischer, sozialer und wirtschaftlicher Informationen. Auf der Grundlage dieser Überprüfung ergreift die Konferenz der Vertragsparteien geeignete Maßnahmen, zu denen auch die Beschlussfassung über Änderungen der unter den Buchstaben a und b vorgesehenen Verpflichtungen gehören kann. Die Konferenz der Vertragsparteien entscheidet auf ihrer ersten Tagung auch über die Kriterien für eine gemeinsame Umsetzung im Sinne des Buchstabens a. Eine zweite Überprüfung der Buchstaben a und b findet bis zum 31. Dezember 1998 statt; danach erfolgen weitere Überprüfungen in von der Konferenz der Vertragsparteien festgelegten regelmässigen Abständen, bis das Ziel des Übereinkommens verwirklicht ist;

e) jede dieser Vertragsparteien

i) koordiniert, soweit dies angebracht ist, mit den anderen obengenannten Vertragsparteien einschlägige Wirtschafts- und Verwaltungsinstrumente, die im Hinblick auf die Verwirklichung des Zieles des Übereinkommens entwickelt wurden;

ii) bestimmt und überprüft in regelmässigen Abständen ihre eigenen Politiken und Praktiken, die zu Tätigkeiten ermutigen, die zu einem höheren Niveau der anthropogenen Emissionen von nicht durch das Montrealer Protokoll geregelten Treibhausgasen führen, als sonst entstünde;

f) die Konferenz der Vertragsparteien überprüft bis zum 31. Dezember 1998 die verfügbaren Informationen in der Absicht, mit Zustimmung der betroffenen Vertragspartei Beschlüsse über angebracht erscheinende Änderungen der in den Anlagen I und II enthaltenen Listen zu fassen;

g) jede nicht in Anlage I aufgeführte Vertragspartei kann in ihrer Ratifikations –, Annahme –, Genehmigungs- oder Beitrittsurkunde oder zu jedem späteren Zeitpunkt dem Depositar ihre Absicht notifizieren, durch die Buchstaben a und b gebunden zu sein. Der Depositar unterrichtet die anderen Unterzeichner und Vertragsparteien über jede derartige Notifikation.

3. Die Vertragsparteien, die entwickelte Länder sind, und die anderen in Anlage II aufgeführten entwickelten Vertragsparteien stellen neue und zusätzliche finanzielle Mittel bereit, um die vereinbarten vollen Kosten zu tragen, die den Vertragsparteien, die Entwicklungsländer sind, bei der Erfüllung ihrer Verpflichtungen nach Artikel 12 Absatz 1 entstehen. Sie stellen auch solche finanzielle Mittel, einschließlich derjenigen für die Weitergabe von Technologie, bereit, soweit die Vertragsparteien, die Entwicklungsländer sind, sie benötigen, um die vereinbarten vollen Mehrkosten zu tragen, die bei der Durchführung der durch Absatz 1 erfassten Maßnahmen entstehen, die zwischen einer Vertragspartei, die Entwicklungsland ist, und der oder den in Artikel 11 genannten internationalen Einrichtungen nach Artikel 11 vereinbart werden. Bei der Erfüllung dieser Verpflichtungen wird berücksichtigt, dass der Fluss der Finanzmittel angemessen und berechenbar sein muss und dass ein angemessener Lastenausgleich unter den Vertragsparteien, die entwickelte Länder sind, wichtig ist.

4. Die Vertragsparteien, die entwickelte Länder sind, und die anderen in Anlage II aufgeführten entwickelten Vertragsparteien unterstützen die für die nachteiligen Auswirkungen der Klimaänderungen besonders anfälligen Vertragsparteien, die Entwicklungsländer sind, ausserdem dabei, die durch die Anpassung an diese Auswirkungen entstehenden Kosten zu tragen.

5. Die Vertragsparteien, die entwickelte Länder sind, und die anderen in Anlage II aufgeführten entwickelten Vertragsparteien ergreifen alle nur möglichen Maßnahmen, um die Weitergabe von umweltverträglichen Technologien und Know-how an andere Vertragsparteien, insbesondere solche, die Entwicklungsländer sind, oder den Zugang dazu, soweit dies angebracht ist, zu fördern, zu erleichtern und zu finanzieren, um es ihnen zu ermöglichen, die Bestimmungen des Übereinkommens durchzuführen. Dabei unterstützen die Vertragsparteien, die entwickelte Länder sind, die Entwicklung und Stärkung der im Land vorhandenen Fähigkeiten und Technologien der Vertragsparteien, die Entwicklungsländer sind. Andere Vertragsparteien und Organisationen, die dazu in der Lage sind, können auch zur Erleichterung der Weitergabe solcher Technologien beitragen.

6. Die Konferenz der Vertragsparteien gewährt den in Anlage I aufgeführten Vertragsparteien, die sich im Übergang zur Marktwirtschaft befinden, ein gewisses Mass an Flexibilität bei der Erfüllung ihrer in Absatz 2 genannten Verpflichtungen, auch hinsichtlich des als Bezugsgrösse gewählten früheren Niveaus der anthropogenen Emissionen von nicht durch das Montrealer Protokoll geregelten Treibhausgasen, um die Fähigkeit dieser Vertragsparteien zu stärken, das Problem der Klimaänderungen zu bewältigen.

7. Der Umfang, in dem Vertragsparteien, die Entwicklungsländer sind, ihre Verpflichtungen aus dem Übereinkommen wirksam erfüllen, wird davon abhängen, inwieweit Vertragsparteien, die entwickelte Länder sind, ihre Verpflichtungen aus dem Übereinkommen betreffend finanzielle Mittel und die Weitergabe von Technologie wirksam erfüllen, wobei voll zu berücksichtigen ist, dass die wirtschaftliche und soziale Entwicklung sowie die Beseitigung der Armut für die Entwicklungsländer erste und dringlichste Anliegen sind.

8. Bei der Erfüllung der in diesem Artikel vorgesehenen Verpflichtungen prüfen die Vertragsparteien eingehend, welche Maßnahmen nach dem Übereinkommen notwendig

sind, auch hinsichtlich der Finanzierung, der Versicherung und der Weitergabe von Technologie, um den speziellen Bedürfnissen und Anliegen der Vertragsparteien, die Entwicklungsländer sind, zu entsprechen, die sich aus den nachteiligen Auswirkungen der Klimaänderungen oder der Durchführung von Gegenmaßnahmen ergeben, insbesondere

a) in kleinen Inselländern;
b) in Ländern mit tiefliegenden Küstengebieten;
c) in Ländern mit Trocken- und Halbtrockengebieten, Waldgebieten und Gebieten, die von Waldschäden betroffen sind;
d) in Ländern mit Gebieten, die häufig von Naturkatastrophen heimgesucht werden;
e) in Ländern mit Gebieten, die Dürre und Wüstenbildung ausgesetzt sind;
f) in Ländern mit Gebieten hoher Luftverschmutzung in den Städten;
g) in Ländern mit Gebieten, in denen sich empfindliche Ökosysteme einschließlich Gebirgsökosystemen befinden;
h) in Ländern, deren Wirtschaft in hohem Mass entweder von Einkünften, die durch die Gewinnung, Verarbeitung und Ausfuhr fossiler Brennstoffe und verwandter energieintensiver Produkte erzielt werden, oder vom Verbrauch solcher Brennstoffe und Produkte abhängt;
i) in Binnen- und Transitländern.

Darüber hinaus kann die Konferenz der Vertragsparteien gegebenenfalls Maßnahmen mit Bezug auf diesen Absatz ergreifen.

9. Die Vertragsparteien tragen bei ihren Maßnahmen hinsichtlich der Finanzierung und der Weitergabe von Technologie den speziellen Bedürfnissen und der besonderen Lage der am wenigsten entwickelten Länder voll Rechnung.

10. Die Vertragsparteien berücksichtigen nach Artikel 10 bei der Erfüllung der Verpflichtungen aus dem Übereinkommen die Lage derjenigen Vertragsparteien, insbesondere unter den Entwicklungsländern, deren Wirtschaft für die nachteiligen Auswirkungen der Durchführung von Maßahmen zur Bekämpfung der Klimaänderungen anfällig ist. Dies gilt namentlich für Vertragsparteien, deren Wirtschaft in hohem Mass entweder von Einkünften, die durch die Gewinnung, Verarbeitung und Ausfuhr fossiler Brennstoffe und verwandter energieintensiver Produkte erzielt werden, oder vom Verbrauch solcher Brennstoffe und Produkte oder von der Verwendung fossiler Brennstoffe, die diese Vertragsparteien nur sehr schwer durch Alternativen ersetzen können, abhängt.

Anhang 7 – Fragenkatalog des Konsultativprozesses nach Entscheidung 4/CP.4, Auszug aus Dokument FCCC/CP/1998/16/Add.1 v. 20.1.1999

Issues	*Questions*
Practical steps to promote, facilitate and finance, as appropriate, transfer of, and access to, environmentally sound technologies and know-how	
Promote the removal of barriers to technology transfer.	How should Parties promote the removal of barriers to technology transfer? Which barriers are a priority and what practical steps should be taken?
Initiate and promote the transfer of publicly owned technology and those in the public domain.	What publicly owned technologies are available? How could Annex II Parties report upon them? How should Annex II Parties promote the transfer of publicly owned technologies?
Promote bilateral and multilateral technology cooperation to facilitate technology transfer.	What additional bilateral and multilateral efforts to promote technology cooperation to facilitate technology transfer should be initiated? What should be the priority?
Consider appropriate mechanisms for technology transfer under the Convention.	Are existing multilateral mechanisms sufficient? Are new mechanisms needed for technology transfer? If so, what are appropriate mechanisms for the transfer of technologies among Parties in pursuance of Article 4.5 of the Convention?
Collaborate with relevant multilateral institutions to promote technology transfer.	What should be the objective of collaboration with relevant multilateral institutions to promote technology transfer and what practical steps should be taken?
Promote and facilitate, in collaboration with the financial mechanism and multilateral and bilateral institutions, the arrangement of financing of technology transfer.	What additional guidance should be given to the financial mechanism?
Promote and assist developing country Parties to access technology information.	What sort of information is needed and how can this best be done?

Facilitate access to emerging technologies.	How could access to emerging technologies be facilitated?
Facilitate the appropriate role of the private sector.	What role is the private sector playing in technology transfer? What additional role can the private sector play? What barriers prevent their greater participation?
Support for the development and enhancement of endogenous capacities and technologies of developing country Parties	
Provide technical advice on technology transfer to Parties, particularly developing country Parties.	What technical advice on technology transfer is needed? How should such advice be provided?
Promote capacity-building in developing country Parties through provision of concrete programmes.	What areas should be the focus of capacity- building and how should it be undertaken, e.g. what kinds of activities, programmes and institutional arrangements?
Assist developing country Parties, on request, to assess required technologies.	How, to whom and in what format should developing country Parties make their request for assistance to assess required technologies?
Promote and enhance access to relevant technical, legal and economic information at national and regional centres.	What technical, legal and economic information is needed? What practical steps should be taken to promote and enhance access to such information by national and regional centres?
Develop a consensus on practical next steps to improve existing technology centres and networks in order to accelerate the diffusion of clean technologies in non-Annex I Party markets.	What type of process is needed to develop a consensus on practical next steps to improve existing technology centres and networks in order to accelerate the diffusion of clean technologies in non-Annex I Party markets. What type of arrangement is needed to monitor progress?
Promote an enabling environment for private sector participation.	What measures, programmes and activities can best help to create an appropriate enabling environment for private sector investment?
Assistance in facilitating the transfer of environmentally sound technologies and know-how	
Oversee the exchange of information among Parties and other interested organizations on innovative technology	How should the Convention oversee the exchange of information among Parties and other interested organizations on

cooperation approaches, and the assessment and synthesis of such information.	innovative technology cooperation approaches, and the assessment and synthesis of such information?
Consider information on innovative technology cooperation approaches and develop recommendations to the Conference of the Parties which could be recognized more formally and widely implemented under the Convention.	How should information be compiled and synthesized on innovative technology cooperation approaches? When should recommendations on such approaches be forwarded to the Conference of the Parties?
Identify projects and programmes on technology cooperation, which can serve as models for improving the diffusion and implementation of clean technologies internationally under the Convention, and to provide information on these projects to the Convention secretariat.	How and when should information on projects and programmes of technology cooperation which Parties believe can serve as models for improving the diffusion and implementation of clean technologies internationally under the Convention be provided to the secretariat? How could information on such model programmes be evaluated?
Other questions	
Can specific technology transfer goals be set? Can we develop indicators and accounting systems to track progress on technology transfer? Are particular institutional arrangements needed to monitor progress?	

Anhang 8 – Übereinkommen vom 5. Juni 1992 über die Biologische Vielfalt, Artikel 16

(1) In der Erkenntnis, dass Technologie auch Biotechnologie umfasst und dass sowohl der Zugang zur Technologie als auch die Weitergabe von Technologie unter den Vertragsparteien für die Erreichung der Ziele dieses Übereinkommens wesentlich sind, verpflichtet sich jede Vertragspartei, vorbehaltlich dieses Artikels den Zugang zu Technologien, die für die Erhaltung und nachhaltige Nutzung der biologischen Vielfalt von Belang sind oder die genetische Ressourcen nutzen, ohne der Umwelt erhebliche Schäden zuzufügen, für andere Vertragsparteien sowie die Weitergabe solcher Technologien an andere Vertragsparteien zu gewährleisten oder zu erleichtern.

(2) Der Zugang zur Technologie und die Weitergabe von Technologie nach Absatz 1 werden in bezug auf Entwicklungsländer unter ausgewogenen und möglichst günstigen Bedingungen, darunter im beiderseitigen Einvernehmen auch zu Konzessions- oder Vorzugsbedingungen, gewährt oder erleichtert, erforderlichenfalls in Übereinstimmung

mit dem in den Artikeln 20 und 21 festgelegten Finanzierungsmechanismus. Handelt es sich um Technologie, die Gegenstand von Patenten oder anderen Rechten des geistigen Eigentums ist, so erfolgen dieser Zugang und diese Weitergabe zu Bedingungen, die einen angemessenen und wirkungsvollen Schutz der Rechte des geistigen Eigentums anerkennen und mit ihm vereinbar sind. Die Anwendung dieses Absatzes muss mit den Absätzen 3, 4 und 5 in Einklang stehen.

(3) Jede Vertragspartei ergreift, sofern angebracht, Gesetzgebungs-, Verwaltungs- oder politische Maßahmen mit dem Ziel, Vertragsparteien, insbesondere denen, die Entwicklungsländer sind, wenn sie genetische Ressourcen zur Verfügung stellen, zu einvernehmlich festgelegten Bedingungen den Zugang zu Technologie oder die Weitergabe von Technologie, die diese Ressourcen nutzt, einschließlich Technologie, die durch Patente und sonstige Rechte des geistigen Eigentums geschützt ist, zu gewähren, erforderlichenfalls über die Bestimmungen der Artikel 20 und 21, und zwar in Übereinstimmung mit dem Völkerrecht und im Einklang mit den Absätzen 4 und 5 dieses Artikels.

(4) Jede Vertragspartei ergreift, sofern angebracht, Gesetzgebungs-, Verwaltungs- oder politische Maßahmen, um dafür zu sorgen, dass der private Sektor den Zugang zu der in Absatz 1 bezeichneten Technologie, ihre gemeinsame Entwicklung sowie ihre Weitergabe zum Nutzen sowohl der Regierungsinstitutionen als auch des privaten Sektors von Entwicklungsländern erleichtert, und beachtet dabei die in den Absätzen 1, 2 und 3 enthaltenen Verpflichtungen.

(5) In der Erkenntnis, dass Patente und sonstige Rechte des geistigen Eigentums einen Einfluss auf die Durchführung dieses Übereinkommens haben können, arbeiten die Vertragsparteien vorbehaltlich des innerstaatlichen Rechts und des Völkerrechts in dieser Hinsicht zusammen, um sicherzustellen, dass solche Rechte die Ziele des Übereinkommens unterstützen und ihnen nicht zuwiderlaufen.

Anhang 9 – Übereinkommen der Vereinten Nationen zur Bekämpfung der Wüstenbildung in den von Dürre und/oder Wüstenbildung schwer betroffenen Ländern, insbesondere in Afrika, Abgeschlossen in Paris am 17. Juni 1994, Artikel 18

1. Die Vertragsparteien verpflichten sich, je nach Vereinbarung und in Übereinstimmung mit ihren innerstaatlichen Rechtsvorschriften und/oder Politiken die Weitergabe, den Erwerb, die Anpassung und die Entwicklung umweltverträglicher, wirtschaftlich durchführbarer und sozialverträglicher Technologien, die für die Bekämpfung der Wüstenbildung und/oder die Milderung von Dürrefolgen von Bedeutung sind, zu fördern, zu finanzieren und/oder ihre Finanzierung zu erleichtern, um zur Herbeiführung einer nach-

haltigen Entwicklung in betroffenen Gebieten beizutragen. Eine solche Zusammenarbeit erfolgt auf zwei- beziehungsweise mehrseitiger Grundlage, wobei die Fachkenntnisse zwischenstaatlicher und nicht staatlicher Organisationen in vollem Umfang genutzt werden. Die Vertragsparteien werden insbesondere wie folgt tätig:

a) Sie nutzen in vollem Umfang bestehende einschlägige nationale, subregionale, regionale und internationale Informationssysteme und -börsen für die Verbreitung von Informationen über verfügbare Technologien, ihre Herkunft, die Gefahren, die sie für die Umwelt darstellen, und die Rahmenbedingungen, zu denen sie erworben werden können;

b) sie erleichtern zu günstigen Bedingungen, einschließlich Konzessions- und Vorzugsbedingungen, in gegenseitigem Einvernehmen und unter Berücksichtigung der Notwendigkeit, Rechte des geistigen Eigentums zu schützen, den Zugang insbesondere von Vertragsparteien, die betroffene Entwicklungsländer sind, zu Technologien, die sich für eine praktische Anwendung im Hinblick auf besondere Bedürfnisse örtlicher Bevölkerungsgruppen am besten eignen, wobei sie den sozialen, kulturellen, wirtschaftlichen und ökologischen Auswirkungen dieser Technologien besondere Aufmerksamkeit widmen;

c) sie erleichtern die Zusammenarbeit im Technologiebereich zwischen Vertragsparteien, die betroffene Länder sind, durch finanzielle Unterstützung oder andere geeignete Mittel;

d) sie weiten die Zusammenarbeit im Technologiebereich mit Vertragsparteien, die betroffene Entwicklungsländer sind, insbesondere auf Sektoren aus, die alternative Möglichkeiten der Existenzsicherung fördern, gegebenenfalls auch in Form von Gemeinschaftsunternehmen;

e) sie treffen geeignete Maßahmen, um binnenwirtschaftliche Bedingungen und Anreize steuerpolitischer oder sonstiger Art zu schaffen, die der Entwicklung, der Weitergabe, dem Erwerb und der Anpassung geeigneter Technologien, Kenntnisse, Know-how und Verfahrensweisen förderlich sind, darunter Maßahmen zur Gewährleistung eines angemessenen und wirksamen Schutzes von Rechten des geistigen Eigentums.

2. Die Vertragsparteien schützen, fördern und nutzen entsprechend ihren jeweiligen Möglichkeiten und vorbehaltlich ihrer innerstaatlichen Rechtsvorschriften und/oder Politiken insbesondere einschlägige traditionelle und örtliche Technologien, Kenntnisse, Know-how und Verfahrensweisen und verpflichten sich zu diesem Zweck,

a) Verzeichnisse von Technologien, Kenntnissen, Know-how und Verfahrensweisen und ihrer Anwendungsmöglichkeiten unter Beteiligung örtlicher Bevölkerungsgruppen aufzustellen und solche Informationen gegebenenfalls in Zusammenarbeit mit einschlägigen zwischenstaatlichen und nichtstaatlichen Organisationen zu verbreiten;

b) sicherzustellen, dass Technologien, Kenntnisse, Know-how und Verfahrensweisen angemessen geschützt werden und dass örtliche Bevölkerungsgruppen auf der Grundlage der Gerechtigkeit und im gegenseitigem Einvernehmen aus ihrer kommerziellen Nutzung oder einer aus ihnen abgeleiteten technologischen Entwicklung unmittelbaren Nutzen ziehen;

c) die Verbesserung und Verbreitung von Technologien, Kenntnissen, Know-how und Verfahrensweisen oder die Entwicklung auf ihnen beruhender neuer Technologien zu fördern und aktiv zu unterstützen;

d) gegebenenfalls die Anpassung von Technologien, Kenntnissen, Know-how und Verfahrensweisen im Hinblick auf eine umfassende Nutzung zu erleichtern und sie gegebenenfalls mit moderner Technologie zu verknüpfen.

Anhang 10 – Seerechtsübereinkommen der Vereinten Nationen vom 10. Dezember 1982, Artikel 202, 203

Abschnitt 3: Technische Hilfe

Artikel 202 Wissenschaftliche und technische Hilfe an Entwicklungsstaaten

Die Staaten werden unmittelbar oder im Rahmen der zuständigen internationalen Organisationen

a) Programme für Hilfe an die Entwicklungsstaaten im Bereich der Wissenschaft, des Bildungswesens, der Technik und in anderen Bereichen fördern, um die Meeresumwelt zu schützen und zu bewahren und die Meeresverschmutzung zu verhüten, zu verringern und zu überwachen. Diese Hilfe umfaßt unter anderem

i) die Ausbildung ihres wissenschaftlichen und technischen Personals;

ii) die Erleichterung ihrer Teilnahme an entsprechenden internationalen Programmen;

iii) ihre Belieferung mit den erforderlichen Ausrüstungen und Einrichtungen;

iv) die Verbesserung ihrer Fähigkeit zur Herstellung solcher Ausrüstungen;

v) die Beratung über Einrichtungen für Forschungs-, Überwachungs-, Bildungs- und andere Programme und die Entwicklung solcher Einrichtungen;

b) insbesondere Entwicklungsstaaten geeignete Hilfe leisten, um die Auswirkungen größerer Ereignisse, die eine starke Verschmutzung der Meeresumwelt hervorrufen können, auf ein Mindestmaß zu beschränken;

c) insbesondere Entwicklungsstaaten geeignete Hilfe bei der Ausarbeitung ökologischer Beurteilungen leisten.

Artikel 203 Vorrangige Behandlung der Entwicklungsstaaten

Die Entwicklungsstaaten erhalten für die Zwecke der Verhütung, Verringerung und Überwachung der Verschmutzung der Meeresumwelt oder der möglichst weitgehenden Einschränkung ihrer Auswirkungen eine vorrangige Behandlung durch internationale Organisationen

a) bei der Zuweisung entsprechender finanzieller Mittel und technischer Hilfe und

b) bei der Inanspruchnahme ihrer Sonderdienste.

Studies in Global Economic Law
Studien zum globalen Wirtschaftsrecht
Études en droit économique mondial

Present and future economic, technological and societal changes and evolutions fundamentally affect traditional legal structures of the territorial state system. They increasingly call for global approaches and solutions, transgressing the tools of classical public international law. This trilingual series publishes monographs, studies and collected papers dedicated to these challenges. The contributions examine existing instruments, in particular within the framework of the international trading system. They explore new approaches and search for innovative solutions within the global process of legal integration. Research efforts are dedicated to different walks of life and areas of regulation, and to the quest for adequate constitutional structures of transnational and democratic processes.

Wirtschaftliche, technologische und gesellschaftliche Entwicklungen der Gegenwart und Zukunft bewirken tiefgreifende Änderungen traditioneller Strukturen des Rechts des Territorialstaats und rufen zunehmend nach globalen Vorgehensweisen und Lösungen, die oftmals über das Instrumentarium des klassischen Völkerrechts hinaus weisen. Die dreisprachige Reihe publiziert Monographien, Studien und Tagungsbände, die sich vertieft mit diesen Herausforderungen auseinandersetzen. Die Beiträge untersuchen das bestehende Instrumentarium namentlich im Rahmen des Welthandelssystems und forschen nach neuen Ansätzen und Lösungen im Rahmen des globalen Integrationsprozesses. Dazu gehören Studien zu den Regelungen einzelner Sach- und Lebensbereiche wie auch zu Fragen adäquater transnationaler demokratischer Verfassungs- und Entscheidungsstrukturen.

Les évolutions actuelles et futures sur le plan technique, économique et social ne cesseront d'influencer profondément les structures traditionnelles du droit de l'état territorial. Par conséquent, des approches et des solutions dépassant les instruments du droit international public classique deviennent de plus en plus nécessaires. Cette collection trilingue publie des monographies, études et actes de colloques qui analysent et font face à ces défis. Les contributions examinent les instruments existants, notamment dans la domaine du système commercial mondiale. Elles cherchent à développer des approches nouvelles et des solutions innovatrices dans le contexte du processus d'intégration globale en incluant des études de droit touchant aux différents secteurs et domaines de vie. De plus, les travaux de recherche seront également destinés à trouver les procédures consti-tutionnelles et décisionnelles les plus adéquates et démocratiques au niveau transnational.

Studies in Global Economic Law
Studien zum globalen Wirtschaftsrecht
Études en droit économique mondial

edited by THOMAS COTTIER

Vol. 1 MARTIN A. GIRSBERGER – Biodiversity and the Concept of Farmers' Rights in International Law. Factual Background and Legal Analysis, 1999

Vol. 2 DAVID WYSS – Bankdienstleistungen im Allgemeinen Dienstleistungsabkommen der WTO. Auswirkungen auf das schweizerische Bankenrecht, 1999

Vol. 3 BENOÎT MERKT – Harmonisation internationale et entraide administrative internationale en droit de la concurrence. Droit du GATT/OMC, droit européen, accords bilatéraux et perspectives pour le droit suisse, 2000

Vol. 4 INGO MEITINGER – Der Schutz von Geschäftsgeheimnissen im globalen und regionalen Wirtschaftsrecht. Stand und mögliche Entwicklungen der internationalen und regionalen Rechtsharmonisierung, 2001

Vol. 5 JOËLLE DE SÉPIBUS – Die Umweltschutzsubvention im Gemeinschaftsrecht. Eine umweltrechtliche Kritik der europäischen Beihilfekontrolle, 2003

Vol. 6 BOBJOSEPH MATHEW – The WTO Agreements on Telecommunications, 2003

Vol. 7 LUKAS ENGELBERGER – Die unmittelbare Anwendbarkeit des WTO-Rechts in der Schweiz. Grundlagen und Perspektiven im Kontext internationaler Rechtsentwicklungen, 2004

Vol. 8 THOMAS M. FISCHER – Die Entbündelung der letzten Meile in der Schweiz im Lichte des GATS, 2004

Vol. 9 DAE-WON KIM – Non-Violation Complaints in WTO Law. Theory and Practice, 2006

Vol. 10 QI ZHANG – Consultation within WTO Dispute Settlement. A Chinese Perspective, 2007

Vol. 11 Felix Bloch – Technologietransfer zum internationalen Umweltschutz. Eine völkerrechtliche Untersuchung unter besonderer Berücksichtigung des Schutzes der Ozonschicht und des Weltklimas, 2007

www.ingramcontent.com/pod-product-compliance
Ingram Content Group UK Ltd.
Pitfield, Milton Keynes, MK11 3LW, UK
UKHW020727041026
15590UKWH00002B/928

9 783039 112784